改訂
新版

すぐわかる

線形代数

石村園子・畑 宏明 著

改訂新版 すぐわかる線形代数

はじめに

数学は世の中のあらゆる分野に使われています．もし人類が数学を創造していなかったら，現在皆さんが愛用しているスマホやゲーム，さらに現在進化を続けている AI も存在しなかったでしょう．皆さんの身の周りは数学であふれているのです．またグローバル化した現代では，数学はあらゆる分野に浸透し，仕事上欠かせないものになっています．数学リテラシーは皆さんがこれから生きていく上で必要不可欠なツールなのです．

コンピュータの発達によって「線形代数」はより身近な存在になり，現在では「微分積分」と並んでほとんどの分野の基礎となっています．

高校の学習で線形代数に関連している単元は「ベクトル」と「行列」でしょう．高校での選択科目によっては「行列」を勉強していない人もいるでしょう．いずれにしても高校では計算重視の数学になってしまい，数学的構造についてはほとんど勉強していないのが現状です．逆にいえば，線形代数を勉強するのに，高校数学の特別な知識はほとんどいらないということです．高校数学に霧がかかったままになってしまっている人，数学の勉強を新たに始めるチャンスです．ただし，線形代数の学習では数学的な構造を理解し，抽象的な思考が必要となります．数学的構造？　抽象的な思考？　ちょっと不安な人も大丈夫．

本書は，定義→定理→例題→演習のパターンで勉強するようになっています．定義や定理は数学的に厳密すぎることは避け，イメージがわきやすいようになるべく図を添えて解説し，概念や性質の大まかな把握ができるよう心を配りました．例題もなるべく飛躍のないよう丁寧に解答をつけてあります．また例題の類題を演習として載せ，□を埋めながら解答するようになっています．解答に躓いたときは例題の解答を見ながら考えてみましょう．また，すでに理解している問題であればどんどん解答してもよいですし，さらに，本書の方針と異なったオリジナル解答を別のノートに作成できたらなお素晴らしいことです．

本書を一通り学べば，線形代数の基礎は固まります．どんどん次のステップへ進んで下さい．

本書は『すぐわかる線形代数』(1994 年出版), それに続く『改訂版 すぐわかる線形代数』(2012 年出版) をさらに加筆修正したものです. お陰さまで大学生から社会人, 数学大好き人 (?) など, 多くの方々のご支持を受け, 30 年間増刷りを続けることが出来ました. その間いろいろなご質問やご指摘も多く受けました. どうもありがとうございました. 時代の要請を受け, さらに新しくなった本書も皆さまのお役にたてば, 著者としてこの上ない喜びです.

本書の執筆にあたりましては東京図書編集部の皆さまには大変お世話になりました. この場をかりましてお礼申し上げます.

2023 年 8 月吉日

石村　園子
畑　　宏明

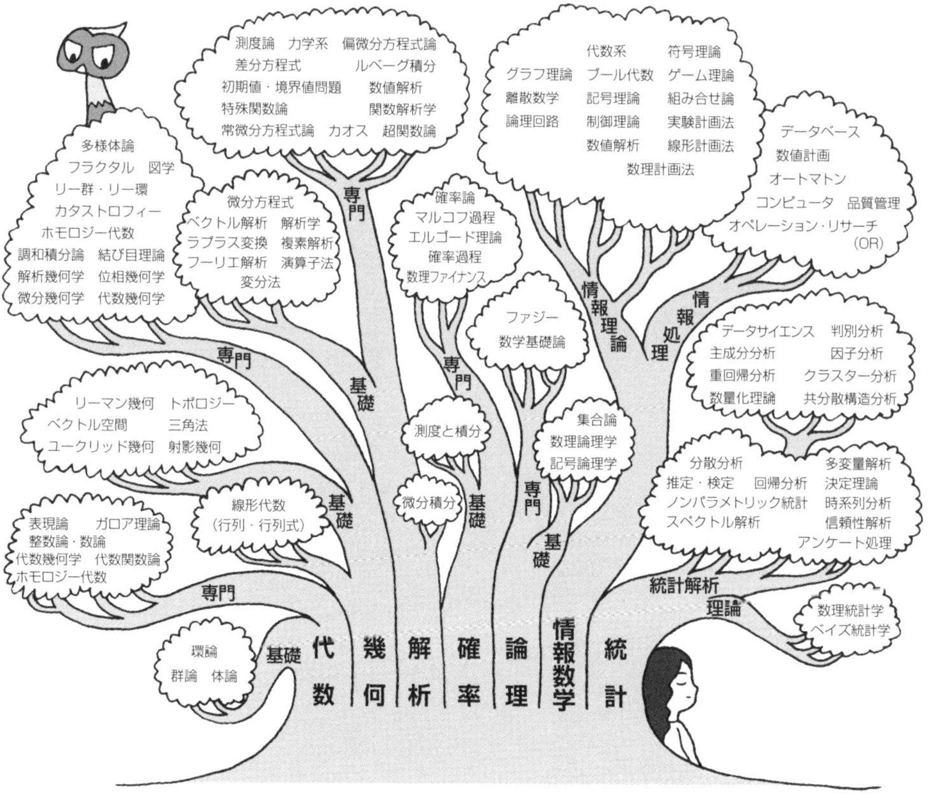

■目次

第 3 章 行列式 53

第 4 章 連立1次方程式 99

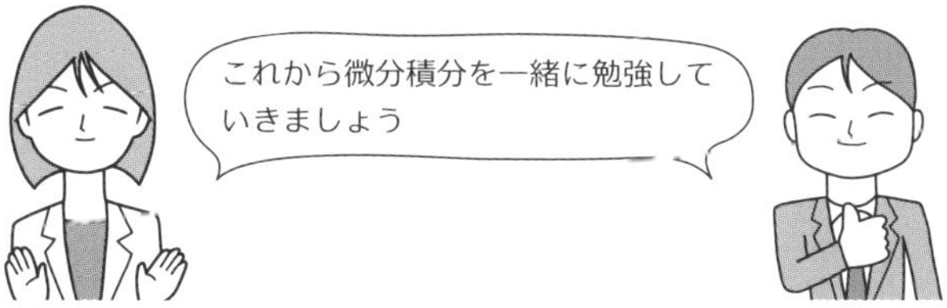

これから微分積分を一緒に勉強していきましょう

第 5 章 線形空間 149

第 6 章 内積空間，固有値と対角化 197

●装幀　今垣知沙子
●イラスト　いずもり・よう

第 1 章

ベクトル

Section 1.1

ベクトルとは，そしてその成分表示

第１章では，ベクトルの考え方とその図形への利用法をざっとみていこう．

【1】 ベクトルとは

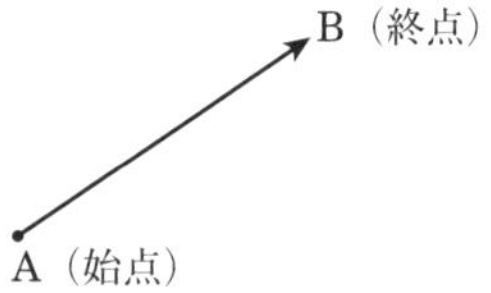

右上図において，矢印 AB を**ベクトル**といい，

$$\overrightarrow{AB}$$

で表す．A を $\overrightarrow{AB}$ の**始点**，B を $\overrightarrow{AB}$ の**終点**という．また，線分 AB の長さを $\overrightarrow{AB}$ の**長さ**または**大きさ**といい，$|\overrightarrow{AB}|$ で表す．つまり，**ベクトル**とは，“向き”と“長さ”を持った量のことである．

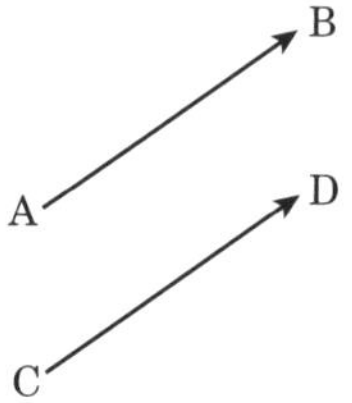

右下図において，2 つのベクトル $\overrightarrow{AB}$，$\overrightarrow{CD}$ はたとえ始点と終点が違っても矢印の向きと長さは同じである．このとき $\overrightarrow{AB}$ と $\overrightarrow{CD}$ は同一のベクトルとみなし，$\overrightarrow{AB}=\overrightarrow{CD}$ とする．つまり，矢印の向きと長ささえ同じなら，平行移動するとピッタリ重なるので，同じベクトルと考えるのである．

逆ベクトル，零ベクトルの定義

(1) 右図において，$\overrightarrow{OA}$ に対して，逆向きの矢印 BA を $\overrightarrow{AB}$ の**逆ベクトル**といい，

$$\overrightarrow{BA}=-\overrightarrow{AB}$$

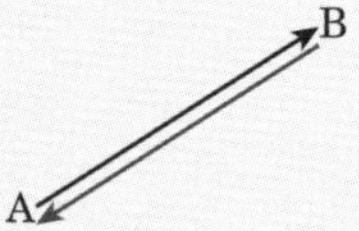

で表す．つまり，マイナスは逆向きを表す．

(2) $\overrightarrow{AA}$ のように始点と終点が一致したものを**零ベクトル**といい，$\vec{0}$ で表す．$\vec{0}$ は長さが 0 のベクトルと考え，その向きは考えない．

ベクトルとは，
“向き”と“長さ”
を持った量のことです

ベクトルの和・差，ベクトルの実数倍の定義

(1)　右図のように，終点Aをもつ$\overrightarrow{\mathrm{OA}}$と始点Aをもつ$\overrightarrow{\mathrm{AB}}$があるとき，点Oから点Bに一直線に行くルートと，点Oから一旦Aに行って遠回りして，その後Bに行くルートを同じと考え，$\overrightarrow{\mathrm{OB}}$を$\overrightarrow{\mathrm{OA}}$と$\overrightarrow{\mathrm{AB}}$のベクトルの**和**といい，

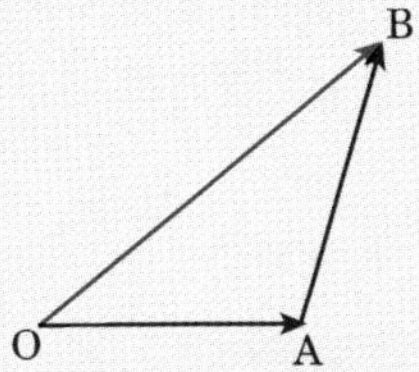

$$\overrightarrow{\mathrm{OA}}+\overrightarrow{\mathrm{AB}}=\overrightarrow{\mathrm{OB}}$$

とかく．

(2)　2つのベクトル$\overrightarrow{\mathrm{OA}}$と$\overrightarrow{\mathrm{OB}}$について$\overrightarrow{\mathrm{OA}}$と$\overrightarrow{\mathrm{OB}}$の逆ベクトル$-\overrightarrow{\mathrm{OB}}$の和

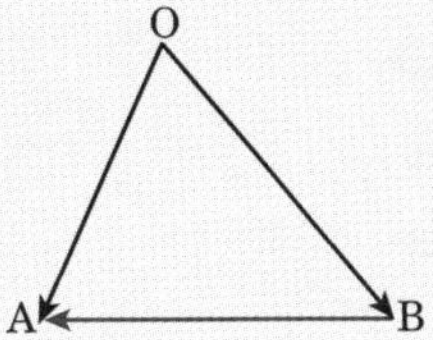

$$\overrightarrow{\mathrm{OA}}+(-\overrightarrow{\mathrm{OB}})$$

を考える．下図のように$-\overrightarrow{\mathrm{OB}}$を平行移動させ，点Oから点Cへのルートを考えることにより，このベクトルの和は$\overrightarrow{\mathrm{BA}}$に一致することがわかる．そこで，$\overrightarrow{\mathrm{BA}}$を$\overrightarrow{\mathrm{OA}}$と$\overrightarrow{\mathrm{OB}}$の**差**といい

$$\overrightarrow{\mathrm{OA}}-\overrightarrow{\mathrm{OB}}=\overrightarrow{\mathrm{BA}}$$

とかく．

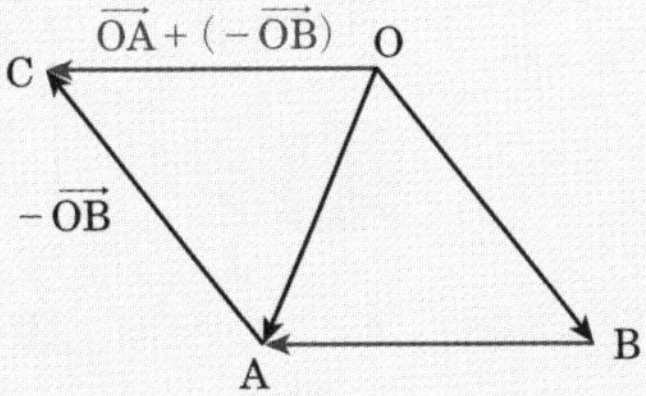

“向き”と“長さ”が
同じなら，同じ
ベクトルですよ

(3)　実数kに対して，$\overrightarrow{\mathrm{OA}}$の$k$倍$k\overrightarrow{\mathrm{OA}}$を次のように定義する．

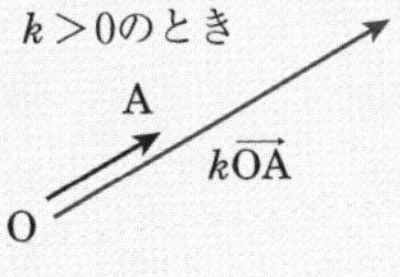

- $k>0$ならば，$k\overrightarrow{\mathrm{OA}}$は，
  $\overrightarrow{\mathrm{OA}}$を同じ向きに$k$倍したベクトル
- $k<0$ならば，$k\overrightarrow{\mathrm{OA}}$は，
  $\overrightarrow{\mathrm{OA}}$を逆方向に$|k|$倍したベクトル．
- $k=0$のとき，$k\overrightarrow{\mathrm{OA}}$は零ベクトル$\vec{0}$

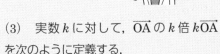

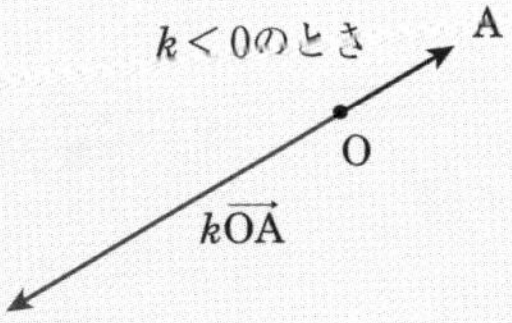

ベクトルは $\overrightarrow{\mathrm{OA}}$ のように表すこともあるが，
1 つの小文字と矢印を用いて $\vec{a}$ のようにも書く．
また，$\vec{a}$ の長さは $|\vec{a}|$ で表す．

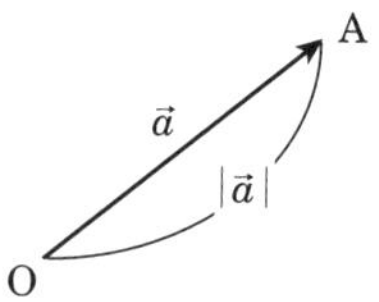

A
$\vec{a}$
$|\vec{a}|$
O

これまでのことをふまえると次のことが成り立つ．

ベクトルの演算の性質

$\vec{a}, \vec{b}$ をベクトル，h, k を実数とするとき，次が成り立つ．

❶ $\vec{a}+\vec{b}=\vec{b}+\vec{a}$

❷ $\vec{a}+\vec{b}+\vec{c}=\vec{a}+(\vec{b}+\vec{c})$

❸ $\vec{a}-\vec{a}=\vec{0}$

❹ $\vec{a}+\vec{0}=\vec{0}+\vec{a}=\vec{a}$

❺ $h(k\vec{a})=(hk)\vec{a}$

❻ $(h+k)\vec{a}=h\vec{a}+k\vec{a}$

❼ $k(\vec{a}+\vec{b})=k\vec{a}+k\vec{b}$

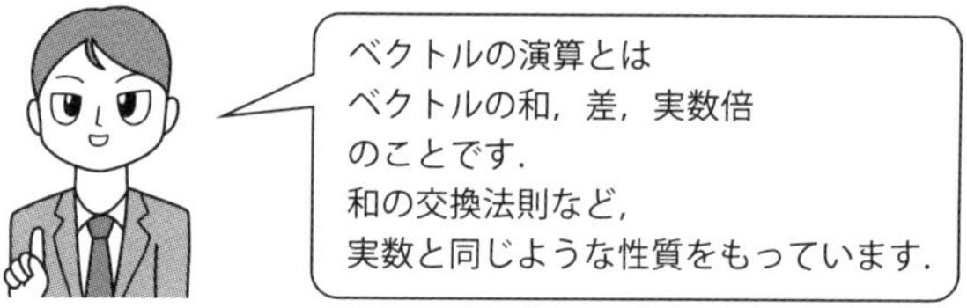

ベクトルの演算とは
ベクトルの和，差，実数倍
のことです．
和の交換法則など，
実数と同じような性質をもっています．

これまでは，ベクトルの和，差，実数倍を学んだ．今から，ベクトル同士の積，特に“内積”について学ぶ．

ベクトルの内積の定義

$\vec{0}$ でない 2 つのベクトル $\vec{a}$ と $\vec{b}$ のなす角が θ
$(0 \leqq \theta \leqq 180^\circ)$ のとき，$|\vec{a}||\vec{b}|\cos\theta$ を $\vec{a}$ と $\vec{b}$
の**内積**といい，$\vec{a}\cdot\vec{b}$ で表す．つまり

$$\vec{a}\cdot\vec{b}=|\vec{a}||\vec{b}|\cos\theta$$

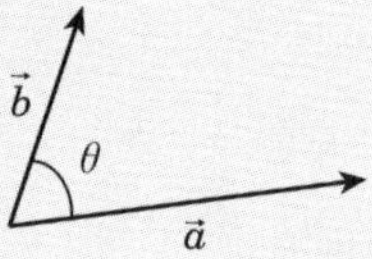

$\vec{b}$
θ
$\vec{a}$

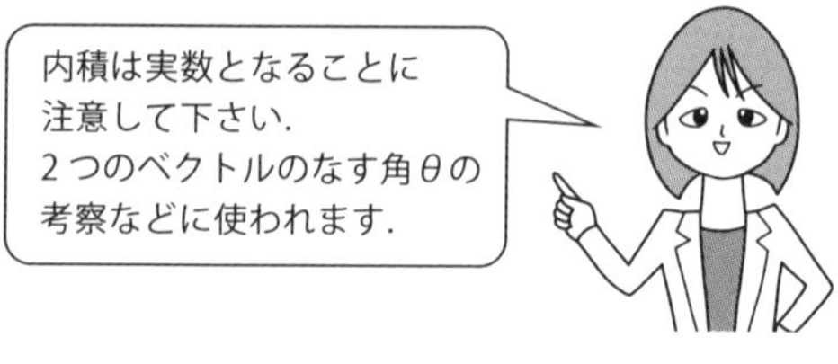

内積は実数となることに
注意して下さい．
2 つのベクトルのなす角 θ の
考察などに使われます．

内積の性質

ベクトル$\vec{a}$，$\vec{b}$，$\vec{c}$と実数kに対して，次の性質が成り立つ．

❶ $\vec{a}\cdot\vec{b}=\vec{b}\cdot\vec{a}$,　　　$\vec{a}\cdot\vec{a}=|\vec{a}|^2$

❷ $\vec{a}\cdot(\vec{b}+\vec{c})=\vec{a}\cdot\vec{b}+\vec{a}\cdot\vec{c}$,　　　$(\vec{a}+\vec{b})\cdot\vec{c}=\vec{a}\cdot\vec{c}+\vec{b}\cdot\vec{c}$

❸ $(k\vec{a})\cdot\vec{b}=\vec{a}\cdot(k\vec{b})=k(\vec{a}\cdot\vec{b})$

ベクトルの垂直と平行の定義

$\vec{0}$でない2つのベクトル$\vec{a}$と$\vec{b}$に対して，$\vec{a}$と$\vec{b}$のなす角をθ $(0\leqq\theta\leqq180^\circ)$とする．

（1） $\theta=90^\circ$のとき，$\vec{a}$と$\vec{b}$は垂直であるといい，

$$\vec{a}\perp\vec{b}$$

と書く．

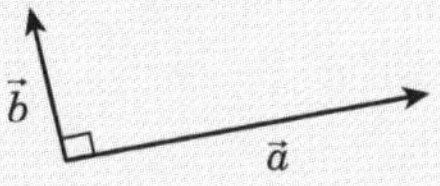

（2） $\theta=0^\circ$または$\theta=180^\circ$のとき，$\vec{a}$と$\vec{b}$は平行であるといい，

$$\vec{a}\,/\!/\,\vec{b}$$

と書く．

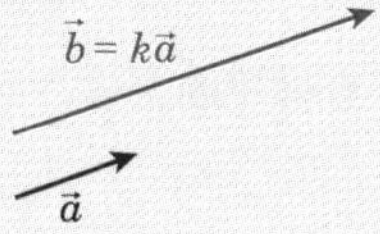

ベクトルの垂直，平行の同値条件

$\vec{0}$でない2つのベクトル$\vec{a}$と$\vec{b}$に対して，

（1） $\vec{a}\perp\vec{b}$　$\Longleftrightarrow$　$\vec{a}\cdot\vec{b}=0$

（2） $\vec{a}\,/\!/\,\vec{b}$　$\Longleftrightarrow$　$\vec{b}=k\vec{a}$となる実数kがある．

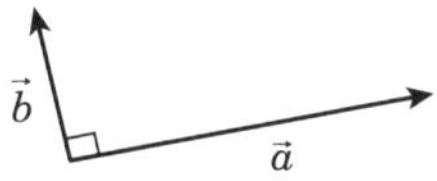

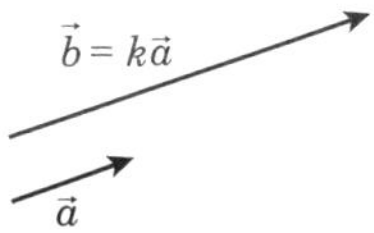

解説 （1） $\vec{a}\perp\vec{b}$ならば，$\theta=90^\circ$なので，内積の定義から$\vec{a}\cdot\vec{b}=0$．逆に，$\vec{a}\cdot\vec{b}=0$ならば，内積の定義から$\cos\theta=0$つまり$\theta=90^\circ$より，$\vec{a}\perp\vec{b}$．

（2） $\vec{a}\,/\!/\,\vec{b}$ならば，$\theta=0^\circ$または$\theta=180^\circ$なので，$\vec{a}$と$\vec{b}$は同じ向きか反対の向き．したがって，ある実数kを使って$\vec{b}=k\vec{a}$とかける．逆に，ある実数を使って$\vec{b}=k\vec{a}$と表されていれば$\theta=0^\circ$または$\theta=180^\circ$なので$\vec{a}\,/\!/\,\vec{b}$．

【解説終】

ベクトルを使うと，三角形の面積は次のように求められる．

定理 1.1.1　三角形の面積

△OAB において，$\overrightarrow{\mathrm{OA}}=\vec{a}$，$\overrightarrow{\mathrm{OA}}=\vec{b}$ とするとき，

△OAB の面積 S は

$$S=\frac{1}{2}\sqrt{|\vec{a}|^2|\vec{b}|^2-(\vec{a}\cdot\vec{b})^2}$$

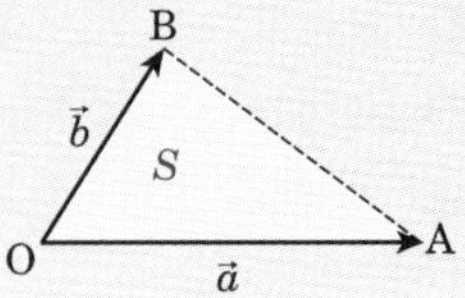

証明

$\vec{a}$ と $\vec{b}$ のなす角を θ とすると，

$$S=\frac{1}{2}\mathrm{OA}\cdot\mathrm{OB}\sin\theta=\frac{1}{2}|\vec{a}||\vec{b}|\sqrt{1-\cos^2\theta}$$

$$=\frac{1}{2}|\vec{a}||\vec{b}|\sqrt{1-\left(\frac{\vec{a}\cdot\vec{b}}{|\vec{a}||\vec{b}|}\right)^2}=\frac{1}{2}\sqrt{|\vec{a}|^2|\vec{b}|^2-(\vec{a}\cdot\vec{b})^2}$$

【証明終】

【2】　ベクトルの成分表示

(1) 座標平面上のベクトルの成分表示

右図のように，$\vec{a}$ の始点が原点のとき，終点の x 座標，y 座標をそれぞれ

$\vec{a}$ の x 成分，y 成分

といい，

$$\vec{a}=(a_1, a_2)$$

と表す．$\vec{a}=\begin{pmatrix}a_1\\a_2\end{pmatrix}$ と表すこともある．

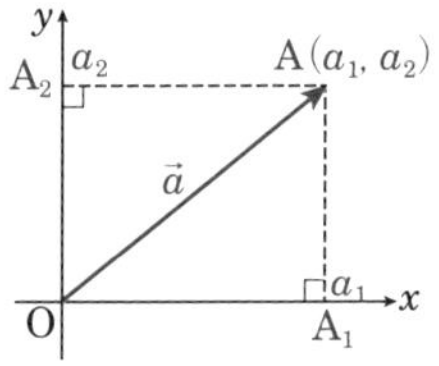

ベクトルの演算やいろいろな量は，ベクトルの成分を用いて次のように求められる．

ベクトルの演算の成分表示

❶ $(a_1, a_2)+(b_1, b_2)=(a_1+b_1,\ a_2+b_2)$

❷ $(a_1, a_2)-(b_1, b_2)=(a_1-b_1,\ a_2-b_2)$

❸ $k(a_1, a_2)=(ka_1, ka_2)$　　(k は実数)

いろいろな量の成分による計算

$\vec{a}=(a_1, a_2)$，$\vec{b}=(b_1, b_2)$ のとき，次の式が成立する．

❶ 長さ（大きさ）$|\vec{a}|=\sqrt{a_1{}^2+a_2{}^2}$　　❷ 内積 $\vec{a}\cdot\vec{b}=a_1b_1+a_2b_2$

❸ $\vec{a}$ と $\vec{b}$ のなす角を θ とすると，$\cos\theta=\dfrac{\vec{a}\cdot\vec{b}}{|\vec{a}||\vec{b}|}=\dfrac{a_1b_1+a_2b_2}{\sqrt{a_1{}^2+a_2{}^2}\sqrt{b_1{}^2+b_2{}^2}}$

❹ $\overrightarrow{OA}=\vec{a}$，$\overrightarrow{OB}=\vec{b}$ とするとき，△OAB の面積 $S=\dfrac{1}{2}|a_1b_2-a_2b_1|$

解説 上の❶と❷を定理 1.1.1 に代入すると❹が得られる．　【解説終】

(II) 座標空間上のベクトルの成分表示

右図のように，$\vec{a}$ の始点が原点のとき，終点の x 座標，y 座標，z 座標をそれぞれ

$\vec{a}$ の **x 成分，y 成分，z 成分**

といい，

$\vec{a}=(a_1, a_2, a_3)$

と表す．$\vec{a}=\begin{pmatrix}a_1\\a_2\\a_3\end{pmatrix}$ と表すこともある．

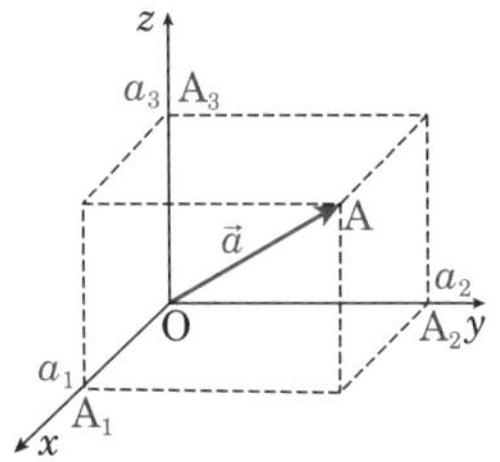

ベクトルの演算の成分表示

❶ $(a_1, a_2, a_3)+(b_1, b_2, b_3)=(a_1+b_1,\ a_2+b_2,\ a_3+b_3)$

❷ $(a_1, a_2, a_3)-(b_1, b_2, b_3)=(a_1-b_1,\ a_2-b_2,\ a_3-b_3)$

❸ $k(a_1, a_2, a_3)=(ka_1, ka_2, ka_3)$　　（k は実数）

いろいろな量の成分による計算

$\vec{a}=(a_1, a_2, a_3)$，$\vec{b}=(b_1, b_2, b_3)$ のとき，次の式が成立する．

❶ 長さ(大きさ) $|\vec{a}|=\sqrt{a_1{}^2+a_2{}^2+a_3{}^2}$　❷ 内積 $\vec{a}\cdot\vec{b}=a_1b_1+a_2b_2+a_3b_3$.

❸ $\vec{a}$ と $\vec{b}$ のなす角を θ とすると，

$$\cos\theta=\frac{\vec{a}\cdot\vec{b}}{|\vec{a}||\vec{b}|}=\frac{a_1b_1+a_2b_2+a_3b_3}{\sqrt{a_1{}^2+a_2{}^2+a_3{}^2}\sqrt{b_1{}^2+b_2{}^2+b_3{}^2}}$$

問題 1　ベクトルの計算

例題

$\vec{a}=(3,\ -2)$，$\vec{b}=(2,1)$，$\vec{p}=\vec{a}+t\vec{b}$（t は実数）とするとき，次の問に答えよう．

(1)　$|\vec{a}|, |\vec{b}|, \vec{a}\cdot\vec{b}$ を求めよう．

(2)　$\vec{p}$ と $\vec{a}-\vec{b}$ が平行のときの t の値を求めよう．

(3)　$|\vec{p}|$ の最小値を求めよう．また，そのときの t の値を求めよう．

(4)　$\triangle$ OAB において，$\overrightarrow{OA}=\vec{a}$，$\overrightarrow{OB}=\vec{b}$ とするとき，
$\triangle$ OAB の面積 S を求めよう．

解 答　(1)　ベクトルの長さ，内積の成分表示より，

$|\vec{a}|=\sqrt{3^2+(-2)^2}=\sqrt{13}$，　$|\vec{b}|=\sqrt{2^2+1^2}=\sqrt{5}$，　$\vec{a}\cdot\vec{b}=3\cdot 2+(-1)\cdot 1=4$

(2)　$\vec{p}\,/\!/\,(\vec{a}-\vec{b})$ のとき，$\vec{p}=k(\vec{a}-\vec{b})$ となる k があるから，

$$(3+2t,\ -2+t)=k(1,\ -3),\quad \text{つまり}\quad \begin{cases} 3+2t=k \\ -2+t=-3k \end{cases}$$

これらから，k を消去すると　$t=-1$

(3)　p.5 上の内積の性質❶，❷より

$$|\vec{p}|=\sqrt{|\vec{p}|^2}=\sqrt{(\vec{a}+t\vec{b})\cdot(\vec{a}+t\vec{b})}=\sqrt{|\vec{a}|^2+2t\vec{a}\cdot\vec{b}+t^2|\vec{b}|^2}$$

$$=\sqrt{(\sqrt{13})^2+2t\cdot 4+t^2\cdot(\sqrt{5})}=\sqrt{5t^2+8t+13}$$

$$=\sqrt{5\left(t+\frac{4}{5}\right)^2+\frac{49}{5}}$$

よって，$t=-\dfrac{4}{5}$ のとき，$|\vec{p}|$ は最小値 $\dfrac{7}{\sqrt{5}}$ をとる．

> $\vec{p}=\vec{a}+t\vec{b}$ で表される $\vec{p}$ は
> 点 A を通り，$\vec{b}$ に平行な直線
> 上の任意の点を表します．
> 詳しくは，p.16 ベクトル方程式
> で学びます．

(4)　定理 1.1.1 三角形の面積の公式から

$$S=\frac{1}{2}\sqrt{|\vec{a}|^2|\vec{b}|^2-(\vec{a}\cdot\vec{b})^2}=\frac{1}{2}\sqrt{(\sqrt{13})^2(\sqrt{5})^2-4^2}=\frac{1}{2}\sqrt{49}=\frac{7}{2}$$

【(4)の別解】 p.7 上❹の成分を用いた三角形の面積の公式から

$$S=\frac{1}{2}|3\cdot 1-(-2)\cdot 2|=\frac{7}{2}$$

【解終】

POINT ベクトルの垂直・平行，内積の性質，三角形の面積の公式を使う

演習 1

$\vec{a}=(1, 1, -1)$，$\vec{b}=(2, -1, -1)$，$\vec{p}=\vec{a}+t\vec{b}$（t は実数）のとき，次の問に答えよう．

（1）$|\vec{a}|$, $|\vec{b}|$，$\vec{a}\cdot\vec{b}$ を求めよう．

（2）$\vec{p}$ と $2\vec{a}+\vec{b}$ が垂直のときの t の値を求めよう．

（3）$|\vec{p}|$ の最小値を求めよう．また，そのときの t の値を求めよう．

（4）$\triangle$ OAB において，$\overrightarrow{OA}=\vec{a}$，$\overrightarrow{OB}=\vec{b}$ とするとき，$\triangle$ OAB の面積 S を求めよう．

解答は p.266

解答（1）ベクトルの長さ，内積の成分表示より，

$|\vec{a}|=$ ㋐［　　　］，$|\vec{b}|=$ ㋑［　　　］，

$\vec{a}\cdot\vec{b}=$ ㋒［　　　］

（2）$\vec{p}\perp(2\vec{a}+\vec{b}) \iff \vec{p}\cdot(2\vec{a}+\vec{b})=0$ であることに注意する．

$0=\vec{p}\cdot(2\vec{a}+\vec{b})=$ ㋓［　］$|\vec{a}|^2+$ ㋔［　］$\vec{a}\cdot\vec{b}+$ ㋕［　］$|\vec{b}|^2=$ ㋖［　］$t+$ ㋗［　］

これを解いて，$t=$ ㋘［　］

【(2)の別解】 $\vec{p}$ と $2\vec{a}+\vec{b}$ を成分表示すると，

それぞれ $\vec{p}=$ ㋙［　　　］，

$2\vec{a}+\vec{b}=$ ㋚［　　　］である．

$\vec{p}\perp(2\vec{a}+\vec{b}) \iff \vec{p}\cdot(2\vec{a}+\vec{b})=0$ なので，

㋛［　　　］

（3）内積の性質より

$|\vec{p}|=\sqrt{|\vec{p}|^2}=$ ㋜［　　　］

よって，$t=$ ㋝［　］のとき，最小値 ㋞［　］になる．

（4）三角形の面積の公式から

$S=$ ㋟［　　　］

【解終】

Section 1.2

位置ベクトル

平面または空間において1点Oを定めると，点Aの位置は

$$\overrightarrow{\mathrm{OA}} = \vec{a}$$

によって決まる．このようなベクトル$\vec{a}$を，点Oに関する点Aの**位置ベクトル**という．点Oはどこに定めても良いが，座標平面上や座標空間上では通常，原点をOと定める．また，位置ベクトルが$\vec{a}$である点Aを$\mathrm{A}(\vec{a})$で表す．

$\overrightarrow{\mathrm{AB}}$と位置ベクトル

2点$\mathrm{A}(\vec{a})$，$\mathrm{B}(\vec{b})$について，

$$\overrightarrow{\mathrm{AB}} = \vec{b} - \vec{a}$$

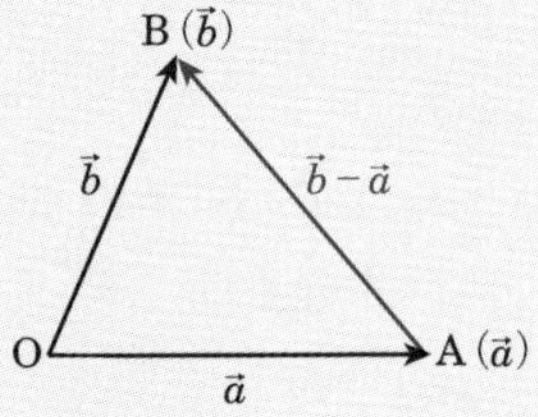

位置ベクトルを導入することにより，平面上や空間上の点とベクトルを1対1に対応させることができ，図形をベクトルを使って考察することができます

$\overrightarrow{\mathrm{AB}}$の成分と大きさ

(I)　座標平面上の$\mathrm{A}(a_1,\ a_2)$，$\mathrm{B}(b_1,\ b_2)$について，

$$\overrightarrow{\mathrm{AB}} = (b_1 - a_1,\ b_2 - a_2),$$

$$|\overrightarrow{\mathrm{AB}}| = \sqrt{(b_1 - a_1)^2 + (b_2 - a_2)^2}$$

(II)　座標空間上の$\mathrm{A}(a_1,\ a_2,\ a_3)$，$\mathrm{B}(b_1,\ b_2,\ b_3)$について，

$$\overrightarrow{\mathrm{AB}} = (b_1 - a_1,\ b_2 - a_2,\ b_3 - a_3),$$

$$|\overrightarrow{\mathrm{AB}}| = \sqrt{(b_1 - a_1)^2 + (b_2 - a_2)^2 + (b_3 - a_3)^2}$$

（I）座標平面の場合，
$$\overrightarrow{\mathrm{OA}} = (a_1,\ a_2),$$
$$\overrightarrow{\mathrm{OB}} = (b_1,\ b_2)$$
となるので確認できる.

（II）座標空間の場合，
$$\overrightarrow{\mathrm{OA}} = (a_1,\ a_2,\ a_3),$$
$$\overrightarrow{\mathrm{OB}} = (b_1,\ b_2,\ b_3)$$
となるので確認できる.

【解説終】

たとえば，
2点 $\mathrm{A}(1, -3, 4)$，$\mathrm{B}(-2, 1, -1)$ について，
$$\overrightarrow{\mathrm{AB}} = (-2-1,\ 1-(-3),\ -1-4)$$
$$= (-3,\ 4,\ -5)$$
$$|\overrightarrow{\mathrm{AB}}| = \sqrt{(-3)^2 + 4^2 + (-5)^2} = 5\sqrt{2}$$
となります.

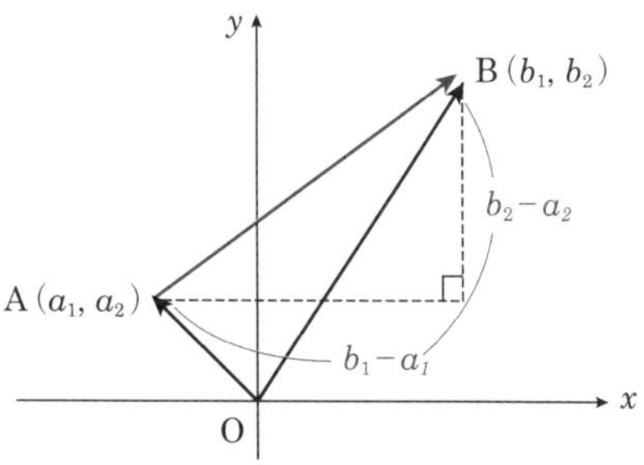

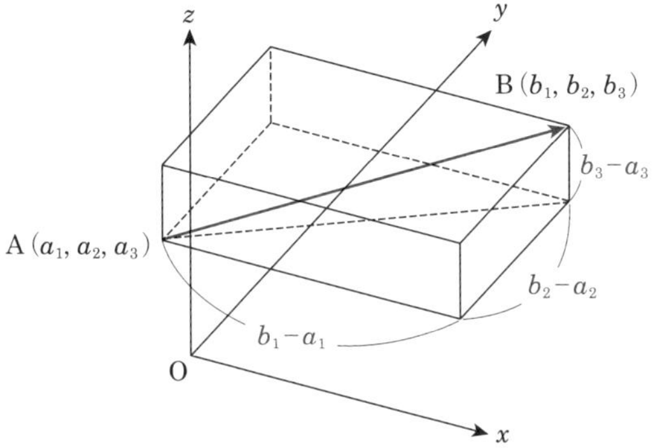

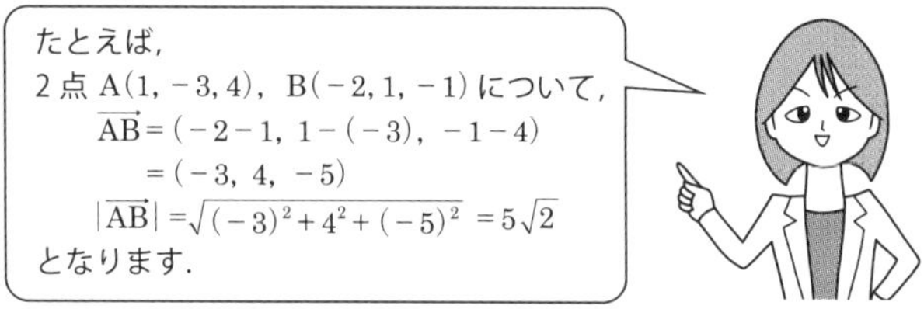

内分点，外分点の位置ベクトル

2点 A($\vec{a}$)，B($\vec{b}$) に対して，線分 AB を $m:n$ に内分する点 P と線分 AB を $m:n$ に外分する点 Q の位置ベクトルをそれぞれ $\vec{p}$，$\vec{q}$ とすると

$$\vec{p}=\frac{n\vec{a}+m\vec{b}}{m+n},\qquad \vec{q}=\frac{-n\vec{a}+m\vec{b}}{m-n}$$

解説　$\overrightarrow{AP}=\dfrac{m}{m+n}\overrightarrow{AB}$ なので，

$$\vec{p}-\vec{a}=\frac{m}{m+n}(\vec{b}-\vec{a})$$

これより　$\vec{p}=\dfrac{n\vec{a}+m\vec{b}}{m+n}$

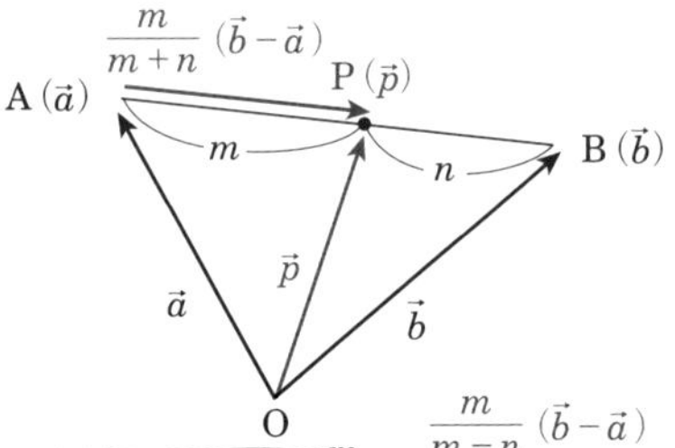

一方，$m>n$ のとき，

$\overrightarrow{AQ}=\dfrac{m}{m-n}\overrightarrow{AB}$ なので，

$$\vec{q}-\vec{a}=\frac{m}{m-n}\vec{b}-\vec{a}$$

これより　$\vec{q}=\dfrac{-n\vec{a}+m\vec{b}}{m-n}$

$m<n$ のときも同様.

【解説終】

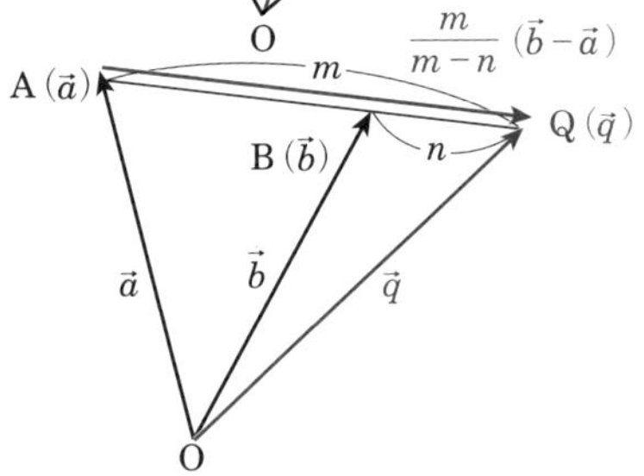

重心の位置ベクトル

3点 A($\vec{a}$)，B($\vec{b}$)，C($\vec{c}$)を頂点とする△OAB の重心を G($\vec{g}$) とすると

$$\vec{g}=\frac{\vec{a}+\vec{b}+\vec{c}}{3}$$

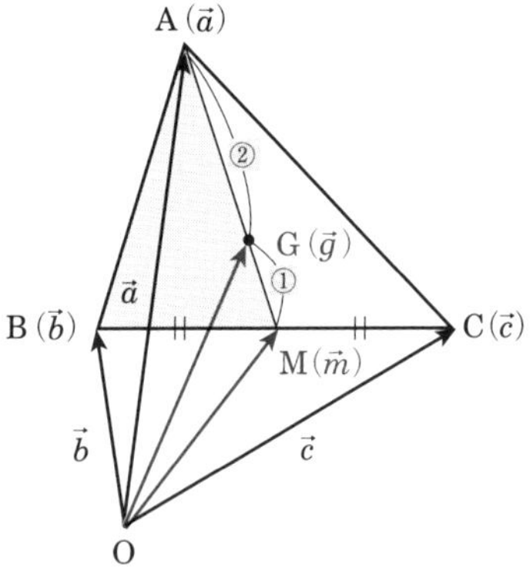

解説　辺 BC の中点を M($\vec{m}$)とすると，

$$\vec{m}=\frac{\vec{b}+\vec{c}}{2}\qquad\cdots(1)$$

重心 G は辺 AM を 2：1 に内分するので，

$$\vec{g}=\frac{\vec{a}+2\vec{m}}{3}\qquad\cdots(2)$$

(1)と(2)より

$$\vec{g}=\frac{\vec{a}+\vec{b}+\vec{c}}{3}$$

【解説終】

内分点，外分点の位置ベクトル

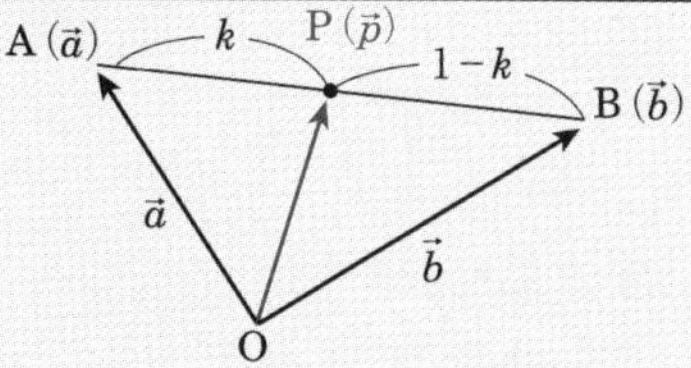

実数 k を $0<k<1$ とする.

2 点 $A(\vec{a})$，$B(\vec{b})$ に対して線分 AB を

$k:(1-k)$ に内分する点を $P(\vec{p})$ とすると

$$\vec{p}=(1-k)\vec{a}+k\vec{b}$$

ベクトルの線形独立（定義と性質）

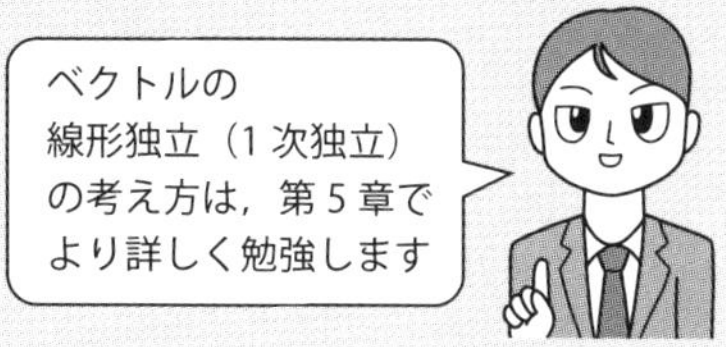

(I) 平面上のベクトル

平面上の 2 つのベクトル $\vec{a},\vec{b}$ が $\vec{0}$ でなく，平行でないとき，$\vec{a}$ と $\vec{b}$ は**線形独立**または **1 次独立**であるという．このとき，

(1) 平面上のどんなベクトル $\vec{p}$ も次のように 1 通りに表すことができる.

$$\vec{p}=s\vec{a}+t\vec{b}\quad (s, t \text{ は実数})$$

(2) $s\vec{a}+t\vec{b}=s'\vec{a}+t'\vec{b} \iff s=s',\ t=t'$

特に，$s\vec{a}+t\vec{b}=\vec{0} \iff s=0,\ t=0$

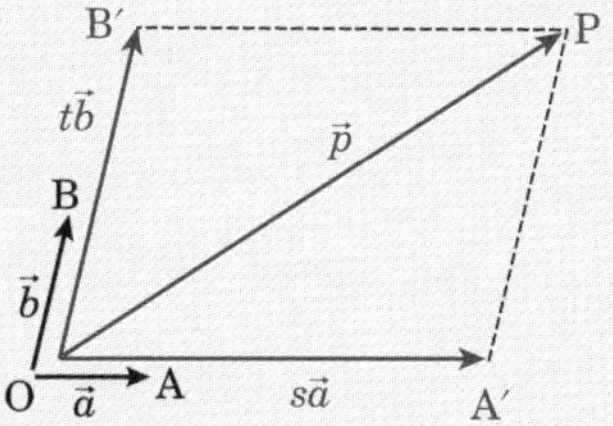

(II) 空間上のベクトル

空間上の 3 つのベクトル $\vec{a},\vec{b},\vec{c}$ が $\vec{0}$ でなく，$\vec{a}=\overrightarrow{OA}$，$\vec{b}=\overrightarrow{OB}$，$\vec{c}=\overrightarrow{OC}$ となる 4 点 O，A，B，C が同一平面上にないとき，$\vec{a},\vec{b},\vec{c}$ は**線形独立**または **1 次独立**であるという．このとき，

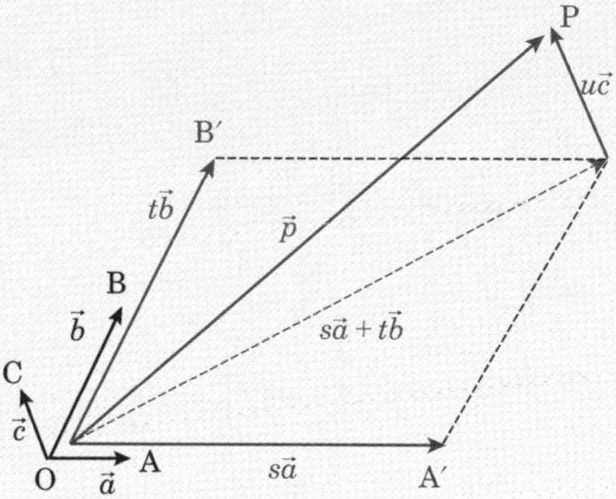

(1) 空間上のどんなベクトル $\vec{p}$ も次のように 1 通りに表すことができる.

$$\vec{p}=s\vec{a}+t\vec{b}+u\vec{c}\quad (s, t, u \text{ は実数})$$

(2) $s\vec{a}+t\vec{b}+u\vec{c}=s'\vec{a}+t'\vec{b}+u'\vec{c} \iff s=s',\ t=t',\ u=u'$

特に，$s\vec{a}+t\vec{b}+u\vec{c}=\vec{0} \iff s=0,\ t=0,\ u=0$

問題2　2直線の交点の位置ベクトル

例題

△OAB において，辺 OA の中点を C，辺 OB を 2:1 に内分する点を D とし，線分 AD と線分 BC の交点を P とする．$\overrightarrow{OA}=\vec{a}$，$\overrightarrow{OB}=\vec{b}$ とするとき，$\overrightarrow{OP}$ を $\vec{a}$，$\vec{b}$ を用いて表そう．

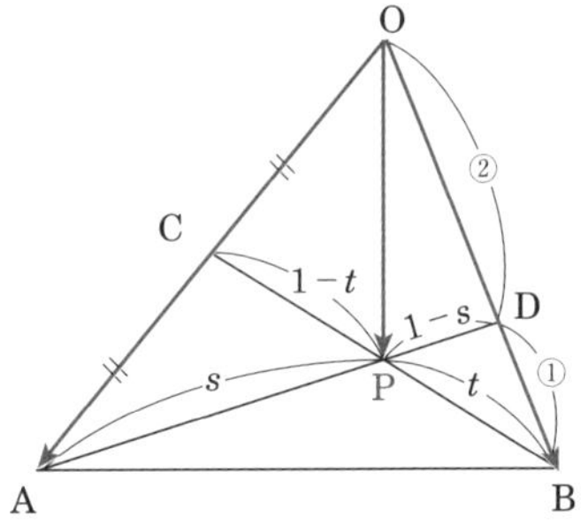

解答　点 P が線分 AD を $s:(1-s)$ に内分するとする．$\overrightarrow{OD}=\frac{2}{3}\overrightarrow{OB}=\frac{2}{3}\vec{b}$ であることに注意すると，

$$\overrightarrow{OP}=(1-s)\overrightarrow{OA}+s\overrightarrow{OD}$$
$$=(1-s)\vec{a}+\frac{2}{3}s\vec{b}\qquad\cdots\ (1)$$

一方，点 P が線分 CB を $(1-t):t$ に内分するとする．このとき，$\overrightarrow{OC}=\frac{1}{2}\overrightarrow{OA}=\frac{1}{2}\vec{a}$ であることに注意すると，

$$\overrightarrow{OP}=t\overrightarrow{OC}+(1-t)\overrightarrow{OB}=\frac{1}{2}t\vec{a}+(1-t)\vec{b}\qquad\cdots\ (2)$$

(1)と(2)から，

$$(1-s)\vec{a}+\frac{2}{3}s\vec{b}=\frac{1}{2}t\vec{a}+(1-t)\vec{b}$$

$\vec{a}\neq\vec{0}$，$\vec{b}\neq\vec{0}$ で，$\vec{a}$ と $\vec{b}$ が平行でないので，
$\vec{a}$ と $\vec{b}$ は線形独立（1 次独立）．ゆえに，

$$1-s=\frac{1}{2}t\quad かつ\quad \frac{2}{3}s=1-t$$

これを解いて，$s=\frac{3}{4}$，$t=\frac{1}{2}$．

したがって，$\overrightarrow{OP}=\frac{1}{4}\vec{a}+\frac{1}{2}\vec{b}$　【解終】

POINT 点Pは線分AD上, かつ線分BC上にあるので, $\overrightarrow{\mathrm{OP}}$ を2通りに表す

演習 2

△OABにおいて, 辺OAを2：1に内分する点をC, 辺OBを3：2に内分する点をDとし, 線分ADと線分BCの交点をPとする. $\overrightarrow{\mathrm{OA}}=\vec{a}$, $\overrightarrow{\mathrm{OB}}=\vec{b}$ とするとき, $\overrightarrow{\mathrm{OP}}$ を $\vec{a}$, $\vec{b}$ を用いて表そう.

解答は p.266

解答 点Pが線分ADを $s:(1-s)$ に内分するとき,

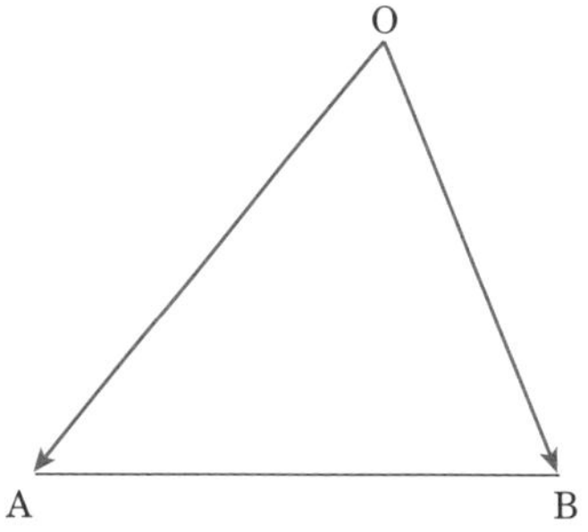

$\overrightarrow{\mathrm{OD}}=$ ㋐□ $\overrightarrow{\mathrm{OB}}=$ ㋑□ $\vec{b}$ であること

に注意すると,

$\overrightarrow{\mathrm{OP}}=$ ㋒□ $\overrightarrow{\mathrm{OA}}+$ ㋓□ $\overrightarrow{\mathrm{OD}}$

$=$ ㋔□ $\vec{a}+$ ㋕□ $\vec{b}$ … (1)

一方, 点Pが線分CBを $(1-t):t$ に内分するとき, $\overrightarrow{\mathrm{OC}}=$ ㋖□ $\overrightarrow{\mathrm{OA}}=$ ㋗□ $\vec{a}$

であることに注意すると,

$\overrightarrow{\mathrm{OP}}=$ ㋘□ $\overrightarrow{\mathrm{OC}}+$ ㋙□ $\overrightarrow{\mathrm{OB}}$

$=$ ㋚□ $\vec{a}+$ ㋛□ $\vec{b}$ … (2)

(1)と(2)から,

㋔□ $\vec{a}+$ ㋕□ $\vec{b}=$ ㋚□ $\vec{a}+$ ㋛□ $\vec{b}$

$\vec{a}\neq\vec{0}$, $\vec{b}\neq 0$ で, $\vec{a}$ と $\vec{b}$ が平行でないので, $\vec{a}$ と $\vec{b}$ は線形独立（1次独立).

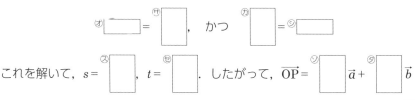

ゆえに,

㋔□ $=$ ㋚□, かつ ㋕□ $=$ ㋛□

これを解いて, $s=$ ㋜□, $t=$ ㋝□. したがって, $\overrightarrow{\mathrm{OP}}=$ ㋞□ $\vec{a}+$ ㋟□ $\vec{b}$

【解終】

Section 1.3

座標平面における直線の方程式

$\vec{d}$ に平行な直線のベクトル方程式

座標平面上の点 A$(\vec{a})$ を通り，$\vec{0}$ でないベクトル $\vec{d}$ に平行な直線 ℓ 上の任意の点 P$(\vec{p})$ は，実数 t を用いて，次で表される．

$$\vec{p}=\vec{a}+t\vec{d} \qquad ①$$

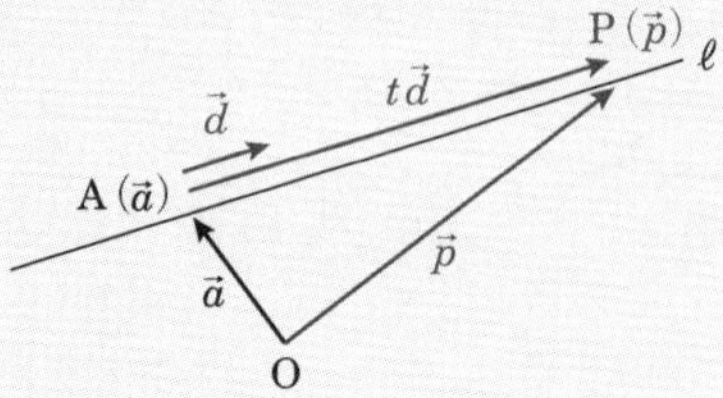

解説 点 P$(\vec{p})$ が ℓ 上にあるとき，$\overrightarrow{\mathrm{AP}}/\!/\vec{d}$ なので，

$$\overrightarrow{\mathrm{AP}}=t\vec{d}$$

となる実数 t がある．$\overrightarrow{\mathrm{AP}}=\overrightarrow{\mathrm{OP}}-\overrightarrow{\mathrm{OA}}=\vec{p}-\vec{a}$ より，$\vec{p}-\vec{a}=t\vec{d}$ となるので，①が得られる．①において，t にいろいろな値を定めると，それに応じて直線 ℓ の点 P が定まるので，①が直線 ℓ を表すことが確認できる．

①を直線 ℓ の**ベクトル方程式**，t を**媒介変数**，$\vec{d}$ を直線 ℓ の**方向ベクトル**という．

【解説終】

$\vec{d}$ に平行な直線の媒介変数表示

点 O を原点とし，点 A(x_1, y_1) を通り方向ベクトル $\vec{d}=(m, n)$ の直線 ℓ 上の任意の点 P の座標を (x, y) とすると，t を媒介変数とする直線 ℓ の**媒介変数表示**は次で与えられる．

$$\begin{cases} x=x_1+mt \\ y=y_1+nt \end{cases} \qquad ②$$

また，$mn \neq 0$ のとき，直線 ℓ は次の式で表せる．

$$\frac{x-x_1}{m}=\frac{y-y_1}{n}\ (=t) \qquad ③$$

解説 $\vec{p}=(x,y)$，$\vec{a}=(x_1,y_1)$，$\vec{d}=(m,n)$ を①に代入すると

$$(x,y)=(x_1,y_1)+t(m,n)=(x_1+mt,\ y_1+nt)$$

なので，②が得られる． 【解説終】

$\vec{n}$ に垂直な直線のベクトル方程式

点 $A(\vec{a})$ を通り，$\vec{0}$ でないベクトル $\vec{n}$ に垂直な直線 ℓ 上の任意の点を $P(\vec{p})$ とすると，直線 ℓ の**ベクトル方程式**は次で表される．

$$\vec{n}\cdot(\vec{p}-\vec{a})=0 \qquad ④$$

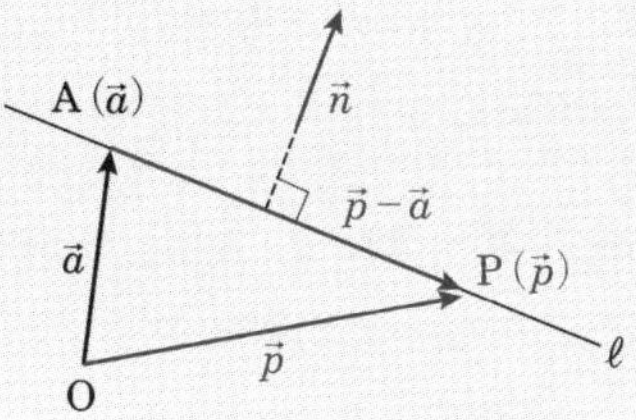

解説 点 $P(\vec{p})$ が ℓ 上にあるとき，$\vec{n}\perp\overrightarrow{AP}$ なので，

$$\vec{n}\cdot\overrightarrow{AP}=0$$

となる．$\overrightarrow{AP}=\overrightarrow{OP}-\overrightarrow{OA}=\vec{p}-\vec{a}$ より，④が得られる．
また，④をみたす点 P すべてのあつまりが直線 ℓ である．

$\vec{n}$ を直線 ℓ の**法線ベクトル**という． 【解説終】

$\vec{n}$ に垂直な直線の方程式

点 O を原点とする．

(I) 点 $A(x_1,y_1)$，$\vec{n}=(a,b)$ とし，点 A を通り $\vec{n}$ に垂直な直線 ℓ 上の任意の点 P の座標を (x,y) とすると，直線 ℓ は次の式で表される．

$$a(x-x_1)+b(y-y_1)=0 \qquad ⑤$$

(II) 直線 $ax+by+c=0$ において，$\vec{n}=(a,b)$ はその法線ベクトルである．

解説 (I) $\vec{p}=(x,y)$，$\vec{a}=(x_1,y_1)$，$\vec{n}=(a,b)$ を④に代入すると

$$(a,b)\cdot(x-x_1,\ y-y_1)=0$$

なので，⑤が得られる．

(II) $ax+by+c=0$ は，$c=-ax_1-by_1$ とおくと⑤に変形できるので，直線 $ax+by+c=0$ の法線ベクトルは $\vec{n}=(a,b)$ であることが確認できる． 【解説終】

問題3　平面上の直線のベクトル方程式

例題

(1)　点A(−3, 1)を通り，方向ベクトルが $\vec{d}=(3,2)$ である直線の方程式を媒介変数 t を用いて表そう．また，t を消去した直線の方程式を求めよう．

(2)　点A(1, 4)を通り，法線ベクトルが $\vec{n}=(3,2)$ である直線の方程式を求めよう．

解答　(1)　点A$(\vec{a})$ を通り，方向ベクトルが $\vec{d}$ である直線上の任意の点P$(\vec{p})$ のベクトル方程式をまず成分表示してみる．

$$\vec{p}=\vec{a}+t\vec{d}$$

に $\vec{p}=(x,y)$，$\vec{a}=(-3,1)$，$\vec{d}=(3,2)$ を代入すると，次のように表される．

$$(x,y)=(-3,1)+t(3,2)=(-3,1)+(3t,2t)=(-3+3t,\ 1+2t)$$

したがって，この直線の媒介変数表示は

$$\begin{cases} x=-3+3t & \cdots① \\ y=1+2t & \cdots② \end{cases}$$

よって，①より $3t=x+3$，つまり $t=\dfrac{1}{3}x+1$ として，この t を②に代入すると直線の方程式は $y=\dfrac{2}{3}x+3$ と表される．

(2)　点A$(\vec{a})$ を通り，法線ベクトルが $\vec{n}$ である直線上の任意の点P$(\vec{p})$ のベクトル方程式をまず成分表示してみる．

$$\vec{n}\cdot(\vec{p}-\vec{a})=0$$

に $\vec{p}=(x,y)$，$\vec{a}=(1,4)$，$\vec{n}=(3,2)$ を代入すると，次のように表される．

$$(3,2)\cdot((x,y)-(1,4))=0$$
$$(3,2)\cdot(x-1,\ y-4)=0$$
$$3(x-1)+2(y-4)=0$$
$$3x+2y-11=0$$

したがって，直線の方程式は $3x+2y-11=0$ になる．　【解終】

POINT 方向ベクトルに平行な直線のベクトル方程式，法線ベクトルに垂直な直線のベクトル方程式を使う

演習 3

(1)　2 点 A$(-3, 4)$，B$(6, 1)$ を通る直線の方程式を，媒介変数 t を用いて表そう．また，t を消去した直線の方程式を求めよう．

(2)　点$(3, 2)$を通り，直線 $3x+4y+5=0$ に垂直な直線の方程式を求めよう．

解答は p.266

解答　(1)　点 A$(\vec{a})$，B$(\vec{b})$ を通る直線の方程式の方向ベクトルの 1 つは $\vec{d}=$ ㋐ [　　　　] なので，この直線上の任意の点 P$(\vec{p})$ のベクトル方程式をまず成分表示してみる．

$$\vec{p}=\vec{a}+t\vec{d}$$

に $\vec{p}=$ ㋑ [　　]，$\vec{a}=$ ㋒ [　　]，$\vec{d}=$ ㋓ [　　] を代入すると，次のように表される．

$(x, y)=$ ㋔ [　　　　]

したがって，この直線の媒介変数表示は

$$\begin{cases} x= ㋕ [\quad] \\ y= ㋖ [\quad] \end{cases}$$

また，この式から t を消去して整理すると，直線の方程式は ㋗ [　　　　]

(2)　直線 $3x+4y+5=0$ の法線ベクトルを成分表示すると ㋘ [　　] である．

したがって，直線 $3x+4y+5=0$ に垂直な直線の方程式の方向ベクトルは $\vec{d}=$ ㋙ [　　] となる．

いま，点 A$(\vec{a})$ を通り，方向ベクトルが $\vec{d}$ である直線上の任意の点 P$(\vec{p})$ のベクトル方程式をまず成分表示してみる．

$$\vec{p}=\vec{a}+t\vec{d}$$

に $\vec{p}=$ ㋚ [　　]，$\vec{a}=$ ㋛ [　　]，$\vec{d}=$ ㋜ [　　] を代入すると，次のように表される．

$(x, y)=$ ㋝ [　　　　]

したがって，この直線の媒介変数表示は

$$\begin{cases} x= ㋞ [\quad] \\ y= ㋟ [\quad] \end{cases}$$

この式から t を消去して整理すると，直線の方程式は ㋠ [　　　　]

【解終】

Section 1.4

座標空間における直線・平面の方程式

座標平面の場合と同じように次が得られる.

$\vec{d}$ に平行な直線のベクトル方程式

座標空間上の点 $A(\vec{a})$ を通り，$\vec{0}$ でないベクトル $\vec{d}$ に平行な直線 ℓ 上の任意の点 $P(\vec{p})$ は，実数 t を用いて，次で表される.

$$\vec{p}=\vec{a}+t\vec{d} \qquad ①$$

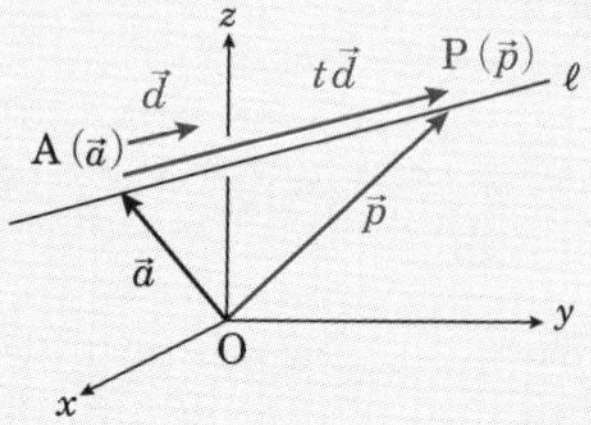

解説 ①は §1.3 の座標平面の場合と同じように得られる.

①を直線 ℓ の**ベクトル方程式**，t を**媒介変数**，$\vec{d}$ を直線 ℓ の**方向ベクトル**という.【解説終】

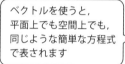

ベクトルを使うと，
平面上でも空間上でも，
同じような簡単な方程式
で表されます

$\vec{d}$ に平行な直線の媒介変数表示

点 O を原点とし，点 $A(x_1, y_1, z_1)$ を通り方向ベクトル $\vec{d}=(l, m, n)$ の直線 ℓ 上の任意の点 P の座標を (x, y, z) とすると，t を媒介変数とする直線 ℓ の**媒介変数表示**は次で与えられる.

$$\begin{cases} x=x_1+lt \\ y=y_1+mt \\ z=z_1+nt \end{cases} \qquad ②$$

また，$lmn \neq 0$ のとき，直線 ℓ は次の式で表せる.

$$\frac{x-x_1}{l}=\frac{y-y_1}{m}=\frac{z-z_1}{n}\ (=t) \qquad ③$$

解説 $\vec{p}=(x, y, z)$，$\vec{a}=(x_1, y_1, z_1)$，$\vec{d}=(l, m, n)$ を①に代入すると

$$(x, y, z)=(x_1, y_1, z_1)+t(l, m, n)=(x_1+lt,\ y_1+mt,\ z_1+nt)$$

なので，②が得られる.

【解説終】

$\vec{n}$ に垂直な平面のベクトル方程式

点 A($\vec{a}$) を通り，$\vec{0}$ でないベクトル $\vec{n}$ に垂直な平面 α 上の任意の点 を P($\vec{p}$) とすると，平面 α の**ベクトル方程式**は次で表される．

$$\vec{n}\cdot(\vec{p}-\vec{a})=0 \qquad ④$$

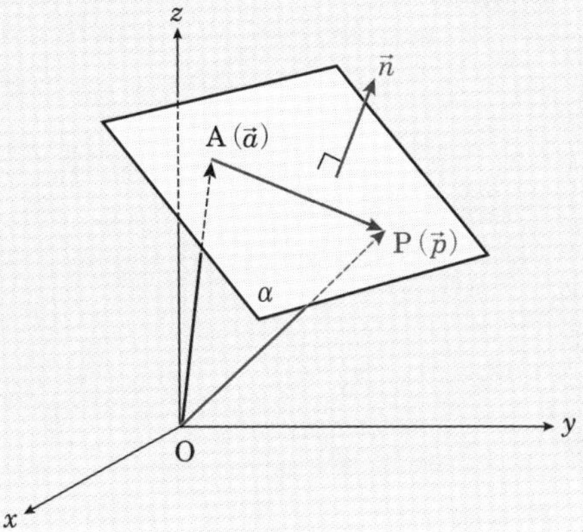

解説　点 P($\vec{p}$)が平面 α 上にあるとき，$\vec{n}\perp\overrightarrow{\mathrm{AP}}$ なので，

$$\vec{n}\cdot\overrightarrow{\mathrm{AP}}=0$$

となる．$\overrightarrow{\mathrm{AP}}=\overrightarrow{\mathrm{OP}}-\overrightarrow{\mathrm{OA}}=\vec{p}-\vec{a}$ より，④が得られる．また，④をみたす点 P 全体のあつまりは平面 α をなす．

$\vec{n}$ を平面 α の**法線ベクトル**という．　【解説終】

$\vec{n}$ に垂直な平面の方程式

点 O を原点とする．

(I)　点 A(x_1, y_1, z_1)，$\vec{n}=(a, b, c)$ とし，点 A を通り $\vec{n}$ に垂直な平面 α 上の任意の点 P の座標を (x, y, z) とすると，平面 α は次の式で表される．

$$a(x-x_1)+b(y-y_1)+c(z-z_1)=0 \qquad ⑤$$

(II) 平面 $ax+by+cz+d=0$ において，$\vec{n}=(a, b, c)$ はその法線ベクトルである．

解説　(I) $\vec{p}=(x, y, z)$，$\vec{a}=(x_1, y_1, z_1)$，$\vec{n}=(a, b, c)$ を④に代入すると

$$(a,\ b,\ c)\cdot(x-x_1,\ y-y_1,\ z-z_1)=0$$

なので，⑤が得られる．

(II) $ax+by+cz+d=0$ は，$d=-ax_1-by_1-cz_1$ とおくと⑤に変形できるので，平面 $ax+by+cz+d=0$ の法線ベクトルは $\vec{n}=(a, b, c)$ であることが確認できる．

【解説終】

問題4　空間における直線・平面の方程式

例題

(1)　2 点 A$(1, 5, 2)$，B$(3, 1, 5)$ を通る直線の方程式を求めよう.

(2)　点 A$(3, 4, 1)$ を通り，法線ベクトルが $\vec{n}=(3,\ -2, 1)$ である平面の方程式を求めよう.

(3)　次の直線と平面の交点を求めよう.

$$\text{直線}\quad \frac{x+1}{3}=y+2=\frac{z}{2} \qquad ①$$

$$\text{平面}\quad x-3y-z+1=0 \qquad ②$$

解答　(1)　2 点 A$(\vec{a})$，B$(\vec{b})$ を通る直線の方程式の方向ベクトルの 1 つは $\vec{d}=\overrightarrow{\mathrm{AB}}=\vec{b}-\vec{a}=(3, 1, 5)-(1, 5, 2)=(2,\ -4, 3)$ であり，A$(1, 5, 2)$ を通るので，直線の方程式は

$$\frac{x-1}{2}=\frac{y-5}{-4}=\frac{z-2}{3}$$

また，B$(3, 1, 5)$ を通るので，直線の方程式は

$$\frac{x-3}{2}=\frac{y-1}{-4}=\frac{z-5}{3}$$

としてもよい.

(2)　点 A$(3, 4, 1)$，法線ベクトル $\vec{n}=(3,\ -2, 1)$ なので，求める平面の方程式は，

$$3(x-3)-2(y-4)+(z-1)=0$$

$$\text{つまり，}\quad 3x-2y+z-2=0$$

(3)　t を実数として，

$$\frac{x+1}{3}=y+2=\frac{z}{2}=t$$

とおくと，直線①上の任意の点 (x, y, z) は次のように表される.

$$(x, y, z)=(3t-1,\ t-2,\ 2t) \qquad ③$$

直線①上の点が，平面②上にあるとき，その点が求める交点なので，③を平面②の方程式に代入すると，

$$(3t-1)-3(t-2)-2t+1=0$$

これを解いて，$t=3$. よって，$t=3$ を③に代入すると，交点の座標は $(8, 1, 6)$ になる.

【解終】

POINT 直線と平面の交点は，直線上の任意の点を媒介変数表示して，平面の方程式に代入して求まる

演習 4

(1)　2 点 A(1, 2, −1), B(1, 2, 2) を通る直線の方程式を求めよう．

(2)　2 点 A(1, 0, −1), B(0, −1, 1) に対して，点 A を通り $\overrightarrow{\mathrm{AB}}$ に垂直な平面の方程式を求めよう．

(3)　次の直線と平面の交点を求めよう．

直線 $\dfrac{x+1}{5}=\dfrac{y}{-3}=\dfrac{z+2}{2}$　④

平面 $x+y+2z-1=0$　⑤

解答は p.267

解答　(1)　点 A($\vec{a}$)，B($\vec{b}$) を通る直線の方程式の方向ベクトルの 1 つは $\vec{d}=$ ㋐［　　］なので，求める直線上の任意の点 P($\vec{p}$) のベクトル方程式を成分表示する．$\vec{p}=\vec{a}+t\vec{d}$ に $\vec{p}=(x, y, z)$，$\vec{a}=$ ㋑［　］，$\vec{d}=$ ㋒［　］を代入すると，次のように表される．

$(x, y, z)=$ ㋓［　　］

したがって，この直線の媒介変数表示は $x=$ ㋔［　］，$y=$ ㋕［　］，$z=$ ㋖［　　］．
つまり，㋗［　　］．これは㋘［　］軸に平行な直線を表す．

(2)　点 A(1, 0, −1)，法線ベクトル $\vec{n}=$ ㋙［　　］
なので，求める平面の方程式は，

㋚［　　］

(3)　t を実数として，

$$\frac{x+1}{5}=\frac{y}{-3}=\frac{z+2}{2}=t$$

とおくと，直線④上の任意の点 (x, y, z) は次のように表される．

$(x, y, z)=$ ㋛［　　］　⑥

直線④上の点が，平面⑤上にあるとき，その点が求める交点なので，⑥を平面⑤の方程式に代入して，解くと $t=$ ㋜［　］となる．よって，$t=$ ㋜［　］を⑥に代入すると，交点の座標は㋝［　　］になる．　【解終】

総合演習▶1

解答 p.267

問1　$\vec{a}=(2, 2, -1)$，$\vec{b}=(3, 2, -2)$，$\vec{c}=(k, k+1, k-1)$ のとき，
次の(1)，(2)についてそれぞれの条件をみたす k の値を求めなさい．

(1)　$\vec{c}+\vec{a}$ と $\vec{c}-\vec{b}$ が垂直

(2)　$\vec{c}$ と $2\vec{a}-\vec{b}$ が平行

問2　p.14 問題 2 の例題において，線分 OP の延長が辺 AB と交わる点を Q とする．このとき，線分 OP と線分 PQ の長さの比と線分 AQ と線分 QB の長さの比を求めなさい．

問3　点 A$(1, 3, -1)$ を通る直線 ℓ と平面 α：$2x+y+3z+12=0$ が直交している．

(1)　直線 ℓ の方程式を求めなさい．

(2)　直線 ℓ と平面 α の交点を求めなさい．

総合演習のヒント

問1　(1)　$(\vec{c}+\vec{a})\perp(\vec{c}-\vec{b}) \Leftrightarrow (\vec{c}+\vec{a})\cdot(\vec{c}-\vec{b})=0$
(2)　$\vec{c} /\!/ (2\vec{a}-\vec{b}) \Leftrightarrow \vec{c}=h(2\vec{a}-\vec{b})$ となる実数 h がある．

問2　$\overrightarrow{\mathrm{OP}}=$(定数)$\overrightarrow{\mathrm{OQ}}$ の形に直してみましょう．

問3　(1)　直線 ℓ の方向ベクトルがどうなるか考えましょう．
(2)　p.22 問題 4 の（3）の方法を参考にしましょう．

第2章

行　列

Section 2.1

行列の和とスカラー倍

“行列”とは何なんだろう．まずその定義からはじめよう．

行列の定義

m，n を自然数とする．$m \times n$ 個の実数を長方形に配列した

$$\begin{pmatrix} a_{11} & a_{12} & \cdots & a_{1n} \\ a_{21} & a_{22} & \cdots & a_{2n} \\ \vdots & \vdots & \ddots & \vdots \\ a_{m1} & a_{m2} & \cdots & a_{mn} \end{pmatrix}$$

を (m, n) **型行列**，$\boldsymbol{m \times n}$ **行列**または単に**行列**という．
上記の行列において，上から i 番目に横に並んだ

$$a_{i1} \quad a_{i2} \quad \cdots \quad a_{in}$$

を**第 $\boldsymbol{i}$ 行**，左から j 番目に縦に並んだ

$$\begin{matrix} a_{1j} \\ a_{2j} \\ \vdots \\ a_{mj} \end{matrix}$$

を**第 $\boldsymbol{j}$ 列**という．さらに第 i 行と第 j 列の交差したところにある

$$a_{ij}$$

を $\boldsymbol{(i, j)}$ **成分**という．

解説　たとえば　$\begin{pmatrix} 1 & 2 \\ 3 & 4 \end{pmatrix}$，$\begin{pmatrix} 1 & 2 & 3 \\ 4 & 5 & 6 \end{pmatrix}$

はそれぞれ $(2, 2)$ 型，$(2, 3)$ 型の行列であり，
第 1 章で学んだベクトル

$$\begin{pmatrix} 1 & 2 & 3 \end{pmatrix}, \quad \begin{pmatrix} 1 \\ 2 \\ 3 \end{pmatrix}$$

はそれぞれ $(1, 3)$ 型，$(3, 1)$ 型の行列である．

このように，行列とは“配列された数の 1 かたまり”で，配列された数の部分には次のように名前がついている．

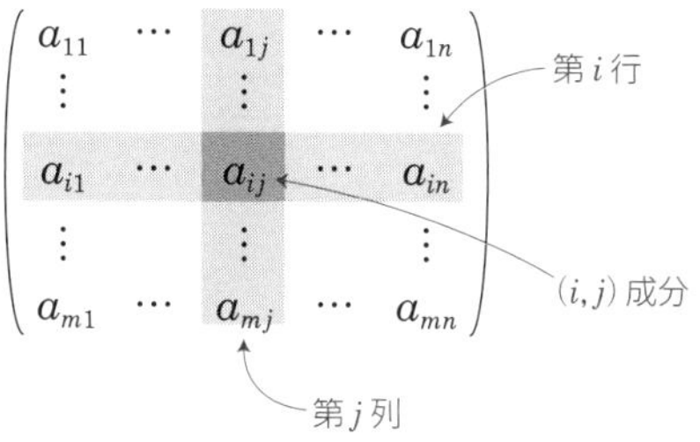
$\begin{pmatrix} a_{11} & \cdots & a_{1j} & \cdots & a_{1n} \\ \vdots & & \vdots & & \vdots \\ a_{i1} & \cdots & a_{ij} & \cdots & a_{in} \\ \vdots & & \vdots & & \vdots \\ a_{m1} & \cdots & a_{mj} & \cdots & a_{mn} \end{pmatrix}$
第 i 行
(i, j) 成分
第 j 列

成分と成分の間にはカンマはつけないので注意しよう．適当に間隔を空けて数字をそろえて並べる習慣になっている．また，行列を表すのに，A，B，C，… などの記号を用いる． 【解説終】

正方行列の定義

正方形に数字が並んでいる (n, n) 型の行列

$$\begin{pmatrix} a_{11} & \cdots & a_{1n} \\ \vdots & \ddots & \vdots \\ a_{n1} & \cdots & a_{nn} \end{pmatrix}$$

を n 次の**正方行列**という．

解説 特に 1 次の正方行列

$$A = (a)$$

は実数と同一視して（　）をつけない場合もある． 【解説終】

行列はたくさんの情報を
1 かたまりにして処理できる
すぐれものです

記号に慣れましょう
$a_{i\,j}$
行番号
列番号

問題5　行列の型

例題

行列 $\begin{pmatrix} 1 & 4 & -7 & 10 \\ -2 & 5 & 8 & 11 \\ 3 & 6 & 9 & -12 \end{pmatrix}$ について，次のことを考えてみよう．

(1)　行と列の数を調べ，何型の行列か答えよう．

(2)　第 3 行を書き出そう．

(3)　第 2 列を書き出そう．

(4)　$(1, 4)$ 成分と $(3, 2)$ 成分を答えよう．

(5)　3 と 11 はそれぞれ何成分か答えよう．

解答

$$\left.\begin{pmatrix} 1 & 4 & -7 & 10 \\ \hline -2 & 5 & 8 & 11 \\ \hline 3 & 6 & 9 & -12 \end{pmatrix}\right\} 3\text{行} \qquad \underbrace{\left(\begin{array}{c:c:c:c} 1 & 4 & -7 & 10 \\ -2 & 5 & 8 & 11 \\ 3 & 6 & 9 & -12 \end{array}\right)}_{4\text{列}}$$

(1)　横の並びが 3 つ，縦の並びが 4 つなので，3 行 4 列の行列．つまり $(3, 4)$ 型行列．

はじめは簡単ですが，
だんだんと大変になってきます．
ここでしっかり
行，列，成分
などの基本的なことを頭に
入れておきましょう．

(2)　上から 3 番目の横の並びのことなので

$$3 \quad 6 \quad 9 \quad -12$$

(3)　左から 2 番目の縦の並びのことなので

$$\begin{matrix} 4 \\ 5 \\ 6 \end{matrix}$$

(4)　$(1, 4)$ 成分 $=$ 第 1 行と第 4 列の交差した数 $= 10$

$(3, 2)$ 成分 $=$ 第 3 行と第 2 列の交差した数 $= 6$

(5)　$3 =$ 第 3 行と第 1 列の交差した数 $= (3, 1)$ 成分

$11 =$ 第 2 行と第 4 列の交差した数 $= (2, 4)$ 成分

【解終】

POINT > p.26 行列の定義を用いて，行列の基本的な構造を理解する

演習 5

行列 $\begin{pmatrix} 1 & 2 \\ 3 & -4 \\ -5 & 6 \\ -7 & 8 \end{pmatrix}$ について，次のことを考えてみよう.

(1) 行と列の数を調べ，何型の行列か答えよう.

(2) 第 2 行と第 1 列を書き出そう.

(3) $(1, 1)$ 成分と $(2, 2)$ 成分を答えよう.

(4) 2 と -7 はそれぞれ何成分か答えよう.

解答は p.268

解答

$\begin{pmatrix} 1 & 2 \\ 3 & -4 \\ -5 & 6 \\ -7 & 8 \end{pmatrix}$ ㋐□行

$\begin{pmatrix} 1 & 2 \\ 3 & -4 \\ -5 & 6 \\ -7 & 8 \end{pmatrix}$ ㋑□列

(1) 行の数は㋒□，列の数は㋓□なので㋔□行㋕□列の行列である．つまり㋖□型行列.

(2) 第 2 行は 2 番目の行だから

㋗□

第 1 列は 1 番目の列だから

㋘□

(3) $(1, 1)$ 成分＝第㋙□行と第㋚□列の交差した数＝㋛□

$(2, 2)$ 成分＝第㋜□行と第㋝□列の交差した数＝㋞□

(4) 2＝第㋟□行と第㋠□列の交差した数＝㋡□成分

-7＝第㋢□行と第㋣□列の交差した数＝㋤□成分

【解終】

零行列の定義

成分がすべて 0 である行列を**零行列**といい，O と書く．

解説 (m, n) 型の零行列であることを強調したいときは，O_{mn} などと表記する．たとえば

$$O_{22}=\begin{pmatrix}0 & 0\\ 0 & 0\end{pmatrix}, \qquad O_{23}=\begin{pmatrix}0 & 0 & 0\\ 0 & 0 & 0\end{pmatrix}$$

零行列は行列の演算において，数字の 0 の役割を果たす．【解説終】

単位行列の定義

左上から右下への対角線上に 1 が並び，他の成分がすべて 0 である正方行列

$$E=\begin{pmatrix}1 & 0 & \cdots & 0\\ 0 & 1 & \cdots & 0\\ \vdots & \vdots & \ddots & \vdots\\ 0 & 0 & \cdots & 1\end{pmatrix}$$

を**単位行列**という．

解説 正方行列の中で，特に数字の並びが上記のような行列を**単位行列**という．特に n 次であることを強調したいときは E_n などと表す．たとえば

$$E_2=\begin{pmatrix}1 & 0\\ 0 & 1\end{pmatrix}, \qquad E_3=\begin{pmatrix}1 & 0 & 0\\ 0 & 1 & 0\\ 0 & 0 & 1\end{pmatrix}$$

単位行列は行列の演算において，数字の 1 の役割を果たす．単位行列を表す記号は I もよく使われる．【解説終】

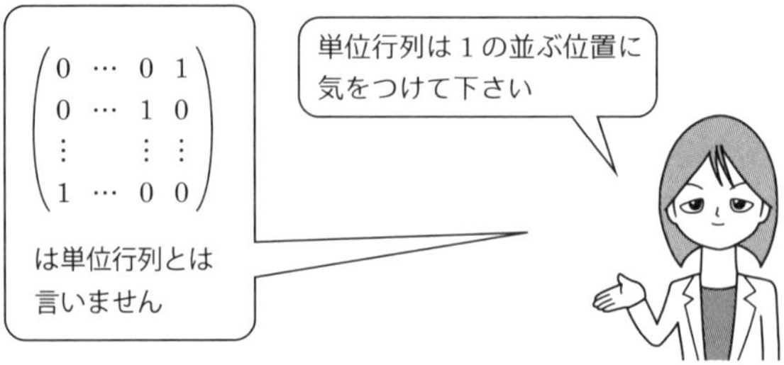
$\begin{pmatrix}0 & \cdots & 0 & 1\\ 0 & \cdots & 1 & 0\\ \vdots & & \vdots & \vdots\\ 1 & \cdots & 0 & 0\end{pmatrix}$
は単位行列とは言いません
単位行列は 1 の並ぶ位置に気をつけて下さい

行列の和とスカラー倍の定義をする前に，行列の**相等**（“等しい” ということ）について定義しておこう．

行列の相等の定義

2 つの行列 A, B が同じ (m, n) 型行列であり，

$$A \text{の} (i, j) \text{成分} = B \text{の} (i, j) \text{成分}$$

$$(i = 1, 2, \cdots, m \; ; \; j = 1, 2, \cdots, n)$$

が成り立つとき，行列 A と B は等しいといい

$$A = B$$

とかく．

解説 行列の相等の定義は

「どうして，わざわざ ?」

と思う読者もいることだろう．それは

今まで数式で使っていた “=” は，数についての “=”

であり，ここで対象としている行列にはそのまま使うことはできないからである．改めて “=” を定義する必要がある．

たとえば，同じ零行列でも

$$\begin{pmatrix} 0 & 0 \\ 0 & 0 \end{pmatrix} \text{ と } \begin{pmatrix} 0 & 0 & 0 \\ 0 & 0 & 0 \end{pmatrix}$$

は型が異なるので等しい行列ではない．

また

$$\begin{pmatrix} 1 & 2 & 3 \\ 4 & 5 & 6 \\ 7 & 8 & 9 \end{pmatrix} \text{ と } \begin{pmatrix} 1 & 2 & 3 \\ 4 & 5 & 6 \\ 7 & 8 & 1 \end{pmatrix}$$

は，型は同じで，ほとんどの成分は同じだが，$(3, 3)$ 成分は異なっているので同じ行列とは言えない．

【解説終】

それでは行列の演算のうち，和とスカラー倍を定義しよう．

行列の和，スカラー倍の定義

2 つの (m, n) 型行列

$$A=\begin{pmatrix} a_{11} & a_{12} & \cdots & a_{1n} \\ a_{21} & a_{22} & \cdots & a_{2n} \\ \vdots & \vdots & & \vdots \\ a_{m1} & a_{m2} & \cdots & a_{mn} \end{pmatrix}$$

$$B=\begin{pmatrix} b_{11} & b_{12} & \cdots & b_{1n} \\ b_{21} & b_{22} & \cdots & b_{2n} \\ \vdots & \vdots & & \vdots \\ b_{m1} & b_{m2} & \cdots & b_{mn} \end{pmatrix}$$

に対して，和，スカラー倍を次のように定義する．

❶ 和

$$A+B\overset{\text{def.}}{=}\begin{pmatrix} a_{11}+b_{11} & a_{12}+b_{12} & \cdots & a_{1n}+b_{1n} \\ a_{21}+b_{21} & a_{22}+b_{22} & \cdots & a_{2n}+b_{2n} \\ \vdots & \vdots & & \vdots \\ a_{m1}+b_{m1} & a_{m2}+b_{m2} & \cdots & a_{mn}+b_{mn} \end{pmatrix}$$

❷ スカラー倍

$$kA\overset{\text{def.}}{=}\begin{pmatrix} ka_{11} & ka_{12} & \cdots & ka_{1n} \\ ka_{21} & ka_{22} & \cdots & ka_{2n} \\ \vdots & \vdots & & \vdots \\ ka_{m1} & ka_{m2} & \cdots & ka_{mn} \end{pmatrix} \quad (k : \text{実数})$$

"def." は
definition(定義)の略です

解説　(m, n) 型行列全体の集合を考えよう．この行列の世界にきまりを導入したのが上の定義．数の集合でも，単に

$$\cdots, -3, -2, -1, 0, 1, 2, 3, \cdots, 100, 101, \cdots$$

と集めただけではおもしろくない．それらの間に，たし算，かけ算などのきまりを決めるとその集合も生きてきて，色々な結果を生んでくれる．

この定義より

$$(-1)A=\begin{pmatrix} -a_{11} & -a_{12} & \cdots & -a_{1n} \\ -a_{21} & -a_{22} & \cdots & -a_{2n} \\ \vdots & \vdots & & \vdots \\ -a_{m1} & -a_{m2} & \cdots & -a_{mn} \end{pmatrix}$$

$$A+(-1)B=\begin{pmatrix} a_{11}-b_{11} & a_{12}-b_{12} & \cdots & a_{1n}-b_{1n} \\ a_{21}-b_{21} & a_{22}-b_{22} & \cdots & a_{2n}-b_{2n} \\ \vdots & \vdots & & \vdots \\ a_{m1}-b_{m1} & a_{m2}-b_{m2} & \cdots & a_{mn}-b_{mn} \end{pmatrix}$$

となるので

$$(-1)A \quad \text{を} \quad -A$$

$$A+(-1)B=A+(-B) \quad \text{を} \quad A-B$$

と書くことにすると，行列を数と同じように扱える．【解説終】

和とスカラー倍の演算は，次の性質をもつ．

定理 2.1.1　行列の和とスカラー倍の性質

A, B, C を (m, n) 型行列，O を (m, n) 型零行列，a, b を実数とするとき，次の性質が成立する．

（Ⅰ）**和の性質**

$$(A+B)+C=A+(B+C)$$

$$A+B=B+A$$

$$A+O=O+A=A$$

$$(-A)+A=A+(-A)=O$$

（Ⅱ）**スカラー倍の性質**

$$a(A+B)=aA+aB$$

$$(a+b)A=aA+bA$$

$$(ab)A=a(bA)$$

$$1A=A$$

解説　これらの性質により，行列の和とスカラー倍を使った関係式は文字式と同様に扱える．たとえば

$$A+bB-cC=O \quad \text{のとき} \quad A=-bB+cC$$

が成立する．【解説終】

問題6　行列の和とスカラー倍

例題

$$A=\begin{pmatrix}1 & 0 & -4\\ 2 & -3 & -1\end{pmatrix},\qquad B=\begin{pmatrix}-3 & 4 & 8\\ 1 & 5 & -2\end{pmatrix}$$

のとき，$A+B$, $A-B$, $3A$, $A-2B$　を求めよう．

解答

(1)　$A+B=\begin{pmatrix}1 & 0 & -4\\ 2 & -3 & -1\end{pmatrix}+\begin{pmatrix}-3 & 4 & 8\\ 1 & 5 & -2\end{pmatrix}$

A と B の型がちがえば
A±B は計算できません

対応する成分どうし加えて

$$=\begin{pmatrix}1-3 & 0+4 & -4+8\\ 2+1 & -3+5 & -1-2\end{pmatrix}=\begin{pmatrix}-2 & 4 & 4\\ 3 & 2 & -3\end{pmatrix}$$

(2)　$A-B=\begin{pmatrix}1 & 0 & -4\\ 2 & -3 & -1\end{pmatrix}-\begin{pmatrix}-3 & 4 & 8\\ 1 & 5 & -2\end{pmatrix}$

対応する成分どうし引いて

$$=\begin{pmatrix}1-(-3) & 0-4 & -4-8\\ 2-1 & -3-5 & -1-(-2)\end{pmatrix}=\begin{pmatrix}4 & -4 & -12\\ 1 & -8 & 1\end{pmatrix}$$

(3)　$3A=3\begin{pmatrix}1 & 0 & -4\\ 2 & -3 & -1\end{pmatrix}$

スカラー倍の定義より，行列のすべての成分を 3 倍すると

$$=\begin{pmatrix}3\cdot 1 & 3\cdot 0 & 3\cdot(-4)\\ 3\cdot 2 & 3\cdot(-3) & 3\cdot(-1)\end{pmatrix}=\begin{pmatrix}3 & 0 & -12\\ 6 & -9 & -3\end{pmatrix}$$

(4)　(1)～(3) を応用して

$$\begin{aligned}A-2B&=\begin{pmatrix}1 & 0 & -4\\ 2 & -3 & -1\end{pmatrix}-2\begin{pmatrix}-3 & 4 & 8\\ 1 & 5 & -2\end{pmatrix}\\
&=\begin{pmatrix}1 & 0 & -4\\ 2 & -3 & -1\end{pmatrix}-\begin{pmatrix}2\cdot(-3) & 2\cdot 4 & 2\cdot 8\\ 2\cdot 1 & 2\cdot 5 & 2\cdot(-2)\end{pmatrix}\\
&=\begin{pmatrix}1 & 0 & -4\\ 2 & -3 & -1\end{pmatrix}-\begin{pmatrix}-6 & 8 & 16\\ 2 & 10 & -4\end{pmatrix}\\
&=\begin{pmatrix}1-(-6) & 0-8 & -4-16\\ 2-2 & -3-10 & -1-(-4)\end{pmatrix}=\begin{pmatrix}7 & -8 & -20\\ 0 & -13 & 3\end{pmatrix}\end{aligned}$$

【解終】

POINT> p.32 行列の和とスカラー倍の定義を用いて，計算する

演習 6

$$A=\begin{pmatrix} 1 & 0 & -6 \\ -3 & -1 & 0 \\ 2 & 5 & -4 \end{pmatrix}, \qquad B=\begin{pmatrix} -3 & 4 & 5 \\ 7 & 2 & 8 \\ 0 & -1 & 0 \end{pmatrix}$$

のとき，$A+B$，$A-B$，$-2B$，$3A+B$ を求めよう． 解答は p.268

解答 定義に従って計算すると，

$A+B=$ ㋐ $\square$ $+$ ㋑ $\square$

$=$ ㋒ $\square$

$A-B=$ ㋓ $\square$ $-$ ㋔ $\square$

$=$ ㋕ $\square$

$-2B=-2$ ㋖ $\square$ $=$ ㋗ $\square$

$3A+B=3$ ㋘ $\square$ $+$ ㋙ $\square$

$=$ ㋚ $\square$

【解終】

Section 2.2

行列の積

行列の積の定義

2 つの行列

$$A=\begin{pmatrix} a_{11} & a_{12} & \cdots & a_{1m} \\ a_{21} & a_{22} & \cdots & a_{2m} \\ \vdots & \vdots & & \vdots \\ a_{l1} & a_{l2} & \cdots & a_{lm} \end{pmatrix} \qquad (l, m)\text{ 型行列}$$

$$B=\begin{pmatrix} b_{11} & b_{12} & \cdots & b_{1n} \\ b_{21} & b_{22} & \cdots & b_{2n} \\ \vdots & \vdots & & \vdots \\ b_{m1} & b_{m2} & \cdots & b_{mn} \end{pmatrix} \qquad (m, n)\text{ 型行列}$$

に対して，**積** AB を次のように定義する.

$$AB \overset{\text{def.}}{=} \begin{pmatrix} c_{11} & c_{12} & \cdots & c_{1n} \\ c_{21} & c_{22} & \cdots & c_{2n} \\ \vdots & \vdots & & \vdots \\ c_{l1} & c_{l2} & \cdots & c_{ln} \end{pmatrix} \qquad (l, n)\text{ 型行列}$$

ただし，$c_{ij}=a_{i1}b_{1j}+a_{i2}b_{2j}+\cdots+a_{im}b_{mj}$

$(i=1, 2, \cdots, l\ ;\ j=1, 2, \cdots, n)$

解説 積の定義はなかなか理解しにくい.

まず積の定義される A と B の行列の型と，その結果の行列 C の型に注意しよう.

$$\begin{array}{ccccc} A & \cdot & B & = & C \\ (l, m)\text{ 型} & \cdot & (m, n)\text{ 型} & & (l, n)\text{ 型} \end{array}$$

となっている. A の列の数と B の行の数が一致していないときは積は定義されない. その理由は C の成分 c_{ij} の定義によるのである. つまり c_{ij} は，A の第 i 行の成分と B の第 j 列の成分をそれぞれ

かけてたす，かけてたす，…

と積和をつくって計算する.

$$\begin{pmatrix} \cdots & \cdots & & \cdots \\ a_{i1} & a_{i2} & \cdots & a_{im} \\ \cdots & \cdots & & \cdots \end{pmatrix} \begin{pmatrix} \vdots & b_{1j} & \vdots \\ \vdots & b_{2j} & \vdots \\ & \vdots & \\ \vdots & b_{mj} & \vdots \end{pmatrix} = \begin{pmatrix} & \vdots & \\ \cdots & c_{ij} & \cdots \\ & \vdots & \end{pmatrix}$$

したがって

A の第 i 行にある成分の数　つまり　A の列の数

と

B の第 j 列にある成分の数　つまり　B の行の数

が等しくないと，c_{ij} を計算することはできない．

さらに

$$c_{ij} = a_{i1}b_{1j} + a_{i2}b_{2j} + \cdots + a_{im}b_{mj}$$

の式は，ベクトルの内積に似ていることにも注意（ベクトルの内積については第1章，第6章で扱っている）．【解説終】

定理 2.2.1　行列の積の性質

それぞれ行列の積が定義されているとき，次の性質が成立する．

❶ $AE = A$，$EA = A$　（E：単位行列）

❷ $(AB)C = A(BC)$

❸ $A(B+C) = AB + AC$

❹ $(A+B)C = AC + BC$

解説　積の定義に従って成分を計算すれば示されるが，省略する．

この定理によれば，行列の積もほぼ数の積と同じような性質をもつことがわかる．ただし，

・$A \neq O$，$B \neq O$ であっても $AB = O$ が成立する場合がある

・$AB = BA$ は必ずしも成立しない

のような実数と異なる性質ももつので気をつけよう（問題 8 参照）．

また数や文字式と同様に，自然数 n に対して A^n は A の n 個の積を表すものとする．つまり

$$A^n = \underbrace{A \cdots A}_{n\text{ 個}} \quad (n\text{ は自然数})$$

【解説終】

問題7　行列の積①

例題

$A=\begin{pmatrix}3 & -3 & 1\\ 0 & -2 & 4\end{pmatrix}$,　$B=\begin{pmatrix}-1 & 0\\ 5 & 1\\ 0 & -3\end{pmatrix}$ のとき積 AB を求めよう．

解答　行列の積の定義を見ながら，ゆっくり計算していこう．

まず行列の型を調べ，積 $AB=C$ が何型になるか確認しておく．

A は $(2,3)$ 型，B は $(3,2)$ 型

であるから，

$(2,3)$ 型・$(3,2)$ 型 $=(2,2)$ 型

> **行列の積**
>
> (l,m) 型・(m,n) 型 $=(l,n)$ 型
>
> 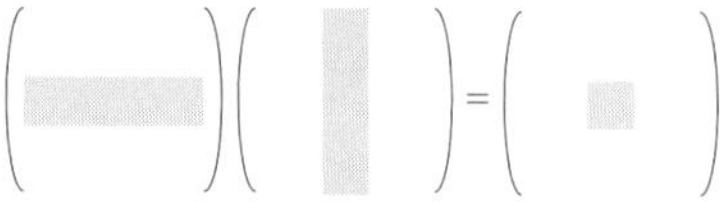
>
> (第 i 行) と (第 j 列) の積和 $=(i,j)$ 成分

となり，C は2行2列の行列になることがわかる．そこで

$C=$ 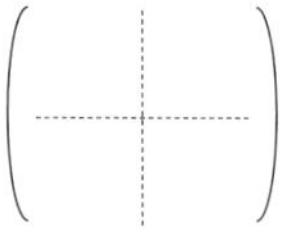

と，枠組みを決めておこう．この枠の中を計算して埋めていけばよい．

$$C=\begin{pmatrix} * & * \\ * & * \end{pmatrix}$$

$(1,1)$ 成分 $=A$ の第1行と B の第1列の積和
$=3\cdot(-1)+(-3)\cdot5+1\cdot0=-3-15+0=-18$

$(1,2)$ 成分 $=A$ の第1行と B の第2列の積和
$=3\cdot0+(-3)\cdot1+1\cdot(-3)=0-3-3=-6$

$(2,2)$ 成分 $=A$ の第2行と B の第2列の積和
$=0\cdot0+(-2)\cdot1+4\cdot(-3)=0-2-12=-14$

$(2,1)$ 成分 $=A$ の第2行と B の第1列の積和
$=0\cdot(-1)+(-2)\cdot5+4\cdot0=0-10+0=-10$

ゆえに

$$AB=\begin{pmatrix}3 & -3 & 1\\ 0 & -2 & 4\end{pmatrix}\begin{pmatrix}-1 & 0\\ 5 & 1\\ 0 & -3\end{pmatrix}=\begin{pmatrix}-18 & -6\\ -10 & -14\end{pmatrix}$$

となる．

【解終】

POINT p.36 の行列の積を使う
（A の第 i 行と B の第 j 列の積和を計算）

演習 7

次の行列の計算をしよう．

(1) $\begin{pmatrix} 3 & 4 \\ 2 & 1 \end{pmatrix}\begin{pmatrix} 0 & 4 & -1 \\ -2 & 1 & 5 \end{pmatrix}$　　(2) $\begin{pmatrix} 1 & 0 & -1 \end{pmatrix}\begin{pmatrix} 7 & -3 \\ 5 & 4 \\ 2 & -5 \end{pmatrix}$

解答は p.268

解 答 (1)　行列の型を調べると

(2, 2) 型・㋐［　　］型 = ㋑［　　］型

となるので

$\begin{pmatrix} 3 & 4 \\ 2 & 1 \end{pmatrix}\begin{pmatrix} 0 & 4 & -1 \\ -2 & 1 & 5 \end{pmatrix}$

= ((1, 1) 成分 | ㋒［　　］成分 | ㋓［　　］成分 // ㋔［　　］成分 | ㋕［　　］成分 | ㋖［　　］成分)

= (第 1 行と第 1 列の積和 | ㋗［　　］の積和 | ㋘［　　］の積和 // ㋙［　　］の積和 | ㋚［　　］の積和 | ㋛［　　］の積和)

= ($3\cdot 0 + 4\cdot(-2)$ | ㋜［　　］ | ㋝［　　］ // ㋞［　　］ | ㋟［　　］ | ㋠［　　］)

= ㋡［　　］

(2)　行列の型は

㋢［　　］型・(3, 2) 型 = ㋣［　　］型

となるので

$\begin{pmatrix} 1 & 0 & -1 \end{pmatrix}\begin{pmatrix} 7 & -3 \\ 5 & 4 \\ 2 & 5 \end{pmatrix}$ = (㋤［　　］成分 | ㋥［　　］成分)

= (㋦［　　］の積和 | ㋧［　　］の積和)

= ㋨［　　］

【解終】

問題8 行列の積②

例題

(1) $A=(0\quad 1\quad -2)$，$B=\begin{pmatrix}-3\\2\\1\end{pmatrix}$ について，AB，BA を求めよう．

(2) $A=\begin{pmatrix}0&0\\0&1\end{pmatrix}$，$B=\begin{pmatrix}1&0\\0&0\end{pmatrix}$ について，AB を求めよう．

解答 行列の積を行うときは，型をしっかり確認しよう．

行列の積

$(l, \boldsymbol{m})$ 型・$(\boldsymbol{m}, n)$ 型 $=(l, n)$ 型

(1) AB について

$(1, 3)$ 型・$(3, 1)$ 型 $=(1, 1)$ 型

つまり結果は $(1, 1)$ 型である．

$$AB=(0\quad 1\quad -2)\begin{pmatrix}-3\\2\\1\end{pmatrix}=(0\cdot(-3)+1\cdot 2+(-2)\cdot 1)=(0)$$

BA については

$(3, 1)$ 型・$(1, 3)$ 型 $=(3, 3)$ 型

つまり結果は 3 次の正方行列である．

$$BA=\begin{pmatrix}-3\\2\\1\end{pmatrix}(0\quad 1\quad -2)=\begin{pmatrix}-3\cdot 0 & -3\cdot 1 & -3\cdot(-2)\\ 2\cdot 0 & 2\cdot 1 & 2\cdot(-2)\\ 1\cdot 0 & 1\cdot 1 & 1\cdot(-2)\end{pmatrix}=\begin{pmatrix}0&-3&6\\0&2&-4\\0&1&-2\end{pmatrix}$$

(2) A，B ともに $(2, 2)$ 型なので，AB の結果も $(2, 2)$ 型となる．

$$AB=\begin{pmatrix}0&0\\0&1\end{pmatrix}\begin{pmatrix}1&0\\0&0\end{pmatrix}$$
$$=\begin{pmatrix}0\cdot 1+0\cdot 0 & 0\cdot 0+0\cdot 0\\ 0\cdot 1+1\cdot 0 & 0\cdot 0+1\cdot 0\end{pmatrix}$$
$$=\begin{pmatrix}0&0\\0&0\end{pmatrix}$$
$$=O_2$$ （2 次のゼロ行列）

(2) は
$A\neq O$，$B\neq O$ であっても
$AB=O$
となる場合があることを
示しています

【解終】

POINT
・$A \fallingdotseq O$, $B \fallingdotseq O$ であっても $AB = O$ が成立する場合がある.
・$AB = BA$ は必ずしも成立しない.

演習 8

(1) $A = \begin{pmatrix} 2 \\ -1 \\ 3 \end{pmatrix}$, $B = (1 \quad 3 \quad -2)$ について，AB, BA を求めよう.

(2) $A = \begin{pmatrix} 0 & 1 \\ 1 & 0 \end{pmatrix}$, $B = \begin{pmatrix} 0 & 1 \\ 0 & 0 \end{pmatrix}$ について，AB, BA を求めよう.

解答は p.268

解答 (1) AB の型は

㋐□型・㋑□型＝㋒□型

となり

$$AB = \begin{pmatrix} 2 \\ -1 \\ 3 \end{pmatrix}(1 \quad 3 \quad -2) = \begin{pmatrix} 2\cdot1 & ㋓\square & ㋖\square \\ -1\cdot1 & ㋔\square & ㋗\square \\ 3\cdot1 & ㋕\square & ㋘\square \end{pmatrix} = ㋙\square$$

BA の型を調べると

㋚□型・㋛□型＝㋜□型

となり

$$BA = (1 \quad 3 \quad -2)\begin{pmatrix} 2 \\ -1 \\ 3 \end{pmatrix} = ㋝\square$$

(2) A, B ともに㋞□型なので，AB, BA ともに結果は㋟□型となる.

$$AB = \begin{pmatrix} 0 & 1 \\ 1 & 0 \end{pmatrix}\begin{pmatrix} 0 & 1 \\ 0 & 0 \end{pmatrix} = \begin{pmatrix} 0\cdot0+1\cdot0 & ㋡\square \\ ㋠\square & 1\cdot1+0\cdot0 \end{pmatrix} = ㋢\square$$

$$BA = \begin{pmatrix} 0 & 1 \\ 0 & 0 \end{pmatrix}\begin{pmatrix} 0 & 1 \\ 1 & 0 \end{pmatrix} = ㋣\square$$

【解終】

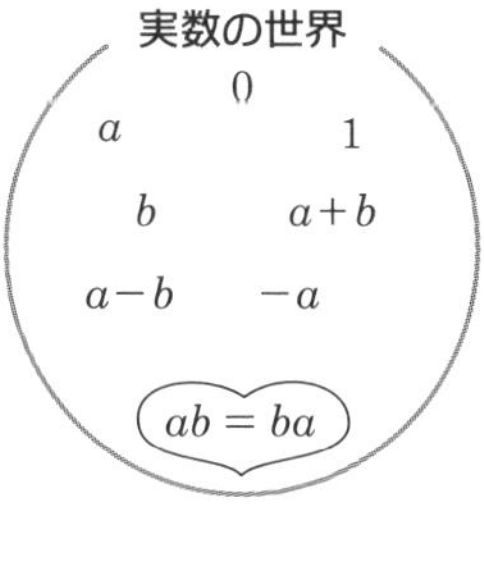

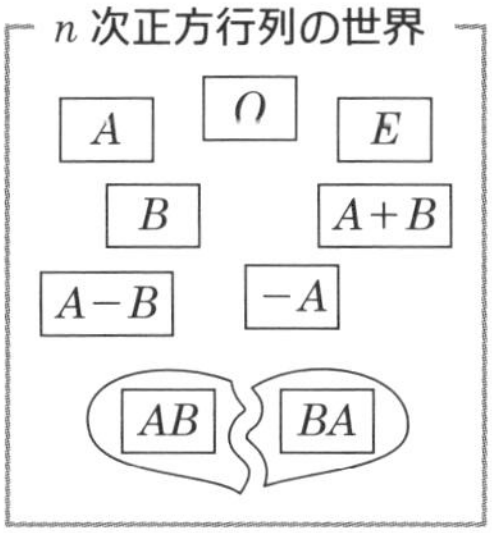

Section 2.3

逆行列

§2.1，§2.2 で学んできたように，n 次の正方行列全体の集合においては

$$A=B, \quad A\pm B, \quad kA, \quad AB$$

が定義され，実数の集合 $\boldsymbol{R}$ と似た性質をもっていることがわかったが，異なった点もあった．ここでは積の演算についてもう少し考えてみよう．

実数 $\boldsymbol{R}$ において，

乗法　に対して　除法

を考えた．特に

$$3\times x=1$$

となる x を求めたいときには

$$x=1\div 3=\frac{1}{3}$$

とすればよい．このことを，n 次正方行列全体の集合で考えたらどうなるだろう．実数の "1" と同じ役割の行列は単位行列 "E" であったから（p.37 定理 2.2.1 参照）

A：n 次正方行列　　　E：n 次単位行列

に対して

$AX=E$　となる n 次正方行列 X は何か？

ということになる．そこで次の定義を導入しよう．

逆行列の定義

n 次正方行列 A に対して

$$AX=E \quad \text{かつ} \quad XA=E$$

となる n 次正方行列 X が存在するとき，A は**正則である**という．

また A が正則であるとき，上式をみたす X を A の**逆行列**といい

$$A^{-1}$$

で表す．

n 次正方行列全体の集合で，

$$AX = E \quad \text{かつ} \quad XA = E$$

という方程式が解けるとき，A を"正則行列"と呼ぼう，ということである．そして，方程式の解となる X のことを A^{-1} と書き

エー・インバース

と発音する．$\dfrac{1}{A}$ とはちがうので注意しよう．

実数の中では，正則でない数は 0 しか存在しないが，行列の世界では，正則でない行列は無数にある．　　　　　　【解説終】

定理 2.3.1　逆行列の一意性

A が正則ならば，A の逆行列 A^{-1} はただ 1 つ存在する．

証明　簡単に示せるので証明してみよう．

A が正則であるから，定義より

$$AX = XA = E$$

となる X が存在する．今，X_1，X_2 という 2 つの行列に対して

$$AX_1 = X_1A = E \quad \text{かつ} \quad AX_2 = X_2A = E$$

が成立していると仮定すると，単位行列の性質より

E；単位行列
$AE = EA = A$

$$X_1 = X_1E = X_1(AX_2) = (X_1A)X_2 = EX_2 = X_2$$

となる．ゆえに $X_1 = X_2$ となり A の逆行列 A^{-1} は 1 つしか存在しない．　　【証明終】

実数の世界では正則でないものは 0 だけ

行列の世界では異なります

$$3 \times x = 1 \ \rightarrow \ x = \frac{1}{3} = 3^{-1} \qquad : 3 \text{ は正則}$$

$$\frac{1}{2} \times x = 1 \ \rightarrow \ x = 2 = \left(\frac{1}{2}\right)^{-1} : \frac{1}{2} \text{ は正則}$$

$$0 \times x = 1 \ \rightarrow \ x = ? \qquad\qquad : 0 \text{ は正則ではない}$$

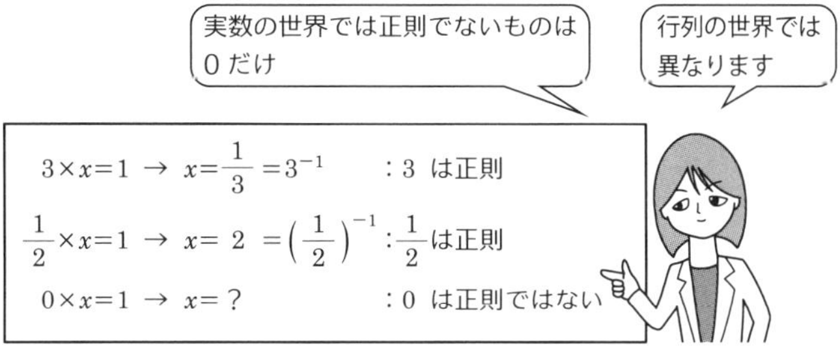

問題9　逆行列の計算①

例題

$A=\begin{pmatrix}1&2\\3&4\end{pmatrix}$ が正則かどうか調べ，正則ならばその逆行列を求めよう．

解答　$X=\begin{pmatrix}x&y\\z&w\end{pmatrix}$ とおき，$AX=E$ となる X が存在するかどうか調べよう．

$$AX=\begin{pmatrix}1&2\\3&4\end{pmatrix}\begin{pmatrix}x&y\\z&w\end{pmatrix}=\begin{pmatrix}x+2z&y+2w\\3x+4z&3y+4w\end{pmatrix}$$

これが単位行列 $E=\begin{pmatrix}1&0\\0&1\end{pmatrix}$ に等しくなる条件は，行列の相等より次の式がすべて成立することである．

正則行列
$AX=XA=E$
となる X が存在するとき，A は正則行列

$$\begin{cases}x+2z=1 & \cdots①\\3x+4z=0 & \cdots②\end{cases}\qquad\begin{cases}y+2w=0 & \cdots③\\3y+4w=1 & \cdots④\end{cases}$$

①②は x と z の連立方程式なので解くと

①×2 より　$2x+4z=2$　…①′，　①′−② より　$-x=2,\ x=-2$

①へ代入して　$-2+2z=1,\ 2z=3,\ z=\dfrac{3}{2}$

③④を連立させて y，w を求めると

③×2 より　$2y+4w=0$　…③′，　③′−② より　$-y=-1,\ y=1$

③へ代入して　$1+2w=0,\ 2w=-1,\ w=-\dfrac{1}{2}$

以上より，$x=-2$，$y=1$，$z=\dfrac{3}{2}$，$w=-\dfrac{1}{2}$ が得られたので

$$X=\begin{pmatrix}-2&1\\\frac{3}{2}&-\frac{1}{2}\end{pmatrix}=\frac{1}{2}\begin{pmatrix}-4&2\\3&-1\end{pmatrix}$$

全成分より $\frac{1}{2}$ をくくり出した

は $AX=E$ をみたす．また，この X について

$$XA=\frac{1}{2}\begin{pmatrix}-4&2\\3&-1\end{pmatrix}\begin{pmatrix}1&2\\3&4\end{pmatrix}=\frac{1}{2}\begin{pmatrix}-4\cdot1+2\cdot3&-4\cdot2+2\cdot4\\3\cdot1-1\cdot3&3\cdot2-1\cdot4\end{pmatrix}=\frac{1}{2}\begin{pmatrix}2&0\\0&2\end{pmatrix}=\begin{pmatrix}1&0\\0&1\end{pmatrix}$$

となるので，A は正則であり

$$A^{-1}=\frac{1}{2}\begin{pmatrix}-4&2\\3&-1\end{pmatrix}$$

【解終】

POINT $AX=E$ となる X が存在するか，計算して調べる

演習 9

$A=\begin{pmatrix} -1 & 1 \\ 2 & -5 \end{pmatrix}$ が正則かどうか調べ，正則ならばその逆行列を求めよう．

解答は p.269

解答 $X=\begin{pmatrix} x & y \\ z & w \end{pmatrix}$ とおき，$AX=E$ となる X が存在するかどうか調べる．

$$AX=\begin{pmatrix} -1 & 1 \\ 2 & -5 \end{pmatrix}\begin{pmatrix} x & y \\ z & w \end{pmatrix}=\begin{pmatrix} -x+z & ㋐\square \\ 2x-5z & ㋑\square \end{pmatrix}$$

これが単位行列 $E=\begin{pmatrix} 1 & 0 \\ 0 & 1 \end{pmatrix}$ に等しくなる条件は

$$\begin{cases} -x+z=1 & \cdots① \\ 2x-5z=0 & \cdots② \end{cases} \qquad \begin{cases} ㋒\square & \cdots③ \\ ㋓\square & \cdots④ \end{cases}$$

①②を連立させて x，z を求めると

㋔

③④を連立させて y，w を求めると

㋕

以上より，$x=-\frac{5}{3}$，$y=$ ㋖$\square$，$z=$ ㋗$\square$，$w=-\frac{1}{3}$ が得られたので

$$X=\begin{pmatrix} -\frac{5}{3} & ㋘\square \\ ㋙\square & -\frac{1}{3} \end{pmatrix}=-\frac{1}{3}\ ㋚\square$$

また，この X について

$XA=$ ㋛

も成立するので，A は正則であり

$A^{-1}=$ ㋜

【解終】

問題 10　逆行列の計算②

例題

$A=\begin{pmatrix}4 & 2\\ 6 & 3\end{pmatrix}$ が正則かどうか調べ，正則ならその逆行列を求めよう．

解答　$AX=XA=E$ となる $X=\begin{pmatrix}x & y\\ z & w\end{pmatrix}$ が存在するかどうか調べればよい．

$AX=E$ とすると

$$AX=\begin{pmatrix}4 & 2\\ 6 & 3\end{pmatrix}\begin{pmatrix}x & y\\ z & w\end{pmatrix}=\begin{pmatrix}4x+2z & 4y+2w\\ 6x+3z & 6y+3w\end{pmatrix}$$

これが $E=\begin{pmatrix}1 & 0\\ 0 & 1\end{pmatrix}$ に等しくなる条件は

$$\begin{cases}4x+2z=1 & \cdots① \\ 6x+3z=0 & \cdots②\end{cases}\qquad \begin{cases}4y+2w=0 & \cdots③ \\ 6y+3w=1 & \cdots④\end{cases}$$

①②を連立させて x，z を求める．

①×3 より　$12x+6z=3$　…①′

②×2 より　$12x+6z=0$　…②′

①′ ②′ より $3=0$ となり，矛盾した式が得られた．

このことは $AX=E$ となる X は存在しないことを示しているので，A は正則ではなく，逆行列も存在しない（③④からも矛盾した式が得られる）．　【解終】

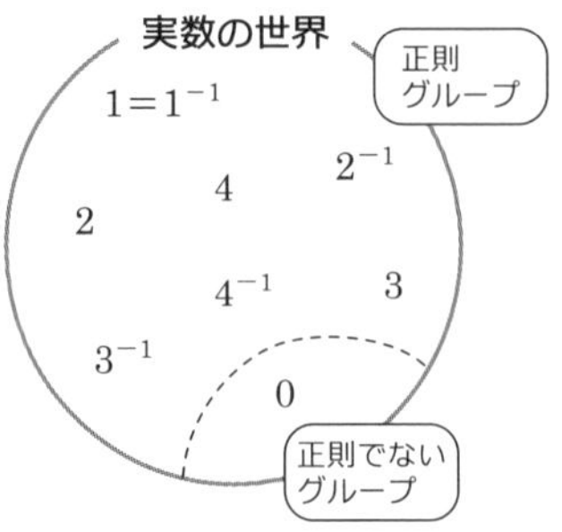

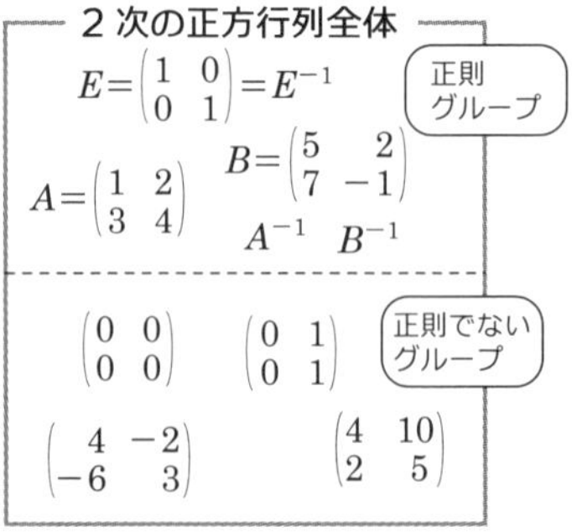

POINT▶ $AX = E$ となる X が存在するか，計算して調べる

演習 10

$A = \begin{pmatrix} 2 & 5 \\ 4 & 10 \end{pmatrix}$ が正則かどうか調べ，正則ならばその逆行列を求めよう.

解答は p.269

∷ 解 答 ∷ $X = \begin{pmatrix} x & y \\ z & w \end{pmatrix}$ とおいて，$AX = E$ となる X が存在するかどうか調べる.

$$AX = \begin{pmatrix} 2 & 5 \\ 4 & 10 \end{pmatrix}\begin{pmatrix} x & y \\ z & w \end{pmatrix} = \begin{pmatrix} 2x+5z & 2y+5w \\ {}^{⑦}\boxed{} & {}^{⑦}\boxed{} \end{pmatrix}$$

これが $E = \begin{pmatrix} 1 & 0 \\ 0 & 1 \end{pmatrix}$ となる条件は

$$\begin{cases} 2x+5z = {}^{⑰}\boxed{} & \cdots① \\ {}^{⑪}\boxed{} & \cdots② \end{cases} \qquad \begin{cases} 2y+5w = {}^{⑨}\boxed{} & \cdots③ \\ {}^{⑰}\boxed{} & \cdots④ \end{cases}$$

①と②を調べると

$${}^{⑪}\boxed{}$$

ゆえに $AX = E$ となる X は存在 ${}^{⑦}\boxed{}$ ので，A は正則 ${}^{⑨}\boxed{}$，逆行列は存在 ${}^{⑤}\boxed{}$.

【解終】

定理 2.3.2　**2 次の行列の逆行列**

$A = \begin{pmatrix} a & b \\ c & d \end{pmatrix}$ のとき，$ad - bc \neq 0$ ならば A は正則であり

$$A^{-1} = \frac{1}{ad-bc}\begin{pmatrix} d & -b \\ -c & a \end{pmatrix}$$

である.

> 2 次の正方行列については
> この定理が成り立ちます.
> 証明は総合演習 2 で.

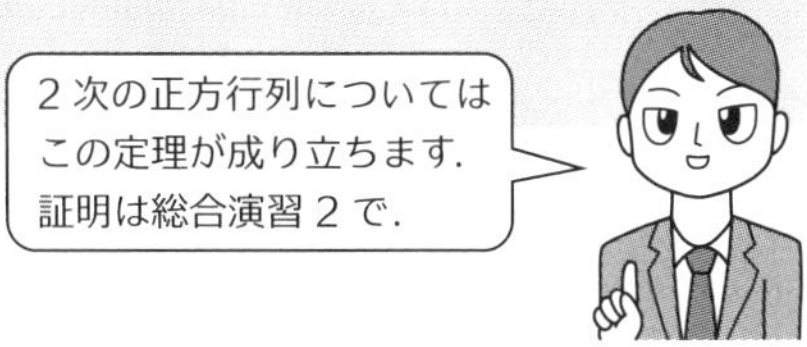

Section 2.4

ケーリー・ハミルトンの定理，2 次正方行列の n 乗

行列の掛け算をせずして A^2 を計算できるツールである定理を，2 次正方行列の場合について紹介しよう.

定理 2.4.1　ケーリー・ハミルトンの定理

$A=\begin{pmatrix} a & b \\ c & d \end{pmatrix}$ のとき，次が成り立つ.

$$A^2-(a+d)A+(ad-bc)E_2=O_{22}$$

証明

$$A^2-(a+d)A+(ad-bc)E_2$$
$$=\begin{pmatrix} a & b \\ c & d \end{pmatrix}\begin{pmatrix} a & b \\ c & d \end{pmatrix}-(a+d)\begin{pmatrix} a & b \\ c & d \end{pmatrix}+(ad-bc)\begin{pmatrix} 1 & 0 \\ 0 & 1 \end{pmatrix}$$
$$=\begin{pmatrix} a^2+bc & ab+bd \\ ac+cd & bc+d^2 \end{pmatrix}-\begin{pmatrix} a^2+ad & ab+bd \\ ac+cd & ad+d^2 \end{pmatrix}+\begin{pmatrix} ad-bc & 0 \\ 0 & ad-bc \end{pmatrix}=\begin{pmatrix} 0 & 0 \\ 0 & 0 \end{pmatrix}=O_{22}$$

【証明終】

定理 2.4.2　行列の n 乗

(1)　$A^2=cA$ (c：実数)のとき，$A^n=c^{n-1}A$ $(n=1, 2, \cdots)$

(2)　$A=\begin{pmatrix} \alpha & 0 \\ 0 & \beta \end{pmatrix}$ のとき，$A^n=\begin{pmatrix} \alpha^n & 0 \\ 0 & \beta^n \end{pmatrix}$ $(n=1, 2, \cdots)$

(3)　$A=\begin{pmatrix} \lambda & 1 \\ 0 & \lambda \end{pmatrix}$ のとき，$A^n=\begin{pmatrix} \lambda^n & n\lambda^{n-1} \\ 0 & \lambda^n \end{pmatrix}$ $(n=1, 2, \cdots)$

(4)　$A=\begin{pmatrix} \cos\theta & -\sin\theta \\ \sin\theta & \cos\theta \end{pmatrix}$ のとき，$A^n=\begin{pmatrix} \cos n\theta & -\sin n\theta \\ \sin n\theta & \cos n\theta \end{pmatrix}$ $(n=1, 2, \cdots)$

証明　いずれも数学的帰納法で示すが，ここでは(1)，(2)のみ示し，(3)の証明は p.50 の問題 11 例題(2)で，(4)の証明は p.51 演習 11(2)で扱う.

(1)　$n=1$ のとき，左辺$=A^1=A$，右辺$=c^{1-1}A=A$ となって成り立つ.

$n=k$ $(k=1, 2, \cdots)$ のとき，$A^k=c^{k-1}A$ が成り立つと仮定すると，$A^2=cA$ であ

ることに注意して，$n=k+1$ のとき，

$$A^{k+1}=A^kA=c^{k-1}AA=c^{k-1}A^2=c^{k-1}cA=c^kA$$

となるので，$n=k+1$ のときも成り立つ．

(2) の行列 A のように，
対角線上以外の成分が
すべて 0 である行列を
対角行列といいます．
§6.4 で詳しく
学びます．

(2)　$n=1$ のときは明らか．

$n=k$（$k=1, 2, \cdots$）のとき，$A^k=\begin{pmatrix}\alpha^k & 0\\ 0 & \beta^k\end{pmatrix}$

が成り立つと仮定すると，$n=k+1$ のとき，

$$\begin{aligned}A^{k+1}&=A^kA\\ &=\begin{pmatrix}\alpha^k & 0\\ 0 & \beta^k\end{pmatrix}\begin{pmatrix}\alpha & 0\\ 0 & \beta\end{pmatrix}=\begin{pmatrix}\alpha^{k+1} & 0\\ 0 & \beta^{k+1}\end{pmatrix}\end{aligned}$$

となるので，$n=k+1$ のときも成り立つ．【証明終】

解説　(1)は，ケーリー・ハミルトンの定理の式において $ad-bc=0$ の場合に相当する．

(2)は，k 次の対角行列（$k=3, 4, \cdots$）についても一般化され，次のように A^n が求められる．

$$A=\begin{pmatrix}\alpha_1 & & & \\ & \alpha_2 & & \\ & & \ddots & \\ & & & \alpha_k\end{pmatrix} \text{のとき，} A^n=\begin{pmatrix}{\alpha_1}^n & & & \\ & {\alpha_2}^n & & \\ & & \ddots & \\ & & & {\alpha_k}^n\end{pmatrix} \text{となる．}$$

ただし，空白の部分の成分は全て 0 である．

(4)　座標平面上における点や図形の移動のうち，ある種の移動は行列と密接に関連付いていて，元の点 $\mathrm{P}(x,\ y)$ の移動先を点 $\mathrm{Q}(x',\ y')$ とすると，2 次の正方行列 A を用いて次のように求められる．

$$\begin{pmatrix}x'\\ y'\end{pmatrix}=A\begin{pmatrix}x\\ y\end{pmatrix}$$

(4)で扱った A は原点まわりの角 θ の回転移動に対応する行列で，A^n はその回転移動を続けて n 回行う移動に対応している．詳しくは §6.2 で学ぶ．【解説終】

問題 11 行列の n 乗の計算

例題

(1) $A=\begin{pmatrix} 3 & 1 \\ -1 & -2 \end{pmatrix}$ のとき，A^2，A^3 を求めよう．

(2) $A=\begin{pmatrix} \lambda & 1 \\ 0 & \lambda \end{pmatrix}$ のとき，$A^n=\begin{pmatrix} \lambda^n & n\lambda^{n-1} \\ 0 & \lambda^n \end{pmatrix}$ $(n=1, 2, \cdots)$ であることを証明しよう．

解答 (1) $\begin{pmatrix} a & b \\ c & d \end{pmatrix}=\begin{pmatrix} 3 & 1 \\ -1 & -2 \end{pmatrix}$ のとき，

$$a+d=3+(-2)=1, \qquad ad-bc=3\cdot(-2)-1\cdot(-1)=-5$$

ゆえに，ケーリー・ハミルトンの定理より，$A^2-A-5E_2=O$ である．よって，

$$A^2=A+5E_2=\begin{pmatrix} 3 & 1 \\ -1 & -2 \end{pmatrix}+5\begin{pmatrix} 1 & 0 \\ 0 & 1 \end{pmatrix}=\begin{pmatrix} 3 & 1 \\ -1 & -2 \end{pmatrix}+\begin{pmatrix} 5 & 0 \\ 0 & 5 \end{pmatrix}=\begin{pmatrix} 8 & 1 \\ -1 & 3 \end{pmatrix}$$

$$A^3=AA^2=A(A+5E_2)=A2+5A=A+5E_2+5A=6A+5E_2$$

$$=6\begin{pmatrix} 3 & 1 \\ -1 & -2 \end{pmatrix}+5\begin{pmatrix} 1 & 0 \\ 0 & 1 \end{pmatrix}=\begin{pmatrix} 18 & 6 \\ -6 & -12 \end{pmatrix}+\begin{pmatrix} 5 & 0 \\ 0 & 5 \end{pmatrix}=\begin{pmatrix} 23 & 6 \\ -6 & -7 \end{pmatrix}$$

(2) $n=1$ のとき，左辺 $=A^1=A$，右辺 $=\begin{pmatrix} \lambda & 1 \\ 0 & \lambda \end{pmatrix}=A$ となって成り立つ．

$n=k\,(k=1, 2, \cdots)$ のとき，$A^k=\begin{pmatrix} \lambda^k & k\lambda^{k-1} \\ 0 & \lambda^k \end{pmatrix}$ が成り立つと仮定すると，
$n=k+1$ のとき，

$$A^{k+1}=A^kA=\begin{pmatrix} \lambda^k & k\lambda^{k-1} \\ 0 & \lambda^k \end{pmatrix}\begin{pmatrix} \lambda & 1 \\ 0 & \lambda \end{pmatrix}=\begin{pmatrix} \lambda^{k+1} & (k+1)\lambda^k \\ 0 & \lambda^{k+1} \end{pmatrix}$$

となるので，$n=k+1$ のときも成り立つ． 【解終】

解説 $\begin{pmatrix} \lambda & 1 \\ 0 & \lambda \end{pmatrix}$ のように $\begin{pmatrix} a & b \\ 0 & d \end{pmatrix}$ の形の行列を **(上半) 三角行列**という．

一般的に (上半) 三角行列の n 乗は，(上半) 三角行列になる． 【解説終】

POINT ケーリー・ハミルトンの定理を使う．計算しやすい典型的な行列の n 乗の形は覚えてよい（定理 2.4.2）．

演習 11

（1）$A=\begin{pmatrix}1 & 1\\ -3 & -2\end{pmatrix}$ のとき，A^n $(n=1,2,\cdots)$ を求めよう．

（2）$A=\begin{pmatrix}\cos\theta & -\sin\theta\\ \sin\theta & \cos\theta\end{pmatrix}$ のとき，$A^n=\begin{pmatrix}\cos n\theta & -\sin n\theta\\ \sin n\theta & \cos n\theta\end{pmatrix}$ $(n=1,2,\cdots)$

であることを証明しよう．解答は p.270

解答　（1）ケーリー・ハミルトンの定理より，㋐［　　］である．よって，

$A^2=$ ㋑［　　］$=$ ㋒［　　］

$A^3=$ ㋓［　　］

$A^4=$ ㋔［　　］　$A^5=$ ㋕［　　］　$A^6=$ ㋖［　　］

これを繰り返して，$k=1,2,\cdots$ に対して，

$A^{3k-2}=$ ㋗［　　］

$A^{3k-1}=$ ㋘［　　］

$A^{3k}=$ ㋙［　　］

以上をまとめて，㋚［　　］

（2）$n=1$ のとき，左辺 $=A^1=A$，右辺 $=$ ㋛［　　］となって成り立つ．

$n=k$（$k=1,2,\cdots$）のとき，$A^k=$ ㋜［　　］が成り立つと仮定すると，

$n=k+1$ のとき，

$A^{k+1}=A^kA=$ ㋝［　　］

三角関数の加法定理

$\cos(\alpha+\beta)=\cos\alpha\cos\beta-\sin\alpha\sin\beta$

$\sin(\alpha+\beta)=\sin\alpha\cos\beta+\cos\alpha\sin\beta$

となるので，$n=k+1$ のときも成り立つ．【解終】

総合演習 ▸ 2

解答 p.270

問1 $A=\begin{pmatrix}-1 & 0 & 3\\ 8 & 1 & -5\end{pmatrix}$, $B=\begin{pmatrix}3 & 4 & 0\\ -2 & 1 & 2\end{pmatrix}$, $C=\begin{pmatrix}4 & -3 & 7\\ 2 & 0 & -1\\ 1 & 5 & 0\end{pmatrix}$ のとき

次の行列の計算をしよう.

(1) $2A+3B$ (2) AC (3) $BC-5A$

問2 $A=\begin{pmatrix}6 & -2\\ 2 & -4\end{pmatrix}$ とし，O_{22} を 2 次の零行列，E_2 を 2 次の単位行列とするとき

次の問に答えよう.

(1) $3A+2X=O_{22}$ となる 2 次の正方行列 X を求めよう.

(2) $2A-3Y=3E_2$ となる 2 次の正方行列 Y を求めよう.

問3 $A=\begin{pmatrix}1 & 3\\ 2 & 1\end{pmatrix}$, $B=\begin{pmatrix}2 & 4\\ -1 & -2\end{pmatrix}$, $C=\begin{pmatrix}1 & 5\\ -3 & -5\end{pmatrix}$ とするとき

次の問に答えよう.

(1) $AX=C$ となる 2 次の正方行列 X が存在すれば求めよう.

(2) $YB=C$ となる 2 次の正方行列 Y が存在すれば求めよう.

問4 定理 2.3.2 (p.47) を示そう.

総合演習のヒント

問2 X, Y をそれぞれ $\begin{pmatrix}x & y\\ z & w\end{pmatrix}$ とおくか，定理 2.1.1 の性質を使って変形しても求まります.

問3 X, Y をそれぞれ $\begin{pmatrix}x & y\\ z & w\end{pmatrix}$ とおいて調べましょう.

問4 $X=\begin{pmatrix}x & y\\ z & w\end{pmatrix}$ とおいて調べましょう.

第3章

行列式

Section 3.0

行列式とは

行列式の定義はいくつかあるが，初めて線形代数を学ぶ人にとってはどれも非常にむずかしい．

そこで本書では，本来なら定理である 2 次，3 次の行列式の計算公式をあえて定義とし，4 次以上の行列式についてはそれらに続けて（帰納的に）定義を行う．

まず“行列式”の大まかな概念から説明しよう．

数が正方形に並んでいる n 次の正方行列 A に対し，ある規則に従って“数”を対応させることを考える．その数のことを，

n 次正方行列 A の**行列式**（の値）

と言い

$$|A|, \quad \det A$$

などで表す．つまり

$$\underset{\text{配列}}{\overset{\text{行列}}{A}} \xrightarrow[\text{計　算}]{\text{ある規則で}} \underset{\text{数}}{\overset{\text{行列式}}{|A|}}$$

ということになる．

また n 次の正方行列 A が

$$A = \begin{pmatrix} a_{11} & \cdots & a_{1n} \\ \vdots & \ddots & \vdots \\ a_{n1} & \cdots & a_{nn} \end{pmatrix}$$

と成分で表示されているとき，A の行列式を

$$|A| = \begin{vmatrix} a_{11} & \cdots & a_{1n} \\ \vdots & \ddots & \vdots \\ a_{n1} & \cdots & a_{nn} \end{vmatrix}$$

と書く．

それでは行列式の定義をしよう．

Section 3.1

1, 2, 3 次正方行列の行列式

1 次正方行列の行列式の定義

$A=(a)$ のとき，A の行列式を

$$|A|=a$$

と定義する.

解説 一番簡単な 1 次の行列式の定義である．高い次数の行列式を帰納的に定義するため，この定義はなくてはならないもの．【解説終】

2次正方行列の行列式の定義

$A=\begin{pmatrix} a & b \\ c & d \end{pmatrix}$ のとき，A の行列式を

$$|A|=\begin{vmatrix} a & b \\ c & d \end{vmatrix}=ad-bc$$

と定義する.

解説 “$ad-bc$” という式に見覚えはないだろうか．そう，2 次の行列の逆行列 (p.47) のところに出てきた．逆行列の存在条件となる $ad-bc \neq 0$ という式はどこから出てきたかというと，連立 1 次方程式の解の存在条件からである (p.52 総合演習 2 の問 4 の解答参照).

このように，行列式は連立 1 次方程式と密接に関連している.

また，第 1 章 p.7 の三角形の面積のところでも，同様の式が登場している（面積については，第 6 章の章末の Column も参照).【解説終】

$|A|$ を A の絶対値とは
絶対にいわないでくださいね！

3次正方行列の行列式の定義

$$A=\begin{pmatrix} a_{11} & a_{12} & a_{13} \\ a_{21} & a_{22} & a_{23} \\ a_{31} & a_{32} & a_{33} \end{pmatrix}$$

のとき，A の行列式を

$$|A|=\begin{vmatrix} a_{11} & a_{12} & a_{13} \\ a_{21} & a_{22} & a_{23} \\ a_{31} & a_{32} & a_{33} \end{vmatrix}$$

$$=a_{11}\,a_{22}\,a_{33}+a_{13}\,a_{21}\,a_{32}+a_{12}\,a_{23}\,a_{31}$$
$$-a_{13}\,a_{22}\,a_{31}-a_{11}\,a_{23}\,a_{32}-a_{12}\,a_{21}\,a_{33}$$

と定義する.

解説 2 次と 3 次の行列式の定義は，本来なら定義とする必要はないのであるが，すぐに一般の定義式を扱うのはむずかしいので，本書では定義として挙げておく.

この 3 次の行列式の求め方を

サラスの公式

という.

一見覚えるのが大変そうだが，次のように成分を行と列から重複なく 3 つずつとって積を作っている.

・＋の項は次の 3 つずつの成分の積

$$\begin{vmatrix} a_{11} & a_{12} & a_{13} \\ a_{21} & a_{22} & a_{23} \\ a_{31} & a_{32} & a_{33} \end{vmatrix},\quad \begin{vmatrix} a_{11} & a_{12} & a_{13} \\ a_{21} & a_{22} & a_{23} \\ a_{31} & a_{32} & a_{33} \end{vmatrix},\quad \begin{vmatrix} a_{11} & a_{12} & a_{13} \\ a_{21} & a_{22} & a_{23} \\ a_{31} & a_{32} & a_{33} \end{vmatrix}$$

・－の項は次の 3 つずつの成分の積

$$\begin{vmatrix} a_{11} & a_{12} & a_{13} \\ a_{21} & a_{22} & a_{23} \\ a_{31} & a_{32} & a_{33} \end{vmatrix},\quad \begin{vmatrix} a_{11} & a_{12} & a_{13} \\ a_{21} & a_{22} & a_{23} \\ a_{31} & a_{32} & a_{33} \end{vmatrix},\quad \begin{vmatrix} a_{11} & a_{12} & a_{13} \\ a_{21} & a_{22} & a_{23} \\ a_{31} & a_{32} & a_{33} \end{vmatrix}$$

次のように覚えてもよい.

+の項

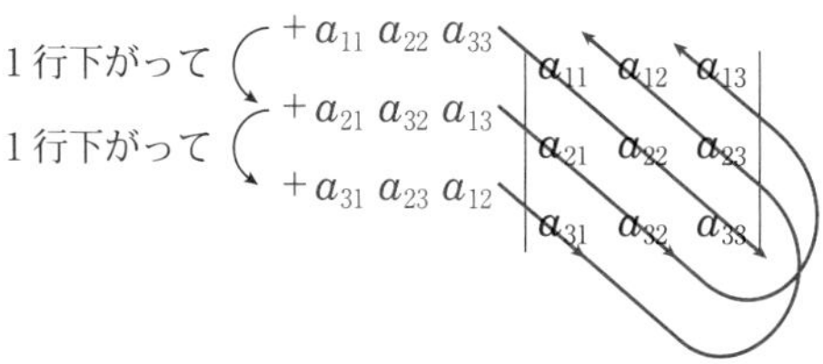

−の項

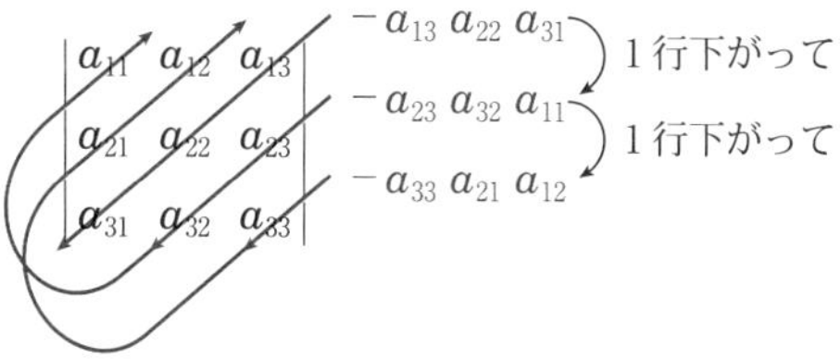

いろいろな覚え方があるので各自工夫して覚えよう.

この複雑な式も，連立 1 次方程式と密接に関連している.

係数が数字の場合には気が付かないが，一般の連立 3 元 1 次方程式

$$\begin{cases} a_{11}x + a_{12}y + a_{13}z = b_1 \\ a_{21}x + a_{22}y + a_{23}z = b_2 \\ a_{31}x + a_{32}y + a_{33}z = b_3 \end{cases}$$

を解こうとすると，計算途中に 3 次の行列式の定義である長い式が現われる.

連立 1 次方程式については第 4 章で詳しく勉強する.

【解説終】

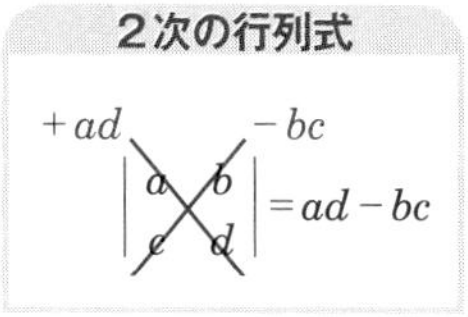

問題12　1次，2次正方行列の行列式の計算

例題

次の行列の行列式の値を求めよう．

$$A=(3),\quad B=(-5),\quad C=\begin{pmatrix}1&2\\3&4\end{pmatrix},\quad D=\begin{pmatrix}-1&0\\0&1\end{pmatrix}$$

解答　定義に従って計算すればよい．

$$|A|=3$$

$$|B|=-5$$

$$|C|=\begin{vmatrix}1&2\\3&4\end{vmatrix}=1\cdot4-2\cdot3=4-6=-2$$

$$|D|=\begin{vmatrix}-1&0\\0&1\end{vmatrix}=(-1)\cdot1-0\cdot0=-1-0=-1$$

【解終】

1次の行列式

$A=(a)$ のとき，

$|A|=a$

2次の行列式

$$\begin{vmatrix}a&b\\c&d\end{vmatrix}=ad-bc$$

POINT　1次，2次正方行列の行列式の定義を使う

演習12

次の行列の行列式の値を求めよう．

$$A=(-2),\quad B=(0),\quad C=\begin{pmatrix}3&2\\-1&4\end{pmatrix},\quad D=\begin{pmatrix}5&-4\\0&-2\end{pmatrix}$$

解答は p.272

解答　定義に従って計算する．

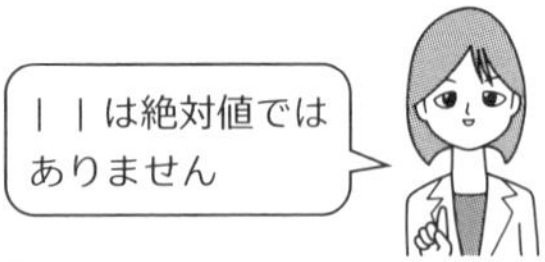

$|A|=$ ㋐ ＿＿＿＿

$|B|=$ ㋑ ＿＿＿＿

$|C|=\begin{vmatrix}3&2\\-1&4\end{vmatrix}=$ ㋒ ＿＿ $-$ ㋓ ＿＿＿ $=$ ㋔ ＿＿＿＿

$|D|=\begin{vmatrix}5&-4\\0&-2\end{vmatrix}=$ ㋕ ＿＿＿＿＿＿＿＿

【解終】

問題 13　3次正方行列の行列式の計算

例題

次の行列の行列式の値を求めよう.

$$A=\begin{pmatrix}1 & -5 & 6\\ -3 & 0 & 1\\ 2 & 4 & -2\end{pmatrix},\qquad B=\begin{pmatrix}1 & 4 & 7\\ 2 & 5 & 8\\ 3 & 6 & 9\end{pmatrix}$$

解答　サラスの公式に代入すればよい. ＋の方向と－の方向に気をつけて

$$|A|=\begin{vmatrix}1 & -5 & 6\\ -3 & 0 & 1\\ 2 & 4 & -2\end{vmatrix}=1\cdot 0\cdot(-2)+(-3)\cdot 4\cdot 6+(-5)\cdot 1\cdot 2 -6\cdot 0\cdot 2-1\cdot 4\cdot 1-(-5)(-3)(-2)=-56$$

$$|B|=\begin{vmatrix}1 & 4 & 7\\ 2 & 5 & 8\\ 3 & 6 & 9\end{vmatrix}=1\cdot 5\cdot 9+2\cdot 6\cdot 7+4\cdot 8\cdot 3-7\cdot 5\cdot 3-8\cdot 6\cdot 1-4\cdot 2\cdot 9=0$$

【解終】

サラスの公式

$$\begin{vmatrix}a_{11} & a_{12} & a_{13}\\ a_{21} & a_{22} & a_{23}\\ a_{31} & a_{32} & a_{33}\end{vmatrix}=a_{11}a_{22}a_{33}+a_{21}a_{32}a_{13}+a_{31}a_{12}a_{23} -a_{13}a_{22}a_{31}-a_{23}a_{32}a_{11}-a_{33}a_{12}a_{21}$$

POINT サラスの公式を使う

演習 13

次の行列の行列式の値を求めよう.

$$A=\begin{pmatrix}0 & 1 & 3\\ 8 & 0 & -4\\ 2 & 1 & 0\end{pmatrix},\qquad B=\begin{pmatrix}-3 & 1 & 5\\ 4 & -2 & 2\\ 5 & 1 & -3\end{pmatrix}$$

解答は p.272

解答　サラスの公式を覚えたら見ないでやってみよう.

$$|A|=\begin{vmatrix}0 & 1 & 3\\ 8 & 0 & -4\\ 2 & 1 & 0\end{vmatrix}=㋐\boxed{}+㋑\boxed{}+㋒\boxed{} -㋓\boxed{}-㋔\boxed{}-㋕\boxed{}=㋖\boxed{}$$

$$|B|=\begin{vmatrix}-3 & 1 & 5\\ 4 & -2 & 2\\ 5 & 1 & -3\end{vmatrix}=㋗\boxed{}=㋘\boxed{}$$

【解終】

Section 3.2

4 次以上の正方行列の行列式

4 次以上の行列式を定義する前に記号の準備が必要となる．

n 次の正方行列を

$$A=\begin{pmatrix} a_{11} & \cdots & a_{1j} & \cdots & a_{1n} \\ \vdots & & \vdots & & \vdots \\ a_{i1} & \cdots & a_{ij} & \cdots & a_{in} \\ \vdots & & \vdots & & \vdots \\ a_{n1} & \cdots & a_{nj} & \cdots & a_{nn} \end{pmatrix}$$

としておく．

余因子の定義

行列 A の第 i 行と第 j 列を取り除いた $(n-1)$ 次の行列式に，符号 $(-1)^{i+j}$ をかけた値を $\tilde{a}_{ij}$ と書き，a_{ij} の**余因子**または A の (i, j) 余因子という．

解説 余因子はなかなかむずかしいが，一般の行列式の定義に必要なのでよく理解してほしい．

余因子の定義は式でかくと次のようになる．

$$\tilde{a}_{ij}=(-1)^{i+j}\begin{vmatrix} a_{11} & \cdots & a_{1j} & \cdots & a_{1n} \\ \vdots & & \vdots & & \vdots \\ a_{i1} & \cdots & a_{ij} & \cdots & a_{in} \\ \vdots & & \vdots & & \vdots \\ a_{n1} & \cdots & a_{nj} & \cdots & a_{nn} \end{vmatrix}$$

←第 i 行を取り除く

↑第 j 列を取り除く

行列式の部分は，もとの行列から第 i 行と第 j 列を取り除いて作る．

行列式の前にある符号 $(-1)^{i+j}$ にも注意しよう．これは余因子をとる成分の位置によって $(+1)$ か (-1) の値をとる．つまり

$$(-1)^{i+j} = \begin{cases} +1 & (i+j : 偶数) \\ -1 & (i+j : 奇数) \end{cases}$$

である．$(1,1)$ 成分の余因子の符号は

$$(-1)^{1+1} = (-1)^2 = +1$$

なので，成分がとなりに移るに従い，次のように余因子の符号は $(+1)$ と (-1) を交互にとる．

$$\begin{pmatrix} +1 & -1 & +1 & \cdots \\ -1 & +1 & & \\ +1 & & \ddots & \\ \vdots & & & \end{pmatrix}$$

たとえば

$$A = \begin{pmatrix} 1 & 2 \\ 3 & 4 \end{pmatrix}$$

のとき

$\tilde{a}_{12} = A \text{ の } (1,2) \text{余因子} = 2 \text{ の余因子}$

$$= (-1)^{1+2} \begin{vmatrix} 1 & 2 \\ 3 & 4 \end{vmatrix} = (-1)^3 |3| = (-1) \cdot 3 = -3$$

また

> 2 を中心にタテ・ヨコ取り除く

$$A = \begin{pmatrix} 1 & 2 & 3 \\ 4 & 5 & 6 \\ 7 & 8 & 9 \end{pmatrix}$$

のとき

$\tilde{a}_{32} = A \text{ の } (3,2) \text{余因子} = 8 \text{ の余因子}$

$$= (-1)^{3+2} \begin{vmatrix} 1 & 2 & 3 \\ 4 & 5 & 6 \\ 7 & 8 & 9 \end{vmatrix}$$

> 8 を中心にタテ・ヨコ取り除く

$$= (-1)^5 \begin{vmatrix} 1 & 3 \\ 4 & 6 \end{vmatrix} = (-1)(1 \cdot 6 - 3 \cdot 4) = 6$$

【解説終】

1次の行列式

$A = (a)$ のとき，

$$|A| = a$$

2次の行列式

$$\begin{vmatrix} a & b \\ c & d \end{vmatrix} = ad - bc$$

---

n 次の行列の余因子は $(n-1)$ 次の行列式を計算します

問題 14 余因子の計算

例題

$$A=\begin{pmatrix} 1 & -6 & 7 \\ -2 & 5 & 8 \\ 3 & 4 & -9 \end{pmatrix}$$ について，次の余因子を求めよう．

(1)　$\tilde{a}_{23}$　　(2)　$\tilde{a}_{31}$　　(3)　$\tilde{a}_{22}$

(i, j) 余因子

第 j 列を削除

$$\tilde{a}_{ij}=(-1)^{i+j}\begin{vmatrix} a_{11} & \cdots & a_{1j} & \cdots & a_{1n} \\ \vdots & & & & \vdots \\ a_{i1} & \cdots & a_{ij} & \cdots & a_{in} \\ \vdots & & & & \vdots \\ a_{n1} & \cdots & a_{nj} & \cdots & a_{nn} \end{vmatrix}$$

← 第 i 行を削除

解答　(1)　$\tilde{a}_{23}$ = (2, 3) 余因子なので，符号 $(-1)^{2+3}$ に，A の (2, 3) 成分である“8”を中心にタテ，ヨコ取り除いた行列式をかけると，

$$\tilde{a}_{23}=(-1)^{2+3}\begin{vmatrix} 1 & -6 & 7 \\ -2 & 5 & 8 \\ 3 & 4 & -9 \end{vmatrix}=(-1)^5\begin{vmatrix} 1 & -6 \\ 3 & 4 \end{vmatrix}$$

$$=(-1)\{1\cdot 4-(-6)\cdot 3\}=-(4+18)=-22$$

(2)　$\tilde{a}_{31}$ = (3, 1) 余因子なので，符号 $(-1)^{3+1}$ に，A の (3, 1) 成分である“3”を中心にタテ，ヨコ取り除いた行列式をかけると，

$$\tilde{a}_{31}=(-1)^{3+1}\begin{vmatrix} 1 & -6 & 7 \\ -2 & 5 & 8 \\ 3 & 4 & -9 \end{vmatrix}=(-1)^4\begin{vmatrix} -6 & 7 \\ 5 & 8 \end{vmatrix}$$

$$=(+1)(-6\cdot 8-7\cdot 5)=-48-35=-83$$

(3)　$\tilde{a}_{22}$ = (2, 2) 余因子なので，符号 $(-1)^{2+2}$ に，A の (2, 2) 成分である“5”を中心にタテ，ヨコ取り除いた行列式をかけると，

$$\tilde{a}_{22}=(-1)^{2+2}\begin{vmatrix} 1 & -6 & 7 \\ -2 & 5 & 8 \\ 3 & 4 & -9 \end{vmatrix}=(-1)^4\begin{vmatrix} 1 & 7 \\ 3 & -9 \end{vmatrix}$$

$$=(+1)\{1\cdot(-9)-7\cdot 3\}=-30$$

【解終】

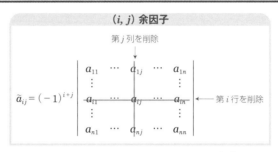

POINT ＞ (i, j) 余因子 $\tilde{a}_{ij}$ は，第 i 行，第 j 列を除いた行列式に，$(-1)^{i+j}$ をかけて求まる

演習 14

$$A = \begin{pmatrix} 9 & -8 & -7 \\ 4 & -5 & 6 \\ -3 & 2 & 1 \end{pmatrix}$$ について，次の余因子を求めよう．

(1)　$\tilde{a}_{22}$　　(2)　$\tilde{a}_{12}$　　(3)　$\tilde{a}_{33}$

解答は p.272

解答　(1)　$\tilde{a}_{22} = (2, 2)$ 余因子なので

取り除くところを消す

$$\tilde{a}_{22} = (-1)^{\text{㋐}\square + \text{㋑}\square} \text{㋒}\begin{vmatrix} 9 & -8 & -7 \\ 4 & -5 & 6 \\ -3 & 2 & 1 \end{vmatrix} = (-1)^{\text{㋓}\square} \begin{vmatrix} \text{㋔}\square & \text{㋕}\square \\ \text{㋖}\square & \text{㋗}\square \end{vmatrix}$$

$$= (+1)\{\text{㋘}\square - \text{㋙}\square\}$$

$$= \text{㋚}\square$$

(2)　$\tilde{a}_{12} = (1, 2)$ 余因子なので

取り除くところを消す

$$\tilde{a}_{12} = \text{㋛}\square \ \text{㋜}\begin{vmatrix} 9 & -8 & -7 \\ 4 & -5 & 6 \\ -3 & 2 & 1 \end{vmatrix} = \text{㋝}\square$$

$$= \text{㋞}\square$$

(3)　$\tilde{a}_{33} = (3, 3)$ 余因子なので

$$\tilde{a}_{33} = \text{㋟}\square$$

【解終】

2次の行列式

$$\begin{vmatrix} a & b \\ c & d \end{vmatrix} = ad - bc$$

余因子，求められるように
なりましたか？

4次以上の正方行列の行列式の定義

n 次正方行列 A に対し，A の行列式 $|A|$ を帰納的に次のように定義する．

（i）　$n=1, 2, 3$ の場合には，すでに行列式 $|A|$ は定義してある．（p.55, 56 参照）

（ii）　$n \geqq 4$ で $(n-1)$ 次の行列に対し，その行列式が定義されていると仮定する．

（iii）　n 次の正方行列 A に対し，A の行列式 $|A|$ を

$$|A| = a_{1j}\tilde{a}_{1j} + a_{2j}\tilde{a}_{2j} + \cdots + a_{nj}\tilde{a}_{nj}$$

（j は $1, 2, \cdots, n$ のどれか 1 つ）

と定義する．

解説　上の定義（iii）をみてみよう．$|A|$ の式が A の余因子を使って定義されている．余因子はもとの行列からある行と列を取り除いた行列式であった．

つまり（iii）の式は

n 次の行列式を $(n-1)$ 次の行列式を使って表す式

となっている．

もう一度（iii）の式をみてみよう．この式で，j は $1, 2, \cdots, n$ の中のどれでも 1 つを選べばよいのだが，果してどの j でも同じ $|A|$ の値が得られるのだろうか？

実はどれをとっても同じになる．このことを本書で証明することはできないが，後で具体的に確認しよう．さらに，この式を第 i 行に関する式

$$|A| = a_{i1}\tilde{a}_{i1} + a_{i2}\tilde{a}_{i2} + \cdots + a_{in}\tilde{a}_{in}$$

（i は $1, 2, \cdots, n$ のどれか 1 つ）

にとりかえることもできる．

この行列式の定義は $n \geqq 4$ となっているが，（i）で $n=1$ の場合を定義しておけば，$n \geqq 2$ のすべての行列の行列式が定義される．

【解説終】

このように (i)，(ii)，(iii) の手順で，
1 次，2 次，3 次，…，n 次の行列式が
定義される方法を行列式の
“帰納的定義”といいます

行列式の定義における (iii) の式は**行列式の展開**と呼ばれる大切な式なので，あらためて定義としてあげておこう．

行列式の展開の定義

n 次正方行列

$$A = \begin{pmatrix} a_{11} & \cdots & a_{1j} & \cdots & a_{1n} \\ \vdots & & \vdots & & \vdots \\ a_{i1} & \cdots & a_{ij} & \cdots & a_{in} \\ \vdots & & \vdots & & \vdots \\ a_{n1} & \cdots & a_{nj} & \cdots & a_{nn} \end{pmatrix}$$

に対して

$$|A| = a_{1j}\,\tilde{a}_{1j} + a_{2j}\,\tilde{a}_{2j} + \cdots + a_{nj}\,\tilde{a}_{nj}$$

を $|A|$ の**第 j 列による展開**といい

$$|A| = a_{i1}\,\tilde{a}_{i1} + a_{i2}\,\tilde{a}_{i2} + \cdots + a_{in}\,\tilde{a}_{in}$$

を $|A|$ の**第 i 行による展開**という．

解説　例題と演習で具体的に行列式の展開を練習するが，とりあえず

$$A = \begin{pmatrix} 1 & 4 & 7 \\ 2 & 5 & 8 \\ 3 & 6 & 9 \end{pmatrix}$$

を使って展開を示しておこう．

$|A|$ の第 1 列による展開は，第 1 列の成分を上から順にとって次のようになる．

$$|A| = \begin{vmatrix} 1 & 4 & 7 \\ 2 & 5 & 8 \\ 3 & 6 & 9 \end{vmatrix} = 1 \cdot \tilde{a}_{11} + 2 \cdot \tilde{a}_{21} + 3 \cdot \tilde{a}_{31}$$

また，$|A|$ の第 2 行による展開は，第 2 行の成分を左から順にとって次のようになる．

$$|A| = \begin{vmatrix} 1 & 4 & 7 \\ 2 & 5 & 8 \\ 3 & 6 & 9 \end{vmatrix} = 2 \cdot \tilde{a}_{21} + 5 \cdot \tilde{a}_{22} + 8 \cdot \tilde{a}_{23}$$

余因子は問題 14 の方法で求めればよい．$|A|$ をどの列，どの行で展開しても，最終的な計算結果は一致する．　【解説終】

問題 15 余因子による行列式の展開①

例題

$|A|=\begin{vmatrix}1 & 2\\ 3 & 4\end{vmatrix}$ について，次の 2 通りの方法で値を求めよう.

(1) 第 1 列による展開　　　(2) 第 2 行による展開

解 答

(1) 第 1 列による展開なので，第 1 列の上から順に展開していって

$$|A|=\begin{vmatrix}\boxed{1} & 2\\ \boxed{3} & 4\end{vmatrix}=1\cdot\tilde{a}_{11}+3\cdot\tilde{a}_{21}$$

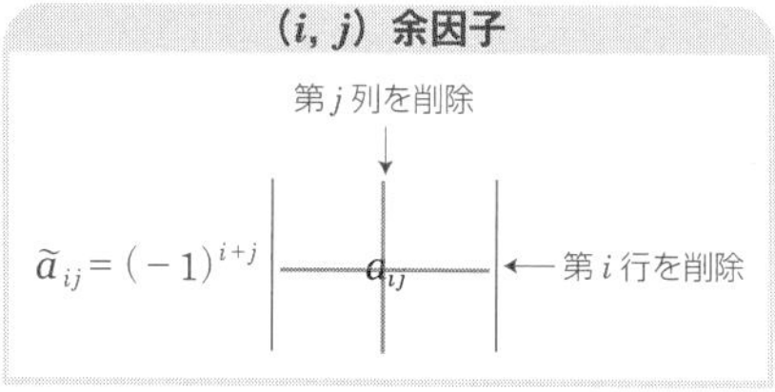
(i, j) 余因子
第 j 列を削除
ã_ij = (−1)^(i+j)
a_ij
第 i 行を削除

ここで

$\tilde{a}_{11}$ は (1, 1) 余因子

$\tilde{a}_{21}$ は (2, 1) 余因子

であることに注意して計算すると

$$=1\cdot(-1)^{1+1}\begin{vmatrix}1 & 2\\ 3 & 4\end{vmatrix}+3\cdot(-1)^{2+1}\begin{vmatrix}1 & 2\\ 3 & 4\end{vmatrix}$$

$$=1\cdot(-1)^{2}\cdot 4+3\cdot(-1)^{3}\cdot 2$$

$$=(+1)\cdot 4+3\cdot(-1)\cdot 2$$

$$=-2$$

取り除いた成分はつめて
1 次の行列式を
つくるんですね

(2) 第 2 行による展開なので，第 2 行の左から順に展開していくと

$$|A|=\begin{vmatrix}1 & 2\\ \boxed{3 \quad 4}\end{vmatrix}=3\cdot\tilde{a}_{21}+4\cdot\tilde{a}_{22}$$

ここで

$\tilde{a}_{21}$ は (2, 1) 余因子，　$\tilde{a}_{22}$ は (2, 2) 余因子

であることに注意して計算すると

$$=3\cdot(-1)^{2+1}\begin{vmatrix}1 & 2\\ 3 & 4\end{vmatrix}+4\cdot(-1)^{2+2}\begin{vmatrix}1 & 2\\ 3 & 4\end{vmatrix}$$

$$=3\cdot(-1)^{3}\cdot 2+4\cdot(-1)^{4}\cdot 1$$

$$=3\cdot(-1)\cdot 2+4\cdot(+1)\cdot 1$$

$$=-2$$

【解終】

POINT 第 j 列による展開 $|A| = a_{1j}\tilde{a}_{1j} + a_{2j}\tilde{a}_{2j} + \cdots + a_{nj}\tilde{a}_{nj}$
第 i 行による展開 $|A| = a_{i1}\tilde{a}_{i1} + a_{i2}\tilde{a}_{i2} + \cdots + a_{in}\tilde{a}_{in}$

演習 15

$|A| = \begin{vmatrix} 1 & 2 \\ 3 & 4 \end{vmatrix}$ について，次の 2 通りの方法で値を求めよう．

(1)　第 2 列による展開　　(2)　第 1 行による展開　　解答は p.272

解答 余因子をつくるとき，何成分か気をつけよう．

(1)　第 2 列の上から順に展開して

$$|A| = \begin{vmatrix} 1 & \textcircled{2} \\ 3 & \textcircled{4} \end{vmatrix}$$

$$= 2 \cdot \tilde{a}_{12} + {}^{\text{㋐}}\square \cdot {}^{\text{㋑}}\square$$

取り除くところを消す

$$= 2 \cdot (-1)^{1+2} \begin{vmatrix} 1 & 2 \\ 3 & 4 \end{vmatrix} + {}^{\text{㋒}}\square \cdot (-1)^{\text{㋓}\square} {}^{\text{㋔}}\begin{vmatrix} 1 & 2 \\ 3 & 4 \end{vmatrix}$$

$$= 2 \cdot (-1)^{3} \cdot 3 + {}^{\text{㋕}}\square \cdot (-1)^{\text{㋖}\square} \cdot {}^{\text{㋗}}\square$$

$$= {}^{\text{㋘}}\square$$

(2)　第 1 行の左から順に展開して

$$|A| = \begin{vmatrix} \textcircled{1 \quad 2} \\ 3 \quad 4 \end{vmatrix}$$

$$= {}^{\text{㋙}}\square \cdot {}^{\text{㋚}}\square + 2 \cdot \tilde{a}_{12}$$

取り除くところを消す

$$= {}^{\text{㋛}}\square \cdot (-1)^{\text{㋜}\square} {}^{\text{㋝}}\begin{vmatrix} 1 & 2 \\ 3 & 4 \end{vmatrix} + 2 \cdot (-1)^{\text{㋞}\square} {}^{\text{㋟}}\begin{vmatrix} 1 & 2 \\ 3 & 4 \end{vmatrix}$$

$$= {}^{\text{㋠}}\square + {}^{\text{㋡}}\square$$

$$= {}^{\text{㋢}}\square$$

【解終】

問題 16　余因子による行列式の展開②

例題

第 3 行で展開することにより，次の行列式の値を求めよう．

$$|A| = \begin{vmatrix} 4 & 2 & -3 \\ -3 & 7 & -2 \\ 0 & -1 & 1 \end{vmatrix}$$

解答　第 3 行で展開するので，第 3 行に印をつけて順に展開していくと

$$|A| = \begin{vmatrix} 4 & 2 & -3 \\ -3 & 7 & -2 \\ 0 & -1 & 1 \end{vmatrix}$$

$$= 0 \cdot \tilde{a}_{31} + (-1) \cdot \tilde{a}_{32} + 1 \cdot \tilde{a}_{33}$$

$\tilde{a}_{ij}$ は a_{ij} の余因子を表します

第 1 項の値は 0 である．他の項は余因子をつくると

$$= 0 + (-1) \cdot (-1)^{3+2} \begin{vmatrix} 4 & 2 & -3 \\ -3 & 7 & -2 \\ 0 & -1 & 1 \end{vmatrix} + 1 \cdot (-1)^{3+3} \begin{vmatrix} 4 & 2 & -3 \\ -3 & 7 & -2 \\ 0 & -1 & 1 \end{vmatrix}$$

取り除いた成分をつめて行列式をつくると

$$= (-1) \cdot (-1)^5 \begin{vmatrix} 4 & -3 \\ -3 & -2 \end{vmatrix} + (-1)^6 \begin{vmatrix} 4 & 2 \\ -3 & 7 \end{vmatrix}$$

2 次の行列式を計算して

$$= (-1)(-1)\{4 \cdot (-2) - (-3) \cdot (-3)\} + (-1)^6 \{4 \cdot 7 - 2 \cdot (-3)\}$$

$$= 1 \cdot (-8-9) + (+1)(28+6)$$

$$= -17 + 34$$

$$= 17$$

【解終】

2 次の行列式

$$\begin{vmatrix} a & b \\ c & d \end{vmatrix} = ad - bc$$

(i, j) 余因子

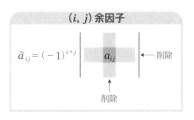

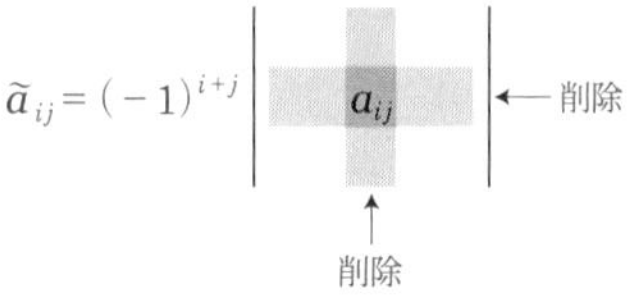

$\tilde{a}_{ij} = (-1)^{i+j}$
a_{ij}
削除
削除

POINT ＞ 0 のある行または列で展開すると，計算が楽になることを実感しよう

演習 16

第 1 列で展開することにより，次の行列式（左の例題と同じ）の値を求めよう．

$$|A| = \begin{vmatrix} 4 & 2 & -3 \\ -3 & 7 & -2 \\ 0 & -1 & 1 \end{vmatrix}$$

解答は p.272

解答 第 1 列で展開するので，第 1 列に印をつけて順に展開していくと

$$|A| = \begin{vmatrix} ㋐\square & 2 & -3 \\ & 7 & -2 \\ & -1 & 1 \end{vmatrix} = 4\cdot\tilde{a}_{11} + ㋑\square\cdot㋒\square + ㋓\square\cdot㋔\square$$

余因子に注意して

$$= 4\cdot(-1)^{1+1}\begin{vmatrix} 4 & 2 & -3 \\ -3 & 7 & -2 \\ 0 & -1 & 1 \end{vmatrix}$$

（取り除くところを消す）

$$+ ㋕\square\cdot(-1)^{㋖\square}\ {}^{㋗}\begin{vmatrix} 4 & 2 & -3 \\ -3 & 7 & -2 \\ 0 & -1 & 1 \end{vmatrix} + ㋘\square$$

取り除いた部分をつめて 2 次の行列式をつくると

$$= 4\cdot(-1)^2\begin{vmatrix} 7 & -2 \\ -1 & 1 \end{vmatrix} + ㋙\square\cdot(-1)^{㋚\square}\ ㋛\square$$

2 次の行列式を計算して

$$= 4\cdot(+1)\{㋜\square\} + ㋝\square\cdot㋞\square\cdot\{㋟\square\}$$

$$= ㋠\square$$

【解終】

問題 17　余因子による行列式の展開③

例題

展開することにより，次の行列式の値を求めよう．

(1) $\begin{vmatrix} 5 & 6 & 3 \\ 0 & -2 & 1 \\ -1 & 3 & 7 \end{vmatrix}$　　(2) $\begin{vmatrix} -2 & 4 & 1 \\ 0 & -5 & 0 \\ 8 & 2 & -1 \end{vmatrix}$

解答　(1)　0 のある行または列で展開しよう．たとえば第 1 列で展開すると

$$\begin{vmatrix} 5 & 6 & 3 \\ 0 & -2 & 1 \\ -1 & 3 & 7 \end{vmatrix} = 5\cdot\tilde{a}_{11} + 0\cdot\tilde{a}_{21} + (-1)\cdot\tilde{a}_{31}$$

第 2 項の値は 0 となる．他の項は余因子をつくって計算していくと

$$= 5\cdot(-1)^{1+1}\begin{vmatrix} 5 & 6 & 3 \\ 0 & -2 & 1 \\ -1 & 3 & 7 \end{vmatrix} + 0 - (-1)^{3+1}\begin{vmatrix} 5 & 6 & 3 \\ 0 & -2 & 1 \\ -1 & 3 & 7 \end{vmatrix}$$

$$= 5\cdot(-1)^2\begin{vmatrix} -2 & 1 \\ 3 & 7 \end{vmatrix} - (-1)^4\begin{vmatrix} 6 & 3 \\ -2 & 1 \end{vmatrix}$$

$$= 5(-14-3) - (6+6) = -97$$

(2)　0 が 2 つある第 2 行で展開すると

$$\begin{vmatrix} -2 & 4 & 1 \\ 0 & -5 & 0 \\ 8 & 2 & -1 \end{vmatrix} = 0\cdot\tilde{a}_{21} + (-5)\cdot\tilde{a}_{22} + 0\cdot\tilde{a}_{23}$$

$$= 0 - 5\cdot(-1)^{2+2}\begin{vmatrix} -2 & 4 & 1 \\ 0 & -5 & 0 \\ 8 & 2 & -1 \end{vmatrix} + 0$$

$$= -5\cdot(-1)^4\begin{vmatrix} -2 & 1 \\ 8 & -1 \end{vmatrix} = -5(2-8) = 30$$

【解終】

POINT 展開する行または列に 0 がたくさんあればあるほど，計算がより楽になる

演習 17

展開することにより，次の行列式の値を求めよう．

(1) $\begin{vmatrix} 0 & 1 & 2 \\ -3 & 4 & 0 \\ 5 & 0 & 6 \end{vmatrix}$　　(2) $\begin{vmatrix} 1 & -3 & 0 \\ 9 & -7 & 0 \\ 8 & 5 & 4 \end{vmatrix}$

解答は p.273

解答 (1) たとえば第 1 行で展開すると

$$\begin{vmatrix} 0 & 1 & 2 \\ -3 & 4 & 0 \\ 5 & 0 & 6 \end{vmatrix} = 0\cdot\tilde{a}_{11} + ㋐\square\cdot㋑\square + ㋒\square\cdot㋓\square$$

取り除くところを消す

$$= ㋔\square + (-1)^{㋕\square}\ ㋖\begin{vmatrix} 0 & 1 & 2 \\ -3 & 4 & 0 \\ 5 & 0 & 6 \end{vmatrix} + 2\cdot(-1)^{㋗\square}\ ㋘\begin{vmatrix} 0 & 1 & 2 \\ -3 & 4 & 0 \\ 5 & 0 & 6 \end{vmatrix}$$

$$= (-1)^{㋙\square}\ ㋚\square + 2\cdot(-1)^{㋛\square}\ ㋜\square$$

$$= ㋝\square + ㋞\square$$

$$= ㋟\square$$

(2) 0 を 2 つ含む第 ㋠\square に印をつけて展開すると

展開する行または列に印をつける

$$㋡\begin{vmatrix} 1 & -3 & 0 \\ 9 & -7 & 0 \\ 8 & 5 & 4 \end{vmatrix}$$

$$= ㋢\square\cdot㋣\square + ㋤\square\cdot㋥\square + ㋦\square\cdot㋧\square$$

$$= ㋨\square$$

【解終】

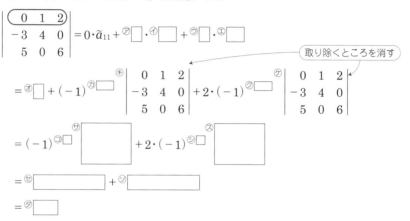

問題 18　余因子による行列式の展開④

例題

$A=\begin{pmatrix} 0 & 3 & 2 & -1 \\ -4 & 6 & 1 & 5 \\ 0 & -2 & 3 & -1 \\ -1 & 0 & 0 & 2 \end{pmatrix}$ のとき，$|A|$の値を求めよう.

解 答　0の多い行または列で展開していこう.

たとえば第1列で展開すると

$$|A|=\begin{vmatrix} 0 & 3 & 2 & -1 \\ -4 & 6 & 1 & 5 \\ 0 & -2 & 3 & -1 \\ -1 & 0 & 0 & 2 \end{vmatrix}$$

$$=0\cdot\tilde{a}_{11}+(-4)\cdot\tilde{a}_{21}+0\cdot\tilde{a}_{31}+(-1)\cdot\tilde{a}_{41}$$

$$=0-4\cdot(-1)^{2+1}\begin{vmatrix} 0 & 3 & 2 & -1 \\ -4 & 6 & 1 & 5 \\ 0 & -2 & 3 & -1 \\ -1 & 0 & 0 & 2 \end{vmatrix}+0-(-1)^{4+1}\begin{vmatrix} 0 & 3 & 2 & -1 \\ -4 & 6 & 1 & 5 \\ 0 & -2 & 3 & -1 \\ -1 & 0 & 0 & 2 \end{vmatrix}$$

$$=4\begin{vmatrix} 3 & 2 & -1 \\ -2 & 3 & -1 \\ 0 & 0 & 2 \end{vmatrix}+\begin{vmatrix} 3 & 2 & -1 \\ 6 & 1 & 5 \\ -2 & 3 & -1 \end{vmatrix}$$

ここで，第1項の3次の行列式は第3行に0が2つあるので，この行で展開する．第2項の行列式は0がまったくないのでサラスの公式(p.56)を使うと

$$=4\begin{vmatrix} 3 & 2 & -1 \\ -2 & 3 & -1 \\ 0 & 0 & 2 \end{vmatrix}+\{-3-18-20-2-45-(-12)\}$$

$$=4\cdot2\cdot(-1)^{3+3}\begin{vmatrix} 3 & 2 & -1 \\ -2 & 3 & -1 \\ 0 & 0 & 2 \end{vmatrix}-76$$

$$=8\cdot\begin{vmatrix} 3 & 2 \\ -2 & 3 \end{vmatrix}-76=8(9+4)-76$$

$$=28$$

【解終】

POINT> 0 が一番多い行または列で展開しよう

演習 18

$$A=\begin{pmatrix} 1 & 3 & -1 & 4 \\ 0 & 2 & 0 & 2 \\ -8 & 0 & 1 & -3 \\ 1 & 5 & 4 & 0 \end{pmatrix}$$ のとき，$|A|$ の値を求めよう．

解答は p.273

解答　0 を一番多く含むのは第㋐［　　］なので，そこで展開して 3 次の行列式にすると

$|A|=$ ㋑［　　　　　　　　］

どちらの 3 次の行列式も 0 が 1 つしかないので，展開を使ってもよいし，サラスの公式でもよい．計算すると

$=$ ㋒［　　　　　　　　］

【解終】

サラスの公式

$$\begin{vmatrix} a_{11} & a_{12} & a_{13} \\ a_{21} & a_{22} & a_{23} \\ a_{31} & a_{32} & a_{33} \end{vmatrix} = a_{11}a_{22}a_{33}+a_{21}a_{32}a_{13}+a_{31}a_{12}a_{23} - a_{13}a_{22}a_{31}-a_{23}a_{32}a_{11}-a_{33}a_{12}a_{21}$$

Section 3.3

行列式の性質

前節で，4 次正方行列の行列式の値まで求めて来たが，例題や演習の行列式のように成分に 0 が 1 つでもあればその余因子を計算しなくてすむので，行列式の値を求めるのが楽になる．

ここでは，行列式のいろいろな性質を取り上げ，工夫して行列式の値を求めることを考えよう．

定理 3.3.1　行列式の線形性

❶　行列式の分配法則

$$\begin{vmatrix} a_{11} & \cdots & a_{1n} \\ \vdots & & \vdots \\ a_{i1}+b_{i1} & \cdots & a_{in}+b_{in} \\ \vdots & & \vdots \\ a_{n1} & \cdots & a_{nn} \end{vmatrix} = \begin{vmatrix} a_{11} & \cdots & a_{1n} \\ \vdots & & \vdots \\ a_{i1} & \cdots & a_{in} \\ \vdots & & \vdots \\ a_{n1} & \cdots & a_{nn} \end{vmatrix} + \begin{vmatrix} a_{11} & \cdots & a_{1n} \\ \vdots & & \vdots \\ b_{i1} & \cdots & b_{in} \\ \vdots & & \vdots \\ a_{n1} & \cdots & a_{nn} \end{vmatrix}$$

❷　ある行を k 倍した行列式＝元の行列式の k 倍

$$\begin{vmatrix} a_{11} & \cdots & a_{1n} \\ \vdots & & \vdots \\ ka_{i1} & \cdots & ka_{in} \\ \vdots & & \vdots \\ a_{n1} & \cdots & a_{nn} \end{vmatrix} = k\begin{vmatrix} a_{11} & \cdots & a_{1n} \\ \vdots & & \vdots \\ a_{i1} & \cdots & a_{in} \\ \vdots & & \vdots \\ a_{n1} & \cdots & a_{nn} \end{vmatrix}$$

解説　❶　このように第 i 行が和の形をしているとき，その行が 2 つに分かれ他の成分はまったくそのままで行列式の和となる．第 i 行はどの行でもかまわないし，列の場合にも成り立つ．

❷　第 i 行の成分がすべて k 倍になっているとき，k を行列式の外に 1 つくくり出せる．行列の場合と異なるので注意しよう．列の場合も同様に成り立つ．【解説終】

行列のスカラー倍

$$k\begin{pmatrix} a_{11} & \cdots & a_{1n} \\ \vdots & & \vdots \\ a_{n1} & \cdots & a_{nn} \end{pmatrix} = \begin{pmatrix} ka_{11} & \cdots & ka_{1n} \\ \vdots & & \vdots \\ ka_{n1} & \cdots & ka_{nn} \end{pmatrix}$$

証明　$n=3$ の場合で示そう．

❶　次式が成立することを示す．

$$\begin{vmatrix} a_{11} & a_{12} & a_{13} \\ a_{21}+b_{21} & a_{22}+b_{22} & a_{23}+b_{23} \\ a_{31} & a_{32} & a_{33} \end{vmatrix} = \begin{vmatrix} a_{11} & a_{12} & a_{13} \\ a_{21} & a_{22} & a_{23} \\ a_{31} & a_{32} & a_{33} \end{vmatrix} + \begin{vmatrix} a_{11} & a_{12} & a_{13} \\ b_{21} & b_{22} & b_{23} \\ a_{31} & a_{32} & a_{33} \end{vmatrix}$$

右辺の各行列式を，それぞれ第 2 行で展開すると

$$\begin{aligned}
右辺 &= \{a_{21}\tilde{a}_{21}+a_{22}\tilde{a}_{22}+a_{23}\tilde{a}_{23}\} + \{b_{21}\tilde{b}_{21}+b_{22}\tilde{b}_{22}+b_{23}\tilde{b}_{23}\} \\
&= \left\{a_{21}\cdot(-1)^{2+1}\begin{vmatrix} a_{12} & a_{13} \\ a_{32} & a_{33} \end{vmatrix} + a_{22}\cdot(-1)^{2+2}\begin{vmatrix} a_{11} & a_{13} \\ a_{31} & a_{33} \end{vmatrix}\right. \\
&\quad \left. + a_{23}\cdot(-1)^{2+3}\begin{vmatrix} a_{11} & a_{12} \\ a_{31} & a_{32} \end{vmatrix}\right\} + \left\{b_{21}\cdot(-1)^{2+1}\begin{vmatrix} a_{12} & a_{13} \\ a_{32} & a_{33} \end{vmatrix}\right. \\
&\quad \left. + b_{22}\cdot(-1)^{2+2}\begin{vmatrix} a_{11} & a_{13} \\ a_{31} & a_{33} \end{vmatrix} + b_{23}\cdot(-1)^{2+3}\begin{vmatrix} a_{11} & a_{12} \\ a_{31} & a_{32} \end{vmatrix}\right\}
\end{aligned}$$

同じ行列式をくくると

$$\begin{aligned}
&= (a_{21}+b_{21})\cdot(-1)^{2+1}\begin{vmatrix} a_{12} & a_{13} \\ a_{32} & a_{33} \end{vmatrix} + (a_{22}+b_{22})\cdot(-1)^{2+2}\begin{vmatrix} a_{11} & a_{13} \\ a_{31} & a_{33} \end{vmatrix} \\
&\quad + (a_{23}+b_{23})\cdot(-1)^{2+3}\begin{vmatrix} a_{11} & a_{12} \\ a_{31} & a_{32} \end{vmatrix}
\end{aligned}$$

この式は左辺の行列式を第 2 行で展開した式と一致するので

$=$ 左辺

❷　次式が成立することを示す．

$$\begin{vmatrix} a_{11} & a_{12} & a_{13} \\ ka_{21} & ka_{22} & ka_{23} \\ a_{31} & a_{32} & a_{33} \end{vmatrix} = k\begin{vmatrix} a_{11} & a_{12} & a_{13} \\ a_{21} & a_{22} & a_{23} \\ a_{31} & a_{32} & a_{33} \end{vmatrix}$$

右辺を第 2 行で展開してゆくと

$$\begin{aligned}
右辺 &= k(a_{21}\tilde{a}_{21}+a_{22}\tilde{a}_{22}+a_{23}\tilde{a}_{23}) \\
&= (ka_{21})\tilde{a}_{21}+(ka_{22})\tilde{a}_{22}+(ka_{23})\tilde{a}_{23}
\end{aligned}$$

これは左辺の行列式を第 2 行での展開した式と一致するので

$=$ 左辺

【証明終】

定理 3.3.2　行列式の交代性［行の入れかえは (-1) 倍］：その 1

$$\begin{vmatrix} a_{11} & \cdots & a_{1n} \\ \vdots & & \vdots \\ a_{i1} & \cdots & a_{in} \\ a_{i+1,1} & \cdots & a_{i+1,n} \\ \vdots & & \vdots \\ a_{n1} & \cdots & a_{nn} \end{vmatrix} = -\begin{vmatrix} a_{11} & \cdots & a_{1n} \\ \vdots & & \vdots \\ a_{i+1,1} & \cdots & a_{i+1,n} \\ a_{i1} & \cdots & a_{in} \\ \vdots & & \vdots \\ a_{n1} & \cdots & a_{nn} \end{vmatrix}$$

解説　これは，隣り合った行どうしを入れかえると，行列式の値の符号が変わるということ．離れた行については次の系で述べる．この定理も列についても成立する．【解説終】

証明　$n=3$ のとき，つまり次式を示そう．

$$\begin{vmatrix} a_{11} & a_{12} & a_{13} \\ a_{21} & a_{22} & a_{23} \\ a_{31} & a_{32} & a_{33} \end{vmatrix} = -\begin{vmatrix} a_{21} & a_{22} & a_{23} \\ a_{11} & a_{12} & a_{13} \\ a_{31} & a_{32} & a_{33} \end{vmatrix}$$

左辺を第 1 行で展開すると

$$\begin{aligned} \text{左辺} &= a_{11}\tilde{a}_{11} + a_{12}\tilde{a}_{12} + a_{13}\tilde{a}_{13} \\ &= a_{11}\cdot(-1)^{1+1}\begin{vmatrix} a_{22} & a_{23} \\ a_{32} & a_{33} \end{vmatrix} + a_{12}\cdot(-1)^{1+2}\begin{vmatrix} a_{21} & a_{23} \\ a_{31} & a_{33} \end{vmatrix} \\ &\quad + a_{13}\cdot(-1)^{1+3}\begin{vmatrix} a_{21} & a_{22} \\ a_{31} & a_{32} \end{vmatrix} \end{aligned}$$

右辺を第 2 行で展開すると

$$\text{右辺} = -(a_{11}\tilde{a}_{11} + a_{12}\tilde{a}_{12} + a_{13}\tilde{a}_{13})$$

右辺の行列式では，a_{11} は $(2,1)$ 成分，a_{12} は $(2,2)$ 成分，a_{13} は $(2,3)$ 成分であることに注意して余因子をつくると

$$\begin{aligned} &= -\left\{a_{11}\cdot(-1)^{2+1}\begin{vmatrix} a_{22} & a_{23} \\ a_{32} & a_{33} \end{vmatrix} + a_{12}\cdot(-1)^{2+2}\begin{vmatrix} a_{21} & a_{23} \\ a_{31} & a_{33} \end{vmatrix}\right. \\ &\quad \left. + a_{13}\cdot(-1)^{2+3}\begin{vmatrix} a_{21} & a_{22} \\ a_{31} & a_{32} \end{vmatrix}\right\} \end{aligned}$$

符号だけを計算すれば，左辺＝右辺ということがわかる．【証明終】

系 3.3.3　行列式の交代性［行の入れかえは（−1）倍］：その 2

$$
\begin{vmatrix}
a_{11} & \cdots & a_{1n} \\
\vdots & & \vdots \\
a_{i1} & \cdots & a_{in} \\
\vdots & & \vdots \\
a_{j1} & \cdots & a_{jn} \\
\vdots & & \vdots \\
a_{n1} & \cdots & a_{nn}
\end{vmatrix}
= -
\begin{vmatrix}
a_{11} & \cdots & a_{1n} \\
\vdots & & \vdots \\
a_{j1} & \cdots & a_{jn} \\
\vdots & & \vdots \\
a_{i1} & \cdots & a_{in} \\
\vdots & & \vdots \\
a_{n1} & \cdots & a_{nn}
\end{vmatrix}
$$

解説　今度は第 i 行と第 j 行を入れかえた場合なのだが，やはり“-1”だけの違いとなる．列の場合ももちろん成立する．【解説終】

証明　定理 3.3.2 では，隣り合った行の入れかえで行列式の値は“−”だけずれることが示せていた．そこで，第 i 行と第 j 行（$j>i$）を入れかえるには，隣りどうしの入れかえを何回行わなければいけないか調べると，$2(j-i)-1$ 回必要なことがわかる．

このことより行列式の値は

$$
\begin{aligned}
(-1)^{2(j-i)-1} &= (-1)^{-1} \\
&= -1
\end{aligned}
$$

を掛けたものになる．またこの値は，入れかえの方法によらないこともわかる．

【証明終】

$(-1)^{2n}=1$

$(-1)^{2n-1}=-1$

$(n=1, 2, 3, \cdots)$

行列式において
行 と 行
列 と 列
を入れかえるときは
符号が変わるので
気をつけましょう

系 3.3.4　2つの行の成分が一致すると0

$$\begin{vmatrix} a_{11} & \cdots & a_{1n} \\ \vdots & & \vdots \\ c_1 & \cdots & c_n \\ \vdots & & \vdots \\ c_1 & \cdots & c_n \\ \vdots & & \vdots \\ a_{n1} & \cdots & a_{nn} \end{vmatrix} = 0$$

解説　第 i 行と第 j 行がまったく同じ数が並んでいるときは，行列式をいちいち計算しなくとも値が 0 になる．列についても同様．【解説終】

証明

$$|A| = \begin{vmatrix} a_{11} & \cdots & a_{1n} \\ \vdots & & \vdots \\ c_1 & \cdots & c_n \\ \vdots & & \vdots \\ c_1 & \cdots & c_n \\ \vdots & & \vdots \\ a_{n1} & \cdots & a_{nn} \end{vmatrix} \begin{matrix} \\ \\ \leftarrow \text{第 } i \text{ 行} \\ \\ \leftarrow \text{第 } j \text{ 行} \\ \\ \\ \end{matrix}$$

とおく．$|A|$ において第 i 行と第 j 行を入れかえたと考えると，系 3.3.3 より値は -1 倍なので

$$|A| = -|A|$$

が成立する．これより

$$2|A| = 0$$

$$\therefore \quad |A| = 0$$

【証明終】

定理 3.3.5　ある行の k 倍を別の行に加えても，行列式の値は不変

$$\begin{vmatrix} a_{11} & \cdots & a_{1n} \\ \vdots & & \vdots \\ a_{i1} & \cdots & a_{in} \\ \vdots & & \vdots \\ a_{j1} & \cdots & a_{jn} \\ \vdots & & \vdots \\ a_{n1} & \cdots & a_{nn} \end{vmatrix} = \begin{vmatrix} a_{11} & \cdots & a_{1n} \\ \vdots & & \vdots \\ a_{i1}+ka_{j1} & \cdots & a_{in}+ka_{jn} \\ \vdots & & \vdots \\ a_{j1} & \cdots & a_{jn} \\ \vdots & & \vdots \\ a_{n1} & \cdots & a_{nn} \end{vmatrix}$$

解説　第 j 行のすべての成分を k 倍して，第 i 行に成分ごとに加えても行列式の値は変わらない．$i<j$ でも $i>j$ でもよい．列についても同様に成立する．これは，**成分に“0”をつくるのに有効な定理**.　【解説終】

証明　$n=3$ のときを示しておこう．示したいことは次式である．

$$\begin{vmatrix} a_{11} & a_{12} & a_{13} \\ a_{21} & a_{22} & a_{23} \\ a_{31} & a_{32} & a_{33} \end{vmatrix} = \begin{vmatrix} a_{11} & a_{12} & a_{13} \\ a_{21}+ka_{31} & a_{22}+ka_{32} & a_{23}+ka_{33} \\ a_{31} & a_{32} & a_{33} \end{vmatrix}$$

右辺に定理 3.3.1❶を使って

$$右辺 = \begin{vmatrix} a_{11} & a_{12} & a_{13} \\ a_{21} & a_{22} & a_{23} \\ a_{31} & a_{32} & a_{33} \end{vmatrix} + \begin{vmatrix} a_{11} & a_{12} & a_{13} \\ ka_{31} & ka_{32} & ka_{33} \\ a_{31} & a_{32} & a_{33} \end{vmatrix}$$

定理 3.3.1❷を使って k をくくり出すと

$$右辺 = \begin{vmatrix} a_{11} & a_{12} & a_{13} \\ a_{21} & a_{22} & a_{23} \\ a_{31} & a_{32} & a_{33} \end{vmatrix} + k\begin{vmatrix} a_{11} & a_{12} & a_{13} \\ a_{31} & a_{32} & a_{33} \\ a_{31} & a_{32} & a_{33} \end{vmatrix}$$

第 2 項は第 2 行と第 3 行がまったく同じなので，系 3.3.4 を使うと

$$= \begin{vmatrix} a_{11} & a_{12} & a_{13} \\ a_{21} & a_{22} & a_{23} \\ a_{31} & a_{32} & a_{33} \end{vmatrix} + k\cdot 0 = \begin{vmatrix} a_{11} & a_{12} & a_{13} \\ a_{21} & a_{22} & a_{23} \\ a_{31} & a_{32} & a_{33} \end{vmatrix}$$

$$= 左辺$$

【証明終】

以上が行列式の主な性質である．

3 次の行列について各定理を書き出しておく．列に関しても書いておくので，変形の確認などに使ってほしい．

行列式の行の性質

（R1）行に関する行列式の分配法則

$$\begin{vmatrix} a_1 & a_2 & a_3 \\ b_1+d_1 & b_2+d_2 & b_3+d_3 \\ c_1 & c_2 & c_3 \end{vmatrix} = \begin{vmatrix} a_1 & a_2 & a_3 \\ b_1 & b_2 & b_3 \\ c_1 & c_2 & c_3 \end{vmatrix} + \begin{vmatrix} a_1 & a_2 & a_3 \\ d_1 & d_2 & d_3 \\ c_1 & c_2 & c_3 \end{vmatrix}$$

（R2）ある行を k 倍した行列式＝元の行列式の k 倍

$$\begin{vmatrix} a_1 & a_2 & a_3 \\ kb_1 & kb_2 & kb_3 \\ c_1 & c_2 & c_3 \end{vmatrix} = k\begin{vmatrix} a_1 & a_2 & a_3 \\ b_1 & b_2 & b_3 \\ c_1 & c_2 & c_3 \end{vmatrix}$$

（R3）行の入れかえは（−1）倍

$$\begin{vmatrix} a_1 & a_2 & a_3 \\ b_1 & b_2 & b_3 \\ c_1 & c_2 & c_3 \end{vmatrix} = -\begin{vmatrix} c_1 & c_2 & c_3 \\ b_1 & b_2 & b_3 \\ a_1 & a_2 & a_3 \end{vmatrix}$$

（R4）2 つの行の成分が一致すると 0

$$\begin{vmatrix} a_1 & a_2 & a_3 \\ a_1 & a_2 & a_3 \\ c_1 & c_2 & c_3 \end{vmatrix} = 0$$

（R5）ある行の k 倍を別の行に加えても，行列式の値は不変

$$\begin{vmatrix} a_1 & a_2 & a_3 \\ b_1 & b_2 & b_3 \\ c_1 & c_2 & c_3 \end{vmatrix} = \begin{vmatrix} a_1+kc_1 & a_2+kc_2 & a_3+kc_3 \\ b_1 & b_2 & b_3 \\ c_1 & c_2 & c_3 \end{vmatrix}$$

行と列の英語はそれぞれ
Row と Column
です．これらの頭文字を用いて，
(R1)～(R5)，(C1)～(C5)
と表現しています．
これらの性質は
使っていれば
自然と
おぼえますよ

行列式の列の性質

(C1) 列に関する行列式の分配法則

$$\begin{vmatrix} a_1+d_1 & b_1 & c_1 \\ a_2+d_2 & b_2 & c_2 \\ a_3+d_3 & b_3 & c_3 \end{vmatrix} = \begin{vmatrix} a_1 & b_1 & c_1 \\ a_2 & b_2 & c_2 \\ a_3 & b_3 & c_3 \end{vmatrix} + \begin{vmatrix} d_1 & b_1 & c_1 \\ d_2 & b_2 & c_2 \\ d_3 & b_3 & c_3 \end{vmatrix}$$

(C2) ある列を k 倍した行列式＝元の行列式の k 倍

$$\begin{vmatrix} a_1 & b_1 & kc_1 \\ a_2 & b_2 & kc_2 \\ a_3 & b_3 & kc_3 \end{vmatrix} = k\begin{vmatrix} a_1 & b_1 & c_1 \\ a_2 & b_2 & c_2 \\ a_3 & b_3 & c_3 \end{vmatrix}$$

(C3) 列の入れかえは (-1)倍

$$\begin{vmatrix} a_1 & b_1 & c_1 \\ a_2 & b_2 & c_2 \\ a_3 & b_3 & c_3 \end{vmatrix} = -\begin{vmatrix} b_1 & a_1 & c_1 \\ b_2 & a_2 & c_2 \\ b_3 & a_3 & c_3 \end{vmatrix}$$

(C4) 2 つの列の成分が一致すると 0

$$\begin{vmatrix} a_1 & b_1 & a_1 \\ a_2 & b_2 & a_2 \\ a_3 & b_3 & a_3 \end{vmatrix} = 0$$

(C5) ある列の k 倍を別の列に加えても，行列式の値は不変

$$\begin{vmatrix} a_1 & b_1 & c_1 \\ a_2 & b_2 & c_2 \\ a_3 & b_3 & c_3 \end{vmatrix} = \begin{vmatrix} a_1 & b_1 & c_1+kb_1 \\ a_2 & b_2 & c_2+kb_2 \\ a_3 & b_3 & c_3+kb_3 \end{vmatrix}$$

以後，4 次以上の行列式の性質についても，この (R1) ～ (R5)，(C1) ～ (C5) の番号で引用する．

それでは，これらの性質を使って，工夫しながら行列式の値を求めよう．

なお，以後の行列式の変形の中で ⓘ **は第 i 行のこと**，ⓙ′ **は第 j 列のこと**とする．

問題 19　行列式の計算（行列式の行または列の性質を用いる場合）①

例題

次の行列式の値を 2 次の行列式にまで変形して求めよう．

$$\begin{vmatrix} 1 & -2 & 3 \\ -2 & 1 & 7 \\ 0 & 4 & -5 \end{vmatrix}$$

解答　成分に“1”があると，(R5) または (C5) を使って他の成分を容易に“0”にすることができる．

この行列式の場合，第 1 列に注目しよう．第 1 列にはすでに 0 が 1 つある．第 1 列にもう 1 つ“0”をつくろうとするとき，列変形の (C5) を使うと，もともとあった 0 が 0 でなくなってしまう．そこで行変形の (R5) を使い

$$\begin{vmatrix} \boxed{1} & -2 & 3 \\ -2 & 1 & 7 \\ 0 & 4 & -5 \end{vmatrix}$$

第 2 行　に　(第 1 行) × 2　を加える

(②＋①× 2 と表記)

と，−2 は 0 に変わる．第 2 行の他の成分もこの計算により変わる．

$$\begin{vmatrix} 1 & -2 & 3 \\ -2 & 1 & 7 \\ 0 & 4 & -5 \end{vmatrix} \underset{②+①\times 2}{=} \begin{vmatrix} 1 & -2 & 3 \\ -2+1\times 2 & 1+(-2)\times 2 & 7+3\times 2 \\ 0 & 4 & -5 \end{vmatrix}$$

$$= \begin{vmatrix} 1 & -2 & 3 \\ 0 & -3 & 13 \\ 0 & 4 & -5 \end{vmatrix}$$

第 2 行だけ値が変わった

これで第 1 列に 0 が 2 つできたので，この列で展開すると

$$\underset{展開}{\overset{①'で}{=}} 1\cdot\tilde{a}_{11} + 0\cdot\tilde{a}_{21} + 0\cdot\tilde{a}_{31}$$

$$= (-1)^{1+1} \begin{vmatrix} \not{1} & \not{-2} & \not{3} \\ \not{0} & -3 & 13 \\ \not{0} & 4 & -5 \end{vmatrix}$$

$$= (+1) \begin{vmatrix} -3 & 13 \\ 4 & -5 \end{vmatrix} = 15 - 52 = -37$$

【解終】

行変形
(R5)　ⓘ＋ⓙ×k

列変形
(C5)　ⓘ′＋ⓙ′×k

POINT 0 と 1 がある行や列を選び，p.80(R5)や p.81(C5)を使って，ある 1 つの成分を 1，他の成分を 0 にして計算しやすくする

演習 19

次の行列式の値を 2 次の行列式にまで変形して求めよう．

$$\begin{vmatrix} 1 & -1 & 2 \\ 0 & -2 & -3 \\ 4 & 2 & -1 \end{vmatrix}$$

解答は p.273

解答 成分に 0 があるのは第 1 列と第 2 行であるが，“1”を含みもう 1 つ 0 をつくりやすいのは第 1 列である．そこで行変形 (R 5) を行い，

第 3 行　に　第 1 行 ×（− 4）　を加える

という計算をすると

$$\begin{vmatrix} 1 & -1 & 2 \\ 0 & -2 & -3 \\ 4 & 2 & -1 \end{vmatrix} \overset{㋐\boxed{}}{=} \begin{vmatrix} 1 & -1 & 2 \\ 0 & -2 & -3 \\ 4+1\times(-4) & ㋑\boxed{} & ㋒\boxed{} \end{vmatrix}$$

$$= \begin{vmatrix} 1 & -1 & 2 \\ 0 & -2 & -3 \\ 0 & ㋓\boxed{} & ㋔\boxed{} \end{vmatrix}$$

第 3 行だけ値が変わった

第 1 列に 0 が 2 つできたので，この列で展開して計算すると

①′で展開 = ㋕ $\boxed{}$

【解終】

2 次の行列式

$$\begin{vmatrix} a & b \\ c & d \end{vmatrix} = ad - bc$$

問題 20　行列式の計算（行列式の行または列の性質を用いる場合）②

例題

次の行列式の値を 2 次の行列式にまで変形して求めよう．

$$\begin{vmatrix} 3 & -2 & -5 \\ -1 & 3 & 3 \\ 2 & 1 & 0 \end{vmatrix}$$

解答　成分に 0 があるのは第 3 行と第 3 列であるが，“1” を含むのは第 3 行なので，第 3 行に 0 をもう 1 つつくることを考える．“1”に注目して列変形（C 5）を使い

第 1 列　に　第 2 列×（－2）　を加える

（①′＋②′×（－2）と表記）

という計算を行うと

$$\begin{vmatrix} 3 & -2 & -5 \\ -1 & 3 & 3 \\ 2 & 1 & 0 \end{vmatrix} \overset{①'+②'\times(-2)}{=} \begin{vmatrix} 3+(-2)\times(-2) & -2 & -5 \\ -1+3\times(-2) & 3 & 3 \\ 2+1\times(-2) & 1 & 0 \end{vmatrix}$$

第 1 列だけ値が変わった

$$= \begin{vmatrix} 7 & -2 & -5 \\ -7 & 3 & 3 \\ 0 & 1 & 0 \end{vmatrix}$$

これで第 3 行に 0 が 2 つできたので，この行で展開して計算すると

$$\overset{③で展開}{=} \quad 0\cdot\tilde{a}_{31} + 1\cdot\tilde{a}_{32} + 0\cdot\tilde{a}_{33}$$

$$= (-1)^{3+2} \begin{vmatrix} 7 & -2 & -5 \\ -7 & 3 & 3 \\ 0 & 1 & 0 \end{vmatrix} = (-1) \begin{vmatrix} 7 & -5 \\ -7 & 3 \end{vmatrix}$$

$$= (-1)(21-35)$$

$$= 14$$

【解終】

列変形

（C 5）　ⓘ′＋ⓙ′×k

POINT 0 と 1 がある行や列を選び，p.80(R5)や p.81(C5)を使って，ある 1 つの成分を 1，他の成分を 0 にして計算しやすくする

演習 20

2 次の行列式にまで変形して次の行列式の値を求めよう.

$$\begin{vmatrix} 8 & -2 & 2 \\ 3 & 0 & 1 \\ 1 & 4 & 6 \end{vmatrix}$$

解答は p.274

解答 例題と同じ要領で考えよう.

0 があるのは第㋐□行と第㋑□列. しかし第㋒□列には “1” がないので，第㋓□行でもう 1 つ “0” をつくることを考えよう. “1” に注目して (R5) を使い

第㋔□列 に 第㋕□列×㋖□ を加える

という計算をすると

$$\begin{vmatrix} 8 & -2 & 2 \\ 3 & 0 & \textcircled{1} \\ 1 & 4 & 6 \end{vmatrix} \underset{=}{\text{㋗}\square} \begin{vmatrix} 8+2\times(-3) & -2 & 2 \\ \text{㋘}\square & 0 & 1 \\ \text{㋙}\square & 4 & 6 \end{vmatrix}$$

$$= \begin{vmatrix} 2 & -2 & 2 \\ \text{㋚}\square & 0 & 1 \\ \text{㋛}\square & 4 & 6 \end{vmatrix}$$

これで第㋜□行に 0 が 2 つできたので，この行で展開すると

㋝□で = 展開 ㋞□

【解終】

問題 21 行列式の計算（行列式の行または列の性質を用いる場合）③

例題

2 次の行列式にまで変形して次の行列式の値を求めよう．

$$\begin{vmatrix} 2 & -4 & 6 \\ -3 & 3 & 9 \\ 5 & 2 & -2 \end{vmatrix}$$

解答 成分に 0 や 1 が 1 つもないので，さてどうしよう！　じっとながめると第 1 行の成分はすべて 2 の倍数，第 2 行の成分はすべて 3 の倍数になっている．そこで行列式の性質 (R2) を使うと

$$\begin{vmatrix} 2 & -4 & 6 \\ -3 & 3 & 9 \\ 5 & 2 & -2 \end{vmatrix} = 2\begin{vmatrix} 1 & -2 & 3 \\ -3 & 3 & 9 \\ 5 & 2 & -2 \end{vmatrix} = 2\cdot 3\begin{vmatrix} 1 & -2 & 3 \\ -1 & 1 & 3 \\ 5 & 2 & -2 \end{vmatrix}$$

成分に 0 は 1 つもないが“1”や“－1”があるので Lucky！　この“1”または“－1”を使って他を 0 にすることを考えよう．どの行またはどの列の成分に 0 を 2 つ作って展開するか計画をたてる．たとえば (1, 1) 成分の“1”を使って第 1 列の下 2 つの成分を 0 にしよう．第 1 行をもととして (R5) を使うと

$$= 6\begin{vmatrix} ① & -2 & 3 \\ -1 & 1 & 3 \\ 5 & 2 & -2 \end{vmatrix}$$

$$\underset{③+①\times(-5)}{\overset{②+①\times 1}{=}} 6\begin{vmatrix} 1 & -2 & 3 \\ -1+1\times 1 & 1+(-2)\times 1 & 3+3\times 1 \\ 5+1\times(-5) & 2+(-2)\times(-5) & -2+3\times(-5) \end{vmatrix}$$

$$= 6\begin{vmatrix} 1 & -2 & 3 \\ 0 & -1 & 6 \\ 0 & 12 & -17 \end{vmatrix} = 6\cdot 1(-1)^{1+1}\begin{vmatrix} 1 & -2 & 3 \\ 0 & -1 & 6 \\ 0 & 12 & -17 \end{vmatrix}$$

$$= 6(-1)^{1+1}\begin{vmatrix} -1 & 6 \\ 12 & -17 \end{vmatrix}$$

$$= 6(+1)(17-72)$$

$$= -330$$

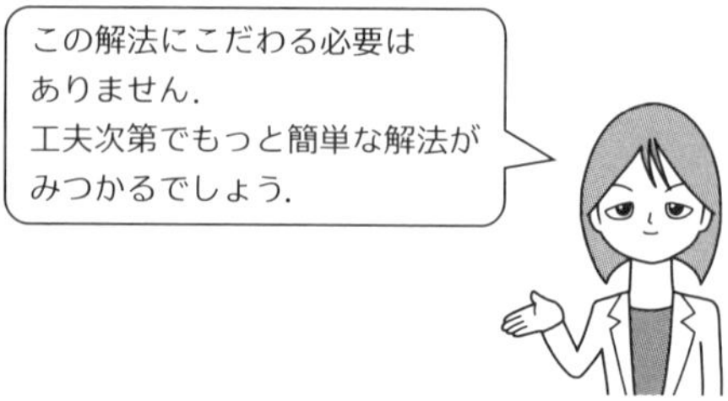

この解法にこだわる必要はありません．
工夫次第でもっと簡単な解法がみつかるでしょう．

【解終】

POINT 0と1がある行や列がない場合は，p.80，81の行列式の行または列の性質を用いて，ある1つの成分が1，他の成分が0になる行や列を作る

演習 21

2次の行列式にまで変形して次の行列式の値を求めよう．

$$\begin{vmatrix} -6 & 4 & 2 \\ 9 & 1 & 2 \\ 3 & 3 & -8 \end{vmatrix}$$

解答は p.274

解答 行または列でくくり出せるものは出しておこう．第1行の成分はすべて㋐□の倍数．第1列の成分はすべて㋑□の倍数．第3列の成分はすべて㋒□の倍数．(C2)を使って列の方からくくり出すと．

$$\begin{vmatrix} -6 & 4 & 2 \\ 9 & 1 & 2 \\ 3 & 3 & -8 \end{vmatrix} = \text{㋓}\square \cdot \text{㋔}\square \begin{vmatrix} \text{㋕}\square & 4 & \text{㋖}\square \\ & 1 & \\ & 3 & \end{vmatrix}$$

行と列から
いっぺんに数を
くくり出そうとすると
間違いやすいので，
順に行いましょう

となるので，もう行の方からはくくれない．今度は成分に“0”を多く作る計算である．(1,3)成分の“1”を使って第3列の下2つの成分を0にしよう．第1行をもととして(R5)を使うと

$=$ ㋗□

【解終】

問題 22 行列式の計算（行列式の行または列の性質を用いる場合）④

例題

次の行列式の値を求めよう．

$$\begin{vmatrix} 0 & 5 & 2 & 3 \\ 3 & 4 & 1 & 2 \\ 5 & -3 & 1 & 1 \\ 1 & 0 & 3 & -1 \end{vmatrix}$$

解答 0と1または−1のある場所に注意して，どの行または列の成分に0を多く作るか考えよう．この場合，第4行がよさそうである．第1列をもとにして(C5)の2つの変形を同時に行うと

$$\begin{vmatrix} 0 & 5 & 2 & 3 \\ 3 & 4 & 1 & 2 \\ 5 & -3 & 1 & 1 \\ \textcircled{1} & 0 & 3 & -1 \end{vmatrix} \overset{③'+①'\times(-3)}{\underset{④'+①'\times 1}{=}} \begin{vmatrix} 0 & 5 & 2+0\times(-3) & 3+0\times 1 \\ 3 & 4 & 1+3\times(-3) & 2+3\times 1 \\ 5 & -3 & 1+5\times(-3) & 1+5\times 1 \\ 1 & 0 & 3+1\times(-3) & -1+1\times 1 \end{vmatrix}$$

$$= \begin{vmatrix} 0 & 5 & 2 & 3 \\ 3 & 4 & -8 & 5 \\ 5 & -3 & -14 & 6 \\ 1 & 0 & 0 & 0 \end{vmatrix} \overset{④で展開}{=} 1\cdot(-1)^{4+1}\begin{vmatrix} 5 & 2 & 3 \\ 4 & -8 & 5 \\ -3 & -14 & 6 \end{vmatrix} + 0 + 0 + 0$$

$$= -\begin{vmatrix} 5 & 2 & 3 \\ 4 & -8 & 5 \\ -3 & -14 & 6 \end{vmatrix}$$

これで行列式の次数が3次に下がったので，“サラスの公式”を使ってもよいし，さらに次数を2次まで下げて計算してもよい．ここでは練習のつもりで2次まで下げてみよう．第2列から2をくくり出してから(C5)を使って2つの変形を同時に行うと

$$= -2\begin{vmatrix} 5 & \textcircled{1} & 3 \\ 4 & -4 & 5 \\ -3 & -7 & 6 \end{vmatrix} \overset{①'+②'\times(-5)}{\underset{③'+②'\times(-3)}{=}} -2\begin{vmatrix} 0 & 1 & 0 \\ 24 & -4 & 17 \\ 32 & -7 & 27 \end{vmatrix}$$

$$\overset{①で展開}{=} -2\cdot 1\cdot(-1)^{1+2}\begin{vmatrix} 24 & 17 \\ 32 & 27 \end{vmatrix}$$

$$= 2(24\times 27 - 17\times 32)$$

$$= 208$$

【解終】

POINT 4 次以上の正方行列の行列式でも，展開したい行や列のある 1 つの成分を 1，他の成分を 0 になるようにしよう

演習 22

次の行列式の値を求めよう．

$$\begin{vmatrix} -1 & -3 & 1 & 0 \\ 7 & 2 & 5 & 5 \\ 2 & -1 & 3 & 4 \\ 4 & 2 & 2 & 1 \end{vmatrix}$$

解答は p.274

解答 “1”を利用して第 1 行か第 4 列の成分にもう 2 つ 0 を作ろう．第 1 行の成分にもう 2 つ 0 を作る方針で計算していくと

なれてきたら
(R5)，(C5)の
計算は頭の中で
行いましょう

$$\begin{vmatrix} -1 & -3 & \textcircled{1} & 0 \\ 7 & 2 & 5 & 5 \\ 2 & -1 & 3 & 4 \\ 4 & 2 & 2 & 1 \end{vmatrix}$$

㋐

①′+③′×1
=
②′+③′×3

【解終】

最後に，証明なしで次の定理を紹介しておく．具体的な例で確認しておこう．

定理 3.3.6　（行列の積の行列式）＝（行列式の積）

A，B を n 次正方行列とするとき

$$|AB| = |A||B|$$

が成立する．

問題 23　行列の積の行列式

例題

次の行列 A，B について $|AB| = |A||B|$ を確認しよう．

$$A = \begin{pmatrix} 4 & -5 \\ -2 & 3 \end{pmatrix}, \quad B = \begin{pmatrix} -7 & -6 \\ 5 & 6 \end{pmatrix}$$

解答　はじめに行列の積 AB を求める．

$$AB = \begin{pmatrix} 4 & -5 \\ -2 & 3 \end{pmatrix}\begin{pmatrix} -7 & -6 \\ 5 & 6 \end{pmatrix} = \begin{pmatrix} -28-25 & -24-30 \\ 14+15 & 12+18 \end{pmatrix}$$

$$= \begin{pmatrix} -53 & -54 \\ 29 & 30 \end{pmatrix}$$

これより行列式 $|AB|$ の値を求めると

$$|AB| = \begin{vmatrix} -53 & -54 \\ 29 & 30 \end{vmatrix} \overset{①'+②'\times(-1)}{=} \begin{vmatrix} 1 & -54 \\ -1 & 30 \end{vmatrix}$$

$$= 1 \cdot 30 - (-54) \cdot (-1)$$

$$= -24$$

次に，行列式 $|A|$，$|B|$ の値をそれぞれ求める．

$$|A| = 4 \cdot 3 - (-5) \cdot (-2) = 2$$

$$|B| = -7 \cdot 6 - (-6) \cdot 5 = -12$$

したがって，積 $|A| \cdot |B|$ は

$$|A| \cdot |B| = 2 \cdot (-12) = -24$$

以上より，$|AB| = |A||B|$ が確認された．　【解終】

POINT n 次正方行列 A, B に対して，$|AB| = |A||B|$
（行列の積の行列式＝行列式の積）

演習 23

次の行列 A, B について $|AB| = |A||B|$ を確認しなさい．

$$A = \begin{pmatrix} 3 & 1 & 7 \\ -2 & 0 & 1 \\ 6 & 1 & 3 \end{pmatrix}, \qquad B = \begin{pmatrix} 0 & -5 & 0 \\ 1 & 4 & -2 \\ -1 & 2 & 3 \end{pmatrix}$$

解答は p.275

解答 まず行列の積 AB を計算すると，

$$AB = \begin{pmatrix} 3 & 1 & 7 \\ -2 & 0 & 1 \\ 6 & 1 & 3 \end{pmatrix} \begin{pmatrix} 0 & -5 & 0 \\ 1 & 4 & -2 \\ -1 & 2 & 3 \end{pmatrix}$$

$=$ ㋐ [　　]

これより

$|AB| =$ ㋑ [　　]

次に行列式 $|A|$, $|B|$ をそれぞれ求めると

$$|A| = \begin{vmatrix} 3 & 1 & 7 \\ -2 & 0 & 1 \\ 6 & 1 & 3 \end{vmatrix}$$ ㋒ [　　]

$$|B| = \begin{vmatrix} 0 & -5 & 0 \\ 1 & 4 & -2 \\ -1 & 2 & 3 \end{vmatrix} =$$ ㋓ [　　]

これより

$|A| \cdot |B| =$ ㋔ [　　] $\cdot$ ㋕ [　] $=$ ㋖ [　　]

以上より，$|AB| = |A||B|$ が確認された． 【解終】

Section 3.4

文字の入った行列式

文字の入った行列式の計算には，数字のときよりもさらに工夫が必要となる．まず，下の問題をみながら練習してゆこう．

問題 24 文字の入った行列式の計算①

例題

次の $f(x)$ を因数分解しよう．

$$f(x)=\begin{vmatrix} x+1 & -1 & 2 \\ -3 & x+1 & -3 \\ -1 & -3 & x-2 \end{vmatrix}$$

解答 x が入っているので，行列式を計算した結果は x の多項式となる．3 次の行列式なので，サラスの公式で展開してもよいが，因数分解した形で答を求めたいので，なるべく因数をくくり出すよう工夫する．“-1”を使って他の成分を 0 にしてもよいのだが $(x+1)$ 倍しなければならないので，他の方法を考えてみよう．“-3”が第 2 行に 2 つあるので

$$f(x)\overset{①'+③'\times(-1)}{=}\begin{vmatrix} (x+1)+2\times(-1) & -1 & 2 \\ -3+(-3)\times(-1) & x+1 & -3 \\ -1+(x-2)\times(-1) & -3 & x-2 \end{vmatrix}$$

$$=\begin{vmatrix} x-1 & -1 & 2 \\ 0 & x+1 & -3 \\ -(x-1) & -3 & x-2 \end{vmatrix}$$

第 1 列より $(x-1)$ をくくり出して第 1 列に 0 をつくってゆくと

$$=(x-1)\begin{vmatrix} 1 & -1 & 2 \\ 0 & x+1 & -3 \\ -1 & -3 & x-2 \end{vmatrix}\overset{③+①\times1}{=}(x-1)\begin{vmatrix} 1 & -1 & 2 \\ 0 & x+1 & -3 \\ 0 & -4 & x \end{vmatrix}$$

$$\overset{①'\text{で展開}}{=}(x-1)\cdot1\cdot(-1)^{1+1}\begin{vmatrix} x+1 & -3 \\ -4 & x \end{vmatrix}=(x-1)\{(x+1)x-(-3)(-4)\}$$

$$=(x-1)(x^2+x-12)=(x-1)(x+4)(x-3)$$

【解終】

POINT 文字の入った行列式を計算するとき，因数でまとめることができる場合が多いので, p.80(R5)やp.81(C5)を用いてなるべく因数をくくり出せるように工夫する

演習 24

次の $f(x)$ を因数分解しよう.

$$f(x)=\begin{vmatrix} x-2 & 5 & -8 \\ -1 & x+4 & -8 \\ -5 & 6 & x-6 \end{vmatrix}$$

解答は p.275

解答 第㋐□列に“-8”が 2 つあるので

$f(x) \overset{②+①\times(-1)}{=}$ ㋑□

第 2 行より㋒□をくくり出して第 2 行に 0 をつくってゆくと

$=$ ㋓□

【解終】

行変形
(R5)　ⓘ＋ⓙ×k

列変形
(C5)　ⓘ′＋ⓙ′×k

問題 25　文字の入った行列式の計算②

例題

次の行列式を因数分解しよう．

$$|A|=\begin{vmatrix} a & a^2 & a^3 \\ b & b^2 & b^3 \\ c & c^2 & c^3 \end{vmatrix}$$

解答　文字ばかりの行列式である．なるべく因数をくくり出すように工夫しよう．まず各行より a, b, c をそれぞれくくると

$$|A|=abc\begin{vmatrix} 1 & a & a^2 \\ 1 & b & b^2 \\ 1 & c & c^2 \end{vmatrix}$$

第 1 列の成分は“1”ばかりになったので，この列の成分に“0”をつくってゆくと

$$\overset{\substack{②+①\times(-1)\\③+①\times(-1)}}{=} abc\begin{vmatrix} 1 & a & a^2 \\ 0 & b-a & b^2-a^2 \\ 0 & c-a & c^2-a^2 \end{vmatrix}$$

$$\overset{①'\text{で展開}}{=} abc\cdot 1\cdot(-1)^{1+1}\begin{vmatrix} b-a & b^2-a^2 \\ c-a & c^2-a^2 \end{vmatrix}$$

第 2 列の成分は因数分解できるので

$$=abc\begin{vmatrix} b-a & (b+a)(b-a) \\ c-a & (c+a)(c-a) \end{vmatrix}$$

第 1 行より $(b-a)$，第 2 行より $(c-a)$ をくくって計算すると

$$=abc(b-a)(c-a)\begin{vmatrix} 1 & b+a \\ 1 & c+a \end{vmatrix}$$

$$=abc(b-a)(c-a)\{1(c+a)-(b+a)1\}$$

$$=abc(b-a)(c-a)(c-b)$$

$$=abc(a-b)(b-c)(c-a)$$

【解終】

行変形
(R5)　ⓘ＋ⓙ×k

列変形
(C5)　ⓘ′＋ⓙ′×k

POINT p.80(R5), p.81(C5)を用いて因数をくくり出せるように工夫する

演習 25

次の行列式を因数分解しよう．

(1) $|A| = \begin{vmatrix} 1 & 1 & 1 \\ a & b & c \\ bc & ca & ab \end{vmatrix}$　　(2) $|B| = \begin{vmatrix} 1 & ab & a+b \\ 1 & bc & b+c \\ 1 & ca & c+a \end{vmatrix}$

解答は p.275

解答 (1) 第㋐□行に“1”が並んでいるので，そこの成分に 0 をつくってゆくと

$|A| \underset{③'+①'\times(-1)}{\overset{②'+①'\times(-1)}{=}}$ ㋑□

(2) (1)と同様に第㋒□列に 0 をつくってゆくと

$|B| =$ ㋓□

【解終】

問題 26　文字の入った行列式の計算③

例題

次の $f(x)$ を因数分解しよう．

$$f(x)=\begin{vmatrix} x & 1 & 1 & 1 \\ 1 & x & 1 & 1 \\ 1 & 1 & x & 1 \\ 1 & 1 & 1 & x \end{vmatrix}$$

解答　この行列式の成分は，各行各列とも“1, 1, 1, x”の並び方のちがいだけである．このようなとき，第 1 列に他の列の 1 倍をすべて加えると

$$f(x)\overset{\substack{①'+②'\times 1\\①'+③'\times 1\\①'+④'\times 1}}{=}\begin{vmatrix} x+1\times1+1\times1+1\times1 & 1 & 1 & 1 \\ 1+x\times1+1\times1+1\times1 & x & 1 & 1 \\ 1+1\times1+x\times1+1\times1 & 1 & x & 1 \\ 1+1\times1+1\times1+x\times1 & 1 & 1 & x \end{vmatrix}$$

$$=\begin{vmatrix} x+3 & 1 & 1 & 1 \\ x+3 & x & 1 & 1 \\ x+3 & 1 & x & 1 \\ x+3 & 1 & 1 & x \end{vmatrix}$$

となり，第 1 列の成分はすべて同じになる．そこで $(x+3)$ をくくり出すと

$$=(x+3)\begin{vmatrix} 1 & 1 & 1 & 1 \\ 1 & x & 1 & 1 \\ 1 & 1 & x & 1 \\ 1 & 1 & 1 & x \end{vmatrix}$$

第 1 列に“0”をつくって計算してゆくと

$$\overset{\substack{②+①\times(-1)\\③+①\times(-1)\\④+①\times(-1)}}{=}(x+3)\begin{vmatrix} 1 & 1 & 1 & 1 \\ 0 & x-1 & 0 & 0 \\ 0 & 0 & x-1 & 0 \\ 0 & 0 & 0 & x-1 \end{vmatrix}$$

$$\overset{①'\text{で展開}}{=}(x+3)\begin{vmatrix} x-1 & 0 & 0 \\ 0 & x-1 & 0 \\ 0 & 0 & x-1 \end{vmatrix}$$

サラスの公式または展開を使って計算すると

$$=(x+3)(x-1)^3$$

【解終】

POINT> p.80(R5)，p.81(C5)を用いて因数をくくり出せるように工夫する

演習 26

次の行列式を因数分解しよう.

$$|A| = \begin{vmatrix} c & b & a & 0 \\ b & c & 0 & a \\ a & 0 & c & b \\ 0 & a & b & c \end{vmatrix}$$

解答は p.276

解答 各行各列とも“$a, b, c, 0$”が並んでいるので

$$|A| \overset{\substack{①'+②'\times 1 \\ ①'+③'\times 1}}{\underset{①'+④'\times 1}{=}}$$ ㋐

【解終】

総合演習 ▸ 3

解答 p.276

問1 次の行列式の値を求めなさい.

(1) $\begin{vmatrix} 6 & 4 & -5 \\ 3 & 4 & -4 \\ -9 & 7 & -3 \end{vmatrix}$ (2) $\begin{vmatrix} -2 & 5 & -1 & 2 \\ 3 & 2 & -2 & -5 \\ 0 & 4 & 4 & 4 \\ -7 & 0 & -1 & 6 \end{vmatrix}$

(3) $\begin{vmatrix} 5 & 4 & -1 & 8 & 1 \\ 0 & 1 & -1 & -1 & -4 \\ 4 & 2 & 1 & 7 & 8 \\ 0 & -3 & 2 & -1 & -5 \\ 9 & 2 & 3 & 15 & 9 \end{vmatrix}$ (4) $\begin{vmatrix} 1 & 2 & 3 & 4 & 5 \\ 2 & 3 & 4 & 5 & 1 \\ 3 & 4 & 5 & 1 & 2 \\ 4 & 5 & 1 & 2 & 3 \\ 5 & 1 & 2 & 3 & 4 \end{vmatrix}$

問2 展開して2次の行列式にまで変形することにより，次のサラスの公式を示しなさい.

$$\begin{vmatrix} a_{11} & a_{12} & a_{13} \\ a_{21} & a_{22} & a_{23} \\ a_{31} & a_{32} & a_{33} \end{vmatrix} = a_{11}a_{22}a_{33} + a_{13}a_{21}a_{32} + a_{12}a_{23}a_{31} - a_{13}a_{22}a_{31} - a_{11}a_{23}a_{32} - a_{12}a_{21}a_{33}$$

問3 次の行列式を因数分解しなさい.

$$\begin{vmatrix} 1 & 1 & 1 & 1 \\ w & x & y & z \\ w^2 & x^2 & y^2 & z^2 \\ w^3 & x^3 & y^3 & z^3 \end{vmatrix}$$

第 4 章

連立 1 次方程式

問題 27　正則条件と逆行列
問題 28　クラメールの公式を用いた
連立 1 次方程式の解法
問題 29　掃き出し法を用いた
連立 1 次方程式の解法①
問題 30　掃き出し法を用いた
連立 1 次方程式の解法②
問題 31　掃き出し法を用いた
連立 1 次方程式の解法③
問題 32　行列の階数の計算
問題 33　同次連立 1 次方程式①
問題 34　同次連立 1 次方程式②
問題 35　非同次連立 1 次方程式①
問題 36　非同次連立 1 次方程式②
問題 37　掃き出し法による逆行列の計算

Section 4.1

逆行列の公式

ここでは一般の n 次正方行列の逆行列について考えよう．

転置行列の定義

(m, n) 型の行列

$$A = \begin{pmatrix} a_{11} & a_{12} & \cdots & a_{1n} \\ a_{21} & a_{22} & \cdots & a_{2n} \\ \vdots & \vdots & \ddots & \vdots \\ a_{m1} & a_{m2} & \cdots & a_{mn} \end{pmatrix}$$

の行と列を入れかえた (n, m) 型行列

$$\begin{pmatrix} a_{11} & a_{21} & \cdots & a_{m1} \\ a_{12} & a_{22} & \cdots & a_{m2} \\ \vdots & \vdots & \ddots & \vdots \\ a_{1n} & a_{2n} & \cdots & a_{mn} \end{pmatrix}$$

を A の**転置行列**といい ${}^tA$ で表す．

転置行列を英語で
transpose といい,
t はその頭文字です

解説　むずかしいことはない．ただ行と列を入れかえるだけ．たとえば

$${}^t\begin{pmatrix} 1 & 4 \\ 2 & 5 \\ 3 & 6 \end{pmatrix} = \begin{pmatrix} 1 & 2 & 3 \\ 4 & 5 & 6 \end{pmatrix}, \qquad {}^t\begin{pmatrix} 1 & 2 & 3 \\ 4 & 5 & 6 \\ 7 & 8 & 9 \end{pmatrix} = \begin{pmatrix} 1 & 4 & 7 \\ 2 & 5 & 8 \\ 3 & 6 & 9 \end{pmatrix}$$

$${}^t\begin{pmatrix} 1 \\ 2 \\ 3 \end{pmatrix} = \begin{pmatrix} 1 & 2 & 3 \end{pmatrix}, \qquad {}^t\begin{pmatrix} 1 & 2 & 3 \end{pmatrix} = \begin{pmatrix} 1 \\ 2 \\ 3 \end{pmatrix}$$

といった具合．

【解説終】

ここで転置行列に関する性質を紹介する．

定理 4.1.1　転置行列の積

A を (ℓ, m) 型行列，

B を (m, n) 型行列とするとき，

$${}^t(AB) = {}^tB\,{}^tA$$

定理 4.1.2　転置行列の行列式

A を n 次正方行列とするとき，

$$|A| = |{}^tA|$$

余因子行列の定義

n 次正方行列 A に対して

$$\tilde{A} = {}^t\begin{pmatrix} \tilde{a}_{11} & \tilde{a}_{12} & \cdots & \tilde{a}_{1n} \\ \tilde{a}_{21} & \tilde{a}_{22} & \cdots & \tilde{a}_{2n} \\ \vdots & \vdots & \ddots & \vdots \\ \tilde{a}_{n1} & \tilde{a}_{n2} & \cdots & \tilde{a}_{nn} \end{pmatrix}$$

を A の**余因子行列**という．ただし $\tilde{a}_{ij}$ は行列 A の (i, j) 余因子．

解説 余因子行列 $\tilde{A}$ は少し複雑な行列である．$\tilde{a}_{ij}$ は行列式の展開のときに出てきた行列 A の (i, j) 余因子．それらを並べて転置行列をとったのが A の余因子行列 $\tilde{A}$ である．

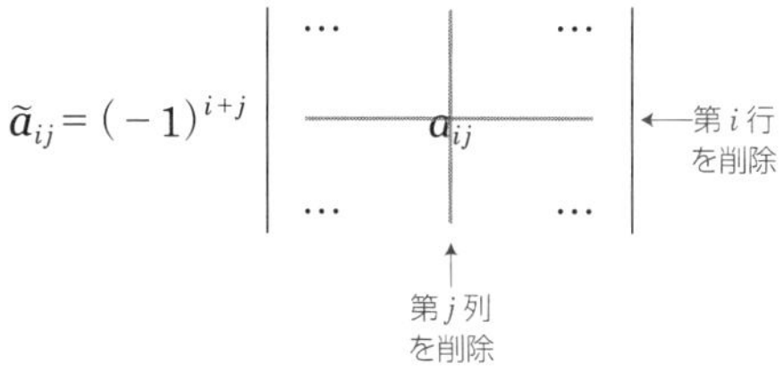

ã_ij = (−1)^{i+j}
a_ij
第 i 行
を削除
第 j 列
を削除

【解説終】

n 次正方行列 A の逆行列の公式を導くにあたり，次の A と $\tilde{A}$ との関係式が必要となる．

補助定理 4.1.3

A を n 次正方行列とするとき

$$A\tilde{A} = \tilde{A}A = |A|E$$

が成立する（ただし，E は n 次単位行列）．

証明 $A\tilde{A} = |A|E$ の方のみ示しておこう．

$$A\tilde{A} = \begin{pmatrix} a_{11} & \cdots & a_{1n} \\ \vdots & \ddots & \vdots \\ a_{n1} & \cdots & a_{nn} \end{pmatrix} {}^t\begin{pmatrix} \tilde{a}_{11} & \cdots & \tilde{a}_{1n} \\ \vdots & \ddots & \vdots \\ \tilde{a}_{n1} & \cdots & \tilde{a}_{nn} \end{pmatrix}$$

$$= \begin{pmatrix} a_{11} & \cdots & a_{1n} \\ \vdots & \ddots & \vdots \\ a_{n1} & \cdots & a_{nn} \end{pmatrix} \begin{pmatrix} \tilde{a}_{11} & \cdots & \tilde{a}_{n1} \\ \vdots & \ddots & \vdots \\ \tilde{a}_{1n} & \cdots & \tilde{a}_{nn} \end{pmatrix}$$

ここで $A\tilde{A} = B$ とおき，B の (i, j) 成分を b_{ij} とすると

$$\begin{aligned} b_{ij} &= (A\text{ の第 } i \text{ 行}) \text{ と } (\tilde{A} \text{ の第 } j \text{ 列}) \text{ との積和} \\ &= \begin{pmatrix} a_{i1} & \cdots & a_{in} \end{pmatrix} \begin{pmatrix} \tilde{a}_{j1} \\ \vdots \\ \tilde{a}_{jn} \end{pmatrix} \\ &= a_{i1}\tilde{a}_{j1} + a_{i2}\tilde{a}_{j2} + \cdots + a_{in}\tilde{a}_{jn} \end{aligned}$$

となる．ここで，$i, j = 1, 2, \cdots, n$ である．

もし $i=j$ ならば，これは $|A|$ の第 i 行における展開式に他ならない．つまり

$$b_{ii} = a_{i1}\tilde{a}_{i1} + a_{i2}\tilde{a}_{i2} + \cdots + a_{in}\tilde{a}_{in} = |A|$$

もし $i \neq j$ ならば，行列 A の第 j 行を $a_{i1} \ \cdots \ a_{in}$ と入れかえた行列の行列式を考え，第 j 行で展開すると

$$\begin{array}{r} \\ \\ \text{第 } i \text{ 行} \longrightarrow \\ \\ \text{第 } j \text{ 行} \longrightarrow \\ \\ \\ \end{array} \begin{vmatrix} a_{11} & \cdots & a_{1n} \\ \vdots & & \vdots \\ a_{i1} & \cdots & a_{in} \\ \vdots & & \vdots \\ a_{i1} & \cdots & a_{in} \\ \vdots & & \vdots \\ a_{n1} & \cdots & a_{nn} \end{vmatrix} = a_{i1}\tilde{a}_{j1} + a_{i2}\tilde{a}_{j2} + \cdots + a_{in}\tilde{a}_{jn}$$

となり，b_{ij} と一致する．ところがこの行列式は，第 i 行と第 j 行がまったく同じなので値は 0 (p. 78 系 3.3.4) である．ゆえに $b_{ij}=0$ となる．

以上より

$$b_{ij} = \begin{cases} |A| & (i=j) \\ 0 & (i \neq j) \end{cases}$$

となり

$$A\tilde{A} = \begin{pmatrix} |A| & \cdots & 0 \\ \vdots & \ddots & \vdots \\ 0 & \cdots & |A| \end{pmatrix} = |A| \begin{pmatrix} 1 & \cdots & 0 \\ \vdots & \ddots & \vdots \\ 0 & \cdots & 1 \end{pmatrix} = |A|E$$

が示せた．　　　　　　　　　　　　　　　　　　　　　　　　　　**【証明終】**

この補助定理を証明しておけば
次の逆行列の公式がすぐに導ける．

A の逆行列とは
$AX=XA=E$
となる行列 X の
ことでしたね

定理 4.1.4	行列の正則条件と逆行列公式

n 次正方行列 A に対し，次のことが成立する．

(1)　A が正則であるための必要十分条件は $|A| \neq 0$

(2)　A が正則であるとき　$A^{-1}=\dfrac{1}{|A|}\tilde{A}$　　(ただし，$\tilde{A}$ は A の余因子行列)

証明　A が正則であるとすると定義より

$$AX=XA=E$$

をみたす n 次正方行列 X が存在する．両辺の行列式をとると

$$|AX|=|XA|=|E|$$

$|E|=1$ と定理 3.3.6 (p.90) より

$$|A||X|=|X||A|=1$$

ゆえに $|A| \neq 0$.

逆に $|A| \neq 0$ とする．このとき A の余因子行列 $\tilde{A}$ を使って

$$X=\frac{1}{|A|}\tilde{A}$$

とおくと，補助定理 4.1.1 より

$$AX=A\left(\frac{1}{|A|}\tilde{A}\right)=\frac{1}{|A|}(A\tilde{A})=\frac{1}{|A|}(|A|E)=E$$

$$XA=\left(\frac{1}{|A|}\tilde{A}\right)A=\frac{1}{|A|}(\tilde{A}A)=\frac{1}{|A|}(|A|E)=E$$

ゆえに行列 X は

$$AX=XA=E$$

をみたすので，A は正則でありその逆行列 A^{-1} は上記 X, つまり

$$A^{-1}=\frac{1}{|A|}\tilde{A}$$

となる．

【証明終】

A の行列式 $|A|$ は数なので
$\dfrac{1}{|A|}=|A|^{-1}$
ですが，A の逆行列 A^{-1} は
$\dfrac{1}{A}$ とはかきません

正則行列

逆行列が存在する行列を正則行列という．

逆行列 A^{-1}

$AA^{-1}=A^{-1}A=E$

問題 27　正則条件と逆行列

例題

次の行列が正則かどうか調べ，正則のときはその逆行列を求めよう．

$$A=\begin{pmatrix} 3 & -3 & 1 \\ 3 & 2 & 0 \\ -1 & -5 & 1 \end{pmatrix}$$

解答　まず A が正則かどうか調べよう．A の行列式を計算すると（サラスの公式を使ってもよい）

$$|A|=\begin{vmatrix} 3 & -3 & 1 \\ 3 & 2 & 0 \\ -1 & -5 & 1 \end{vmatrix} \overset{③+①\times(-1)}{=} \begin{vmatrix} 3 & -3 & 1 \\ 3 & 2 & 0 \\ -4 & -2 & 0 \end{vmatrix}$$

$$\overset{③'\text{で展開}}{=} 1\cdot(-1)^{1+3}\begin{vmatrix} 3 & 2 \\ -4 & -2 \end{vmatrix}=2$$

$|A|\neq 0$ なので A は正則であることがわかった．

そこで逆行列の公式を使うと

$$A^{-1}=\frac{1}{|A|}\tilde{A}=\frac{1}{2}\,{}^t\!\begin{pmatrix} \tilde{a}_{11} & \tilde{a}_{12} & \tilde{a}_{13} \\ \tilde{a}_{21} & \tilde{a}_{22} & \tilde{a}_{23} \\ \tilde{a}_{31} & \tilde{a}_{32} & \tilde{a}_{33} \end{pmatrix}$$

なので各 $\tilde{a}_{ij}$ を求めよう．

$$\tilde{a}_{11}=(-1)^{1+1}\begin{vmatrix} 2 & 0 \\ -5 & 1 \end{vmatrix}=2 \qquad \tilde{a}_{12}=(-1)^{1+2}\begin{vmatrix} 3 & 0 \\ -1 & 1 \end{vmatrix}=-3$$

$$\tilde{a}_{13}=(-1)^{1+3}\begin{vmatrix} 3 & 2 \\ -1 & -5 \end{vmatrix}=-13 \qquad \tilde{a}_{21}=(-1)^{2+1}\begin{vmatrix} -3 & 1 \\ -5 & 1 \end{vmatrix}=-2$$

$$\tilde{a}_{22}=(-1)^{2+2}\begin{vmatrix} 3 & 1 \\ -1 & 1 \end{vmatrix}=4 \qquad \tilde{a}_{23}=(-1)^{2+3}\begin{vmatrix} 3 & -3 \\ -1 & -5 \end{vmatrix}=18$$

$$\tilde{a}_{31}=(-1)^{3+1}\begin{vmatrix} -3 & 1 \\ 2 & 0 \end{vmatrix}=-2 \qquad \tilde{a}_{32}=(-1)^{3+2}\begin{vmatrix} 3 & 1 \\ 3 & 0 \end{vmatrix}=3$$

$$\tilde{a}_{33}=(-1)^{3+3}\begin{vmatrix} 3 & -3 \\ 3 & 2 \end{vmatrix}=15$$

$$\therefore\quad A^{-1}=\frac{1}{2}\,{}^t\!\begin{pmatrix} 2 & -3 & -13 \\ -2 & 4 & 18 \\ -2 & 3 & 15 \end{pmatrix}=\frac{1}{2}\begin{pmatrix} 2 & -2 & -2 \\ -3 & 4 & 3 \\ -13 & 18 & 15 \end{pmatrix}$$

【解終】

正則条件

A は正則 $\iff |A|\neq 0$

逆行列

$$A^{-1}=\frac{1}{|A|}\tilde{A}$$

（$\tilde{A}$ は A の余因子行列）

POINT

A は正則 $\Longleftrightarrow |A| \neq 0$,
$A^{-1} = \dfrac{1}{|A|}\widetilde{A}$ （$\widetilde{A}$ は A の余因子行列）を使う

演習 27

次の行列が正則かどうか調べ，正則のときはその逆行列を求めよう．

$$A = \begin{pmatrix} 1 & 4 & -7 \\ -2 & 0 & 5 \\ 3 & 1 & -8 \end{pmatrix}$$

解答は p.277

解答 まず $|A|$ を求めると

$|A| =$ ㋐ □

$|A| \neq 0$ なので A は正則である．

$$A^{-1} = \frac{1}{|A|}\widetilde{A} = \frac{1}{㋑\square}\,{}^t\!\begin{pmatrix} \widetilde{a}_{11} & \widetilde{a}_{12} & \widetilde{a}_{13} \\ \widetilde{a}_{21} & \widetilde{a}_{22} & \widetilde{a}_{23} \\ \widetilde{a}_{31} & \widetilde{a}_{32} & \widetilde{a}_{33} \end{pmatrix}$$

各 $\widetilde{a}_{ij}$ を求めると

$\widetilde{a}_{11} =$ ㋒ □　　$\widetilde{a}_{12} =$ ㋓ □

$\widetilde{a}_{13} =$ ㋔ □　　$\widetilde{a}_{21} =$ ㋕ □

$\widetilde{a}_{22} =$ ㋖ □　　$\widetilde{a}_{23} =$ ㋗ □

$\widetilde{a}_{31} =$ ㋘ □　　$\widetilde{a}_{32} =$ ㋙ □

$\widetilde{a}_{33} =$ ㋚ □

$$\therefore\ A^{-1} = \frac{1}{㋛\square}\ ㋜\,{}^t\square = ㋝\square$$

【解終】

Section 4.2

クラメールの公式

ここでは逆行列を利用して連立 1 次方程式を解く公式を導こう．

n 個の未知数 $x_1, x_2, \cdots, x_n$ と n 個の式からなる **n 元連立 1 次方程式**

$$(*)\begin{cases} a_{11}x_1 + a_{12}x_2 + \cdots + a_{1n}x_n = b_1 \\ a_{21}x_1 + a_{22}x_2 + \cdots + a_{2n}x_n = b_2 \\ \quad\vdots \qquad\qquad\qquad\qquad \vdots \quad\;\; \vdots \\ a_{n1}x_1 + a_{n2}x_2 + \cdots + a_{nn}x_n = b_n \end{cases}$$

を考えよう．

（＊）の左辺の係数をとり出して

$$A = \begin{pmatrix} a_{11} & a_{12} & \cdots & a_{1n} \\ a_{21} & a_{22} & \cdots & a_{2n} \\ \vdots & \vdots & \ddots & \vdots \\ a_{n1} & a_{n2} & \cdots & a_{nn} \end{pmatrix}$$

とおく．この行列 A を連立 1 次方程式（＊）の**係数行列**という．

さらに，未知数と（＊）の右辺の定数をまとめて

$$X = \begin{pmatrix} x_1 \\ \vdots \\ x_n \end{pmatrix} \quad , \quad B = \begin{pmatrix} b_1 \\ \vdots \\ b_n \end{pmatrix}$$

とおくと，（＊）は

$$AX = B$$

と行列で表すことができる．

$|A| \neq 0$ のとき，連立 1 次方程式（＊）の解は行列式を使って次の定理のように求められる．

$n=1$ のときは
見慣れた 1 次方程式
$a_{11}x_1 = b_1$
になります

定理 4.2.1　クラメールの公式

連立１次方程式(＊)は，$|A| \neq 0$ ならば次のただ１組の解をもつ.

$$x_1 = \frac{|A_1|}{|A|},\quad x_2 = \frac{|A_2|}{|A|},\quad \cdots,\quad x_n = \frac{|A_n|}{|A|}$$

ただし

$$|A_j| = \begin{vmatrix} a_{11} & \cdots & b_1 & \cdots & a_{1n} \\ \vdots & & \vdots & & \vdots \\ a_{n1} & \cdots & b_n & \cdots & a_{nn} \end{vmatrix} \quad (j = 1, 2, \cdots, n)$$

（$b_1, \ldots, b_n$ は第 j 列）

証明　連立１次方程式(＊)は行列で表現すると

$$AX = B$$

とかけた. $|A| \neq 0$ のとき，係数行列 A は正則なので逆行列 A^{-1} が存在する. そこで上式の両辺に左から A^{-1} をかけると

$$A^{-1}(AX) = A^{-1}B$$
$$(A^{-1}A)X = A^{-1}B$$
$$EX = A^{-1}B$$
$$X = A^{-1}B$$

となる. A の逆行列 A^{-1} は定理 4.1.4 の (2) (p.103) より

$$A^{-1} = \frac{1}{|A|}\tilde{A} \quad (\tilde{A} : A \text{ の余因子行列})$$

とかけるので

$$AA^{-1} = A^{-1}A = E$$
$$EA = AE = A$$

$$|A| \neq 0 \Rightarrow A^{-1} = \frac{1}{|A|}\tilde{A}$$

転置行列 ${}^tA$

A の行と列を入れかえた行列

余因子行列 $\tilde{A}$

$$\tilde{A} = {}^t\begin{pmatrix} \tilde{a}_{11} & \cdots & \tilde{a}_{1n} \\ \vdots & \ddots & \vdots \\ \tilde{a}_{n1} & \cdots & \tilde{a}_{nn} \end{pmatrix}$$

$\tilde{a}_{ij}$: A の (i, j) 余因子

(i, j) 余因子

$$\tilde{a}_{ij} = (-1)^{i+j} \begin{vmatrix} a_{11} & \cdots & a_{1j} & \cdots & a_{1n} \\ \vdots & & & & \vdots \\ a_{i1} & \cdots & a_{ij} & \cdots & a_{in} \\ \vdots & & & & \vdots \\ a_{n1} & \cdots & a_{nj} & \cdots & a_{nn} \end{vmatrix}$$

（第 j 列を削除，第 i 行を削除）

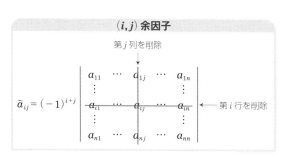

$$X=\left(\frac{1}{|A|}\tilde{A}\right)B=\frac{1}{|A|}(\tilde{A}B)$$

と X が求まった．

ここで

$$X=\begin{pmatrix}x_1\\ \vdots\\ x_n\end{pmatrix},\quad \tilde{A}={}^t\!\begin{pmatrix}\tilde{a}_{11} & \cdots & \tilde{a}_{1n}\\ \vdots & \ddots & \vdots\\ \tilde{a}_{n1} & \cdots & \tilde{a}_{nn}\end{pmatrix},\quad B=\begin{pmatrix}b_1\\ \vdots\\ b_n\end{pmatrix}$$

なので，行列の積の定義より

$$\begin{aligned}x_j &= X\text{ の }(j,1)\text{ 成分}\\ &=\frac{1}{|A|}\{(\tilde{A}\text{ の第 }j\text{ 行})\text{ と }(B\text{ の第 1 列})\text{ との積和}\}\end{aligned}$$

である．さらに

$$\begin{aligned}\tilde{A}\text{ の第 }j\text{ 行} &= {}^t\!\begin{pmatrix}\tilde{a}_{11} & \cdots & \tilde{a}_{1n}\\ \vdots & \ddots & \vdots\\ \tilde{a}_{n1} & \cdots & \tilde{a}_{nn}\end{pmatrix}\text{ の第 }j\text{ 行}\\ &= {}^t\!\left\{\begin{pmatrix}\tilde{a}_{11} & \cdots & \tilde{a}_{1n}\\ \vdots & \ddots & \vdots\\ \tilde{a}_{n1} & \cdots & \tilde{a}_{nn}\end{pmatrix}\text{ の第 }j\text{ 列}\right\}\end{aligned}$$

より

$$\begin{aligned}x_j &= \frac{1}{|A|}(\tilde{a}_{1j}\ \ \tilde{a}_{2j}\ \ \cdots\ \ \tilde{a}_{nj})\begin{pmatrix}b_1\\ b_2\\ \vdots\\ b_n\end{pmatrix}\\ &=\frac{1}{|A|}(\tilde{a}_{1j}b_1+\tilde{a}_{2j}b_2+\cdots+\tilde{a}_{nj}b_n)\end{aligned}$$

一方，行列 A の第 j 列を $b_1, \cdots, b_n$ におきかえて行列 A_j をつくり，行列式 $|A_j|$ を第 j 列で展開すると

$$|A_j|=\begin{vmatrix}a_{11} & \cdots & b_1 & \cdots & a_{1n}\\ \vdots & & \vdots & & \vdots\\ a_{n1} & \cdots & b_n & \cdots & a_{nn}\end{vmatrix}$$

↑第 j 列

$$= b_1\tilde{a}_{1j} + b_2\tilde{a}_{2j} + \cdots + b_n\tilde{a}_{nj}$$

となる.

ゆえに

$$x_j = \frac{1}{|A|}\,|A_j| = \frac{|A_j|}{|A|}$$

と表せる.

次に解の一意性(ただ1つであること)を示そう.

いま求めた X の他に Y も(*)の解であるとすると

$$AX = B \quad , \quad AY = B$$

が成立する. 辺々引いてみると

$$AA^{-1} = A^{-1}A = E$$
$$EA = AE = A$$

$$AX - AY = B - B$$
$$A(X - Y) = O$$

この両辺に左から A^{-1} をかけると

$$A^{-1}\{A(X-Y)\} = A^{-1}O$$
$$(A^{-1}A)(X-Y) = O$$
$$E(X-Y) = O$$
$$X - Y = O$$
$$\therefore \quad X = Y$$

したがって Y は X に一致することになり, 解はただ1つであることがわかる.

【証明終】

解説 この公式は理論的な証明などには有効だが, 行列式の値をいくつも求めなければならないので, 実際の計算にはあまり向いていない. $|A| = 0$ の場合には解が無数に存在したり, 解が存在しなかったりするのだが, 一般的な連立1次方程式については §4.6 で勉強する.

【解説終】

|A|≠0 のとき, 解は1組だけ.
|A|=0 のときは……
これから勉強します.

問題28 クラメールの公式を用いた連立1次方程式の解法

例題

次の連立1次方程式の係数行列 A を求め，クラメールの公式を使って解を求めよう．

$$\begin{cases} 3x_1 - 3x_2 + x_3 = 1 \\ 3x_1 + 2x_2 = 0 \\ -x_1 - 5x_2 + x_3 = -1 \end{cases}$$

解 答　連立方程式の左辺から係数をとり出して A をつくると

$$A = \begin{pmatrix} 3 & -3 & 1 \\ 3 & 2 & 0 \\ -1 & -5 & 1 \end{pmatrix}$$

クラメールの公式より

$$x_1 = \frac{|A_1|}{|A|}, \quad x_2 = \frac{|A_2|}{|A|}, \quad x_3 = \frac{|A_3|}{|A|}$$

なので，各行列式を計算しよう．（サラスの公式でもよい．）

$$|A| = \begin{vmatrix} 3 & -3 & 1 \\ 3 & 2 & 0 \\ -1 & -5 & 1 \end{vmatrix} \overset{③+①\times(-1)}{=} \begin{vmatrix} 3 & -3 & 1 \\ 3 & 2 & 0 \\ -4 & -2 & 0 \end{vmatrix} \overset{③'で展開}{=} 1\cdot(-1)^{1+3}\begin{vmatrix} 3 & 2 \\ -4 & -2 \end{vmatrix}$$

$$= 2$$

$$|A_1| = \begin{vmatrix} 1 & -3 & 1 \\ 0 & 2 & 0 \\ -1 & -5 & 1 \end{vmatrix} \overset{②で展開}{=} 2\cdot(-1)^{2+2}\begin{vmatrix} 1 & 1 \\ -1 & 1 \end{vmatrix} = 4$$

$$|A_2| = \begin{vmatrix} 3 & 1 & 1 \\ 3 & 0 & 0 \\ -1 & -1 & 1 \end{vmatrix} \overset{②で展開}{=} 3\cdot(-1)^{2+1}\begin{vmatrix} 1 & 1 \\ -1 & 1 \end{vmatrix} = -6$$

$$|A_3| = \begin{vmatrix} 3 & -3 & 1 \\ 3 & 2 & 0 \\ -1 & -5 & -1 \end{vmatrix} \overset{③+①\times 1}{=} \begin{vmatrix} 3 & -3 & 1 \\ 3 & 2 & 0 \\ 2 & -8 & 0 \end{vmatrix} \overset{③'で展開}{=} 1\cdot(-1)^{1+3}\begin{vmatrix} 3 & 2 \\ 2 & -8 \end{vmatrix}$$

$$= -28$$

ゆえに

$$x_1 = \frac{4}{2} = 2, \quad x_2 = -\frac{-6}{2} = -3, \quad x_3 = \frac{-28}{2} = -14$$

$$\therefore \quad x_1 = 2, \quad x_2 = -3, \quad x_3 = -14$$

【解終】

POINT クラメールの公式（p.107 定理 4.2.1）を使う

演習 28

次の連立 1 次方程式の係数行列 A を求め，クラメールの公式を使って解を求めよう．

$$\begin{cases} x+4y-7z=0 \\ -2x+5z=-1 \\ 3x+y-8z=2 \end{cases}$$

解答は p.277

解答 x を x_1，y を x_2，z を x_3 と思ってクラメールの公式を使えばよい．
連立方程式の左辺から係数行列 A をつくると

$A=$ ㋐

これより $|A|$ を求めると

$|A|=$ ㋑

クラメールの公式より

$$x=\frac{|A_1|}{|A|},\quad y=\frac{|A_2|}{|A|},\quad z=\frac{|A_3|}{|A|}$$

なので $|A_1|$，$|A_2|$，$|A_3|$ を求めると

$|A_1|=$ ㋒

$|A_2|=$ ㋓

$|A_3|=$ ㋔

ゆえに

$x=$ ㋕，　$y=$ ㋖，　$z=$ ㋗　【解終】

Section 4.3

掃(は)き出し法

問題 28 のようにクラメールの公式を用いて 3 元連立 1 次方程式を解いてみると，3 次の行列式を 4 つ計算しないといけないので，けっこう大変であった．ここでは，より速く連立 1 次方程式を解くことを可能にする“掃き出し法”を紹介する．

今，次の連立 1 次方程式を解いてみよう．

$$\begin{cases} x+2y=7 & \cdots① \\ 3x-4y=1 & \cdots② \end{cases}$$

変形 1：①式を使って②式の y を消去すると

$$\begin{cases} x+2y=\ \ 7 & & \cdots①' \\ 5x \qquad =15 & ②式+①式\times 2 & \cdots②' \end{cases}$$

変形 2：②′の両辺に $\dfrac{1}{5}$ をかけると

$$\begin{cases} x+2y=7 & & \cdots①'' \\ x \qquad =3 & ②'\times\dfrac{1}{5} & \cdots②'' \end{cases}$$

変形 3：②″式を使って①″式の x を消去すると

$$\begin{cases} \quad 2y=4 & ①''式+②''式\times(-1) & \cdots①''' \\ x \qquad =3 & & \cdots②''' \end{cases}$$

変形 4：①‴式に $\dfrac{1}{2}$ をかけると

$$\begin{cases} \qquad y=2 & ①'''\times\dfrac{1}{2} & \cdots①'''' \\ x \qquad =3 & & \cdots②'''' \end{cases}$$

変形 5：①⁗式と②⁗式を入れかえて

$$\begin{cases} x \qquad =3 \\ \qquad y=2 \end{cases}$$

これで解が求まった．

この連立１次方程式の変形を，係数だけとり出して行列で書いてみよう．

$$A=\begin{pmatrix}1 & 2\\ 3 & -4\end{pmatrix},\quad X=\begin{pmatrix}x\\ y\end{pmatrix},\quad B=\begin{pmatrix}7\\ 1\end{pmatrix}$$

とおくと，連立１次方程式は

$$AX=B$$

と書ける．

左の連立１次方程式の変形を，係数だけとり出して行列で書いてみると

$$(A|B)=\left(\begin{array}{cc|c}1 & 2 & 7\\ 3 & -4 & 1\end{array}\right)$$

↓ 変形 1：第 2 行＋第 1 行×2

$$\left(\begin{array}{cc|c}1 & 2 & 7\\ 5 & 0 & 15\end{array}\right)$$

↓ 変形 2：第 2 行×$\frac{1}{5}$

$$\left(\begin{array}{cc|c}1 & 2 & 7\\ 1 & 0 & 3\end{array}\right)$$

↓ 変形 3：第 1 行＋第 2 行×(−1)

$$\left(\begin{array}{cc|c}0 & 2 & 4\\ 1 & 0 & 3\end{array}\right)$$

↓ 変形 4：第 1 行×$\frac{1}{2}$

$$\left(\begin{array}{cc|c}0 & 1 & 2\\ 1 & 0 & 3\end{array}\right)$$

↓ 変形 5：第 1 行と第 2 行の入れかえ

$$\left(\begin{array}{cc|c}1 & 0 & 3\\ 0 & 1 & 2\end{array}\right)$$

左の連立１次方程式の変形と対応して，行列では次の 3 つの変形が行われた．

Ⅰ．1 つの行を k 倍する $(k \neq 0)$．

Ⅱ．1 つの行に他の行を k 倍して加える．

Ⅲ．2 つの行を入れかえる．

これらの 3 つの変形は，対応する連立 1 次方程式を同値な連立 1 次方程式に変形するので特に**行基本変形**とよばれる．

行列の行基本変形

Ⅰ．1 つの行を k 倍する $(k \neq 0)$．

Ⅱ．1 つの行に他の行を k 倍して加える．

Ⅲ．2 つの行を入れかえる．

解説 行基本変形は行列式計算と少し異なっているので気をつけよう．
たとえば

行基本変形

$$\begin{pmatrix} 10 & 5 \\ 3 & 1 \end{pmatrix} \xrightarrow{①\times\frac{1}{5}} \begin{pmatrix} 2 & 1 \\ 3 & 1 \end{pmatrix}$$

$$\xrightarrow{②+①\times(-1)} \begin{pmatrix} 2 & 1 \\ 1 & 0 \end{pmatrix}$$

$$\xrightarrow{①+②\times(-2)} \begin{pmatrix} 0 & 1 \\ 1 & 0 \end{pmatrix}$$

$$\xrightarrow[①\leftrightarrow②]{\text{入れかえ}} \begin{pmatrix} 1 & 0 \\ 0 & 1 \end{pmatrix}$$

行列式計算

$$\begin{vmatrix} 10 & 5 \\ 3 & 1 \end{vmatrix} \overset{①\text{より 5 をくくり出す}}{=} 5\begin{vmatrix} 2 & 1 \\ 3 & 1 \end{vmatrix}$$

$$\overset{②+①\times(-1)}{=} 5\begin{vmatrix} 2 & 1 \\ 1 & 0 \end{vmatrix}$$

$$\overset{①+②\times(-2)}{=} 5\begin{vmatrix} 0 & 1 \\ 1 & 0 \end{vmatrix}$$

$$\overset{\substack{\text{入れかえ} \\ ①\leftrightarrow②}}{=} -5\begin{vmatrix} 1 & 0 \\ 0 & 1 \end{vmatrix}$$

$$= -5(1\cdot 1 - 0\cdot 0)$$

$$= -5$$

行基本変形はあくまでもその行列の表す連立 1 次方程式の変形なので，決して途中に列どうしの変形を入れてはいけない．列変形をすると，もはやもとの連立 1 次方程式との同値性はくずれてしまう．それに対して行列式計算の変形は，行でも列でも両方行ってかまわない．

このように基本変形を使って行列に“0”を多くつくる方法を

掃(は)**き出し法**

という．

たとえば，連立 1 次方程式

$$\begin{cases} x + y = 1 \\ 5x + 2y = -1 \end{cases}$$

は方程式の係数をとり出して行列を使って書くと

$$\left(\begin{array}{cc|c} 1 & 1 & 1 \\ 5 & 2 & -1 \end{array}\right)$$

となる．解が求まるということは，式では

$$\begin{cases} x \quad = \alpha \\ \quad y = \beta \end{cases}$$

となることなので，これを行列で表すと

$$\left(\begin{array}{cc|c} 1 & 0 & \alpha \\ 0 & 1 & \beta \end{array}\right)$$

となる．

つまり

$$\left(\begin{array}{cc|c} 1 & 1 & 1 \\ 5 & 2 & -1 \end{array}\right) \xrightarrow{\text{行基本変形}} \boxed{\overset{\textbf{目標}}{\left(\begin{array}{cc|c} 1 & 0 & \alpha \\ 0 & 1 & \beta \end{array}\right)}}$$

を計算すればよい．

目標に到達するまでの行変形は一通りではないが，たとえば次のように変形を行っていくと

$$\left(\begin{array}{cc|c} 1 & 1 & 1 \\ 5 & 2 & -1 \end{array}\right) \xrightarrow{②+①\times(-5)} \left(\begin{array}{cc|c} 1 & 1 & 1 \\ 0 & -3 & -6 \end{array}\right) \xrightarrow{②\times\left(-\frac{1}{3}\right)} \left(\begin{array}{cc|c} 1 & 1 & 1 \\ 0 & 1 & 2 \end{array}\right)$$

$$\xrightarrow{①+②\times(-1)} \left(\begin{array}{cc|c} 1 & 0 & -1 \\ 0 & 1 & 2 \end{array}\right)$$

となる．

これで目標は達成されたので解は

$$\begin{cases} x \quad = -1 \\ \quad y = 2 \end{cases}$$

となる．

【解説終】

問題29 掃き出し法を用いた連立1次方程式の解法①

例題

指定された行変形を順に行うことにより，次の連立1次方程式を行列の行基本変形を使って解こう.

$$\begin{cases} x+2y=-3 \\ 2x+\ \ y=\ \ 0 \end{cases}$$

(1)　第2行に第1行を(-2)倍して加える.

(2)　第2行を$\left(-\dfrac{1}{3}\right)$倍する.

(3)　第1行に第2行を(-2)倍して加える.

解答　はじめに連立1次方程式の係数だけを取り出して行列をつくっておく.

$$\left(\begin{array}{cc|c} 1 & 2 & -3 \\ 2 & 1 & 0 \end{array}\right)$$

左辺と右辺の間に
タテ棒を入れて
おきます

(1)(2)(3)の順に行変形を行っていくと

(1) $$\xrightarrow{②+①\times(-2)}\left(\begin{array}{cc|c} 1 & 2 & -3 \\ 2+1\times(-2) & 1+2\times(-2) & 0+(-3)\times(-2) \end{array}\right)$$

$$=\left(\begin{array}{cc|c} 1 & 2 & -3 \\ 0 & -3 & 6 \end{array}\right)$$

(2) $$\xrightarrow{②\times\left(-\frac{1}{3}\right)}\left(\begin{array}{cc|c} 1 & 2 & -3 \\ 0 & 1 & -2 \end{array}\right)$$

(3) $$\xrightarrow{①+②\times(-2)}\left(\begin{array}{cc|c} 1+0\times(-2) & 2+1\times(-2) & -3+(-2)\times(-2) \\ 0 & 1 & -2 \end{array}\right)$$

$$=\left(\begin{array}{cc|c} 1 & 0 & 1 \\ 0 & 1 & -2 \end{array}\right)$$

最後に得られた行列を連立1次方程式にもどすと

$$\begin{cases} 1\cdot x+0\cdot y=\ \ 1 \\ 0\cdot x+1\cdot y=-2 \end{cases}$$

これより

$$\begin{cases} x=\ \ 1 \\ y=-2 \end{cases}$$

【解終】

POINT 指定された行変形を順に行うことで，$\left(\begin{array}{cc|c} 1 & 0 & \alpha \\ 0 & 1 & \beta \end{array}\right)$ になり解が求められることを実感しよう

演習 29

指定された行変形を順に行うことにより，次の連立 1 次方程式を行列の行基本変形を使って解こう．

$$\begin{cases} 3x+4y=-1 \\ \ \ x+2y=\ \ \ 1 \end{cases}$$

(1)　第 1 行と第 2 行を入れかえる．

(2)　第 2 行に第 1 行を (-3) 倍して加える．

(3)　第 2 行を $\left(-\dfrac{1}{2}\right)$ 倍する．

(4)　第 1 行に第 2 行を (-2) 倍して加える．　解答は p.278

解 答　連立 1 次方程式の係数を取り出して順に行変形を行うと

$$\left(\begin{array}{cc|c} 3 & \text{㋐}\square & \text{㋑}\square \\ 1 & \text{㋒}\square & \text{㋓}\square \end{array}\right)$$

(1) $\xrightarrow{①\leftrightarrow②} \left(\begin{array}{cc|c} 1 & \text{㋔}\square & \text{㋕}\square \\ 3 & \text{㋖}\square & \text{㋗}\square \end{array}\right)$

(2) $\xrightarrow{②+①\times(-3)} \left(\begin{array}{cc|c} 1 & \text{㋘}\square & \text{㋙}\square \\ 3+1\times(-3) & \text{㋚}\square & \text{㋛}\square \end{array}\right)$

$$=\left(\begin{array}{cc|c} 1 & \text{㋜}\square & \text{㋝}\square \\ 0 & \text{㋞}\square & \text{㋟}\square \end{array}\right)$$

(3) $\xrightarrow{②\times\left(-\frac{1}{2}\right)} \left(\begin{array}{cc|c} 1 & \text{㋠}\square & \text{㋡}\square \\ 0 & \text{㋢}\square & \text{㋣}\square \end{array}\right)$

(4) $\xrightarrow{①+②\times(-2)} \left(\begin{array}{cc|c} 1+0\times(-2) & \text{㋤}\square & \text{㋥}\square \\ 0 & \text{㋦}\square & \text{㋧}\square \end{array}\right)$

$$=\left(\begin{array}{cc|c} 1 & \text{㋨}\square & \text{㋩}\square \\ 0 & \text{㋪}\square & \text{㋫}\square \end{array}\right)$$

最後に得られた行列を連立 1 次方程式にもどすと

$$\begin{cases} 1\cdot x+0\cdot y=\text{㋬}\square \\ 0\cdot x+1\cdot y=\text{㋭}\square \end{cases} \qquad \therefore \quad \begin{cases} x=\text{㋮}\square \\ y=\text{㋯}\square \end{cases}$$

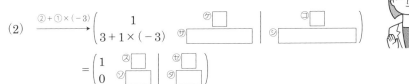

【解終】

問題 30　掃き出し法を用いた連立 1 次方程式の解法②

例題

行列の行基本変形により次の連立 1 次方程式を解こう．

$$\begin{cases} 3x+2y=\ \ 0 \\ 2x-4y=16 \end{cases}$$

解説　このような連立 1 次方程式の場合には，係数のつくる行列を基本的に次のように掃き出し法で目標の行列へ変形していく．

$$\left(\begin{array}{cc|c} a & b & c \\ d & e & f \end{array}\right) \to \cdots \to \left(\begin{array}{cc|c} \textcircled{1} & b' & c' \\ d' & e' & f' \end{array}\right) \to \left(\begin{array}{cc|c} 1 & b' & c' \\ 0 & e'' & f'' \end{array}\right)$$

1 をつくって下を掃き出す

$$\to \left(\begin{array}{cc|c} 1 & b' & c' \\ 0 & \textcircled{1} & \beta \end{array}\right) \to \left(\begin{array}{cc|c} 1 & 0 & \alpha \\ 0 & 1 & \beta \end{array}\right)$$

目標

1 をつくって上を掃き出す

【解説終】

解答　連立 1 次方程式の係数からなる行列は

$$\left(\begin{array}{cc|c} 3 & 2 & 0 \\ 2 & -4 & 16 \end{array}\right)$$

第 1 列のどちらかの成分を 1 にする変形を考える．たとえば第 2 行を $\frac{1}{2}$ 倍して 1 をつくって変形していくと

> **行基本変形**
>
> Ⅰ. 1 つの行を k 倍する $(k \neq 0)$.
>
> Ⅱ. 1 つの行に他の行を k 倍して加える.
>
> Ⅲ. 2 つの行を入れかえる.

$$\xrightarrow{②\times\frac{1}{2}} \left(\begin{array}{cc|c} 3 & 2 & 0 \\ 1 & -2 & 8 \end{array}\right) \xrightarrow{①\leftrightarrow②} \left(\begin{array}{cc|c} \textcircled{1} & -2 & 8 \\ 3 & 2 & 0 \end{array}\right) \xrightarrow{②+①\times(-3)} \left(\begin{array}{cc|c} 1 & -2 & 8 \\ 0 & 8 & -24 \end{array}\right)$$

これで第 1 列は目標に達した．次に，第 2 列目の成分 “8” を “1” にするために第 2 行を $\frac{1}{8}$ 倍して変形していくと

$$\xrightarrow{②\times\frac{1}{8}} \left(\begin{array}{cc|c} 1 & -2 & 8 \\ 0 & \textcircled{1} & -3 \end{array}\right) \xrightarrow{①+②\times 2} \left(\begin{array}{cc|c} 1 & 0 & 2 \\ 0 & 1 & -3 \end{array}\right)$$

目標到達

これより

$$x=2, \qquad y=-3$$

【解終】

POINT 行列の行基本変形により，$\begin{pmatrix} 1 & 0 \,\bigm|\, \alpha \\ 0 & 1 \,\bigm|\, \beta \end{pmatrix}$ を目指そう

演習 30

行列の行基本変形により次の連立 1 次方程式を解こう．

$$\begin{cases} 3x + 2y = 2 \\ 2x + y = 3 \end{cases}$$

解答は p.278

∷ 解 答 ∷ 連立 1 次方程式の係数より行列をつくると

$$\begin{pmatrix} 3 & {}^{\textcircled{\scriptsize ア}}\Box & \bigm| & {}^{\textcircled{\scriptsize イ}}\Box \\ 2 & {}^{\textcircled{\scriptsize ウ}}\Box & \bigm| & {}^{\textcircled{\scriptsize エ}}\Box \end{pmatrix}$$

変形目標

$$\begin{pmatrix} 1 & 0 & \bigm| & \alpha \\ 0 & 1 & \bigm| & \beta \end{pmatrix}$$

$(1,1)$ 成分を 1 に変形するために，第 1 行に第 2 行を
(-1) 倍して加えると

$$\xrightarrow{\;{}^{\textcircled{\scriptsize オ}}\rule{2cm}{0pt}\;} \begin{pmatrix} 1 & {}^{\textcircled{\scriptsize カ}}\Box & \bigm| & {}^{\textcircled{\scriptsize キ}}\Box \\ 2 & {}^{\textcircled{\scriptsize ク}}\Box & \bigm| & {}^{\textcircled{\scriptsize ケ}}\Box \end{pmatrix}$$

$(1,1)$ 成分の 1 を使って下の成分を掃き出すと

$$\xrightarrow{\;{}^{\textcircled{\scriptsize コ}}\rule{2cm}{0pt}\;} \begin{pmatrix} 1 & {}^{\textcircled{\scriptsize サ}}\Box & \bigm| & {}^{\textcircled{\scriptsize シ}}\Box \\ 0 & {}^{\textcircled{\scriptsize ス}}\Box & \bigm| & {}^{\textcircled{\scriptsize セ}}\Box \end{pmatrix}$$

次に，$(2,2)$ 成分を 1 に変形するために第 2 行を ${}^{\textcircled{\scriptsize ソ}}\Box$ 倍して

$$\xrightarrow{\;{}^{\textcircled{\scriptsize タ}}\rule{2cm}{0pt}\;} \begin{pmatrix} 1 & {}^{\textcircled{\scriptsize チ}}\Box & \bigm| & {}^{\textcircled{\scriptsize ツ}}\Box \\ 0 & 1 & \bigm| & {}^{\textcircled{\scriptsize テ}}\Box \end{pmatrix}$$

最後に $(2,2)$ 成分の 1 を使って上の成分を掃き出すと

$$\xrightarrow{\;{}^{\textcircled{\scriptsize ト}}\rule{2cm}{0pt}\;} \begin{pmatrix} 1 & 0 & \bigm| & {}^{\textcircled{\scriptsize ナ}}\Box \\ 0 & 1 & \bigm| & {}^{\textcircled{\scriptsize ニ}}\Box \end{pmatrix}$$

これより

$$x = {}^{\textcircled{\scriptsize ヌ}}\Box, \qquad y = {}^{\textcircled{\scriptsize ネ}}\Box$$

【解終】

変形の仕方は一通りではありません

目標に達するようにいろいろ工夫して下さい

問題 31 掃き出し法を用いた連立 1 次方程式の解法③

例題

掃き出し法により次の連立 1 次方程式を解こう.

$$\begin{cases} 2x-5y-4z=-1 \\ x-3y-2z=0 \\ 3x-7y-z=8 \end{cases}$$

解説 掃き出し法の基本は次のような変形である.

$$\left(\begin{array}{ccc|c} a_1 & b_1 & c_1 & d_1 \\ a_2 & b_2 & c_2 & d_2 \\ a_3 & b_3 & c_3 & d_3 \end{array}\right) \to \cdots \to \left(\begin{array}{ccc|c} \textcircled{1} & b_1' & c_1' & d_1' \\ a_2' & b_2' & c_2' & d_2' \\ a_3' & b_3' & c_3' & d_3' \end{array}\right)$$

$$\to \left(\begin{array}{ccc|c} 1 & b_1' & c_1' & d_1' \\ 0 & b_2'' & c_2'' & d_2'' \\ 0 & b_3'' & c_3'' & d_3'' \end{array}\right) \to \cdots \to \left(\begin{array}{ccc|c} 1 & b_1' & c_1' & d_1' \\ 0 & \textcircled{1} & c_2''' & d_2''' \\ 0 & b_3''' & c_3''' & d_3''' \end{array}\right)$$

$$\to \left(\begin{array}{ccc|c} 1 & 0 & c_1'' & d_1'' \\ 0 & 1 & c_2''' & d_2''' \\ 0 & 0 & c_3'''' & d_3'''' \end{array}\right) \to \cdots \to \left(\begin{array}{ccc|c} 1 & 0 & c_1'' & d_1'' \\ 0 & 1 & c_2''' & d_2''' \\ 0 & 0 & \textcircled{1} & d_3''''' \end{array}\right)$$

目標

$$\to \left(\begin{array}{ccc|c} 1 & 0 & 0 & \alpha \\ 0 & 1 & 0 & \beta \\ 0 & 0 & 1 & \gamma \end{array}\right)$$

【解説終】

解答 変形例を → の上に書いておく.

$$\left(\begin{array}{ccc|c} 2 & -5 & -4 & -1 \\ 1 & -3 & -2 & 0 \\ 3 & -7 & -1 & 8 \end{array}\right) \xrightarrow{\text{①} \leftrightarrow \text{②}} \left(\begin{array}{ccc|c} \textcircled{1} & -3 & -2 & 0 \\ 2 & -5 & -4 & -1 \\ 3 & -7 & -1 & 8 \end{array}\right)$$

$$\xrightarrow[\text{③}+\text{①}\times(-3)]{\text{②}+\text{①}\times(-2)} \left(\begin{array}{ccc|c} 1 & -3 & -2 & 0 \\ 0 & \textcircled{1} & 0 & -1 \\ 0 & 2 & 5 & 8 \end{array}\right) \xrightarrow[\text{③}+\text{②}\times(-2)]{\text{①}+\text{②}\times 3} \left(\begin{array}{ccc|c} 1 & 0 & -2 & -3 \\ 0 & 1 & 0 & -1 \\ 0 & 0 & 5 & 10 \end{array}\right)$$

$$\xrightarrow{\text{③}\times\frac{1}{5}} \left(\begin{array}{ccc|c} 1 & 0 & -2 & -3 \\ 0 & 1 & 0 & -1 \\ 0 & 0 & \textcircled{1} & 2 \end{array}\right) \xrightarrow{\text{①}+\text{③}\times 2} \left(\begin{array}{ccc|c} 1 & 0 & 0 & 1 \\ 0 & 1 & 0 & -1 \\ 0 & 0 & 1 & 2 \end{array}\right)$$

これより, $x=1$, $y=-1$, $z=2$

【解終】

POINT 連立 3 元 1 次方程式の変形目標は $\left(\begin{array}{ccc|c} 1 & 0 & 0 & \alpha \\ 0 & 1 & 0 & \beta \\ 0 & 0 & 1 & \gamma \end{array}\right)$

演習 31

掃き出し法により次の連立 1 次方程式を解こう．

$$\begin{cases} -x+\ \ y-2z=-3 \\ \ \ x-2y+3z=\ \ 5 \\ 3x-3y+4z=\ \ 3 \end{cases}$$

解答は p.278

解答 はじめに，係数より行列を作ると

$$\left(\begin{array}{ccc|c} -1 & 1 & -2 & -3 \\ \text{㋐}\square & \text{㋑}\square & \text{㋒}\square & \text{㋓}\square \\ \text{㋔}\square & \text{㋕}\square & \text{㋖}\square & \text{㋗}\square \end{array}\right)$$

変形目標

$$\left(\begin{array}{ccc|c} 1 & 0 & 0 & \alpha \\ 0 & 1 & 0 & \beta \\ 0 & 0 & 1 & \gamma \end{array}\right)$$

目標の行列に向かって変形していくと

㋘ □

これより

$$x=\text{㋙}\square,\quad y=\text{㋚}\square,\quad z=\text{㋛}\square$$

【解終】

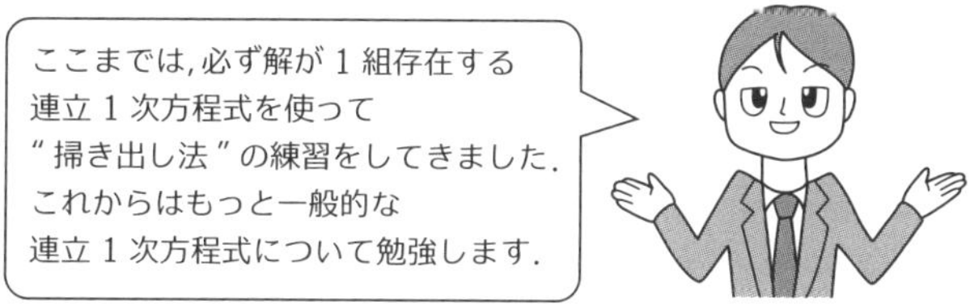
ここまでは，必ず解が 1 組存在する
連立 1 次方程式を使って
"掃き出し法"の練習をしてきました．
これからはもっと一般的な
連立 1 次方程式について勉強します．

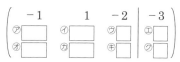

Section 4.4

行列の階数

一般的な連立 1 次方程式の解について勉強する前に，行列における大切な概念のひとつである“階数”について学ぼう．

階段行列の定義

次のように行の番号が増すにしたがって，左から連続して並ぶ 0 の数が増える行列，つまり 0 が階段状に並んでいる行列を**階段行列**という．

$$
\begin{pmatrix}
0 & \cdots & 0 & a_{1l_1} & \cdots & \cdots & \cdots & \cdots & \cdots & \cdots & \cdots & a_{1n} \\
0 & \cdots & \cdots & \cdots & \cdots & 0 & a_{2l_2} & \cdots & \cdots & \cdots & \cdots & a_{2n} \\
\vdots & & & & & & & & & & & \vdots \\
0 & \cdots & \cdots & \cdots & \cdots & \cdots & \cdots & \cdots & \cdots & 0 & a_{rl_r} & a_{rn} \\
0 & \cdots & \cdots & \cdots & \cdots & \cdots & \cdots & \cdots & \cdots & \cdots & \cdots & 0 \\
\vdots & \cdots & \cdots & \cdots & \cdots & \cdots & \cdots & \cdots & \cdots & \cdots & \cdots & \vdots \\
0 & \cdots & \cdots & \cdots & \cdots & \cdots & \cdots & \cdots & \cdots & \cdots & \cdots & 0
\end{pmatrix}
$$

$$(a_{1l_1} \neq 0, \quad \cdots, \quad a_{rl_r} \neq 0)$$

解説 行が増えるごとに 0 が増えていくのが階段行列である．
たとえば，次の行列は階段行列．

$$
\begin{pmatrix} 0 & 1 & 2 \\ 0 & 0 & 3 \\ 0 & 0 & 0 \end{pmatrix} \quad
\begin{pmatrix} 1 & 2 & 3 \\ 0 & 4 & 5 \\ 0 & 0 & 6 \end{pmatrix} \quad
\begin{pmatrix} 1 & 2 & 3 \\ 0 & 0 & 4 \\ 0 & 0 & 0 \end{pmatrix} \quad
\begin{pmatrix} 0 & 2 & 3 \\ 0 & 0 & 0 \\ 0 & 0 & 0 \end{pmatrix}
$$

次の行列は階段行列ではない．

$$
\begin{pmatrix} 1 & 2 & 3 \\ 4 & 5 & 6 \\ 0 & 0 & 0 \end{pmatrix} \quad
\begin{pmatrix} 0 & 1 & 2 \\ 3 & 4 & 5 \\ 0 & 0 & 6 \end{pmatrix} \quad
\begin{pmatrix} 0 & 1 & 2 \\ 0 & 0 & 3 \\ 0 & 4 & 5 \end{pmatrix} \quad
\begin{pmatrix} 0 & 0 & 0 \\ 1 & 0 & 0 \\ 2 & 3 & 0 \end{pmatrix}
$$

最後の行列は左から 0 が並んでいないので，階段行列とはいわない．

【解説終】

階数の定義

行列 A を行基本変形により階段行列に変形したとき，0 でない成分の残っている行の数 r を A の**階数（ランク）**といい

$$\operatorname{rank} A = r$$

と表す．

解説 どんな行列も，行基本変形により必ず階段行列に直すことができるので，$\operatorname{rank} A$ が定まる．たとえば

$$A = \begin{pmatrix} 1 & 2 \\ -2 & 1 \end{pmatrix} \xrightarrow{\text{行変形}} \begin{pmatrix} 1 & 2 \\ 0 & 5 \end{pmatrix}, \quad \operatorname{rank} A = 2$$

$$B = \begin{pmatrix} 3 & -1 & 2 \\ -2 & 0 & 2 \\ 1 & -1 & 4 \end{pmatrix} \xrightarrow{\text{行変形}} \begin{pmatrix} 1 & 0 & -1 \\ 0 & 1 & -5 \\ 0 & 0 & 0 \end{pmatrix}, \quad \operatorname{rank} B = 2$$

さまざまな行基本変形により成分の異なる階段行列ができるが，残っている行の数は行列により必ず一通りに定まることがわかっている．また，行列の階数のみを求めるなら，実は列基本変形を混ぜてもかまわないのだが，本書では連立 1 次方程式の変形という立場に立って話を進めるので行基本変形のみを行うことにする．

【解説終】

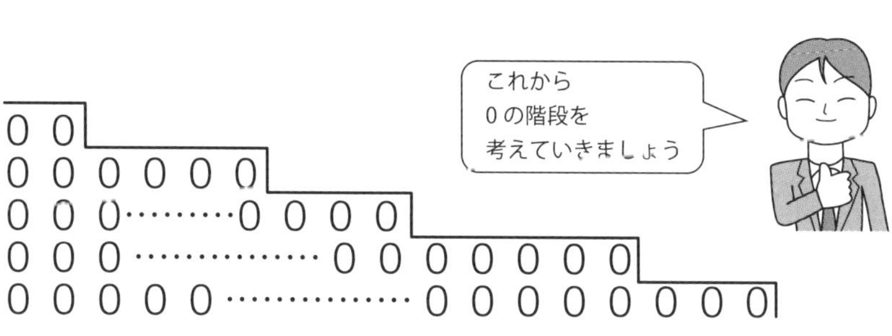

問題 32 行列の階数の計算

例題

次の行列の階数を求めよう．

(1)　$A=\begin{pmatrix} -1 & 3 \\ 2 & -7 \end{pmatrix}$　　(2)　$B=\begin{pmatrix} -2 & -1 & 2 \\ 3 & 0 & -3 \\ 1 & 1 & -1 \end{pmatrix}$

解説　行基本変形で階段行列に直す基本方針は次の通り．“1”，“-1”をうまく使って掃き出してゆく．

$$\begin{pmatrix} \pm 1 & * & * \\ * & * & * \\ * & * & * \end{pmatrix} \longrightarrow \begin{pmatrix} \pm 1 & * & * \\ 0 & \pm 1 & * \\ 0 & * & * \end{pmatrix} \longrightarrow \begin{pmatrix} \pm 1 & * & * \\ 0 & \pm 1 & * \\ 0 & 0 & * \end{pmatrix}$$

【解説終】

解答　(1)　(1, 1) 成分の“-1”を使って下を掃き出すと

$$A=\begin{pmatrix} -1 & 3 \\ 2 & -7 \end{pmatrix} \xrightarrow{②+①\times 2} \begin{pmatrix} -1 & 3 \\ 0 & -1 \end{pmatrix}$$

これで階段行列に変形できた．0 でない成分が残っている行の数は 2 なので

$$\mathrm{rank}\, A=2$$

となる．

> **行基本変形**
>
> Ⅰ. 1 つの行を k 倍する ($k \neq 0$).
>
> Ⅱ. 1 つの行に他の行を k 倍して加える.
>
> Ⅲ. 2 つの行を入れかえる.

(2)　(1, 1) 成分を“1”にするために第 1 行と第 3 行を入れかえてから掃き出そう．

$$B=\begin{pmatrix} -2 & -1 & 2 \\ 3 & 0 & -3 \\ 1 & 1 & -1 \end{pmatrix} \xrightarrow{①\leftrightarrow③} \begin{pmatrix} 1 & 1 & -1 \\ 3 & 0 & -3 \\ -2 & -1 & 2 \end{pmatrix} \xrightarrow[③+①\times 2]{②+①\times(-3)} \begin{pmatrix} 1 & 1 & -1 \\ 0 & -3 & 0 \\ 0 & 1 & 0 \end{pmatrix}$$

第 2 行と第 3 行を入れかえて計算してゆくと

$$\xrightarrow{②\leftrightarrow③} \begin{pmatrix} 1 & 1 & -1 \\ 0 & 1 & 0 \\ 0 & -3 & 0 \end{pmatrix} \xrightarrow{③+②\times 3} \begin{pmatrix} 1 & 1 & -1 \\ 0 & 1 & 0 \\ 0 & 0 & 0 \end{pmatrix}$$

$$\therefore \quad \mathrm{rank}\, B=2$$

行基本変形の方法が異なれば得られる階段行列も異なってくるが，階数は必ず同じになる．また“± 1”がないときは工夫が必要となる．【解終】

POINT 行基本変形を用いて，階段行列に直し，階数を求める

演習 32

次の行列の階数を求めよう．

(1) $A=\begin{pmatrix}-4 & -3 & -7\\ 1 & 2 & 1\\ 2 & 2 & 2\end{pmatrix}$　　(2) $B=\begin{pmatrix}1 & 2 & -1 & 2\\ 0 & -2 & 3 & -5\\ 1 & 6 & 2 & 3\\ 0 & 8 & 3 & 5\end{pmatrix}$

解答は p.279

解答 (1) (1, 1) 成分が "1" でないので行を入れかえてから掃き出してゆくと

$A \xrightarrow{①\leftrightarrow②}$ ㋐□ $\xrightarrow[③+①\times ㋒\square]{②+①\times ㋑\square} \begin{pmatrix}1 & 2 & 1\\ 0 & \multicolumn{2}{c}{㋓\square}\\ 0 & & \end{pmatrix}$

次に第 2 列目を掃き出すのだが "1" がない．そこで数字をにらんで考えると，第 3 行は各成分が 2 の倍数なので $\frac{1}{2}$ 倍してから計算すると

$\xrightarrow{③\times\frac{1}{2}}$ ㋔□

$\therefore$ rank $A=$ ㋕□

(2) 第 1 列はすぐに掃き出せる．第 2 列も (2, 2) 成分を使って掃き出せる．

$B \xrightarrow{③+①\times ㋖\square} \begin{pmatrix}1 & 2 & -1 & 2\\ 0 & -2 & 3 & -5\\ 0 & \multicolumn{3}{c}{㋗\square}\\ 0 & 8 & 3 & 5\end{pmatrix} \xrightarrow[④+②\times ㋙\square]{③+②\times ㋘\square} \begin{pmatrix}1 & 2 & -1 & 2\\ 0 & -2 & 3 & -5\\ 0 & 0 & \multicolumn{2}{c}{㋚\square}\\ 0 & 0 & & \end{pmatrix}$

第 3 行は ㋛□ の倍数，第 4 行は ㋜□ の倍数なので，各行 ㋝□ 倍，㋞□ 倍してから掃き出すと

$\xrightarrow[④\times ㋞\square]{③\times ㋝\square}$ ㋟□

$\therefore$ rank $B=$ ㋠□　　【解終】

Section 4.5

同次連立 1 次方程式

一般的な連立 1 次方程式の解を調べる前に，

$$(\clubsuit)\begin{cases} a_{11}x_1 + a_{12}x_2 + \cdots + a_{1n}x_n = 0 \\ a_{21}x_1 + a_{22}x_2 + \cdots + a_{2n}x_n = 0 \\ \quad \vdots \qquad\qquad\qquad\qquad\qquad \vdots \\ a_{m1}x_1 + a_{m2}x_2 + \cdots + a_{mn}x_n = 0 \end{cases}$$

のように右辺の定数項がすべて 0 である連立 1 次方程式について考えよう．これを

同次連立 1 次方程式

という．この方程式は，n 個の未知数

$$x_1, \quad x_2, \quad \cdots, \quad x_n$$

と m 個の式から成り立っていることに気をつけよう．m と n の関係は

$$m > n, \quad m = n, \quad m < n$$

のいずれでもかまわない．

連立 1 次方程式（♣）は，行列の積を使って

$$\begin{pmatrix} a_{11} & a_{12} & \cdots & a_{1n} \\ a_{21} & a_{22} & \cdots & a_{2n} \\ \vdots & & & \vdots \\ a_{m1} & \cdots & \cdots & a_{mn} \end{pmatrix}\begin{pmatrix} x_1 \\ \vdots \\ \vdots \\ x_n \end{pmatrix} = \begin{pmatrix} 0 \\ \vdots \\ \vdots \\ 0 \end{pmatrix}$$

と表すことができます

この方程式(♣)は，すぐわかるように

$$x_1 = x_2 = \cdots = x_n = 0$$

という解を必ずもつ．この解を

自明な解

という．この他に解はないのだろうか？　調べてみよう．

(♣)の左辺の係数からなる $m \times n$ 行列

$$A = \begin{pmatrix} a_{11} & a_{12} & \cdots & a_{1n} \\ a_{21} & a_{22} & \cdots & a_{2n} \\ \vdots & & & \vdots \\ a_{m1} & \cdots & \cdots & a_{mn} \end{pmatrix}$$

を連立1次方程式(♣)の**係数行列**という．連立1次方程式の変形なので，この行列の変形も行基本変形のみを行おう．また(♣)の右辺の定数項0を係数行列の最後の列に加えて行基本変形を何回行っても行列の最後の列は0のままなので，はじめから省略しておくことにする．

さて，この係数行列 A に行基本変形を行って次のような階段行列 B になったとしよう．

$$B = \left(\begin{array}{cccc:ccc} \multicolumn{4}{c}{\overbrace{\hphantom{1\quad 0\quad \cdots\quad 0}}^{r}} & \multicolumn{3}{c}{\overbrace{\hphantom{b_{1,r+1}\quad \cdots\quad b_{1,n}}}^{n-r}} \\ 1 & 0 & \cdots & 0 & b_{1,\,r+1} & \cdots & b_{1,\,n} \\ 0 & 1 & \cdots & 0 & b_{2,\,r+1} & \cdots & b_{2,\,n} \\ \vdots & \vdots & \ddots & \vdots & \vdots & \ddots & \vdots \\ 0 & 0 & \cdots & 1 & b_{r,\,r+1} & \cdots & b_{r,\,n} \\ \hdashline 0 & 0 & \cdots & 0 & 0 & \cdots & 0 \\ 0 & 0 & \cdots & 0 & 0 & \cdots & 0 \\ \vdots & \vdots & \ddots & \vdots & \vdots & \ddots & \vdots \\ 0 & 0 & \cdots & 0 & 0 & \cdots & 0 \end{array}\right) \begin{array}{l} \left.\vphantom{\begin{array}{c}1\\0\\ \vdots\\0\end{array}}\right\} r \\ \left.\vphantom{\begin{array}{c}0\\0\\ \vdots\\0\end{array}}\right\} m-r \end{array}$$

つまり，

$$\mathrm{rank}\, A = r$$

とする．このとき，連立1次方程式(♣)は，見かけ上 m 個の連立方程式で与えられているが，実質，方程式の個数は係数行列 A の階数 $\mathrm{rank}\, A$ と等しいことを意味している．

消えてしまった $(m-r)$ 個の式は，残った r 個の式から導かれるということです

(1)　$n-\mathrm{rank}\,A=n-r>0$ のとき，方程式(♣)は

$$\begin{cases} x_1 \quad\quad\quad + b_{1,r+1}x_{r+1}+\cdots+b_{1,n}x_n=0 \\ \quad x_2 \quad\quad + b_{2,r+1}x_{r+1}+\cdots+b_{2,n}x_n=0 \\ \quad\quad \ddots \quad\quad\quad\quad\quad\quad\quad\quad\quad \vdots \\ \quad\quad\quad x_r + b_{r,r+1}x_{r+1}+\cdots+b_{r,n}x_n=0 \end{cases}$$

となるので，解は，

$$\begin{cases} x_1=-(b_{1,r+1}x_{r+1}+\cdots+b_{1,n}x_n) \\ x_2=-(b_{2,r+1}x_{r+1}+\cdots+b_{2,n}x_n) \\ \quad\vdots \\ x_r=-(b_{r,r+1}x_{r+1}+\cdots+b_{r,n}x_n) \end{cases}$$

となる．このことは，解 $x_1,\cdots,x_r$ は $(n-r)$個の任意の実数 $x_{r+1},\cdots,x_n$ を用いて与えられることを示している．この任意の実数にしてよい文字の個数$(n-r)$を方程式(♣)の

自由度

という．つまり方程式(♣)において

$$\text{自由度}=n-\mathrm{rank}\,A$$

ということである．

(2)　$n-\mathrm{rank}\,A=n-r=0$ のとき，つまり自由度が 0 のとき，B は

$$B=\begin{pmatrix} 1 & 0 & \cdots & 0 \\ 0 & 1 & \cdots & 0 \\ \vdots & \vdots & \ddots & \vdots \\ 0 & 0 & \cdots & 1 \end{pmatrix}$$

となる．方程式(♣)は

$$\begin{cases} x_1 \quad\quad\quad =0 \\ \quad x_2 \quad\quad =0 \\ \quad\quad \ddots \quad\ \ \vdots \\ \quad\quad\quad x_n =0 \end{cases}$$

となり，解は $x_1=x_2=\cdots=x_n=0$　つまり自明な解のみとなる．

(1)，(2) の議論から，同次連立 1 次方程式(♣)の解に関して，次が成り立つ．

係数行列 A が $m \times n$ 行列である，n 個の未知数 $x_1, x_2, \cdots, x_n$ に関する同次連立 1 次方程式 (♣) の解の自由度は，$(n - \operatorname{rank} A)$ である．

(1) $\operatorname{rank} A < n$ のとき，(♣) は自明な解 $x_1 = x_2 = \cdots = x_n = 0$ 以外にも解をもち，これらの解は，$(n - \operatorname{rank} A)$ 個の任意の実数を用いて表される．

(2) $\operatorname{rank} A = n$ のとき，(♣) は自明な解 $x_1 = x_2 = \cdots = x_n = 0$ のみをもつ．

• 同次連立 1 次方程式の解法 •

$$\begin{cases} a_{11} x_1 + \cdots + a_{1n} x_n = 0 \\ \vdots \qquad\qquad \vdots \\ a_{m1} x_1 + \cdots + a_{mn} x_n = 0 \end{cases}$$

係数行列 $A = \begin{pmatrix} a_{11} & \cdots & a_{1n} \\ \vdots & & \vdots \\ a_{m1} & \cdots & a_{mn} \end{pmatrix}$

$r = \operatorname{rank} A$ を求める

自由度 $= n - r$

自由度 > 0 ？

No 自由度 $= 0$

Yes 自由度 > 0

無数の解が存在．つまり自明な解以外にも解をもち，これらの解は，$(n - r)$ 個の任意の実数を用いて表される．

自明な解のみ $x_1 = \cdots = x_n = 0$

自由度 $= 0$ のときだけ 1 組の解をもち，他の場合は無数組の解があるのです！

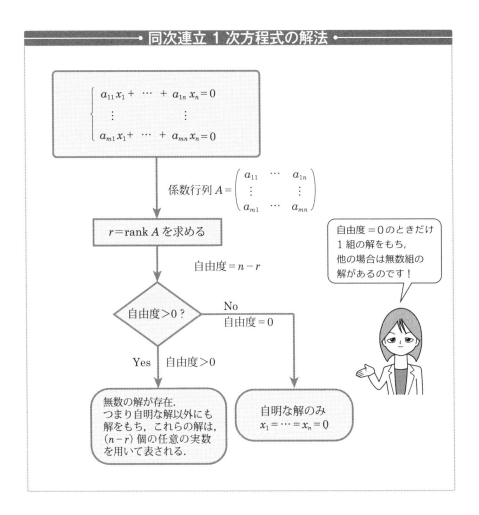

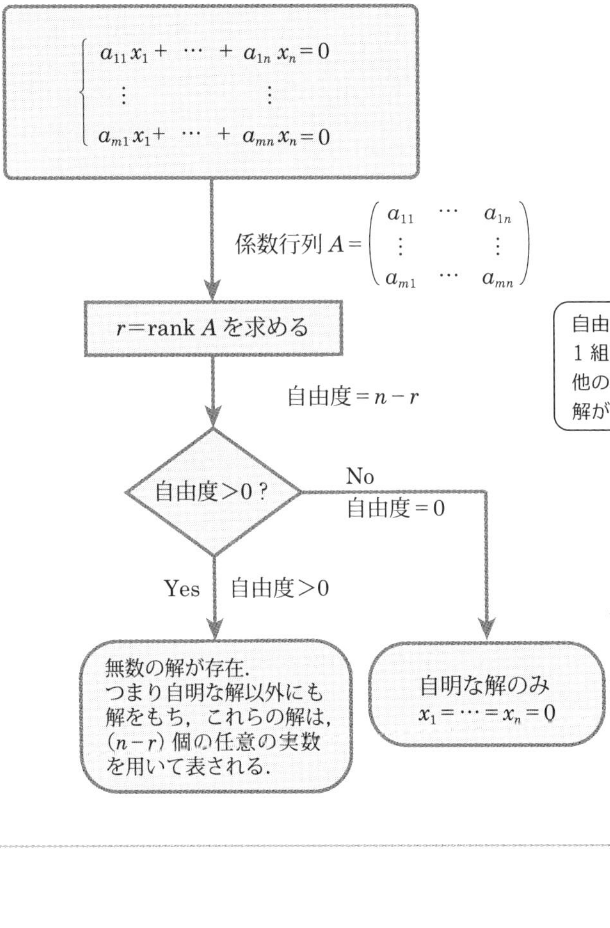

問題 33　同次連立 1 次方程式①

例題

次の連立 1 次方程式を解こう．

$$\begin{cases} x_1 + x_2 = 0 \\ 2x_2 + x_3 = 0 \\ -x_1 + x_2 + x_3 = 0 \end{cases}$$

行基本変形

Ⅰ．1 つの行を k 倍する $(k \neq 0)$．

Ⅱ．1 つの行に他の行を k 倍して加える．

Ⅲ．2 つの行を入れかえる．

解 答　係数行列 A の階数を求めるために行基本変形を行って階段行列 B に変形しよう．

$$A = \begin{pmatrix} 1 & 1 & 0 \\ 0 & 2 & 1 \\ -1 & 1 & 1 \end{pmatrix} \xrightarrow{③+①\times 1} \begin{pmatrix} 1 & 1 & 0 \\ 0 & 2 & 1 \\ 0 & 2 & 1 \end{pmatrix} \xrightarrow{③+②\times(-1)} \begin{pmatrix} 1 & 1 & 0 \\ 0 & 2 & 1 \\ 0 & 0 & 0 \end{pmatrix} = B$$

ゆえに

$$\text{rank}\, A = 2$$

となる．未知数は x_1, x_2, x_3 の 3 個なので

$$\text{自由度} = 3 - 2 = 1$$

自由度

自由度 = 未知数の数 − rank A

となる．つまり x_1，x_2，x_3 のうち 1 つは任意に決めることになる．

階段行列 B よりもとの方程式と同値な方程式をつくると

$$\begin{cases} x_1 + \ x_2 = 0 & \cdots ① \\ 2x_2 + \ x_3 = 0 & \cdots ② \end{cases}$$

となるので，もとの方程式の 3 番目の式は余分だったということになる．

自由度は 1 であったから，x_1 (x_2 または x_3 でもよい) を任意に k とおくと

①より　$x_2 = -x_1 = -k$

②より　$x_3 = -2x_2 = 2k$

ゆえに解は

$$x_1 = k, \quad x_2 = -k, \quad x_3 = 2k$$

(k は任意の実数)

【解終】

左の答は $\begin{pmatrix} x_1 \\ x_2 \\ x_3 \end{pmatrix} = k \begin{pmatrix} 1 \\ -1 \\ 2 \end{pmatrix}$ とも書けます．
$x_3 = k$ とおくと $x_1 = \frac{1}{2}k$　$x_2 = -\frac{1}{2}k$ になります．これも正解です．

POINT 行基本変形により，係数行列 A の階数を求めて，p.129 同次連立 1 次方程式の解法を使う

演習 33

次の連立 1 次方程式を解こう．

$$\begin{cases} x-\ \ y+\ \ z=0 \\ x+2y+2z=0 \\ 2x+\ \ y+3z=0 \end{cases}$$

解答は p.279

解答 係数行列は

$A=$ ㋐ □

A に行基本変形を行って階段行列 B に変形すると

$A \xrightarrow[\text{③}+\text{①}\times(-2)]{\text{②}+\text{①}\times(-1)}$ ㋑ □ $=B$

ゆえに

rank $A=$ ㋒ □

となる．未知数の数は ㋓ □ 個なので

自由度 $=$ ㋔ □ $-$ ㋕ □ $=$ ㋖ □

つまり，x，y，z のうち ㋗ □ つは任意に決めなければいけない．

階段行列 B よりもとの方程式と同値な方程式をつくると

㋘ □

自由度は ㋙ □ なので $z=k$ とおくと

第 2 式より $y=$ ㋚ □

第 1 式より $x=$ ㋛ □

ゆえに解は

$$x=-\frac{4}{3}k,\quad y=-\frac{1}{3}k,\quad z=k$$

（k は任意の実数） 【解終】

$x=k$ とおくと

$y=$ ㋜ □，$z=$ ㋝ □

$y=k$ とおくと

$x=$ ㋞ □，$z=$ ㋟ □

問題 34　同次連立 1 次方程式②

例題

次の連立 1 次方程式を解こう.

$$\begin{cases} x_1+2x_2-2x_3+2x_4=0 \\ \qquad 4x_2 \qquad\quad +4x_4=0 \\ 3x_1+\ \ x_2-6x_3+\ \ x_4=0 \end{cases}$$

解答　係数行列は次の通り.

$$A=\begin{pmatrix} 1 & 2 & -2 & 2 \\ 0 & 4 & 0 & 4 \\ 3 & 1 & -6 & 1 \end{pmatrix}$$

行基本変形によりなるべく簡単な階段行列に直すと

$$A \xrightarrow{③+①\times(-3)} \begin{pmatrix} 1 & 2 & -2 & 2 \\ 0 & 4 & 0 & 4 \\ 0 & -5 & 0 & -5 \end{pmatrix} \xrightarrow[③\times\left(-\frac{1}{5}\right)]{②\times\frac{1}{4}} \begin{pmatrix} 1 & 2 & -2 & 2 \\ 0 & 1 & 0 & 1 \\ 0 & 1 & 0 & 1 \end{pmatrix}$$

$$\xrightarrow{③+②\times(-1)} \begin{pmatrix} 1 & 2 & -2 & 2 \\ 0 & 1 & 0 & 1 \\ 0 & 0 & 0 & 0 \end{pmatrix} \xrightarrow{①+②\times(-2)} \begin{pmatrix} 1 & 0 & -2 & 0 \\ 0 & 1 & 0 & 1 \\ 0 & 0 & 0 & 0 \end{pmatrix}=B$$

ゆえに，$\operatorname{rank} A=2$ となるので自由度は

$$\text{自由度}=\text{未知数の数}-\operatorname{rank} A=4-2=2$$

つまり，x_1，x_2，x_3，x_4 のうち 2 つは任意に決めることになる.

B より，もとの方程式と同値な方程式をつくると

$$\begin{cases} x_1 \quad -2x_3 \qquad =0 & \cdots① \\ \quad x_2 \qquad\quad +x_4=0 & \cdots② \end{cases}$$

①式は x_1 と x_3 が関係し，②式は x_2 と x_4 が関係している．したがって任意における 2 つは　x_1 と x_2　または　x_1 と x_4　または　x_2 と x_3　または　x_3 と x_4　のいずれかとなる.

たとえば　$x_3=k_1$，$x_4=k_2$　とおくと

$$①\text{より}\quad x_1=2k_1, \qquad ②\text{より}\quad x_2=-k_2$$

ゆえに解は

$$x_1=2k_1,\quad x_2=-k_2,\quad x_3=k_1,\quad x_4=k_2 \qquad (k_1,\ k_2\ \text{は任意の実数})$$

【解終】

POINT 行基本変形により，係数行列 A の階数を求めて，p.129 同次連立 1 次方程式の解法を使う

演習 34

次の連立 1 次方程式を解こう．

$$\begin{cases} x-2y-\ z+\ w=0 \\ x-3y+\ z\qquad =0 \\ -x+5y-5z+2w=0 \\ 2x-5y\qquad +\ w=0 \end{cases}$$

解答は p.279

解答 係数行列を書き出し，それをなるべく簡単な階段行列 B に直すと

$A=$ ㋐□ $\xrightarrow[\substack{③+①\times 1 \\ ④+①\times(-2)}]{②+①\times(-1)}$ ㋑□

ゆえに，rank $A=$ ㋒□ となるので

自由度 $=$ ㋓□

B より，もとの方程式と同値な方程式をつくると

㋔□

自由度 $=$ ㋕□ なので ㋖□ $=k_1$，㋗□ $=k_2$ とおくと

㋘□

ゆえに解は

$x=$ ㋙□，$y=$ ㋚□，$z=$ ㋛□，

$w=$ ㋜□ （k_1, k_2 は任意の実数）

【解終】

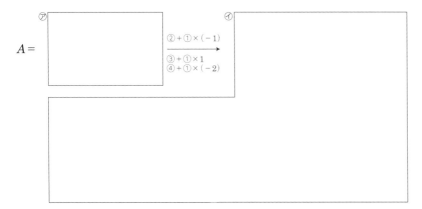

Section 4.6

非同次連立 1 次方程式

ここでは，もっとも一般的な連立 1 次方程式の解を調べよう．

$$(\blacklozenge)\begin{cases} a_{11}x_1+a_{12}x_2+\cdots+a_{1n}x_n=b_1 \\ a_{21}x_1+\cdots\cdots+a_{2n}x_n=b_2 \\ \quad\vdots \qquad\qquad\qquad \vdots \\ a_{m1}x_1+\cdots\cdots+a_{mn}x_n=b_m \end{cases}$$

のように，右辺の定数項 $b_1, b_2, \cdots, b_m$ の少なくとも 1 つは 0 でない連立 1 次方程式を

非同次連立 1 次方程式

という．この方程式も n 個の未知数と m 個の式から成り立っていて，行列の積を使って

$$\begin{pmatrix} a_{11} & a_{12} & \cdots & a_{1n} \\ a_{21} & \cdots\cdots & & \vdots \\ \vdots & & & \vdots \\ a_{m1} & \cdots\cdots & & a_{mn} \end{pmatrix}\begin{pmatrix} x_1 \\ x_2 \\ \vdots \\ x_n \end{pmatrix}=\begin{pmatrix} b_1 \\ b_2 \\ \vdots \\ b_m \end{pmatrix}$$

と表すことができる．

(◆) には右辺の定数項に 0 でない数があるので

$$A=\begin{pmatrix} a_{11} & a_{12} & \cdots & a_{1n} \\ a_{21} & \cdots\cdots & & \vdots \\ \vdots & & & \vdots \\ a_{m1} & \cdots\cdots & & a_{mn} \end{pmatrix} \quad \text{を } \textbf{係数行列}$$

$$B=\left(\begin{array}{cccc|c} a_{11} & a_{12} & \cdots & a_{1n} & b_1 \\ a_{21} & \cdots\cdots & & \vdots & b_2 \\ \vdots & & & \vdots & \vdots \\ a_{m1} & \cdots\cdots & & a_{mn} & b_m \end{array}\right) \quad \text{を } \textbf{拡大係数行列}$$

と呼ぶことにする．ここで，A は $m\times n$ 行列，B は $m\times(n+1)$ 行列である．

この非同次連立 1 次方程式(◆)は，同次連立 1 次方程式(♣)のような自明な解

$$x_1 = x_2 = \cdots = x_n = 0$$

はもたない.

それではどんな解をもつのだろう．解の仕組みを係数行列で調べていこう.

行列 B は

$$B = \left(\begin{array}{c|c} & b_1 \\ A & \vdots \\ & b_m \end{array} \right)$$

とも書ける．そこで，B に行基本変形を行い，A の部分が次のような階段行列になっている行列 C に変形されたとする.

$$C = \begin{array}{c} r \left[\begin{array}{c} \\ \\ \\ \\ \end{array} \right. \\ m-r \left[\begin{array}{c} \\ \\ \\ \end{array} \right. \end{array} \left(\begin{array}{cccc:ccc|c} \multicolumn{4}{c}{\overbrace{\hphantom{1 \quad 0 \quad \cdots \quad 0}}^{r}} & \multicolumn{3}{c}{\overbrace{\hphantom{c_{1,r+1} \quad \cdots \quad c_{1,n}}}^{n-r}} & \\ 1 & 0 & \cdots & 0 & c_{1,r+1} & \cdots & c_{1,n} & d_1 \\ 0 & 1 & \cdots & 0 & c_{2,r+1} & \cdots & c_{2,n} & d_2 \\ \vdots & \vdots & \ddots & \vdots & \vdots & \ddots & \vdots & \vdots \\ 0 & 0 & \cdots & 1 & c_{r,r+1} & \cdots & c_{r,n} & d_r \\ \hdashline 0 & 0 & \cdots & 0 & 0 & \cdots & 0 & d_{r+1} \\ \vdots & \vdots & \ddots & \vdots & \vdots & \ddots & \vdots & \vdots \\ 0 & 0 & \cdots & 0 & 0 & \cdots & 0 & d_m \end{array} \right)$$

行列 C を使ってもとの方程式(◆)と同値な方程式をつくると次のようになる.

$$(◆◆)\left\{ \begin{array}{llll} x_1 & + c_{1,r+1}x_{1,r+1} + \cdots + c_{1,n}x_n & = d_1 \\ \quad x_2 & + c_{2,r+1}x_{1,r+1} + \cdots + c_{2,n}x_n & = d_2 \\ \qquad \ddots & & \vdots \\ \qquad\quad x_r & + c_{r,r+1}x_{r,r+1} + \cdots + c_{r,n}x_n & = d_r \\ & & 0 = d_{r+1} \\ & & \vdots \\ & & 0 = d_m \end{array} \right.$$

(1)　$d_{r+1}, \cdots, d_m$ のうち，1 つでも 0 でないものがある場合を考える．このとき，方程式(◆◆)の第 $(r+1)$ 式から第 m 式までをみると，右辺にある $d_{r+1}, \cdots, d_m$ のうち，1 つでも 0 でないものがあれば，等号が成り立たない式が存在していることになる．つまり，行列の階数を使うと，

$$\operatorname{rank} A \neq \operatorname{rank} B$$

のとき，方程式(◆◆)は解をもたない.

(2)　$d_{r+1}=\cdots=d_m=0$，つまり，次の場合を考える．

$$\mathrm{rank}\,A=\mathrm{rank}\,B=r$$

- $r<n$ のとき，第 $(r+1)$ 式から第 m 式までは自明な式となるので取り除くと，(◆) は

$$\begin{cases} x_1 \qquad + c_{1,r+1}x_{r+1}+\cdots+c_{1,n}x_n = d_1 \\ \quad x_2 \qquad + c_{2,r+1}x_{r+1}+\cdots+c_{2,n}x_n = d_2 \\ \qquad \ddots \qquad\qquad\qquad\qquad \vdots \\ \qquad\quad x_r + c_{r,r+1}x_{r,r+1}+\cdots+c_{r,n}x_n = d_r \end{cases}$$

となるので，解は

$$\begin{cases} x_1=d_1-(c_{1,r+1}x_{r+1}+\cdots+c_{1,n}x_n) \\ x_2=d_2-(c_{2,r+1}x_{r+1}+\cdots+c_{2,n}x_n) \\ \quad\vdots \\ x_r=d_r-(c_{r,r+1}x_{r+1}+\cdots+c_{r,n}x_n) \end{cases}$$

となる．このことは，解 $x_1, \cdots, x_r$ は $(n-r)$ 個の任意の実数 $x_{r+1}, \cdots, x_n$ を用いて与えられることを示している．つまり，方程式 (◆) において，

$$\text{自由度}=n-\mathrm{rank}\,A=n-\mathrm{rank}\,B$$

となる．

- $r=n$ のとき，(◆) の解は明らかに

$$x_1=d_1, \qquad x_2=d_2, \qquad \cdots \quad , \qquad x_n=d_n$$

というただ 1 つの解をもつ．

(1)，(2) の議論から，非同次連立 1 次方程式 (◆) の解に関して，次が成り立つ．

定理 4.6.1　非同次連立 1 次方程式の解

係数行列 A が $m\times n$ 行列，拡大係数行列 B が $m\times(n+1)$ 行列である，n 個の未知数 $x_1, x_2, \cdots, x_n$ に関する非同次連立 1 次方程式 (◆) の解について，

(1)　$\mathrm{rank}\,A \neq \mathrm{rank}\,B$ のとき，(◆) は解をもたない．

(2)　$\mathrm{rank}\,A=\mathrm{rank}\,B<n$ のとき，(◆) は解を無数にもち，その解の自由度は $(n-\mathrm{rank}\,A)$ である．つまり，これらの解は $(n-\mathrm{rank}\,A)$ 個の任意の実数を用いて表される．

(3)　$\mathrm{rank}\,A=\mathrm{rank}\,B=n$ のとき，(◆) はただ 1 組の解をもつ．

非同次連立 1 次方程式の解法

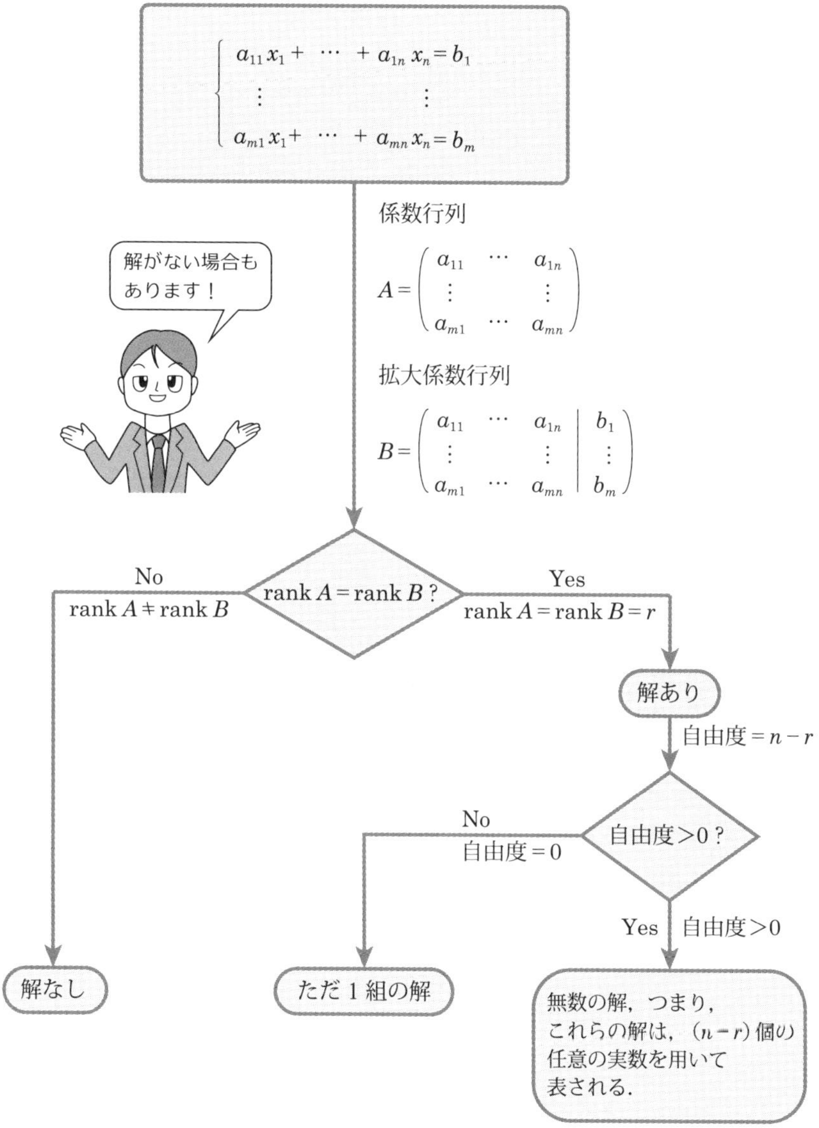

問題 35　非同次連立 1 次方程式①

例題

次の連立 1 次方程式を解こう.

(1) $\begin{cases} x_1 + x_2 - \ \ x_3 = \ \ 1 \\ x_1 \qquad + 2x_3 = -1 \\ \qquad -x_2 + 3x_3 = -2 \end{cases}$　　(2) $\begin{cases} -x + 2y - 3z = 4 \\ 3x - 6y + 9z = 5 \end{cases}$

解答　係数行列 A と拡大係数行列 B の階数を調べよう.

(1)

$$B = \left(\begin{array}{c|c} A & \begin{matrix} 1 \\ -1 \\ -2 \end{matrix} \end{array}\right) = \left(\begin{array}{ccc|c} 1 & 1 & -1 & 1 \\ 1 & 0 & 2 & -1 \\ 0 & -1 & 3 & -2 \end{array}\right) \xrightarrow{②+①\times(-1)} \left(\begin{array}{ccc|c} 1 & 1 & -1 & 1 \\ 0 & -1 & 3 & -2 \\ 0 & -1 & 3 & -2 \end{array}\right)$$

$$\xrightarrow[(-1)]{③+②\times} \left(\begin{array}{ccc|c} 1 & 1 & -1 & 1 \\ 0 & -1 & 3 & -2 \\ 0 & 0 & 0 & 0 \end{array}\right) \xrightarrow{②\times(-1)} \left(\begin{array}{ccc|c} 1 & 1 & -1 & 1 \\ 0 & 1 & -3 & 2 \\ 0 & 0 & 0 & 0 \end{array}\right) \xrightarrow[(-1)]{①+②\times} \left(\begin{array}{ccc|c} 1 & 0 & 2 & -1 \\ 0 & 1 & -3 & 2 \\ 0 & 0 & 0 & 0 \end{array}\right) = C$$

ゆえに

$$\mathrm{rank}\,A = \mathrm{rank}\,B = 2$$

したがって，解が存在する.

$$自由度 = 3 - 2 = 1$$

行列 C より，もとの方程式と同値な方程式は

$$\begin{cases} x_1 \qquad + 2x_3 = -1 & \cdots① \\ \qquad x_2 - 3x_3 = \ \ 2 & \cdots② \end{cases}$$

$x_3 = k$ とおくと

②より　$x_2 = 3x_3 + 2 = 3k + 2$

①より　$x_1 = -2x_3 - 1 = -2k - 1$

$\therefore$　$x_1 = -2k - 1$,　$x_2 = 3k + 2$,　$x_3 = k$　（k は任意の実数）

答は $\begin{pmatrix} x_1 \\ x_2 \\ x_3 \end{pmatrix} = \begin{pmatrix} -1 \\ 2 \\ 0 \end{pmatrix} + k\begin{pmatrix} -2 \\ 3 \\ 1 \end{pmatrix}$ とも書けます.

$x_2 = k$ とおいてみると $x_1 = -\dfrac{2}{3}k + \dfrac{1}{3}$　$x_3 = \dfrac{1}{3}k - \dfrac{2}{3}$ になります.

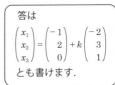

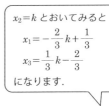

(2)

$$B = \left(\begin{array}{c|c} A & \begin{matrix} 4 \\ 5 \end{matrix} \end{array}\right) = \left(\begin{array}{ccc|c} -1 & 2 & -3 & 4 \\ 3 & -6 & 9 & 5 \end{array}\right) \xrightarrow{②+①\times 3} \left(\begin{array}{ccc|c} -1 & 2 & -3 & 4 \\ 0 & 0 & 0 & 17 \end{array}\right)$$

ゆえに，$\mathrm{rank}\,A = 1$，$\mathrm{rank}\,B = 2$ となり

$$\mathrm{rank}\,A \neq \mathrm{rank}\,B$$

なので，この方程式の解はない.　　【解終】

POINT 行基本変形により，係数行列 A と拡大係数行列 B の階数を求めて，p.137 非同次連立 1 次方程式の解法を使う

演習 35

次の連立 1 次方程式を解こう．

(1) $\begin{cases} x+9y=-3 \\ 3x+2y=-13 \\ 2x-7y=-2 \end{cases}$　　(2) $\begin{cases} 3x+4y-4z=-2 \\ 2x+2y-z=0 \end{cases}$

解答は p.280

解答 係数行列 A と拡大係数行列 B の階数を調べる．

(1) $B=\left(\begin{array}{c|c} A & \begin{matrix}-3\\-13\\-2\end{matrix}\end{array}\right)=$ ㋐ [　　　]

ゆえに rank $A=$ ㋑ [　]，rank $B=$ ㋒ [　] となり ㋓ [　　　　]．

(2) $B=$ ㋔ [　　　] $=C$

ゆえに

rank $A=$ rank $B=$ ㋕ [　]

なので解は存在する．

自由度 $=$ ㋖ [　] $-$ ㋗ [　] $=$ ㋘ [　]

行列 C より，もとの方程式と同値な方程式をつくると

㋙ [　　　　]

$z=k$ とおくと，

第 2 式より　$y=$ ㋚ [　　　　]

第 1 式より　$x=$ ㋛ [　　　　]

ゆえに，$x=$ ㋜ [　　]，　$y=$ ㋝ [　　]，　$z=$ ㋞ [　]　（k は ㋟ [　　　]）

【解終】

問題 36　非同次連立 1 次方程式②

例題

次の連立 1 次方程式を解こう．

(1) $\begin{cases} 2x - y - z = 1 \\ 6x - 3y - 3z = 3 \\ 4x - 2y - 2z = 2 \end{cases}$　　(2) $\begin{cases} x + y + z = 0 \\ 2x - y + 5z = 3 \\ x + 5y - 4z = -3 \end{cases}$

解答　まず係数行列 A，拡大係数行列 B の階数を求めよう．

(1) $B = \left(\begin{array}{ccc|c} 2 & -1 & -1 & 1 \\ 6 & -3 & -3 & 3 \\ 4 & -2 & -2 & 2 \end{array}\right) \xrightarrow[③+①\times(-2)]{②+①\times(-3)} \left(\begin{array}{ccc|c} 2 & -1 & -1 & 1 \\ 0 & 0 & 0 & 0 \\ 0 & 0 & 0 & 0 \end{array}\right) = C$

ゆえに，$\mathrm{rank}\,A = \mathrm{rank}\,B = 1$ なので解は存在し，自由度 $= 3 - 1 = 2$.

C よりもとの方程式と同値な方程式をつくると

$$2x - y - z = 1$$

自由度 2 なので $x = k_1$，$y = k_2$ とおくと $z = 2k_1 - k_2 - 1$ となる．ゆえに

$$x = k_1, \quad y = k_2, \quad z = 2k_1 - k_2 - 1 \quad (k_1, k_2 : \text{任意の実数})$$

(2) $B = \left(\begin{array}{ccc|c} 1 & 1 & 1 & 0 \\ 2 & -1 & 5 & 3 \\ 1 & 5 & -4 & -3 \end{array}\right) \xrightarrow[③+①\times(-1)]{②+①\times(-2)} \left(\begin{array}{ccc|c} 1 & 1 & 1 & 0 \\ 0 & -3 & 3 & 3 \\ 0 & 4 & -5 & -3 \end{array}\right)$

$\xrightarrow{②\times\frac{1}{3}} \left(\begin{array}{ccc|c} 1 & 1 & 1 & 0 \\ 0 & -1 & 1 & 1 \\ 0 & 4 & -5 & -3 \end{array}\right) \xrightarrow{③+②\times 4} \left(\begin{array}{ccc|c} 1 & 1 & 1 & 0 \\ 0 & -1 & 1 & 1 \\ 0 & 0 & -1 & 1 \end{array}\right) = C$

ゆえに，$\mathrm{rank}\,A = \mathrm{rank}\,B = 3$ となるので解があり，自由度 $= 3 - 3 = 0$.

自由度 0 ということは任意における未知数は 1 つもなく，すべて自動的に決定してしまうということになる．C をもっと簡単にしてゆくと

$C \xrightarrow{①+②\times 1} \left(\begin{array}{ccc|c} 1 & 0 & 2 & 1 \\ 0 & -1 & 1 & 1 \\ 0 & 0 & -1 & 1 \end{array}\right) \xrightarrow[②+③\times 1]{①+③\times 2} \left(\begin{array}{ccc|c} 1 & 0 & 0 & 3 \\ 0 & -1 & 0 & 2 \\ 0 & 0 & -1 & 1 \end{array}\right)$

$\xrightarrow[③\times(-1)]{②\times(-1)} \left(\begin{array}{ccc|c} 1 & 0 & 0 & 3 \\ 0 & 1 & 0 & -2 \\ 0 & 0 & 1 & -1 \end{array}\right)$ これを方程式に直すと $\begin{cases} x = 3 \\ y = -2 \\ z = -1 \end{cases}$　【解終】

POINT 行基本変形により，係数行列 A と拡大係数行列 B の階数を求めて，p.137 非同次連立 1 次方程式の解法を使う

演習 36

次の連立 1 次方程式を解こう．

(1) $\begin{cases} 3x - y + 2z = 11 \\ -x + 5y + z = 0 \\ 2x + 3y + z = 2 \end{cases}$　　(2) $\begin{cases} x - y + z - w = 2 \\ x - y - z - w = 0 \end{cases}$

解答は p.280

解答 係数行列を A，拡大係数行列を B とする．B をなるべく簡単な行列 C に変形しておく．

(1) $B =$ ㋐［　　　　］$= C$

ゆえに，$\operatorname{rank} A = \operatorname{rank} B =$ ㋑［　］なので解がある．そして自由度 = ㋒［　　　］．

C より　$x =$ ㋓［　］，$y =$ ㋔［　　］，$z =$ ㋕［　］．

(2) $B =$ ㋖［　　　　］$= C$

ゆえに，$\operatorname{rank} A = \operatorname{rank} B =$ ㋗［　］なので解がある．自由度 = ㋘［　　　］．

C より方程式をつくると

㋙［　　　　　］

これらの式より，x，y，z，w のうち ㋚［　］は決まってしまっているので

㋛［　　　　］のうち ㋜［　］つを任意にとる．$x = k_1$，$y = k_2$ とおくと

$z =$ ㋝［　］，　$w =$ ㋞［　　　　］　(k_1, k_2 は任意の実数)　【解終】

Section 4.7

逆行列の求め方

正方行列 A が正則なとき，その逆行列を求める公式はとても複雑で実際の計算には不向きであった．ここでは掃き出し法で逆行列を求めることを学ぼう．

簡単のために A が 3 次の正則行列とする．

$$A=\begin{pmatrix} a_1 & b_1 & c_1 \\ a_2 & b_2 & c_2 \\ a_3 & b_3 & c_3 \end{pmatrix}$$

とおくと，A は正則なので

$$AX=XA=E \quad \cdots (♥)$$

となる 3 次正方行列 X が存在する．この X が A^{-1} となる．そこで

$$X=\begin{pmatrix} x_1 & y_1 & z_1 \\ x_2 & y_2 & z_2 \\ x_3 & y_3 & z_3 \end{pmatrix}$$

とおいて，条件をみたすように $x_1, \cdots, z_3$ を決めてゆこう．

逆行列を求めるには
余因子行列を求めなければ
ならなかったので
とても大変でした……

正則

A は正則 $\Longleftrightarrow$ A^{-1} が存在

$\Longleftrightarrow$ $AX=XA=E$ となる X が存在

$\Longleftrightarrow$ $|A| \neq 0$

定理 3.1.2

A が正則であるとき

$$A^{-1}=\frac{1}{|A|}\tilde{A}$$

（♥）式における

$$AX = E$$

に成分を代入して

$$\begin{pmatrix} a_1 & b_1 & c_1 \\ a_2 & b_2 & c_2 \\ a_3 & b_3 & c_3 \end{pmatrix} \begin{pmatrix} x_1 & y_1 & z_1 \\ x_2 & y_2 & z_2 \\ x_3 & y_3 & z_3 \end{pmatrix} = \begin{pmatrix} 1 & 0 & 0 \\ 0 & 1 & 0 \\ 0 & 0 & 1 \end{pmatrix}$$

左辺の積を計算して右辺と成分を比較すると，次の 3 組の連立 1 次方程式を得る．

$$\begin{cases} a_1 x_1 + b_1 x_2 + c_1 x_3 = 1 \\ a_2 x_1 + b_2 x_2 + c_2 x_3 = 0 \\ a_3 x_1 + b_3 x_2 + c_3 x_3 = 0 \end{cases} \quad \begin{cases} a_1 y_1 + b_1 y_2 + c_1 y_3 = 0 \\ a_2 y_1 + b_2 y_2 + c_2 y_3 = 1 \\ a_3 y_1 + b_3 y_2 + c_3 y_3 = 0 \end{cases} \quad \begin{cases} a_1 z_1 + b_1 z_2 + c_1 z_3 = 0 \\ a_2 z_1 + b_2 z_2 + c_2 z_3 = 0 \\ a_3 z_1 + b_3 z_2 + c_3 z_3 = 1 \end{cases}$$

　これらの連立 1 次方程式は，みな左辺の係数は同じであり，その係数行列はいずれも

$$A = \begin{pmatrix} a_1 & b_1 & c_1 \\ a_2 & b_2 & c_2 \\ a_3 & b_3 & c_3 \end{pmatrix}$$

である．
　それぞれを掃き出し法で解くには，3 つの拡大係数行列

$$\left(A \;\middle|\; \begin{matrix} 1 \\ 0 \\ 0 \end{matrix} \right) \qquad \left(A \;\middle|\; \begin{matrix} 0 \\ 1 \\ 0 \end{matrix} \right) \qquad \left(A \;\middle|\; \begin{matrix} 0 \\ 0 \\ 1 \end{matrix} \right)$$

を行基本変形してゆけばよい．

余因子行列

$$\tilde{A} = {}^t\!\begin{pmatrix} \tilde{a}_{11} & \cdots & \tilde{a}_{1n} \\ \vdots & \ddots & \vdots \\ \tilde{a}_{n1} & \cdots & \tilde{a}_{nn} \end{pmatrix}$$

余因子

$$\tilde{a}_{ij} = (-1)^{i+j} \begin{vmatrix} \cdots & & \cdots \\ & a_{ij} & \\ \cdots & & \cdots \end{vmatrix}$$

取り除く

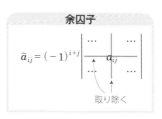

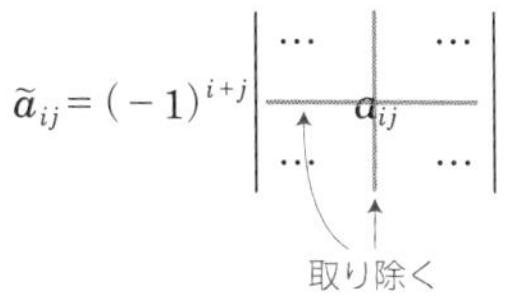

正則行列の性質より$|A| \neq 0$なので rank $A=3$となり，係数行列Aは行基本変形により必ず単位行列Eに変形される．

$$\left(\begin{array}{c|c} & 1 \\ A & 0 \\ & 0 \end{array}\right) \longrightarrow \left(\begin{array}{ccc|c} 1 & 0 & 0 & d_1 \\ 0 & 1 & 0 & d_2 \\ 0 & 0 & 1 & d_3 \end{array}\right)$$

$$\left(\begin{array}{c|c} & 0 \\ A & 1 \\ & 0 \end{array}\right) \longrightarrow \left(\begin{array}{ccc|c} 1 & 0 & 0 & f_1 \\ 0 & 1 & 0 & f_2 \\ 0 & 0 & 1 & f_3 \end{array}\right)$$

$$\left(\begin{array}{c|c} & 0 \\ A & 0 \\ & 1 \end{array}\right) \longrightarrow \left(\begin{array}{ccc|c} 1 & 0 & 0 & g_1 \\ 0 & 1 & 0 & g_2 \\ 0 & 0 & 1 & g_3 \end{array}\right)$$

この結果より

$$\begin{cases} x_1 = d_1 \\ x_2 = d_2 \\ x_3 = d_3 \end{cases} \qquad \begin{cases} y_1 = f_1 \\ y_2 = f_2 \\ y_3 = f_3 \end{cases} \qquad \begin{cases} z_1 = g_1 \\ z_2 = g_2 \\ z_3 = g_3 \end{cases}$$

と 3 組の連立 1 次方程式が解け，Aの逆行列が次のように求まる．

$$A^{-1} = \begin{pmatrix} d_1 & f_1 & g_1 \\ d_2 & f_2 & g_2 \\ d_3 & f_3 & g_3 \end{pmatrix}$$

ここで各拡大係数行列の行基本変形の際，Aの方はすべて単位行列に変形されるので，3 つとも同じ変形をすれば 3 つの変形をいっぺんに行える．定数項の方は右に並べて書いておくと

$$\left(\begin{array}{c|ccc} & 1 & 0 & 0 \\ A & 0 & 1 & 0 \\ & 0 & 0 & 1 \end{array}\right) \xrightarrow{\text{行基本変形}} \left(\begin{array}{ccc|ccc} 1 & 0 & 0 & d_1 & f_1 & g_1 \\ 0 & 1 & 0 & d_2 & f_2 & g_2 \\ 0 & 0 & 1 & d_3 & f_3 & g_3 \end{array}\right)$$

となる．つまり

$$(A|E) \xrightarrow{\text{行基本変形}} (E|A^{-1})$$

ということになる．これが掃き出し法で逆行列を求める方法である．

掃き出して左半分を単位行列にする基本方針は次の通り.

$$
(A|E)=\left(\begin{array}{ccc|ccc} * & * & * & 1 & 0 & 0 \\ * & * & * & 0 & 1 & 0 \\ * & * & * & 0 & 0 & 1 \end{array}\right) \longrightarrow \left(\begin{array}{ccc|ccc} \textcircled{1} & * & * & * & * & * \\ * & * & * & * & * & * \\ * & * & * & * & * & * \end{array}\right)
$$

$$
\longrightarrow \left(\begin{array}{ccc|ccc} 1 & * & * & * & * & * \\ 0 & * & * & * & * & * \\ 0 & * & * & * & * & * \end{array}\right) \longrightarrow \left(\begin{array}{ccc|ccc} 1 & * & * & * & * & * \\ 0 & \textcircled{1} & * & * & * & * \\ 0 & * & * & * & * & * \end{array}\right)
$$

$$
\longrightarrow \left(\begin{array}{ccc|ccc} 1 & 0 & * & * & * & * \\ 0 & 1 & * & * & * & * \\ 0 & 0 & * & * & * & * \end{array}\right) \longrightarrow \left(\begin{array}{ccc|ccc} 1 & 0 & * & * & * & * \\ 0 & 1 & * & * & * & * \\ 0 & 0 & \textcircled{1} & * & * & * \end{array}\right)
$$

$$
\longrightarrow \left(\begin{array}{ccc|ccc} 1 & 0 & 0 & * & * & * \\ 0 & 1 & 0 & * & * & * \\ 0 & 0 & 1 & * & * & * \end{array}\right) = (E|A^{-1})
$$

これは原則なので, 各自与えられた行列の成分を見て工夫してほしい. 特に“1”をつくるとき, その行を $\dfrac{1}{k}$ 倍してもよいが, 他の成分が煩雑になる可能性があるので, 他の行を k 倍して加えて 1 を作る方が良いかもしれない. しかし, 最後はどうしても分数が出ることが多いので計算ミスに注意しよう.

問題 37 掃き出し法による逆行列の計算

例題

掃き出し法により次の正則行列の逆行列を求めよう.

(1) $A=\begin{pmatrix}3 & 2\\2 & 2\end{pmatrix}$ (2) $B=\begin{pmatrix}1 & 1 & 1\\2 & 3 & 4\\2 & 1 & 1\end{pmatrix}$

解答 (1) $(A|E)\longrightarrow(E|A^{-1})$ になるように行基本変形すると,

$$\left(\begin{array}{cc|cc}3 & 2 & 1 & 0\\2 & 2 & 0 & 1\end{array}\right)\xrightarrow{①+②\times(-1)}\left(\begin{array}{cc|cc}1 & 0 & 1 & -1\\2 & 2 & 0 & 1\end{array}\right)$$

一緒に変形するのを忘れないで!

逆行列

$(A|E)\to(E|A^{-1})$

$$\xrightarrow{②+①\times(-2)}\left(\begin{array}{cc|cc}1 & 0 & 1 & -1\\0 & 2 & -2 & 3\end{array}\right)\xrightarrow{②\times\frac{1}{2}}\left(\begin{array}{cc|cc}1 & 0 & 1 & -1\\0 & 1 & -1 & \frac{3}{2}\end{array}\right)$$

$$\therefore\quad A^{-1}=\begin{pmatrix}1 & -1\\-1 & \frac{3}{2}\end{pmatrix}=\frac{1}{2}\begin{pmatrix}2 & -2\\-2 & 3\end{pmatrix}$$

(2) $(B|E)\longrightarrow(E|B^{-1})$ になるように行基本変形すると,

$$\left(\begin{array}{ccc|ccc}1 & 1 & 1 & 1 & 0 & 0\\2 & 3 & 4 & 0 & 1 & 0\\2 & 1 & 1 & 0 & 0 & 1\end{array}\right)\xrightarrow[③+①\times(-2)]{②+①\times(-2)}\left(\begin{array}{ccc|ccc}1 & 1 & 1 & 1 & 0 & 0\\0 & 1 & 2 & -2 & 1 & 0\\0 & -1 & -1 & -2 & 0 & 1\end{array}\right)$$

$$\xrightarrow[③+②\times1]{①+②\times(-1)}\left(\begin{array}{ccc|ccc}1 & 0 & -1 & 3 & -1 & 0\\0 & 1 & 2 & -2 & 1 & 0\\0 & 0 & 1 & -4 & 1 & 1\end{array}\right)$$

$$\xrightarrow[②+③\times(-2)]{①+③\times1}\left(\begin{array}{ccc|ccc}1 & 0 & 0 & -1 & 0 & 1\\0 & 1 & 0 & 6 & -1 & -2\\0 & 0 & 1 & -4 & 1 & 1\end{array}\right)$$

$$\therefore\quad B^{-1}=\begin{pmatrix}-1 & 0 & 1\\6 & -1 & -2\\-4 & 1 & 1\end{pmatrix}$$

【解終】

スカラー倍

・行列

$$\begin{pmatrix}ka & kb\\c & d\end{pmatrix}\xrightarrow{①\times\frac{1}{k}}\begin{pmatrix}a & b\\c & d\end{pmatrix}$$

$$\begin{pmatrix}ka & kb\\kc & kd\end{pmatrix}=k\begin{pmatrix}a & b\\c & d\end{pmatrix}$$

・行列式

$$\begin{vmatrix}ka & kb\\c & d\end{vmatrix}=k\begin{vmatrix}a & b\\c & d\end{vmatrix}$$

$$\begin{vmatrix}ka & kb\\kc & kd\end{vmatrix}=k^2\begin{vmatrix}a & b\\c & d\end{vmatrix}$$

POINT 行基本変形で，$(A|E)\to(E|A^{-1})$ になるように計算する

演習 37

掃き出し法により次の正則行列の逆行列を求めよう．

(1) $A=\begin{pmatrix}2&8\\1&5\end{pmatrix}$ (2) $B=\begin{pmatrix}1&10&7\\0&8&5\\1&3&2\end{pmatrix}$

解答は p.281

解答 (1) $(A|E)\longrightarrow(E|A^{-1})$ になるように行基本変形すると，

$$\left(\begin{array}{cc|cc}2&8&1&0\\1&5&0&1\end{array}\right)\xrightarrow{①\leftrightarrow②}{}^{㋐}\boxed{}\xrightarrow{②+①\times(-2)}{}^{㋑}\boxed{}$$

$$\xrightarrow{②\times\left(-\frac{1}{2}\right)}{}^{㋒}\boxed{}$$

$$\therefore\quad A^{-1}={}^{㋓}\boxed{}=\frac{1}{2}\,{}^{㋔}\boxed{}$$

(2) $(B|E)\longrightarrow(E|B^{-1})$ になるように行基本変形すると，

㋕ $\boxed{}$

$$\therefore\quad B^{-1}={}^{㋖}\boxed{}$$

【解終】

総合演習 ▸ 4

解答 p.282

問1　次の連立1次方程式を以下の2通りの方法で解きなさい．

$$\begin{cases} 3x+2y-2z+w=5 \\ -2x+3y-z+2w=-5 \\ x+y-2z+3w=4 \\ 2x-y-3z+w=6 \end{cases}$$

（1）クラメールの公式を用いて

（2）掃き出し法で

問2　次の連立1次方程式を解きなさい．

$$\begin{cases} 3x+y+z-5w=0 \\ x+y-z-w=0 \\ x+2y-3z=0 \end{cases}$$

問3　次の正則行列の逆行列を掃き出し法で求めなさい．

$$\begin{pmatrix} 0 & -3 & -1 & 0 \\ 3 & 4 & 5 & 2 \\ 1 & -1 & 1 & 0 \\ 1 & 2 & 2 & 1 \end{pmatrix}$$

第5章

線形空間

Section 5.1

線形空間

ここで勉強する“線形空間”というのは，今までよりも描象的な概念なので，はじめはとりつきにくいかもしれない．しかし，これからもっと数学や数学を使って他の分野を勉強してゆこうという人にとっては欠かせない基礎的な概念となる．高校の数学 C や第 1 章ではベクトルを $\vec{a}$ と表記したが，本格的な大学数学として，これからベクトルを表記するときは $\boldsymbol{a}$ を使う．

線形空間の定義

集合 V が次の“和の公理”及び“スカラー倍の公理”をみたすとき，V を

実数体上の線形空間　または　**ベクトル空間**

という．

Ⅰ．和の公理

V の任意の 2 つの元 $\boldsymbol{x}, \boldsymbol{y}$ に対して和 $\boldsymbol{x}+\boldsymbol{y}$ が定義され，次の性質をみたす．

I_1　$(\boldsymbol{x}+\boldsymbol{y})+\boldsymbol{z}=\boldsymbol{x}+(\boldsymbol{y}+\boldsymbol{z})$　（結合法則）

I_2　$\boldsymbol{x}+\boldsymbol{y}=\boldsymbol{y}+\boldsymbol{x}$　（交換法則）

I_3　**零元**と呼ばれる特別な元 $\boldsymbol{0}$ がただ 1 つ存在し，すべての V の元 $\boldsymbol{x}$ に対して　$\boldsymbol{0}+\boldsymbol{x}=\boldsymbol{x}+\boldsymbol{0}=\boldsymbol{x}$　が成り立つ．

I_4　V のどの元 $\boldsymbol{x}$ についても $\boldsymbol{x}$ に関係するただ 1 つの元 $\boldsymbol{x}'$ が定まり

$\boldsymbol{x}+\boldsymbol{x}'=\boldsymbol{x}'+\boldsymbol{x}=\boldsymbol{0}$　が成り立つ．

この $\boldsymbol{x}'$ を $\boldsymbol{x}$ の和に関する**逆元**といい，$-\boldsymbol{x}$ で表す．

Ⅱ．スカラー倍の公理

V の任意の元 $\boldsymbol{x}$ と任意の実数 k に対し，$\boldsymbol{x}$ の k 倍 $k\boldsymbol{x}$ が定義され，次の性質をみたす．

II_1　$k(\boldsymbol{x}+\boldsymbol{y})=k\boldsymbol{x}+k\boldsymbol{y}$

II_2　$(k+\ell)\boldsymbol{x}=k\boldsymbol{x}+\ell\boldsymbol{x}$

II_3　$(k\ell)\boldsymbol{x}=k(\ell\boldsymbol{x})$

II_4　$1\boldsymbol{x}=\boldsymbol{x}$　（k, ℓ は任意の実数）

解説 線形空間とは，和 $\boldsymbol{x}+\boldsymbol{y}$ とスカラー倍 $k\boldsymbol{x}$ が定義されていて，数と同じような法則をみたしている空間のこと．線形空間の元をベクトルと呼ぶことも多い．

線形空間の一番身近な例は

・直線上における実数全体

・平面上におけるベクトル全体

で，このような身近な空間のエッセンスをとり出して抽象化したものが線形空間の概念である．次の集合も実数体上の線形空間となる．

・2 次の正方行列全体のつくる集合

・実数からなる無限数列全体の集合

・微分方程式 $y'=2y$ をみたす関数 y 全部の集合

また，スカラー倍の公理は実数のかわりに複素数に対して定義してもよい．そのときは V を

複素数体上の線形空間

という（実数体，複素数体の体は代数的な意味をもっているのだが，ここでは全体と思ってよい）．本書では実数体上の線形空間のみを扱うことにする．【解説終】

定理 5.1.1　逆元と零元の性質

線形空間 V の元 $\boldsymbol{x}$ と実数 k について次のことが成立する．

$$-\boldsymbol{x}=(-1)\boldsymbol{x}, \quad -k\boldsymbol{x}=(-k)\boldsymbol{x}$$

$$0\boldsymbol{x}=\boldsymbol{0}, \qquad k\boldsymbol{0}=\boldsymbol{0}$$

解説 公理より証明される．これらの性質により線形空間の元は普通の数とほぼ同じように計算することができる．【解説終】

さらに次の約束をしておくと，いっそう便利．

約束

$$\boldsymbol{x}+(-\boldsymbol{y})=\boldsymbol{x}-\boldsymbol{y}$$

Section 5.2

n 項列ベクトル空間

ここでは線形空間の最も身近な例である n 項列ベクトル空間について少し調べておこう．この空間は今後も線形空間の具体例としてたびたび登場する．

n 項列ベクトルの定義

n 個の実数　$a_1, a_2, \cdots, a_n$　を縦にならべた

$$\begin{pmatrix} a_1 \\ a_2 \\ \vdots \\ a_n \end{pmatrix}$$

を n **項列ベクトル**という．

解説　n 項列ベクトルとは，高校のときに学んだ平面上のベクトル (a_1, a_2) や空間のベクトル (a_1, a_2, a_3) を縦に表示し，一般化したものにすぎない．ベクトルは行列の特別なもので，頭の中でのイメージは平面ベクトルや空間ベクトルでよい．　【解説終】

n 項列ベクトル全体の集合を $\boldsymbol{R}^n$ と書く．集合の記号を使うと

$$\boldsymbol{R}^n = \left\{ \begin{pmatrix} a_1 \\ \vdots \\ a_n \end{pmatrix} \middle| \ a_1, \cdots, a_n \in \boldsymbol{R} \right\}$$

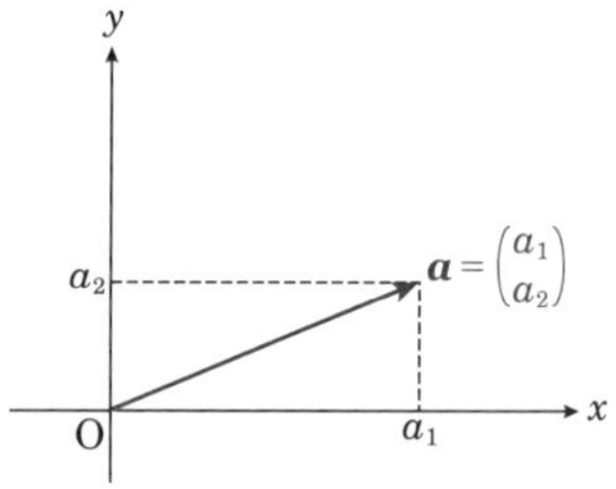

$$\boldsymbol{R}^2 = \left\{ \begin{pmatrix} a_1 \\ a_2 \end{pmatrix} \middle| \ a_1, a_2 \in \boldsymbol{R} \right\}$$

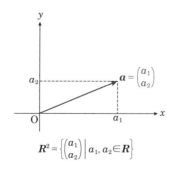

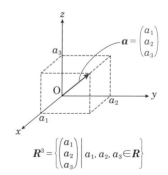

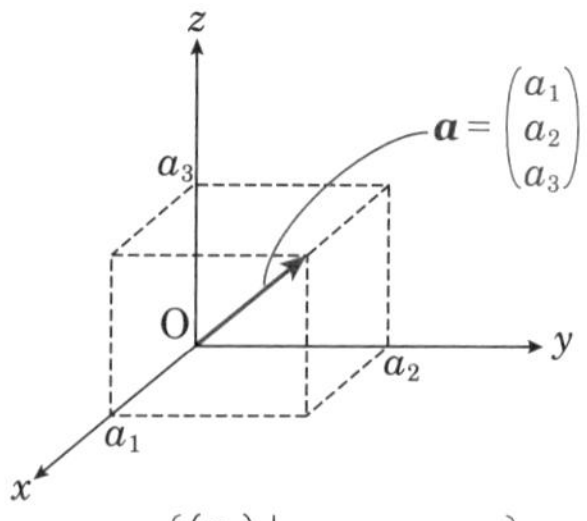

$$\boldsymbol{R}^3 = \left\{ \begin{pmatrix} a_1 \\ a_2 \\ a_3 \end{pmatrix} \middle| \ a_1, a_2, a_3 \in \boldsymbol{R} \right\}$$

となる．ここで $\boldsymbol{R}$ とは“実数全体”のこと．$\boldsymbol{R}^2$ は平面上のベクトル全体，$\boldsymbol{R}^3$ は空間上のベクトル全体のことであり，$\boldsymbol{R}^n$ はそれらの拡張となる．

定理 5.2.1　$\boldsymbol{R}^n$ は線形空間

$\boldsymbol{R}^n$ の元に和とスカラー倍を次のように定義すると $\boldsymbol{R}^n$ は線形空間となる．

Ⅰ．和

$$\boldsymbol{a}=\begin{pmatrix} a_1 \\ \vdots \\ a_n \end{pmatrix},\ \boldsymbol{b}=\begin{pmatrix} b_1 \\ \vdots \\ b_n \end{pmatrix}\quad \text{に対し}\quad \boldsymbol{a}+\boldsymbol{b}=\begin{pmatrix} a_1+b_1 \\ \vdots \\ a_n+b_n \end{pmatrix}$$

Ⅱ．スカラー倍

$$\text{実数 } k \text{ と } \boldsymbol{a}=\begin{pmatrix} a_1 \\ \vdots \\ a_n \end{pmatrix}\quad \text{に対し}\quad k\boldsymbol{a}=\begin{pmatrix} ka_1 \\ \vdots \\ ka_n \end{pmatrix}$$

解説　証明は，線形空間の公理をみたしていることを示せばよい．特に

$$\text{零元は}\qquad \boldsymbol{0}=\begin{pmatrix} 0 \\ \vdots \\ 0 \end{pmatrix}$$

$$\boldsymbol{a}=\begin{pmatrix} a_1 \\ \vdots \\ a_n \end{pmatrix} \text{ の和に関する逆元は}\quad -\boldsymbol{a}=\begin{pmatrix} -a_1 \\ \vdots \\ -a_n \end{pmatrix}$$

【解説終】

n 項列ベクトル空間の定義

集合 $\boldsymbol{R}^n$ に前定理にある和とスカラー倍を定義した線形空間を

n 項列ベクトル空間

という．

解説　n 項列ベクトルをただ集めただけでは線形空間とはならない．それは単なるベクトルの集まりで，ベクトルどうし何の関係もない．その集まりに，和とスカラー倍という演算を導入してベクトルどうしの関係をつけ，線形空間にしたのが n 項列ベクトル空間である．

以後，$\boldsymbol{R}^n$ は和とスカラー倍が定義されているものとしておく．

【解説終】

Section 5.3

線形独立，線形従属

これから抽象的な概念がどんどん出て来るので，具体的イメージとして平面ベクトル全体 $\boldsymbol{R}^2$ や空間ベクトル全体 $\boldsymbol{R}^3$ を常に頭に浮かべよう．

以後 V を実数体上の線形空間とする．

線形結合の定義

V の元 $\boldsymbol{a}_1, \boldsymbol{a}_2, \cdots, \boldsymbol{a}_k$ と実数 $c_1, c_2, \cdots, c_k$ に対し

$$c_1\boldsymbol{a}_1 + c_2\boldsymbol{a}_2 + \cdots + c_k\boldsymbol{a}_k$$

を $\boldsymbol{a}_1, \boldsymbol{a}_2, \cdots, \boldsymbol{a}_k$ の**線形結合**または **1 次結合**という．

解説　たとえば平面ベクトル全体 $\boldsymbol{R}^2$ において

$$\boldsymbol{a}_1 = \begin{pmatrix} 2 \\ 1 \end{pmatrix}, \quad \boldsymbol{a}_2 = \begin{pmatrix} 1 \\ 4 \end{pmatrix}, \quad \boldsymbol{b} = \begin{pmatrix} 5 \\ 6 \end{pmatrix}$$

とすると　$\boldsymbol{b} = 2\boldsymbol{a}_1 + 1\boldsymbol{a}_2$ なので，$\boldsymbol{b}$ は $\boldsymbol{a}_1$ と $\boldsymbol{a}_2$ の線形結合．　【解説終】

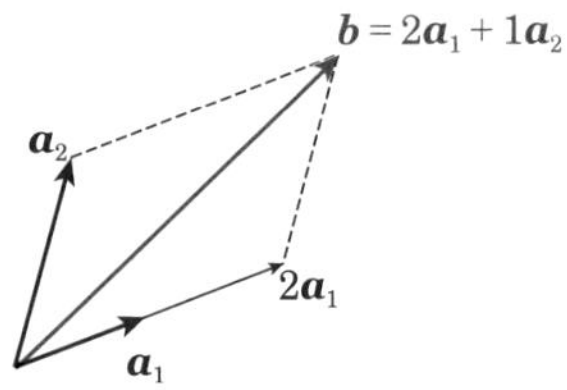

線形関係式の定義

V の元 $\boldsymbol{a}_1, \boldsymbol{a}_2, \cdots, \boldsymbol{a}_k$ について

$$c_1\boldsymbol{a}_1 + c_2\boldsymbol{a}_2 + \cdots + c_k\boldsymbol{a}_k = \boldsymbol{0} \quad (c_1, c_2, \cdots, c_k \in \boldsymbol{R})$$

の形の関係式を $\boldsymbol{a}_1, \boldsymbol{a}_2, \cdots, \boldsymbol{a}_k$ の**線形関係式**または **1 次関係式**という．

解説　たとえば平面ベクトル全体 $\boldsymbol{R}^2$ において

$$\boldsymbol{a}_1 = \begin{pmatrix} 1 \\ 0 \end{pmatrix}, \quad \boldsymbol{a}_2 = \begin{pmatrix} -1 \\ 2 \end{pmatrix}, \quad \boldsymbol{a}_3 = \begin{pmatrix} -1 \\ 6 \end{pmatrix}$$

とおくと，$\boldsymbol{a}_1, \boldsymbol{a}_2, \boldsymbol{a}_3$ には　$2\boldsymbol{a}_1 + 3\boldsymbol{a}_2 - \boldsymbol{a}_3 = \boldsymbol{0}$　という線形関係式が成立している．

また V のどんな元 $\boldsymbol{a}_1, \boldsymbol{a}_2, \cdots, \boldsymbol{a}_k$ に対しても

$$0\boldsymbol{a}_1 + 0\boldsymbol{a}_2 + \cdots + 0\boldsymbol{a}_k = \boldsymbol{0}$$

という線形関係式が成立する．これを**自明な線形関係式**という．　【解説終】

線形従属の定義

V の元の組 $\boldsymbol{a}_1, \boldsymbol{a}_2, \cdots, \boldsymbol{a}_k$ の間に自明でない線形関係式

$$c_1\boldsymbol{a}_1 + c_2\boldsymbol{a}_2 + \cdots + c_k\boldsymbol{a}_k = \boldsymbol{0}$$

$$(c_1, c_2, \cdots, c_k \text{ の少なくとも 1 つは 0 でない})$$

が成立するとき，$\boldsymbol{a}_1, \boldsymbol{a}_2, \cdots, \boldsymbol{a}_k$ は**線形従属**または **1 次従属**であるという.

線形独立の定義

V の元の組 $\boldsymbol{a}_1, \boldsymbol{a}_2, \cdots, \boldsymbol{a}_k$ が線形従属でないとき，つまり

$$c_1\boldsymbol{a}_1 + c_2\boldsymbol{a}_2 + \cdots + c_k\boldsymbol{a}_k = \boldsymbol{0} \quad \text{ならば必ず} \quad c_1 = c_2 = \cdots = c_k = 0$$

が成り立つとき，$\boldsymbol{a}_1, \boldsymbol{a}_2, \cdots, \boldsymbol{a}_k$ は**線形独立**または **1 次独立**であるという.

解説　たとえば $\boldsymbol{R}^2$ において

$$\boldsymbol{a}_1 = \begin{pmatrix} -4 \\ -2 \end{pmatrix}, \quad \boldsymbol{a}_2 = \begin{pmatrix} 6 \\ 3 \end{pmatrix}$$

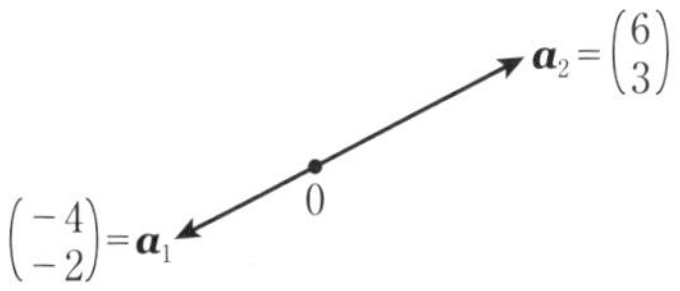

とおくと

$$3\boldsymbol{a}_1 + 2\boldsymbol{a}_2 = \boldsymbol{0}$$

という自明でない線形関係式が成立するので，$\boldsymbol{a}_1$ と $\boldsymbol{a}_2$ の組は線形従属.

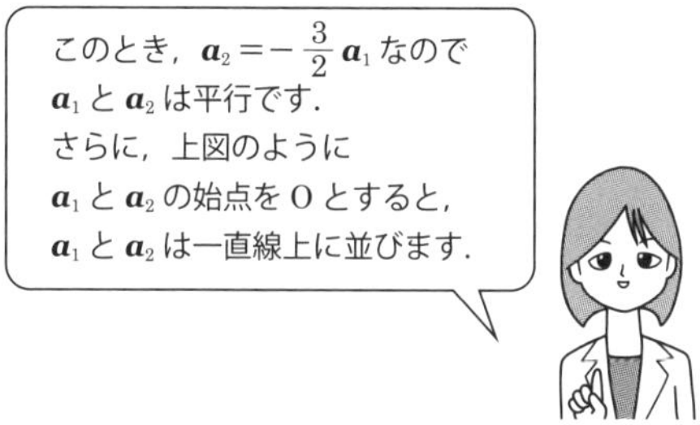

また

$$\boldsymbol{b}_1 = \begin{pmatrix} 1 \\ 0 \end{pmatrix}, \quad \boldsymbol{b}_2 = \begin{pmatrix} 0 \\ 1 \end{pmatrix}$$

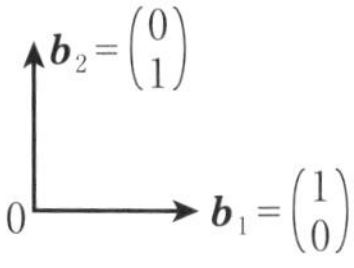

とおくと

$$c_1\boldsymbol{b}_1 + c_2\boldsymbol{b}_2 = \boldsymbol{0}$$

をみたす c_1, c_2 は共に 0 しかないので，$\boldsymbol{b}_1, \boldsymbol{b}_2$ の組は線形独立.

また特に，元が 1 つだけ ($k=1$ の場合) のときは次のように考える．

$\boldsymbol{a} \neq \boldsymbol{0}$ のとき，$c\boldsymbol{a}=\boldsymbol{0}$ なら $c=0$ が成立するので，$\boldsymbol{a}$ が 1 つだけの元の組は線形独立となる．

$\boldsymbol{a}=\boldsymbol{0}$ のときは，任意の実数 c について $c\boldsymbol{a}=\boldsymbol{0}$ が成立するので $\boldsymbol{0}$ が 1 つだけの組は線形従属である．

【解説終】

座標平面上のベクトル $\boldsymbol{a}=\begin{pmatrix} a_1 \\ a_2 \end{pmatrix}$，$\boldsymbol{b}=\begin{pmatrix} b_1 \\ b_2 \end{pmatrix}$ が線形独立とする．このとき，

$\boldsymbol{a}$ と $\boldsymbol{b}$ が平行ではないので，p.6 より $\boldsymbol{a}$ と $\boldsymbol{b}$ からなる平行四辺形の面積 $|a_1b_2-a_2b_1|$ は 0 ではない，つまり

$$\begin{vmatrix} a_1 & b_1 \\ a_2 & b_2 \end{vmatrix} \neq 0 \quad (1)$$

三角形の面積

$\boldsymbol{a}=\begin{pmatrix} a_1 \\ a_2 \end{pmatrix}$，$\boldsymbol{b}=\begin{pmatrix} b_1 \\ b_2 \end{pmatrix}$ で形成される三角形の面積 S は

$S=\dfrac{1}{2}\,|a_1b_2-a_2b_2|$

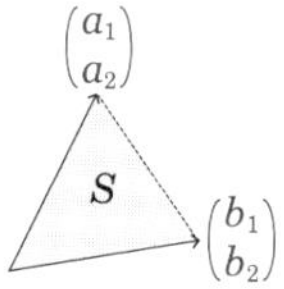

逆に，(1) を仮定したとき，線形関係式

$$c_1\boldsymbol{a}+c_2\boldsymbol{b}=\boldsymbol{0}$$

をみたす実数 c_1，c_2 を求めると，両辺の成分を比較して

$$\begin{cases} c_1a_1+c_2b_1=0 \\ c_1a_2+c_2b_2=0 \end{cases}$$

この c_1，c_2 に関する連立 1 次方程式を解くと，$c_1=c_2=0$ となる．よって，$\boldsymbol{a}$ と $\boldsymbol{b}$ は線形独立である．

したがって，p.103 定理 4.1.4 (1) と合わせると，R^n において次の (I)～(III) は同値であることがわかる．

(I) $\boldsymbol{a}$ と $\boldsymbol{b}$ は線形独立である．

(II) $\begin{vmatrix} a_1 & b_1 \\ a_2 & b_2 \end{vmatrix} \neq 0$

(III) $\begin{pmatrix} a_1 & b_2 \\ a_1 & b_2 \end{pmatrix}$ は正則である．

正方行列Aが正則であるとは
Aに逆行列A⁻¹が存在する
ときでした．
p.42 で勉強しましたね．

このようなことは，n 項列ベクトル空間 R^n の場合でも成り立つ．

定理 5.3.1　線形独立であるための条件

$\boldsymbol{a}_1, \cdots, \boldsymbol{a}_n$ を n 個の n 項列ベクトルとする．また，A を n 次正方行列とし，$A = (\boldsymbol{a}_1, \cdots, \boldsymbol{a}_n)$ とする．このとき，次の（I）～（III）は同値である．

（I）　$\boldsymbol{a}_1, \cdots, \boldsymbol{a}_n$ は線形独立である．

（II）　$|A| \neq 0$

（III）　A は正則である．

この定理は，p.220 定理 6.4.1 を証明するために使う．

解説　定理 5.3.1 の（I),（II）は，R^n において n 個のベクトルが線形独立か線形従属かを判定するとき，それらを並べて作った正方行列の行列式を計算することがとても有効であることを意味している．

$A = (\boldsymbol{a}_1, \cdots, \boldsymbol{a}_n)$ とは
$\boldsymbol{a}_1, \cdots, \boldsymbol{a}_n$ の成分を並べて
つくる行列のことです．

p.155 で $\boldsymbol{b}_1 = \begin{pmatrix} 1 \\ 0 \end{pmatrix}$，$\boldsymbol{b}_2 = \begin{pmatrix} 0 \\ 1 \end{pmatrix}$ は線形独立であることを定義から証明したが，

$B = (\boldsymbol{b}_1, \boldsymbol{b}_2) = \begin{pmatrix} 1 & 0 \\ 0 & 1 \end{pmatrix}$ なので

$$|B| = 1 \neq 0$$

となり，$\boldsymbol{b}_1, \boldsymbol{b}_2$ は線形独立となる．

同じように，$\boldsymbol{a}_1 = \begin{pmatrix} -4 \\ -2 \end{pmatrix}$，$\boldsymbol{a}_2 = \begin{pmatrix} 6 \\ 3 \end{pmatrix}$ は線形従属であることを定義から示したが，

$A = (\boldsymbol{a}_1, \boldsymbol{a}_2) = \begin{pmatrix} -4 & 6 \\ -2 & 3 \end{pmatrix}$ なので

$$|A| = (-4) \times 3 - 6 \times (-2) = -12 + 12 = 0$$

となり，$\boldsymbol{a}_1, \boldsymbol{a}_2$ は線形従属になる．　【解説終】

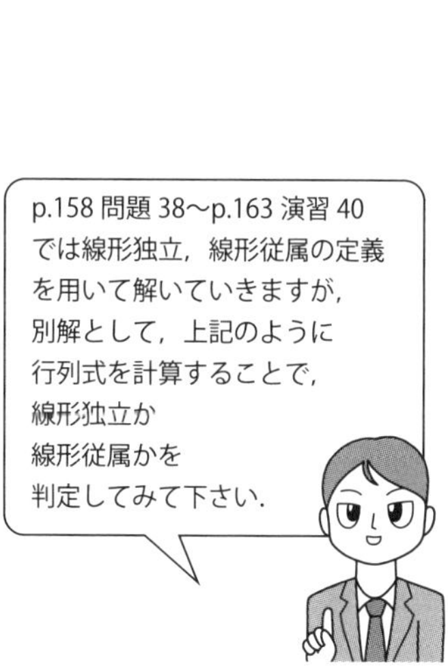
p.158 問題 38～p.163 演習 40
では線形独立，線形従属の定義
を用いて解いていきますが，
別解として，上記のように
行列式を計算することで，
線形独立か
線形従属かを
判定してみて下さい．

問題 38 線形独立と線形従属①

例題

$\boldsymbol{R}^2$ において次のベクトルの組は線形独立か線形従属か調べよう.

$$\boldsymbol{a}_1=\begin{pmatrix}1\\2\end{pmatrix},\qquad \boldsymbol{a}_2=\begin{pmatrix}-3\\1\end{pmatrix}$$

解 答 線形関係式

$$c_1\boldsymbol{a}_1+c_2\boldsymbol{a}_2=\boldsymbol{0}\quad\cdots(\blacklozenge)$$

が成り立っているとする. ベクトルの成分を代入して計算すると

$$c_1\begin{pmatrix}1\\2\end{pmatrix}+c_2\begin{pmatrix}-3\\1\end{pmatrix}=\begin{pmatrix}0\\0\end{pmatrix}$$

$$\begin{pmatrix}c_1-3c_2\\2c_1+c_2\end{pmatrix}=\begin{pmatrix}0\\0\end{pmatrix}\quad より\quad \begin{cases}c_1-3c_2=0\\2c_1+c_2=0\end{cases}$$

線形独立, 線形従属

$c_1\boldsymbol{a}_1+\cdots+c_k\boldsymbol{a}_k=\boldsymbol{0}$ のとき
1 つでも $c_i\neq 0$ なら　線形従属
必ず全部 $c_i=0$ なら　線形独立

これは c_1, c_2 に関する同次連立 1 次方程式なので, 係数行列を取り出して掃き出し法で解く(p.112 参照).

$$A=\begin{pmatrix}1&-3\\2&1\end{pmatrix}\xrightarrow{②+①\times(-2)}\begin{pmatrix}1&-3\\0&7\end{pmatrix}\xrightarrow{②\times\frac{1}{7}}\begin{pmatrix}1&-3\\0&1\end{pmatrix}\xrightarrow{①+②\times3}\begin{pmatrix}1&0\\0&1\end{pmatrix}=B$$

これより

$$\text{rank}\,A=2$$
$$自由度=2-2=0$$

となるので, 解はただ 1 組である.

自由度 = 未知数の数 − rank A
= 解を表すのに用いられる任意の実数の数

B より解は

$$c_1=0,\quad c_2=0$$

とすぐ求まる.

ゆえに, 線形関係式 (◆) は

$$c_1=c_2=0$$

のときしか成立しないので, $\boldsymbol{a}_1$, $\boldsymbol{a}_2$ は線形独立である.　【解終】

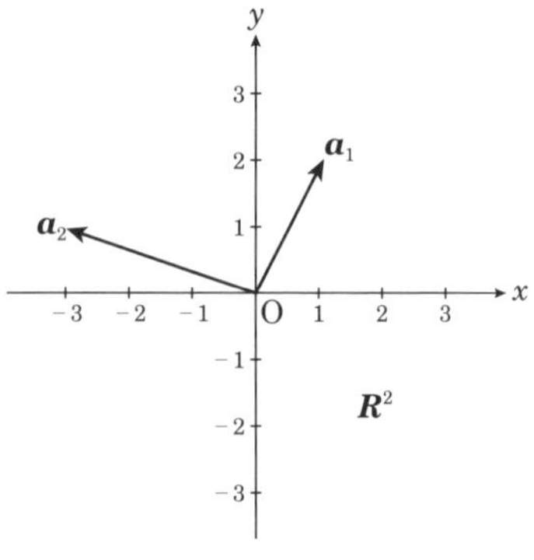

POINT> 線形独立，線形従属の定義を用いて判定する

演習 38

$\boldsymbol{R}^2$ において次のベクトルの組は線形独立か線形従属か調べよう．

$$\boldsymbol{a}_1 = \begin{pmatrix} 2 \\ 1 \end{pmatrix}, \qquad \boldsymbol{a}_2 = \begin{pmatrix} -2 \\ -3 \end{pmatrix}$$

解答は p.284

解答 線形関係式

㋐ [　　　　] …(♣)

が成り立っているとする．ベクトルの成分を代入して計算すると

㋑ [　　　　]

c_1，c_2 に関する同次連立 1 次方程式が得られたので，係数行列 A を取り出して掃き出し法で階段行列 B に変形すると

$A =$ ㋒ [　　　　] $= B$

これより

rank $A =$ ㋓ [　]

自由度 $=$ ㋔ [　] $-$ ㋕ [　] $=$ ㋖ [　]

となるので，解はただ 1 組である．

B より

$c_1 =$ ㋗ [　]，　$c_2 =$ ㋘ [　]

ゆえに，線形関係式 (♣) は

㋙ [　　　　]

のときしか成立しないので，$\boldsymbol{a}_1, \boldsymbol{a}_2$ は線形 ㋚ [　　] である．　【解終】

㋛

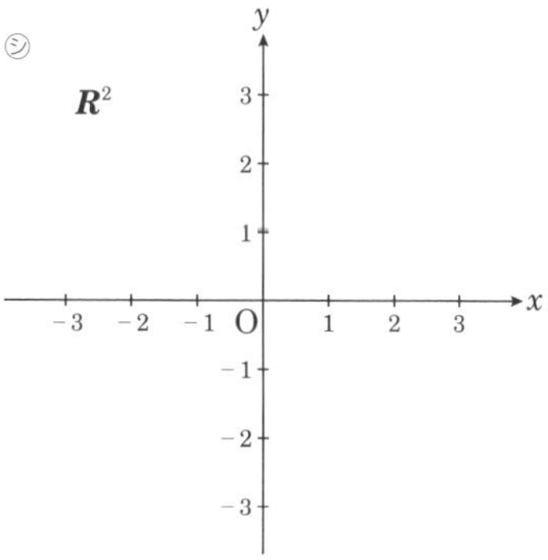

問題 39　線形独立と線形従属②

例題

$\boldsymbol{R}^2$ における次のベクトルの組は線形独立か線形従属か調べよう．

$$\boldsymbol{b}_1=\begin{pmatrix}2\\3\end{pmatrix},\qquad \boldsymbol{b}_2=\begin{pmatrix}6\\9\end{pmatrix}$$

解答　線形関係式 $c_1\boldsymbol{b}_1+c_2\boldsymbol{b}_2=\boldsymbol{0}\quad\cdots(*)$

が成り立っているとすると，ベクトルの成分を代入して計算して

$$c_1\begin{pmatrix}2\\3\end{pmatrix}+c_2\begin{pmatrix}6\\9\end{pmatrix}=\begin{pmatrix}0\\0\end{pmatrix},\qquad \begin{pmatrix}2c_1+6c_2\\3c_1+9c_2\end{pmatrix}=\begin{pmatrix}0\\0\end{pmatrix},\qquad \begin{cases}2c_1+6c_2=0\\3c_1+9c_2=0\end{cases}$$

これは c_1，c_2 に関する同次連立 1 次方程式なので，係数行列を取り出して掃き出し法で解く．

$$A=\begin{pmatrix}2&6\\3&9\end{pmatrix}\xrightarrow[\text{②}\times\frac{1}{3}]{\text{①}\times\frac{1}{2}}\begin{pmatrix}1&3\\1&3\end{pmatrix}\xrightarrow{\text{②}+\text{①}\times(-1)}\begin{pmatrix}1&3\\0&0\end{pmatrix}=B$$

これより，　$\mathrm{rank}\,A=1$，　自由度 $=2-1=1$

B より，もとの連立方程式と同値な式を作ると

$$c_1+3c_2=0$$

自由度 1 なので，$c_2=k$ とおくと

$$c_1=-3k\quad(k\text{ は任意実数})$$

ゆえに，$(*)$ をみたす c_1，c_2 は無数に存在する．

たとえば $k=1$ とおくと，　$c_1=-3$，　$c_2=1$

となり，$(*)$ に代入して

$$-3\boldsymbol{b}_1+1\boldsymbol{b}_2=\boldsymbol{0}$$

という線形関係式が成立するので，$\boldsymbol{b}_1$, $\boldsymbol{b}_2$ は線形従属である．

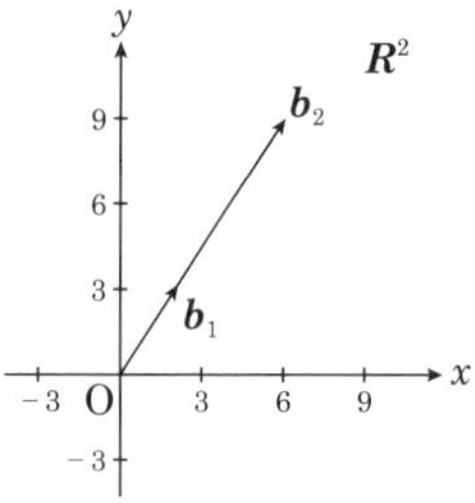

【別解 1】（慣れてきたら，上の解答の行列 B より）

もとの連立方程式は $c_1+3c_2=0$ となり，$c_2=1$ とおくと $c_1=-3$

$(*)$ に代入して $-3\boldsymbol{b}_1+1\boldsymbol{b}_2=\boldsymbol{0}$ が成立し，$\boldsymbol{b}_1$, $\boldsymbol{b}_2$ は線形従属である．

【別解 2】（さらに慣れてきたら）

$\boldsymbol{b}_1=\begin{pmatrix}2\\3\end{pmatrix}$, $\boldsymbol{b}_2=\begin{pmatrix}6\\9\end{pmatrix}=3\begin{pmatrix}2\\3\end{pmatrix}=3\boldsymbol{b}_1$ より $-3\boldsymbol{b}_1+\boldsymbol{b}_2=\boldsymbol{0}$ であり，$\boldsymbol{b}_1$, $\boldsymbol{b}_2$ は線形従属である．

【解終】

POINT ≫ 線形独立，線形従属の定義を用いて判定する

演習 39

$\boldsymbol{R}^2$ における次のベクトルの組は線形独立か線形従属か調べよう．

$$\boldsymbol{b}_1 = \begin{pmatrix} -4 \\ 2 \end{pmatrix}, \qquad \boldsymbol{b}_2 = \begin{pmatrix} 6 \\ -3 \end{pmatrix}$$

解答は p.284

解答 線形関係式 ㋐[　　　　] …(＊)

が成り立っているとすると，ベクトルの成分を代入して計算して

㋑[　　　　]

c_1，c_2 に関する同次連立 1 次方程式が得られたので，係数行列 A を取り出して掃き出し法で階段行列 B に変形すると

$A=$ ㋒[　　　　] $=B$

これより，　rank $A=$ ㋓[　]，　自由度 $=$ ㋔[　] $-$ ㋕[　] $=$ ㋖[　]

B より，もとの連立方程式と同値な式を作ると ㋗[　　　　]

自由度 ㋘[　] なので ㋙[　] $=k$ とおくと，他は

㋚[　　　　]

㋠

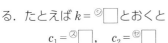

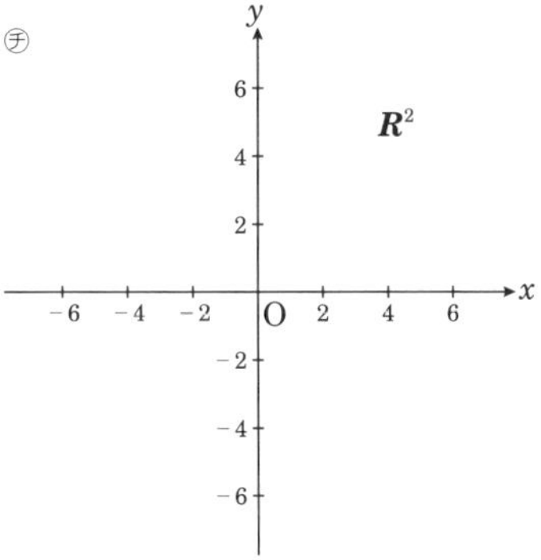

これより (＊) をみたす c_1，c_2 は無数に存在する．たとえば $k=$ ㋛[　] とおくと

$c_1=$ ㋜[　]，　$c_2=$ ㋝[　]

となり，(＊) に代入すると

㋞[　　　　]

という線形関係式が成立するので，$\boldsymbol{b}_1, \boldsymbol{b}_2$ は線形 ㋟[　　] である．

[巻末解答には別解も掲載した]

【解終】

問題 40　線形独立と線形従属③

例題

$\boldsymbol{R}^3$ において次のベクトルの組は線形独立か線形従属か調べよう．

$$\boldsymbol{a}_1=\begin{pmatrix}1\\0\\-1\end{pmatrix},\quad \boldsymbol{a}_2=\begin{pmatrix}-2\\3\\1\end{pmatrix},\quad \boldsymbol{a}_3=\begin{pmatrix}0\\3\\-1\end{pmatrix}$$

解答　線形関係式 $c_1\boldsymbol{a}_1+c_2\boldsymbol{a}_2+c_3\boldsymbol{a}_3=\boldsymbol{0}\quad\cdots(♥)$

が成り立っているとする．各成分を代入して

$$c_1\begin{pmatrix}1\\0\\-1\end{pmatrix}+c_2\begin{pmatrix}-2\\3\\1\end{pmatrix}+c_3\begin{pmatrix}0\\3\\-1\end{pmatrix}=\begin{pmatrix}0\\0\\0\end{pmatrix}$$

線形独立，線形従属

$c_1\boldsymbol{a}_1+\cdots+c_k\boldsymbol{a}_k=\boldsymbol{0}$ のとき

1 つでも $c_i \neq 0$ なら　線形従属

必ず全部 $c_i=0$ なら　線形独立

$$\therefore\ \begin{pmatrix}c_1-2c_2+0\\0+3c_2+3c_3\\-c_1+c_2-c_3\end{pmatrix}=\begin{pmatrix}0\\0\\0\end{pmatrix}\qquad \therefore\ \begin{cases}c_1-2c_2 &=0\\ 3c_2+3c_3&=0\\ -c_1+c_2-c_3&=0\end{cases}$$

これは c_1, c_2, c_3 に関する同次連立 1 次方程式であるから，係数行列をとり出して掃き出し法を使って解くと

$$A=\begin{pmatrix}1&-2&0\\0&3&3\\-1&1&-1\end{pmatrix}\xrightarrow[②\times\frac{1}{3}]{③+①\times1}\begin{pmatrix}1&-2&0\\0&1&1\\0&-1&-1\end{pmatrix}\xrightarrow{③+②\times1}\begin{pmatrix}1&-2&0\\0&1&1\\0&0&0\end{pmatrix}=B$$

ゆえに，　rank $A=2$，　自由度 $=3-2=1$

自由度 = 未知数の数 − rank A
= 解を表すのに用いられる任意の実数の数

B より，もとの連立方程式と同値な式を

つくると $\begin{cases}c_1-2c_2&=0\\ c_2+c_3&=0\end{cases}$

自由度 1 なので $c_2=k$ とおくと $c_1=2k$，$c_3=-k$　（k は任意実数）．

ゆえに (♥) をみたす c_1, c_2, c_3 は無数に存在する．たとえば $k=1$ とおくと

$$2\boldsymbol{a}_1+\boldsymbol{a}_2-\boldsymbol{a}_3=\boldsymbol{0}$$

という線形関係式が成立するので，$\boldsymbol{a}_1, \boldsymbol{a}_2, \boldsymbol{a}_3$ は線形従属．

【別解】（上の解答の行列 B より）

$\begin{cases}c_1-2c_2&=0\\ c_2+c_3&=0\end{cases}$　　$c_2=1$ とおくと　$c_1=2$，$c_3=-1$

(♥) に代入して $2\boldsymbol{a}_1+\boldsymbol{a}_2-\boldsymbol{a}_3=\boldsymbol{0}$ が成立し，$\boldsymbol{a}_1, \boldsymbol{a}_2, \boldsymbol{a}_3$ は線形従属．　【解終】

POINT> 線形独立，線形従属の定義を用いて判定する

演習 40

$\boldsymbol{R}^3$ において次のベクトルの組は線形独立か線形従属か調べよう．

$$\boldsymbol{b}_1=\begin{pmatrix}1\\3\\-1\end{pmatrix},\qquad \boldsymbol{b}_2=\begin{pmatrix}3\\9\\-3\end{pmatrix},\qquad \boldsymbol{b}_3=\begin{pmatrix}-2\\-6\\2\end{pmatrix}$$

解答は p.285

解 答 線形関係式 $c_1\boldsymbol{b}_1+c_2\boldsymbol{b}_2+c_3\boldsymbol{b}_3=\boldsymbol{0}$ $\cdots(*)$

が成り立っているとして c_1, c_2, c_3 を求めればよい．各成分を入れて c_1, c_2, c_3 の連立 1 次方程式をつくると

㋐ □

掃き出し法でこの連立方程式を解く．係数行列 A を階段行列 B に変形すると

$A=$ ㋑ □ $=B$

ゆえに， $\operatorname{rank} A=$ ㋒ □， 自由度 $=$ ㋓ □

B より，もとの連立方程式と同値な式をつくると

㋔ □

自由度 ㋕ □ なので $c_2=k_1$，$c_3=k_2$ とおくと

$c_1=$ ㋖ □ となる．

ゆえに $(*)$ をみたす c_1, c_2, c_3 は無数にある．

たとえば $k_1=1$，$k_2=0$ とおくと

$c_1=$ ㋗ □，$c_2=$ ㋘ □，$c_3=$ ㋙ □ となり，

$\boldsymbol{b}_1, \boldsymbol{b}_2, \boldsymbol{b}_3$ には

㋚ □

の線形関係式が成立し， ㋛ □ であることがわかる．

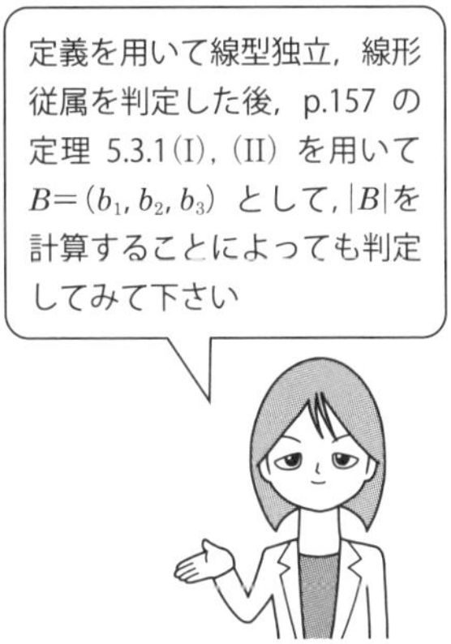

定義を用いて線型独立，線形従属を判定した後，p.157 の定理 5.3.1(I)，(II) を用いて $B=(\boldsymbol{b}_1, \boldsymbol{b}_2, \boldsymbol{b}_3)$ として，$|B|$ を計算することによっても判定してみて下さい

［巻末解答には別解も掲載した］

【解終】

問題 41 線形独立と線形従属④

例題

$\boldsymbol{R}^4$ における次の 2 つのベクトルが線形独立か線形従属か調べよう.

$$\boldsymbol{a}_1 = \begin{pmatrix} 3 \\ -1 \\ 0 \\ 2 \end{pmatrix}, \qquad \boldsymbol{a}_2 = \begin{pmatrix} 0 \\ 5 \\ -1 \\ 0 \end{pmatrix}$$

解 答 線形関係式 $c_1\boldsymbol{a}_1 + c_2\boldsymbol{a}_2 = \boldsymbol{0}$

が成り立っているとすると

$$c_1\begin{pmatrix} 3 \\ -1 \\ 0 \\ 2 \end{pmatrix} + c_2\begin{pmatrix} 0 \\ 5 \\ -1 \\ 0 \end{pmatrix} = \begin{pmatrix} 0 \\ 0 \\ 0 \\ 0 \end{pmatrix}$$

線形独立，線形従属

$c_1\boldsymbol{a}_1 + \cdots + c_k\boldsymbol{a}_k = \boldsymbol{0}$ のとき

1 つでも $c_i \neq 0$ なら　線形従属

必ず全部 $c_i = 0$ なら　線形独立

両辺の成分を比較すると，次の連立 1 次方程式が成立する.

$$\begin{cases} 3c_1 = 0 & \cdots(*) \\ -c_1 + 5c_2 = 0 & \\ - c_2 = 0 & \cdots(**) \\ 2c_1 = 0 & \end{cases}$$

係数行列を行基本変形してゆくと

$$A = \begin{pmatrix} 3 & 0 \\ -1 & 5 \\ 0 & -1 \\ 2 & 0 \end{pmatrix} \xrightarrow{①\leftrightarrow②} \begin{pmatrix} -1 & 5 \\ 3 & 0 \\ 0 & -1 \\ 2 & 0 \end{pmatrix} \xrightarrow[④+①\times 2]{②+①\times 3} \begin{pmatrix} -1 & 5 \\ 0 & 15 \\ 0 & -1 \\ 0 & 10 \end{pmatrix} \xrightarrow{②\leftrightarrow③}$$

$$\begin{pmatrix} -1 & 5 \\ 0 & -1 \\ 0 & 15 \\ 0 & 10 \end{pmatrix} \xrightarrow[\substack{④+②\times 10 \\ ①+②\times 5}]{③+②\times 15} \begin{pmatrix} -1 & 0 \\ 0 & -1 \\ 0 & 0 \\ 0 & 0 \end{pmatrix} \xrightarrow[②\times(-1)]{①\times(-1)} \begin{pmatrix} 1 & 0 \\ 0 & 1 \\ 0 & 0 \\ 0 & 0 \end{pmatrix} = B$$

ゆえに，$\mathrm{rank}\,A = 2$，　自由度 $= 2 - 2 = 0$

となり行列 B より，すぐに

$$c_1 = 0, \qquad c_2 = 0$$

が求まる．したがって $\boldsymbol{a}_1, \boldsymbol{a}_2$ は線形独立.

【別解】 上記（$*$）と（$**$）よりすぐに $c_1 = c_2 = 0$ はわかり，$\boldsymbol{a}_1, \boldsymbol{a}_2$ は線形独立.

【解終】

POINT ▶ 線形独立，線形従属の定義を用いて判定する

演習 41

$\boldsymbol{R}^4$ における次の 3 つのベクトルが線形独立か線形従属か調べよう．

$$\boldsymbol{b}_1 = \begin{pmatrix} 1 \\ 1 \\ 0 \\ 0 \end{pmatrix}, \quad \boldsymbol{b}_2 = \begin{pmatrix} 0 \\ 1 \\ 1 \\ 0 \end{pmatrix}, \quad \boldsymbol{b}_3 = \begin{pmatrix} 0 \\ 0 \\ 1 \\ 1 \end{pmatrix}$$

解答は p.285

解答 線形関係式

㋐ ［　　　　］

が成り立つとする．成分を代入して c_1, c_2, c_3 のみたす連立方程式をつくると

㋑ ［　　　　］

係数行列 A を階段行列 B に変形すると

$A =$ ㋒ ［　　　　］ $= B$

ゆえに

rank $A =$ ㋓ ［　］，　自由度 $=$ ㋔ ［　　］

したがって B より

$c_1 =$ ㋕ ［　］，　$c_2 =$ ㋖ ［　］，　$c_3 =$ ㋗ ［　］

となり，$\boldsymbol{b}_1, \boldsymbol{b}_2, \boldsymbol{b}_3$ は ㋘ ［　　］ となる．　【解終】

Section 5.4

次元，基底

ここでは線形独立·線形従属の概念を使って，線形空間全体をつくり出すもととなる基底について学ぼう．

基底の定義

線形空間 V の元（げん）の組 $\{\boldsymbol{u}_1, \cdots, \boldsymbol{u}_n\}$ が次の性質をみたしているとき，V の**基底**という．

（1） $\boldsymbol{u}_1, \cdots, \boldsymbol{u}_n$ は線形独立．

（2） V の任意の元は $\boldsymbol{u}_1, \cdots, \boldsymbol{u}_n$ の線形結合で書ける．

解説 V のすべての元が，線形独立な元の組 $\{\boldsymbol{u}_1, \cdots, \boldsymbol{u}_n\}$ によってつくり出されるとき，$\{\boldsymbol{u}_1, \cdots, \boldsymbol{u}_n\}$ を V の基底という．つまり V をつくり出す“大もとの元の組”ということ．たとえば平面ベクトル全体 $\boldsymbol{R}^2$ において

$$\boldsymbol{e}_1 = \begin{pmatrix} 1 \\ 0 \end{pmatrix}, \qquad \boldsymbol{e}_2 = \begin{pmatrix} 0 \\ 1 \end{pmatrix}$$

とおけば，$\boldsymbol{e}_1, \boldsymbol{e}_2$ は線形独立であるし，$\boldsymbol{R}^2$ の任意のベクトル

$$\boldsymbol{a} = \begin{pmatrix} a_1 \\ a_2 \end{pmatrix}$$

は

$$\boldsymbol{a} = a_1\boldsymbol{e}_1 + a_2\boldsymbol{e}_2$$

と $\boldsymbol{e}_1, \boldsymbol{e}_2$ の線形結合で書けるから $\{\boldsymbol{e}_1, \boldsymbol{e}_2\}$ は $\boldsymbol{R}^2$ の基底である．

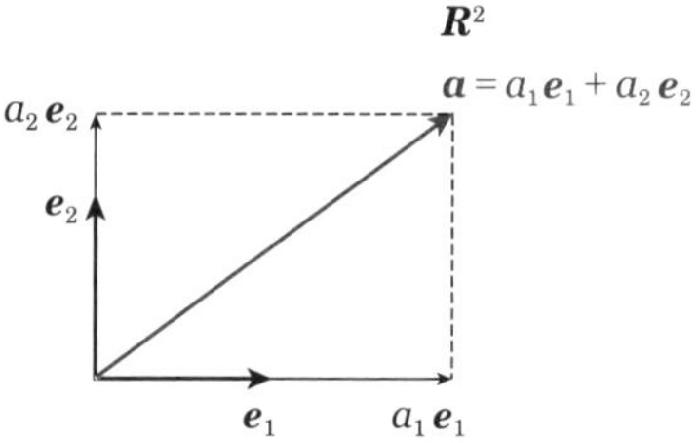

なお，線形空間には基底が必ず存在し，しかもそれは1組とは限らない．しかし基底を構成する元の個数は線形空間によって一意的に定まる． 【解説終】

線形結合（1次結合）

V の元 $\boldsymbol{a}_1, \boldsymbol{a}_2, \cdots, \boldsymbol{a}_k$ の線形結合とは

$$c_1\boldsymbol{a}_1 + c_2\boldsymbol{a}_2 + \cdots + c_k\boldsymbol{a}_k$$

（$c_1, \cdots, c_k$：実数）

の形の式のこと．

定理 5.4.1　基底による表し方の一意性

$\{\boldsymbol{u}_1, \cdots, \boldsymbol{u}_n\}$ が線形空間 V の 1 組の基底のとき，V の任意の元 $\boldsymbol{x}$ は

$$\boldsymbol{x} = x_1\boldsymbol{u}_1 + \cdots + x_n\boldsymbol{u}_n$$

とただ 1 通りに表せる.

解説　$\boldsymbol{x}$ が $\{\boldsymbol{u}_1, \cdots, \boldsymbol{u}_n\}$ によって 2 通りに書き表せたとすると矛盾が生じることより示せる.　【解説終】

次元の定義

線形空間 V において基底を構成する元の個数 n をその空間の**次元**といい

$$\dim V = n$$

と表す．ただし $V = \{\boldsymbol{0}\}$ のときは　$\dim V = 0$　とする.

解説　基底を構成する元の数は線形空間によって一意的に定まるので，次元を定義することができる．n 項列ベクトル空間 $\boldsymbol{R}^n$ においては

$$\boldsymbol{e}_1 = \begin{pmatrix} 1 \\ 0 \\ \vdots \\ \vdots \\ 0 \end{pmatrix}, \quad \boldsymbol{e}_2 = \begin{pmatrix} 0 \\ 1 \\ \vdots \\ \vdots \\ 0 \end{pmatrix}, \quad \cdots, \quad \boldsymbol{e}_n = \begin{pmatrix} 0 \\ 0 \\ \vdots \\ 0 \\ 1 \end{pmatrix}$$

が 1 組の基底となるので, $\dim \boldsymbol{R}^n = n$ である．この基底を $\boldsymbol{R}^n$ の**標準基底**という.

【解説終】

定理 5.4.2　$\boldsymbol{R}^n$ の基底

線形空間 $\boldsymbol{R}^n$ の n 個の元 $\boldsymbol{u}_1, \cdots, \boldsymbol{u}_n$ が線形独立であることと，$\{\boldsymbol{u}_1, \cdots, \boldsymbol{u}_n\}$ が $\boldsymbol{R}^n$ の 1 組の基底となることは同値である.

解説　$\{\boldsymbol{u}_1, \cdots, \boldsymbol{u}_n\}$ が $\boldsymbol{R}^n$ の 1 組の基底であれば，基底の定義より線形独立であることは明らか．逆に $\{\boldsymbol{u}_1, \cdots, \boldsymbol{u}_n\}$ が線形独立であるとし，$\boldsymbol{u}_1, \cdots, \boldsymbol{u}_n$ の線形結合で表せない $\boldsymbol{R}^n$ の元があると仮定すると矛盾が生じ，$\{\boldsymbol{u}_1, \cdots, \boldsymbol{u}_n\}$ は $\boldsymbol{R}^n$ の基底であることが示せる．詳細は割愛する.　【解説終】

問題 42　R^2 の基底

例題

$\boldsymbol{u}_1=\begin{pmatrix}-2\\1\end{pmatrix}$, $\boldsymbol{u}_2=\begin{pmatrix}1\\-3\end{pmatrix}$ は $\boldsymbol{R}^2$ の 1 組の基底となることを示し，$\boldsymbol{a}=\begin{pmatrix}2\\9\end{pmatrix}$ を $\boldsymbol{u}_1, \boldsymbol{u}_2$ の線形結合で表そう．

解答　$\boldsymbol{u}_1, \boldsymbol{u}_2$ が線形独立であれば $\boldsymbol{R}^2$ の基底になれる．

$$c_1\boldsymbol{u}_1+c_2\boldsymbol{u}_2=\boldsymbol{0}$$

とおくと

$$c_1\begin{pmatrix}-2\\1\end{pmatrix}+c_2\begin{pmatrix}1\\-3\end{pmatrix}=\begin{pmatrix}0\\0\end{pmatrix}$$

線形独立

$c_1\boldsymbol{u}_1+\cdots+c_n\boldsymbol{u}_n=\boldsymbol{0}$
$\Rightarrow\ c_1=\cdots=c_n=0$

これより

$$(☆)\begin{cases}-2c_1+\ \ c_2=0\\ \quad\ c_1-3c_2=0\end{cases}$$

これを解くと

$$c_1=c_2=0$$

となるので $\boldsymbol{u}_1, \boldsymbol{u}_2$ は線形独立．ゆえに $\boldsymbol{R}^2$ の基底となる．

［(☆) の係数行列の変形］

$$\begin{pmatrix}-2&1\\1&-3\end{pmatrix}\xrightarrow{①\leftrightarrow②}\begin{pmatrix}1&-3\\-2&1\end{pmatrix}\xrightarrow{②+①\times2}\begin{pmatrix}1&-3\\0&-5\end{pmatrix}\xrightarrow{②\times\left(-\frac{1}{5}\right)}\begin{pmatrix}1&-3\\0&1\end{pmatrix}\xrightarrow{①+②\times3}\begin{pmatrix}1&0\\0&1\end{pmatrix}$$

次に $\boldsymbol{a}$ を $\boldsymbol{u}_1, \boldsymbol{u}_2$ の線形結合で表そう．

$\boldsymbol{a}=a_1\boldsymbol{u}_1+a_2\boldsymbol{u}_2$　と書けているとすると，$\begin{pmatrix}2\\9\end{pmatrix}=a_1\begin{pmatrix}-2\\1\end{pmatrix}+a_2\begin{pmatrix}1\\-3\end{pmatrix}$

$$(❖)\begin{cases}-2a_1+\ \ a_2=2\\ \quad\ a_1-3a_2=9\end{cases}$$

これを解くと

$$a_1=-3,\ \ a_2=-4$$

ゆえに

$$\boldsymbol{a}=-3\boldsymbol{u}_1-4\boldsymbol{u}_2$$

【解終】

［(❖) の拡大係数行列の変形］

$$\left(\begin{array}{cc|c}-2&1&2\\1&-3&9\end{array}\right)\xrightarrow{①\leftrightarrow②}\left(\begin{array}{cc|c}1&-3&9\\-2&1&2\end{array}\right)\xrightarrow{②+①\times2}\left(\begin{array}{cc|c}1&-3&9\\0&-5&20\end{array}\right)\xrightarrow{②\times\left(-\frac{1}{5}\right)}\left(\begin{array}{cc|c}1&-3&9\\0&1&-4\end{array}\right)\xrightarrow{①+②\times3}\left(\begin{array}{cc|c}1&0&-3\\0&1&-4\end{array}\right)$$

POINT 定理 5.4.2 から，$\boldsymbol{u}_1$，$\boldsymbol{u}_2$ が線形独立であることを示せば，$\boldsymbol{u}_1$，$\boldsymbol{u}_2$ は $\boldsymbol{R}^2$ の基底になる

演習 42

$\boldsymbol{v}_1=\begin{pmatrix}1\\2\end{pmatrix}$，$\boldsymbol{v}_2=\begin{pmatrix}-3\\2\end{pmatrix}$ は $\boldsymbol{R}^2$ の 1 組の基底となることを示し，$\boldsymbol{b}=\begin{pmatrix}9\\2\end{pmatrix}$ を $\boldsymbol{v}_1, \boldsymbol{v}_2$ の線形結合で表そう．

解答は p.285

解答 $\boldsymbol{v}_1, \boldsymbol{v}_2$ が線形独立であれば $\boldsymbol{R}^2$ の基底になれる．

㋐ [　　]

とおき，$\boldsymbol{v}_1, \boldsymbol{v}_2$ の成分を代入して c_1，c_2 を求める．

㋑ [　　]

これより

（☆） ㋒ [　　]

これを解くと

c_1 = ㋓ [　]，　c_2 = ㋔ [　]

となるので，$\boldsymbol{v}_1, \boldsymbol{v}_2$ は線形 ㋖ [　　]．

ゆえに $\boldsymbol{R}^2$ の ㋗ [　　] となれる．

次に $\boldsymbol{b}$ を $\boldsymbol{v}_1, \boldsymbol{v}_2$ の線形結合で表す．

$$\boldsymbol{b}=b_1\boldsymbol{v}_1+b_2\boldsymbol{v}_2$$

と表されているとすると，成分を代入して b_1，b_2 を求めると

㋘ [　　]

これより

（★） ㋙ [　　]

b_1 = ㋚ [　]，　b_2 = ㋛ [　]

ゆえに

$\boldsymbol{b}$ = ㋜ [　　]　　【解終】

［（☆）の係数行列の変形］

㋕ [　　]

［（★）の拡大係数行列の変形］

㋝ [　　]

問題43 R^3 の基底

例題

$\boldsymbol{u}_1=\begin{pmatrix}1\\-1\\0\end{pmatrix}$, $\boldsymbol{u}_2=\begin{pmatrix}0\\1\\-1\end{pmatrix}$, $\boldsymbol{u}_3=\begin{pmatrix}1\\1\\1\end{pmatrix}$ は $\boldsymbol{R}^3$ の1組の基底となることを示し，

$\boldsymbol{x}=\begin{pmatrix}7\\-1\\6\end{pmatrix}$ を $\boldsymbol{u}_1, \boldsymbol{u}_2, \boldsymbol{u}_3$ の線形結合で表そう．

解答 $\boldsymbol{u}_1, \boldsymbol{u}_2, \boldsymbol{u}_3$ が線形独立なら基底になれる．

$$c_1\boldsymbol{u}_1+c_2\boldsymbol{u}_2+c_3\boldsymbol{u}_3=\boldsymbol{0}$$

とおいて成分を代入すると

$$c_1\begin{pmatrix}1\\-1\\0\end{pmatrix}+c_2\begin{pmatrix}0\\1\\-1\end{pmatrix}+c_3\begin{pmatrix}1\\1\\1\end{pmatrix}=\begin{pmatrix}0\\0\\0\end{pmatrix}$$

これより　(☆) $\begin{cases}c_1+c_3=0\\-c_1+c_2+c_3=0\\-c_2+c_3=0\end{cases}$

これを解くと，$c_1=0$，$c_2=0$，$c_3=0$

なので，$\boldsymbol{u}_1, \boldsymbol{u}_2, \boldsymbol{u}_3$ は線形独立となり

$\boldsymbol{R}^3$ の基底になる．

$\boldsymbol{x}$ が $\boldsymbol{u}_1, \boldsymbol{u}_2, \boldsymbol{u}_3$ の線形結合

$$\boldsymbol{x}=x_1\boldsymbol{u}_1+x_2\boldsymbol{u}_2+x_3\boldsymbol{u}_3$$

と表せるとすると，成分を代入して

$$\begin{pmatrix}7\\-1\\6\end{pmatrix}=x_1\begin{pmatrix}1\\-1\\0\end{pmatrix}+x_2\begin{pmatrix}0\\1\\-1\end{pmatrix}+x_3\begin{pmatrix}1\\1\\1\end{pmatrix}$$

これより　(★) $\begin{cases}x_1+x_3=7\\-x_1+x_2+x_3=-1\\-x_2+x_3=6\end{cases}$

これを解くと

$$x_1=3,\quad x_2=-2,\quad x_3=4$$

より $\boldsymbol{x}$ は次のように表せる．

$$\boldsymbol{x}=3\boldsymbol{u}_1-2\boldsymbol{u}_2+4\boldsymbol{u}_3$$

【解終】

[(☆)の係数行列の変形]

$$\begin{pmatrix}1&0&1\\-1&1&1\\0&-1&1\end{pmatrix}\xrightarrow{②+①\times 1}\begin{pmatrix}1&0&1\\0&1&2\\0&-1&1\end{pmatrix}$$

$$\xrightarrow{③+②\times 1}\begin{pmatrix}1&0&1\\0&1&2\\0&0&3\end{pmatrix}\xrightarrow{③\times\frac{1}{3}}\begin{pmatrix}1&0&1\\0&1&2\\0&0&1\end{pmatrix}$$

$$\xrightarrow[②+③\times(-2)]{①+③\times(-1)}\begin{pmatrix}1&0&0\\0&1&0\\0&0&1\end{pmatrix}$$

[(★)の拡大係数行列の変形]

$$\left(\begin{array}{ccc|c}1&0&1&7\\-1&1&1&-1\\0&-1&1&6\end{array}\right)$$

$$\xrightarrow{②+①\times 1}\left(\begin{array}{ccc|c}1&0&1&7\\0&1&2&6\\0&-1&1&6\end{array}\right)$$

$$\xrightarrow{③+②\times 1}\left(\begin{array}{ccc|c}1&0&1&7\\0&1&2&6\\0&0&3&12\end{array}\right)$$

$$\xrightarrow{③\times\frac{1}{3}}\left(\begin{array}{ccc|c}1&0&1&7\\0&1&2&6\\0&0&1&4\end{array}\right)$$

$$\xrightarrow[②+③\times(-2)]{①+③\times(-1)}\left(\begin{array}{ccc|c}1&0&0&3\\0&1&0&-2\\0&0&1&4\end{array}\right)$$

POINT 定理 5.4.2 から，$\boldsymbol{u}_1$，$\boldsymbol{u}_2$，$\boldsymbol{u}_3$ が線形独立であることを示せば，$\boldsymbol{u}_1$，$\boldsymbol{u}_2$，$\boldsymbol{u}_3$ は $\boldsymbol{R}^3$ の基底になる

演習 43

$\boldsymbol{v}_1=\begin{pmatrix}1\\1\\0\end{pmatrix}$，$\boldsymbol{v}_2=\begin{pmatrix}0\\1\\1\end{pmatrix}$，$\boldsymbol{v}_3=\begin{pmatrix}1\\0\\1\end{pmatrix}$ は $\boldsymbol{R}^3$ の 1 組の基底となることを示し，

$\boldsymbol{y}=\begin{pmatrix}5\\1\\2\end{pmatrix}$ を $\boldsymbol{v}_1, \boldsymbol{v}_2, \boldsymbol{v}_3$ の線形結合で表そう．

解答は p.286

解答 $\boldsymbol{v}_1, \boldsymbol{v}_2, \boldsymbol{v}_3$ が線形独立なら基底になれる．

㋐ ［　　　　］

とおいて成分を代入して

㋑ ［　　　　］

∴ (☆) ㋒ ［　　　　］

∴ $c_1=$ ㋓［　］，$c_2=$ ㋔［　］，$c_3=$ ㋕［　］

ゆえに，$\boldsymbol{v}_1, \boldsymbol{v}_2, \boldsymbol{v}_3$ は線形 ㋗［　　］ なので $\boldsymbol{R}^3$ の ㋘［　　］ となる．

$\boldsymbol{y}$ が $\boldsymbol{v}_1, \boldsymbol{v}_2, \boldsymbol{v}_3$ の線形結合

$$\boldsymbol{y}=y_1\boldsymbol{v}_1+y_2\boldsymbol{v}_2+y_3\boldsymbol{v}_3$$

で表せるとすると，成分を代入して

㋙ ［　　　　］

∴ (☽) ㋚ ［　　　　］

∴ $y_1=$ ㋛［　］，$y_2=$ ㋜［　］，$y_3=$ ㋝［　］

∴ $\boldsymbol{y}=$ ㋞［　　　　］ 【解終】

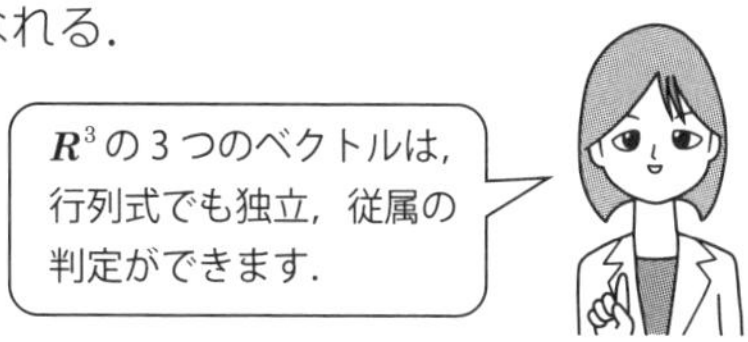

［(☆) の係数行列の変形］

㋖ ［　　　　］

［(☽) の拡大係数行列の変形］

㋟ ［　　　　］

Section 5.5

部分空間

部分空間の定義

Vを実数体上の線形空間とし，Wをその部分集合とする．
WがVと同じ和とスカラー倍の演算によって実数体上の線形空間になっているとき，WをVの**線形部分空間**または**部分空間**という．

解説　線形空間Vの部分集合Wが同じ演算で線形空間になっている場合，部分空間という．たとえば空間のベクトル全体$\boldsymbol{R}^3$において，xy平面上の平面ベクトル全体$\boldsymbol{R}^2$は$\boldsymbol{R}^3$の部分空間とみなせる．　【解説終】

線形空間

［Ⅰ．和 $\boldsymbol{x}+\boldsymbol{y}$］

Ⅰ$_1$　$(\boldsymbol{x}+\boldsymbol{y})+\boldsymbol{z}=\boldsymbol{x}+(\boldsymbol{y}+\boldsymbol{z})$

Ⅰ$_2$　$\boldsymbol{x}+\boldsymbol{y}=\boldsymbol{y}+\boldsymbol{x}$

Ⅰ$_3$　$\boldsymbol{0}$の存在

Ⅰ$_4$　$-\boldsymbol{x}$の存在

［Ⅱ．スカラー倍 $k\boldsymbol{x}$］

Ⅱ$_1$　$k(\boldsymbol{x}+\boldsymbol{y})=k\boldsymbol{x}+k\boldsymbol{y}$

Ⅱ$_2$　$(k+\ell)\boldsymbol{x}=k\boldsymbol{x}+\ell\boldsymbol{x}$

Ⅱ$_3$　$(k\ell)\boldsymbol{x}=k(\ell\boldsymbol{x})$

Ⅱ$_4$　$1\boldsymbol{x}=\boldsymbol{x}$

V自身や零ベクトル空間$\{\boldsymbol{0}\}$
も部分空間です

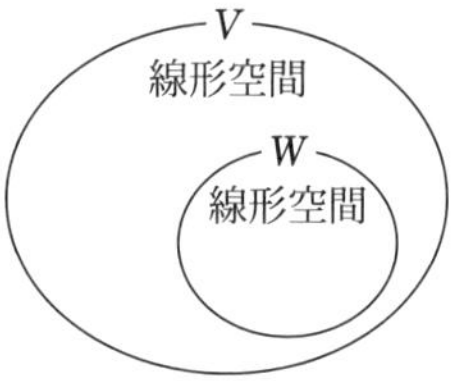

V
線形空間
W
線形空間

定理 4.5.1　部分空間の条件

Vを実数体上の線形空間とする．Vの空でない部分集合WがVの部分空間であるための必要十分条件は次の❶，❷が成立することである．

❶　$\boldsymbol{x}, \boldsymbol{y} \in W \Rightarrow \boldsymbol{x}+\boldsymbol{y} \in W$

❷　$\boldsymbol{x} \in W,\ c \in \boldsymbol{R} \Rightarrow c\boldsymbol{x} \in W$

V の部分集合 W が線形空間かどうか調べるのに，線形空間の定義をいちいち調べるのは大変なのだが，実は 2 つの条件で済むというのがこの定理.

【解説終】

証明 W が線形空間 V の部分空間であるとする．W がそれ自身線形空間なので，W の中で当然❶,❷は成立している．逆に条件❶,❷が成立しているとき，W が線形空間であることを示そう.

まず"和"の方について

I_1, I_2：V において成立しているので当然 W においても成立.

I_3：W は空集合ではないので，W の元 x について❷より $0x = 0 \in W$ となる.

I_4：❷より $(-1)x = -x \in W$ となる.

"スカラー倍"については，当然 W においても成立している．

【証明終】

定理 5.5.2 **張られる空間**

実数体上の線形空間 V の元 $a_1, \cdots, a_k$ の線形結合全体

$$W = \{ x \mid x = c_1 a_1 + \cdots + c_k a_k, \ \ c_1, \cdots, c_k \in R \}$$

は V の部分空間である．ここで，W を $a_1, \cdots, a_k$ によって**張られる空間**，または**生成される空間**といい，$a_1, \cdots, a_k$ を W の**生成元**という.

証明 部分空間の条件❶,❷をみたすことを示せばよい.

❶ W の 2 つの元 x, y を

$$x = c_1 a_1 + \cdots + c_k a_k, \quad y = d_1 a_1 + \cdots + d_k a_k$$

とすると

$$x + y = (c_1 + d_1) a_1 + \cdots + (c_k + d_k) a_k$$

ゆえに $x + y$ は $a_1, \cdots, a_k$ の線形結合なので $x + y \in W$.

❷ W の元 $x = c_1 a_1 + \cdots + c_k a_k$ と実数 c に対して

$$cx = c(c_1 a_1 + \cdots + c_k a_k) = (cc_1) a_1 + \cdots + (cc_k) a_k$$

なので cx も $a_1, \cdots, a_k$ の線形結合となる.

$$\therefore \quad cx \in W$$

【証明終】

$a_1, \cdots, a_k$ は
線形独立でなくても
かまいません

問題 44　R^n の部分空間となる条件

例題

$W=\left\{\boldsymbol{x}=\begin{pmatrix}x_1\\x_2\end{pmatrix}\middle|\ x_1=x_2,\quad x_1, x_2\in\boldsymbol{R}\right\}$ は $\boldsymbol{R}^2$ の部分空間であることを示し，W の基底を求めよう．

解答　部分空間の条件❶，❷をみたすことを示せばよい．

> **部分空間の条件**
>
> ❶ $\boldsymbol{x}, \boldsymbol{y}\in W \Rightarrow \boldsymbol{x}+\boldsymbol{y}\in W$
>
> ❷ $\boldsymbol{x}\in W,\ c\in\boldsymbol{R}\Rightarrow c\boldsymbol{x}\in W$

> **基底**
>
> $\{\boldsymbol{u}_1, \cdots, \boldsymbol{u}_k\}$ ：W の基底
>
> ⇔ ❶ $\boldsymbol{u}_1, \cdots, \boldsymbol{u}_k$ は線形独立
>
> ❷ W の任意の元は $\boldsymbol{u}_1, \cdots, \boldsymbol{u}_k$ の線形結合

❶　W の 2 つの元 $\boldsymbol{x}, \boldsymbol{y}$ を

$$\boldsymbol{x}=\begin{pmatrix}x_1\\x_2\end{pmatrix},\quad x_1=x_2$$

$$\boldsymbol{y}=\begin{pmatrix}y_1\\y_2\end{pmatrix},\quad y_1=y_2$$

とすると

$$\boldsymbol{x}+\boldsymbol{y}=\begin{pmatrix}x_1+y_1\\x_2+y_2\end{pmatrix}$$

ここで　$x_1+y_1=x_2+y_2$　なので

$$\therefore\quad \boldsymbol{x}+\boldsymbol{y}\in W$$

❷　W の元 $\boldsymbol{x}=\begin{pmatrix}x_1\\x_2\end{pmatrix}$ $(x_1=x_2)$ と実数 c について

$$c\boldsymbol{x}=c\begin{pmatrix}x_1\\x_2\end{pmatrix}=\begin{pmatrix}cx_1\\cx_2\end{pmatrix}$$

ここで　$x_1=x_2$ なので　$cx_1=cx_2$

$$\therefore\quad c\boldsymbol{x}\in W$$

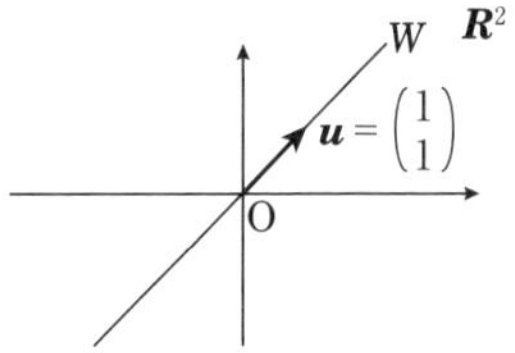

❶，❷がみたされたので W は $\boldsymbol{R}^2$ の部分空間であることが示せた．

次に W の基底を求めよう．W の任意の元 $\boldsymbol{x}$ は $x_1=x_2$ より

$$\boldsymbol{x}=\begin{pmatrix}x_1\\x_2\end{pmatrix}=\begin{pmatrix}x_1\\x_1\end{pmatrix}=x_1\begin{pmatrix}1\\1\end{pmatrix}$$

と書ける．そこで $\boldsymbol{u}=\begin{pmatrix}1\\1\end{pmatrix}$ とおくと $\boldsymbol{u}$ はそれ 1 つで線形独立（p.156 参照）なので，W の任意の元 $\boldsymbol{x}$ は $\boldsymbol{x}=x_1\boldsymbol{u}$ と $\boldsymbol{u}$ の線形結合で書ける．したがって $\{\boldsymbol{u}\}$ が W の基底の 1 つ（ここで求めた $\boldsymbol{u}$ 以外にも基底は無数に存在する）．　【解終】

POINT p.172 部分空間の条件❶，❷を満たすことを確認する

演習 44

$$W=\left\{\begin{pmatrix}x_1\\x_2\\x_3\end{pmatrix}\middle|\ x_1+x_2+x_3=0,\ \ x_1, x_2, x_3\in \boldsymbol{R}\right\}$$ は $\boldsymbol{R}^3$ の部分空間であることを示し，W の基底を 1 組求めよう.

解答は p.286

解答 部分空間の条件❶,❷をみたすことを示せばよい.

❶ W より 2 つの元 $\boldsymbol{x}, \boldsymbol{y}$ をとると

$\boldsymbol{x}=$ ㋐［　　］，　$\boldsymbol{y}=$ ㋑［　　］

と書ける．ゆえに　$\boldsymbol{x}+\boldsymbol{y}=$ ㋒［　　］

ここで $(x_1+y_1)+(x_2+y_2)+(x_3+y_3)=$ ㋓［　　］

$$\therefore\quad \boldsymbol{x}+\boldsymbol{y}\in W$$

❷ W の元 $\boldsymbol{x}=\begin{pmatrix}x_1\\x_2\\x_3\end{pmatrix}$ と実数 c に対して $c\boldsymbol{x}=$ ㋔［　　］

ここで $cx_1+cx_2+cx_3=$ ㋕［　　］なので　$c\boldsymbol{x}\in W$

次に W の基底を求めよう．W の任意の元 $\boldsymbol{x}$ について

$$\boldsymbol{x}=\begin{pmatrix}x_1\\x_2\\x_3\end{pmatrix}$$ とおくと，$x_1+x_2+x_3=0$

より　$x_3=$ ㋖［　　］となるので，$\boldsymbol{x}$ の成分を x_1, x_2 で表すと

$$\boldsymbol{x}=\begin{pmatrix}x_1\\x_2\\ \text{㋗［　　］}\end{pmatrix}=\begin{pmatrix}x_1\\0\\x_1\end{pmatrix}+\text{㋘［　　］}=x_1\begin{pmatrix}1\\0\\-1\end{pmatrix}+x_2\ \text{㋙［　　］}$$

と書ける．　$\boldsymbol{u}_1=\begin{pmatrix}1\\0\\-1\end{pmatrix}$，$\boldsymbol{u}_2=$ ㋚［　　］とおくと，$\boldsymbol{u}_1$ と $\boldsymbol{u}_2$ は線形独立で W の任意の元はそれらの線形結合なので $\{\boldsymbol{u}_1, \boldsymbol{u}_2\}$ は W の 1 組の基底となる.

［巻末解答に図も掲載した］

【解終】

問題 45　部分空間の基底と次元

例題

$\boldsymbol{R}^3$ において次の 3 つのベクトルで生成される部分空間 W の 1 組の基底と次元を求めよう.

$$\boldsymbol{a}_1=\begin{pmatrix}1\\1\\1\end{pmatrix},\qquad \boldsymbol{a}_2=\begin{pmatrix}0\\2\\1\end{pmatrix},\qquad \boldsymbol{a}_3=\begin{pmatrix}-2\\2\\0\end{pmatrix}$$

解 答　W は $\boldsymbol{a}_1, \boldsymbol{a}_2, \boldsymbol{a}_3$ で生成されるので

$$W=\{\boldsymbol{x}\,|\,\boldsymbol{x}=x_1\boldsymbol{a}_1+x_2\boldsymbol{a}_2+x_3\boldsymbol{a}_3,\ \ x_1, x_2, x_3\in\boldsymbol{R}\}$$

と書ける. まず $\boldsymbol{a}_1, \boldsymbol{a}_2, \boldsymbol{a}_3$ が線形独立かどうか調べてみよう.

$$c_1\boldsymbol{a}_1+c_2\boldsymbol{a}_2+c_3\boldsymbol{a}_3=\boldsymbol{0}$$

とおくと

> **$\boldsymbol{a}_1, \cdots, \boldsymbol{a}_n$ で生成**
>
> $\{\boldsymbol{x}\,|\,\boldsymbol{x}=x_1\boldsymbol{a}_1+\cdots+x_n\boldsymbol{a}_n,\ \ x_i\in\boldsymbol{R}\}$

> **$\boldsymbol{a}_1, \cdots, \boldsymbol{a}_n$ が線形独立**
>
> $c_1\boldsymbol{a}_1+\cdots+c_n\boldsymbol{a}_n=\boldsymbol{0}$
> $\Rightarrow c_1=\cdots=c_n=0$

$$(☆)\ \begin{cases}c_1 \qquad\ \ -2c_3=0\\ c_1+2c_2+2c_3=0\\ c_1+\ \ c_2 \qquad\ \ =0\end{cases}\quad \text{より}$$

$$\begin{cases}c_1=\ \ 2k\\ c_2=-2k\\ c_3=\ \ \ \ k\end{cases}\qquad (k\ \text{は任意実数})$$

[（☆）の係数行列の変形]

$$\begin{pmatrix}1&0&-2\\1&2&2\\1&1&0\end{pmatrix}\to\begin{pmatrix}1&0&-2\\0&2&4\\0&1&2\end{pmatrix}\to\begin{pmatrix}1&0&-2\\0&0&0\\0&1&2\end{pmatrix}\to\begin{pmatrix}1&0&-2\\0&1&2\\0&0&0\end{pmatrix}$$

ゆえに $\boldsymbol{a}_1, \boldsymbol{a}_2, \boldsymbol{a}_3$ は線形従属で, $k=1$ とおくと $\boldsymbol{a}_1, \boldsymbol{a}_2, \boldsymbol{a}_3$ の線形関係式

$$2\boldsymbol{a}_1-2\boldsymbol{a}_2+\boldsymbol{a}_3=\boldsymbol{0}$$

が求まる. これより $\boldsymbol{a}_3=-2\boldsymbol{a}_1+2\boldsymbol{a}_2$ なので W の任意の元 $\boldsymbol{x}$ について

$$\boldsymbol{x}=x_1\boldsymbol{a}_1+x_2\boldsymbol{a}_2+x_3\boldsymbol{a}_3=x_1\boldsymbol{a}_1+x_2\boldsymbol{a}_2+x_3(-2\boldsymbol{a}_1+2\boldsymbol{a}_2)$$
$$=(x_1-2x_3)\,\boldsymbol{a}_1+(x_2+2x_3)\,\boldsymbol{a}_2$$

これは $\boldsymbol{x}$ が $\boldsymbol{a}_1$ と $\boldsymbol{a}_2$ の線形結合であることを示している.

また $\boldsymbol{a}_1$ と $\boldsymbol{a}_2$ が線形独立かどうか調べると

$$c_1\boldsymbol{a}_1+c_2\boldsymbol{a}_2=\boldsymbol{0}\quad \text{のとき}\begin{cases}c_1 \qquad\ \ =0\\ c_1+2c_2=0\\ c_1+\ \ c_2=0\end{cases}\quad \therefore\quad \begin{cases}c_1=0\\ c_2=0\end{cases}$$

これより $\boldsymbol{a}_1, \boldsymbol{a}_2$ は線形独立なことがわかったので

$\{\boldsymbol{a}_1, \boldsymbol{a}_2\}$ は W の 1 組の基底であり, $\dim W=2$ となる. 【解終】

POINT ▷ dim W は基底を構成する元の個数である

演習 45

$\boldsymbol{R}^3$ において次の 3 つのベクトルで生成される部分空間 W の 1 組の基底と次元を求めよう.

$$\boldsymbol{b}_1 = \begin{pmatrix} 2 \\ -3 \\ 0 \end{pmatrix}, \quad \boldsymbol{b}_2 = \begin{pmatrix} 2 \\ -2 \\ -1 \end{pmatrix}, \quad \boldsymbol{b}_3 = \begin{pmatrix} 2 \\ 1 \\ -4 \end{pmatrix}$$

解答は p.287

解答 $W=$ ㋐［　　　］と書ける.

まず $\boldsymbol{b}_1, \boldsymbol{b}_2, \boldsymbol{b}_3$ が線形独立かどうか調べる.

㋑［　　　］

とおくと

(☆) ㋒［　　　］

［(☆) の係数行列の変形］

㋓［　　　］

これを解いて

$c_1=$ ㋔［　］, $c_2=$ ㋕［　］, $c_3=k$ （k は任意実数）

ゆえに $\boldsymbol{b}_1, \boldsymbol{b}_2, \boldsymbol{b}_3$ は線形従属で $k=1$ とおくと線形関係式

㋖［　　　］

が求まる. これより $\boldsymbol{b}_3=$ ㋗［　　　］なので W の任意の元 $\boldsymbol{x}$ について

$\boldsymbol{x}=x_1\boldsymbol{b}_1+x_2\boldsymbol{b}_2+x_3\boldsymbol{b}_3$

$=$ ㋘［　　　］ $=$ ㋙［　　］$\boldsymbol{b}_1+$ ㋚［　　］$\boldsymbol{b}_2$

これは $\boldsymbol{x}$ が ㋛［　　　］であることを示している.

また $\boldsymbol{b}_1$ と $\boldsymbol{b}_2$ が線形独立かどうか調べると

$c_1\boldsymbol{b}_1+c_2\boldsymbol{b}_2=\boldsymbol{0}$ のとき ㋜［　　　］ ∴ $c_1=$ ㋝［　］, $c_2=$ ㋞［　］

なので, $\boldsymbol{b}_1, \boldsymbol{b}_2$ は ㋟［　　　］である. ゆえに $\{\boldsymbol{b}_1, \boldsymbol{b}_2\}$ は ㋠［　　　］であり, dim $W=$ ㋡［　］となる.

【解終】

Section 5.6

線形写像

線形写像の定義

$V,\ V'$ を実数体上の線形空間とする．

V から V' への写像 $f: V \to V'$ が次の 2 つの条件

❶ $f(\boldsymbol{x}+\boldsymbol{y})=f(\boldsymbol{x})+f(\boldsymbol{y}) \qquad \boldsymbol{x},\boldsymbol{y}\in V$

❷ $f(a\boldsymbol{x})=af(\boldsymbol{x}) \qquad \boldsymbol{x}\in V,\ a\in \boldsymbol{R}$

をみたすとき，f を実数体 $\boldsymbol{R}$ 上の**線形写像**という．

解説 一見当然であるような条件だが，一般の写像はこんなきれいな性質はもっていない．

線形写像とは，線形空間の 2 つの演算“和とスカラー倍”が保たれるような写像のこと． 【解説終】

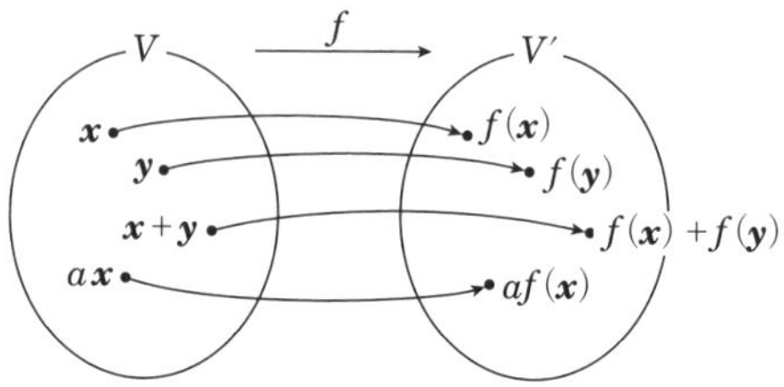

定理 5.6.1 線形写像の性質

$f: V \to V'$ を線形写像とする．このとき次の式が成立する．

❶ $f(\boldsymbol{0})=\boldsymbol{0}'$ （ただし $\boldsymbol{0}$ は V の零元，$\boldsymbol{0}'$ は V' の零元）

❷ $f(a_1\boldsymbol{x}_1+a_2\boldsymbol{x}_2+\cdots+a_k\boldsymbol{x}_k)=a_1f(\boldsymbol{x}_1)+a_2f(\boldsymbol{x}_2)+\cdots+a_kf(\boldsymbol{x}_k)$

（ただし $a_i\in\boldsymbol{R},\ \boldsymbol{x}_i\in V,\ i=1,\cdots,k$）

証明 ❶ 線形写像の条件❷において $a=0$ とおくと

$$f(0\boldsymbol{x})=0f(\boldsymbol{x}), \quad \therefore \quad f(\boldsymbol{0})=\boldsymbol{0}'$$

❷ 線形写像の条件❶と❷を使うと

$$\begin{aligned} f(a_1\boldsymbol{x}_1+\cdots+a_k\boldsymbol{x}_k) &= f(a_1\boldsymbol{x}_1)+\cdots+f(a_k\boldsymbol{x}_k) \\ &= a_1f(\boldsymbol{x}_1)+\cdots+a_kf(\boldsymbol{x}_k) \end{aligned}$$

【証明終】

像の定義

$f : V \to V'$ を線形写像とする．

$$f(V) = \{f(\boldsymbol{x}) \mid \boldsymbol{x} \in V\}$$

を f の像（image）といい，$\mathrm{Im}\, f$ で表す．

解説 $\mathrm{Im}\, f$ は，$\boldsymbol{x}$ が V の元を色々と動くときの $f(\boldsymbol{x})$ の集まりのことである．像 $\mathrm{Im}\, f$ は V' の部分集合であり，V' と一致することもある．　【解説終】

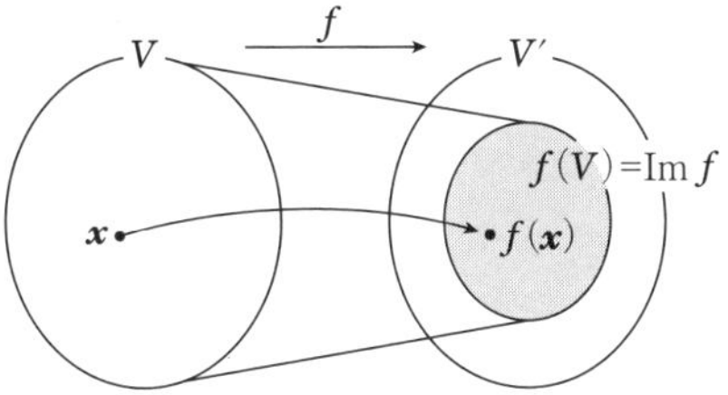

定理 5.6.2　線形写像の像

線形写像 $f : V \to V'$ の像 $\mathrm{Im}\, f$ は V' の部分空間である．

証明 $\mathrm{Im}\, f$ が V' の部分空間であることを示すには，$\mathrm{Im}\, f$ が p.172 の部分空間の条件❶, ❷をみたしていることを示せばよい．

❶ $\mathrm{Im}\, f$ の 2 つの元 $\boldsymbol{x}', \boldsymbol{y}'$ をとってくると

$$\boldsymbol{x}' = f(\boldsymbol{x}), \qquad \boldsymbol{y}' = f(\boldsymbol{y}) \qquad (\boldsymbol{x}, \boldsymbol{y} \in V)$$

と書けているので，f が線形写像であることを使えば

$$\boldsymbol{x}' + \boldsymbol{y}' = f(\boldsymbol{x}) + f(\boldsymbol{y}) = f(\boldsymbol{x} + \boldsymbol{y})$$

そして $\boldsymbol{x} + \boldsymbol{y} \in V$ より，$\boldsymbol{x}' + \boldsymbol{y}' \in \mathrm{Im}\, f$

❷ $\mathrm{Im}\, f$ の元 $\boldsymbol{x}'$ と実数 a に対して

$$\boldsymbol{x}' = f(\boldsymbol{x}), \quad \boldsymbol{x} \in V$$

とすると，f は線形写像だから

$$a\boldsymbol{x}' = af(\boldsymbol{x}) = f(a\boldsymbol{x})$$

そして $a\boldsymbol{x} \in V$ より，$a\boldsymbol{x}' \in \mathrm{Im}\, f$

以上より $\mathrm{Im}\, f$ は V' の部分空間であることが示せた．　【証明終】

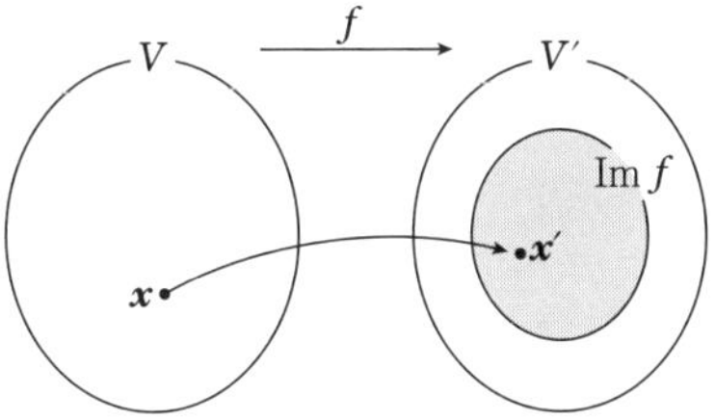

部分空間 W の条件

❶ $\boldsymbol{x}, \boldsymbol{y} \in W \Rightarrow \boldsymbol{x} + \boldsymbol{y} \in W$

❷ $\boldsymbol{x} \in W,\ a \in \boldsymbol{R} \Rightarrow a\boldsymbol{x} \in W$

定理 5.6.3　線形写像と線形従属，線形独立

$f : V \to V'$ を線形写像とするとき

❶ $\boldsymbol{a}_1, \cdots, \boldsymbol{a}_k$ が線形従属ならば $f(\boldsymbol{a}_1), \cdots, f(\boldsymbol{a}_k)$ も線形従属である．

❷ $f(\boldsymbol{a}_1), \cdots, f(\boldsymbol{a}_k)$ が線形独立ならば $\boldsymbol{a}_1, \cdots, \boldsymbol{a}_k$ も線形独立である．

解説　この定理は，線形写像 f により線形従属性は保たれるが，線形独立性は一般的には保たれないことを言っている．つまり

$$V \xrightarrow{\quad f \quad} V'$$

$$\boldsymbol{a}_1, \cdots, \boldsymbol{a}_k : \text{線形従属} \quad \begin{matrix} \Longrightarrow \\ \not\Longleftarrow \end{matrix} \quad f(\boldsymbol{a}_1), \cdots, f(\boldsymbol{a}_k) : \text{線形従属}$$

$$\boldsymbol{a}_1, \cdots, \boldsymbol{a}_k : \text{線形独立} \quad \begin{matrix} \not\Longrightarrow \\ \Longleftarrow \end{matrix} \quad f(\boldsymbol{a}_1), \cdots, f(\boldsymbol{a}_k) : \text{線形独立}$$

【解説終】

証明　❶と❷は対偶の関係なのでどちらかを証明すればよい．❶を証明しよう．

$\boldsymbol{a}_1, \cdots, \boldsymbol{a}_k$ が線形従属だとすると，自明でない線形関係式

$$c_1\boldsymbol{a}_1 + \cdots + c_k\boldsymbol{a}_k = \boldsymbol{0} \quad (\text{ある } c_i \neq 0)$$

が成立している．これに線形写像 f を行うと，定理 5.6.1 (p. 178) の性質を用いて

$$f(c_1\boldsymbol{a}_1 + \cdots + c_k\boldsymbol{a}_k) = f(\boldsymbol{0}) \quad (\text{ある } c_i \neq 0)$$

$$c_1 f(\boldsymbol{a}_1) + \cdots + c_k f(\boldsymbol{a}_k) = \boldsymbol{0}' \quad (\text{ある } c_i \neq 0)$$

これは V' において $f(\boldsymbol{a}_1), \cdots, f(\boldsymbol{a}_k)$ が線形従属であることを示している．

【証明終】

対偶

P である $\Rightarrow$ Q である

↕ 対偶の関係

Q でない $\Rightarrow$ P でない

線形従属

$c_1\boldsymbol{a}_1 + \cdots + c_k\boldsymbol{a}_k = \boldsymbol{0}$

$c_i \neq 0$ のものがある．

線形独立

$c_1\boldsymbol{a}_1 + \cdots + c_k\boldsymbol{a}_k = \boldsymbol{0}$

$\Rightarrow c_1 = \cdots = c_k = 0$

話がだんだんと抽象的になりわかりづらくなってくるが，そのときは $\boldsymbol{R}^2$ や $\boldsymbol{R}^3$ のベクトル空間をイメージしながら読み進めよう．

核の定義

$f : V \to V'$ を線形写像とする．

$$f^{-1}(\boldsymbol{0}') = \{\boldsymbol{x} \in V \mid f(\boldsymbol{x}) = \boldsymbol{0}'\}$$

を f の**核**(kernel)といい $\mathrm{Ker}\, f$ で表す．

解説 Vの元の中で，fの行き先が $\mathbf{0}'$ になる元全体が $\mathrm{Ker}\, f$ である．したがって $\mathrm{Ker}\, f$ の元は f で写像するとすべて $\mathbf{0}'$ になる．特に，$f(\mathbf{0}) = \mathbf{0}'$ なので $\mathbf{0}$ は $\mathrm{Ker}\, f$ の元である． 【解説終】

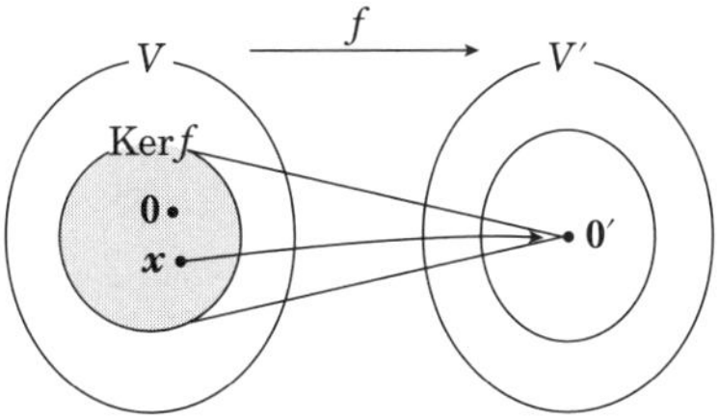

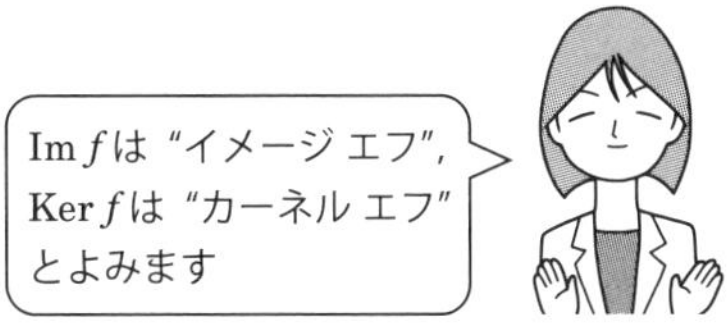

Im fは "イメージ エフ",
Ker fは "カーネル エフ"
とよみます

定理 5.6.4 線形写像の核

線形写像 $f: V \to V'$ の核 $\mathrm{Ker}\, f$ は Vの部分空間である．

証明 $\mathrm{Ker}\, f = f^{-1}(\mathbf{0}') = \{\boldsymbol{x} \in V \mid f(\boldsymbol{x}) = \mathbf{0}'\}$ であった．
これが部分空間の 2 つの条件をみたすことを示せばよい．

部分空間 W の条件

❶ $\boldsymbol{x}, \boldsymbol{y} \in W \Rightarrow \boldsymbol{x} + \boldsymbol{y} \in W$

❷ $\boldsymbol{x} \in W,\ a \in \boldsymbol{R} \Rightarrow a\boldsymbol{x} \in W$

$\mathrm{Ker}\, f$より 2 つの元 $\boldsymbol{x}$ と $\boldsymbol{y}$ をとり出すと

$$f(\boldsymbol{x}) = f(\boldsymbol{y}) = \mathbf{0}'$$

ゆえに線形写像の性質より

$$f(\boldsymbol{x}+\boldsymbol{y}) = f(\boldsymbol{x}) + f(\boldsymbol{y}) = \mathbf{0}' + \mathbf{0}' = \mathbf{0}'$$

これは $\boldsymbol{x}+\boldsymbol{y}$ の f による行き先が $\mathbf{0}'$ になることを意味しているので

$$\boldsymbol{x}+\boldsymbol{y} \in \mathrm{Ker}\, f$$

次に，$\mathrm{Ker}\, f$の元 $\boldsymbol{x}$ と実数 a に対して

$$f(a\boldsymbol{x}) = af(\boldsymbol{x}) = a\mathbf{0}' = \mathbf{0}'$$

$a\boldsymbol{x}$ も行き先が $\mathbf{0}'$ になったので

$$a\boldsymbol{x} \in \mathrm{Ker}\, f$$

ゆえに $\mathrm{Ker}\, f$ は Vの部分空間である． 【証明終】

最後に，**次元定理**とよばれるものを紹介する．

定理 5.6.5 次元定理

線形写像 $f: V \to V'$ に対して，次が成り立つ．

$$\dim(\mathrm{Ker}\, f) + \dim(\mathrm{Im}\, f) = \dim V$$

問題 46　線形写像

例題

次の写像は線形写像かどうか調べよう．

(1)　$f:\ \boldsymbol{R}^3 \to \boldsymbol{R}^2$

$$\begin{pmatrix} x_1 \\ x_2 \\ x_3 \end{pmatrix} \mapsto \begin{pmatrix} x_1 \\ x_3 \end{pmatrix}$$

(2)　$g:\ \boldsymbol{R}^2 \to \boldsymbol{R}^1$

$$\begin{pmatrix} x_1 \\ x_2 \end{pmatrix} \mapsto (x_1 x_2)$$

線形写像 f

❶　$f(\boldsymbol{x}+\boldsymbol{y})=f(\boldsymbol{x})+f(\boldsymbol{x})$

❷　$f(a\boldsymbol{x})=af(\boldsymbol{x})$

解答　写像によりベクトルの成分がどのように変化するのかよく見てから調べよう（$\boldsymbol{R}^1$ のベクトルは実数と同一視して成分に（　）をつけなくてもよい）．

(1)　$\boldsymbol{R}^3$ より 2 つの元 $\boldsymbol{x}=\begin{pmatrix} x_1 \\ x_2 \\ x_3 \end{pmatrix}$, $\boldsymbol{y}=\begin{pmatrix} y_1 \\ y_2 \\ y_3 \end{pmatrix}$ をとると

❶ $$f(\boldsymbol{x}+\boldsymbol{y})=f\left(\begin{pmatrix} x_1 \\ x_2 \\ x_3 \end{pmatrix}+\begin{pmatrix} y_1 \\ y_2 \\ y_3 \end{pmatrix}\right)=f\left(\begin{pmatrix} x_1+y_1 \\ x_2+y_2 \\ x_3+y_3 \end{pmatrix}\right)=\begin{pmatrix} x_1+y_1 \\ x_3+y_3 \end{pmatrix}=\begin{pmatrix} x_1 \\ x_3 \end{pmatrix}+\begin{pmatrix} y_1 \\ y_3 \end{pmatrix}$$

$$=f(\boldsymbol{x})+f(\boldsymbol{y})$$

❷　a を実数とすると

$$f(a\boldsymbol{x})=f\left(a\begin{pmatrix} x_1 \\ x_2 \\ x_3 \end{pmatrix}\right)=f\left(\begin{pmatrix} ax_1 \\ ax_2 \\ ax_3 \end{pmatrix}\right)=\begin{pmatrix} ax_1 \\ ax_3 \end{pmatrix}=a\begin{pmatrix} x_1 \\ x_3 \end{pmatrix}=af(\boldsymbol{x})$$

両方とも成り立つので f は線形写像である．

(2)　$\boldsymbol{R}^2$ より 2 つの元 $\boldsymbol{x}=\begin{pmatrix} x_1 \\ x_2 \end{pmatrix}$,　$\boldsymbol{y}=\begin{pmatrix} y_1 \\ y_2 \end{pmatrix}$ をとると

❶ $$g(\boldsymbol{x}+\boldsymbol{y})=g\left(\begin{pmatrix} x_1 \\ x_2 \end{pmatrix}+\begin{pmatrix} y_1 \\ y_2 \end{pmatrix}\right)=g\left(\begin{pmatrix} x_1+y_1 \\ x_2+y_2 \end{pmatrix}\right)=((x_1+y_1)(x_2+y_2))$$

$$g(\boldsymbol{x})+g(\boldsymbol{y})=g\left(\begin{pmatrix} x_1 \\ x_2 \end{pmatrix}\right)+g\left(\begin{pmatrix} y_1 \\ y_2 \end{pmatrix}\right)=(x_1x_2)+(y_1y_2)=(x_1x_2+y_1y_2)$$

たとえば $\boldsymbol{x}=\begin{pmatrix} 1 \\ 0 \end{pmatrix}$, $\boldsymbol{y}=\begin{pmatrix} 0 \\ 1 \end{pmatrix}$ のとき $g(\boldsymbol{x}+\boldsymbol{y}) \neq g(\boldsymbol{x})+g(\boldsymbol{y})$ となり❶が成立しないので，g は線形写像ではない．

【解終】

POINT p.178 線形写像の定義の❶，❷を満たすことを確認する

演習 46

次の写像は線形写像かどうか調べよう.

(1) $f: \boldsymbol{R}^2 \to \boldsymbol{R}^2$

$$\begin{pmatrix} x_1 \\ x_2 \end{pmatrix} \mapsto \begin{pmatrix} x_1+1 \\ x_2+1 \end{pmatrix}$$

(2) $g: \boldsymbol{R}^3 \to \boldsymbol{R}^1$

$$\begin{pmatrix} x_1 \\ x_2 \\ x_3 \end{pmatrix} \mapsto (x_1+x_2-x_3)$$

解答は p.288

解答 写像による成分の変化をよく見て線形写像の定義❶, ❷を調べよう.

(1) $\boldsymbol{R}^2$ より 2 つの元 $\boldsymbol{x}=\begin{pmatrix} x_1 \\ x_2 \end{pmatrix}$, $\boldsymbol{y}=\begin{pmatrix} y_1 \\ y_2 \end{pmatrix}$ をとると

❶ $f(\boldsymbol{x}+\boldsymbol{y})=$ ㋐［　　　　］

$f(\boldsymbol{x})+f(\boldsymbol{y})=$ ㋑［　　　　］

ゆえに $f(\boldsymbol{x}+\boldsymbol{y})$ ㋒［　］ $f(\boldsymbol{x})+f(\boldsymbol{y})$ なので❶は成立せず，f は ㋓［　　　　］.

【(1)の別解】 $f(\boldsymbol{0})=\begin{pmatrix} 1 \\ 1 \end{pmatrix} \neq \boldsymbol{0}'$ は p.178 定理 5.6.1 の❶と矛盾する.

(2) $\boldsymbol{R}^3$ より 2 つの元 $\boldsymbol{x}=\begin{pmatrix} x_1 \\ x_2 \\ x_3 \end{pmatrix}$, $\boldsymbol{y}=\begin{pmatrix} y_1 \\ y_2 \\ y_3 \end{pmatrix}$ をとると

❶ $g(\boldsymbol{x}+\boldsymbol{y})=$ ㋔［　　　　］

$g(\boldsymbol{x})+g(\boldsymbol{y})=$ ㋕［　　　　］

$\therefore$ $g(\boldsymbol{x}+\boldsymbol{y})$ ㋖［　］ $g(\boldsymbol{x})+g(\boldsymbol{y})$

❷ a を実数とすると

$g(a\boldsymbol{x})=$ ㋗［　　　　］ $=ag(\boldsymbol{x})$

ゆえに，両方成立するので，g は ㋘［　　　　］. 【解終】

問題47 線形写像と線形独立，線形従属

例題

$\boldsymbol{e}_1=\begin{pmatrix}1\\0\end{pmatrix}$，$\boldsymbol{e}_2=\begin{pmatrix}0\\1\end{pmatrix}$とするとき，次の線形写像 f について $f(\boldsymbol{e}_1)$，$f(\boldsymbol{e}_2)$ が線形独立か線形従属かを調べよう．

(1) $f:\ \boldsymbol{R}^2 \to \boldsymbol{R}^2$, $\begin{pmatrix}x_1\\x_2\end{pmatrix} \mapsto \begin{pmatrix}x_1+x_2\\x_1+x_2\end{pmatrix}$

(2) $f:\ \boldsymbol{R}^2 \to \boldsymbol{R}^2$, $\begin{pmatrix}x_1\\x_2\end{pmatrix} \mapsto \begin{pmatrix}x_1-x_2\\2x_1+x_2\end{pmatrix}$

解答 写像による成分の変化をよく見て，まず $\boldsymbol{e}_1{}'=f(\boldsymbol{e}_1)$，$\boldsymbol{e}_2{}'=f(\boldsymbol{e}_2)$ を求めよう．

(1) $\boldsymbol{e}_1{}'=f\left(\begin{pmatrix}1\\0\end{pmatrix}\right)=\begin{pmatrix}1+0\\1+0\end{pmatrix}=\begin{pmatrix}1\\1\end{pmatrix}$，$\boldsymbol{e}_2{}'=f\left(\begin{pmatrix}0\\1\end{pmatrix}\right)=\begin{pmatrix}0+1\\0+1\end{pmatrix}=\begin{pmatrix}1\\1\end{pmatrix}$

ゆえに $\boldsymbol{e}_1{}'=\boldsymbol{e}_2{}'$ となった．つまり

$$1\cdot\boldsymbol{e}_1{}'-1\cdot\boldsymbol{e}_2{}'=\boldsymbol{0}'$$

という自明でない線形関係式が成り立つので，$f(\boldsymbol{e}_1)$ と $f(\boldsymbol{e}_2)$ は線形従属．

(2) $\boldsymbol{e}_1{}'=f\left(\begin{pmatrix}1\\0\end{pmatrix}\right)=\begin{pmatrix}1-0\\2\cdot1+0\end{pmatrix}=\begin{pmatrix}1\\2\end{pmatrix}$，$\boldsymbol{e}_2{}'=f\left(\begin{pmatrix}0\\1\end{pmatrix}\right)=\begin{pmatrix}0-1\\2\cdot0+1\end{pmatrix}=\begin{pmatrix}-1\\1\end{pmatrix}$

$\boldsymbol{e}_1{}'$ と $\boldsymbol{e}_2{}'$ が線形独立か線形従属か調べよう．

$$c_1\boldsymbol{e}_1{}'+c_2\boldsymbol{e}_2{}'=\boldsymbol{0}'$$

とおくと

$$c_1\begin{pmatrix}1\\2\end{pmatrix}+c_2\begin{pmatrix}-1\\1\end{pmatrix}=\begin{pmatrix}0\\0\end{pmatrix}$$

これより

$$(♪)\begin{cases}c_1-c_2=0\\2c_1+c_2=0\end{cases}$$

これを解くと，$c_1=c_2=0$ となるので $f(\boldsymbol{e}_1)$ と $f(\boldsymbol{e}_2)$ は線形独立．

【解終】

$f(\boldsymbol{e}_1),\cdots,f(\boldsymbol{e}_k)$ の線形従属，線形独立

$c_1f(\boldsymbol{e}_1)+\cdots+c_kf(\boldsymbol{e}_k)=\boldsymbol{0}$ のとき

- ある $c_i\neq0$ なら $f(\boldsymbol{e}_1),\cdots,f(\boldsymbol{e}_k)$ は線形従属
- 必ず $c_1=\cdots=c_k=0$ なら $f(\boldsymbol{e}_1),\cdots,f(\boldsymbol{e}_k)$ は線形独立

(♪)の係数行列の変形

$$\begin{pmatrix}1&-1\\2&1\end{pmatrix}\to\begin{pmatrix}1&-1\\0&3\end{pmatrix}\to\begin{pmatrix}1&-1\\0&1\end{pmatrix}\to\begin{pmatrix}1&0\\0&1\end{pmatrix}$$

POINT p.155 の線形従属，線形独立の定義を使う

演習 47

$\boldsymbol{e}_1=\begin{pmatrix}1\\0\end{pmatrix}$，$\boldsymbol{e}_2=\begin{pmatrix}0\\1\end{pmatrix}$とするとき，次の線形写像 f について $f(\boldsymbol{e}_1)$，$f(\boldsymbol{e}_2)$ が線形独立か線形従属かを調べよう.

(1) $f: \quad \boldsymbol{R}^2 \to \boldsymbol{R}^2$

$$\begin{pmatrix}x_1\\x_2\end{pmatrix} \mapsto \begin{pmatrix}2x_1\\x_2\end{pmatrix}$$

(2) $f: \quad \boldsymbol{R}^2 \to \boldsymbol{R}^2$

$$\begin{pmatrix}x_1\\x_2\end{pmatrix} \mapsto \begin{pmatrix}2x_1+6x_2\\x_1+3x_2\end{pmatrix}$$

解答は p.288

解答 $\boldsymbol{e}_1{}'=f(\boldsymbol{e}_1)$，$\boldsymbol{e}_2{}'=f(\boldsymbol{e}_2)$ とおくと

(1) $\boldsymbol{e}_1{}'=$ ㋐［　　　　］，$\boldsymbol{e}_2{}'=$ ㋑［　　　　］

$\boldsymbol{e}_1{}', \boldsymbol{e}_2{}'$が線形独立か線形従属か調べる.

$c_1\boldsymbol{e}_1{}'+c_2\boldsymbol{e}_2{}'=\boldsymbol{0}'$ とおくと

(♪) ㋒［　　　　］ より $\begin{cases} c_1= ㋔［\ ］\\ c_2= ㋕［\ ］\end{cases}$

［(♪) の係数行列の変形］

㋓［　　　　］

なので $f(\boldsymbol{e}_1)$，$f(\boldsymbol{e}_2)$ は ㋖［　　　］である.

(2) $\boldsymbol{e}_1{}'=$ ㋗［　　　　］，$\boldsymbol{e}_2{}'=$ ㋘［　　　　］

$\boldsymbol{e}_1{}'$ と $\boldsymbol{e}_2{}'$ が線形独立か線形従属か調べる.

$c_1\boldsymbol{e}_1{}'+c_2\boldsymbol{e}_2{}'=\boldsymbol{0}'$ とおくと

(♬) ㋙［　　　　］

［(♬) の係数行列の変形］

㋚［　　　　］

これを解くと $c_1=$ ㋛［　］，$c_2=$ ㋜［　］（k は任意実数）．ゆえに，たとえば $k=1$ とおけば ㋝［　　　　］という自明でない線形関係式が成り立つので $\boldsymbol{e}_1{}', \boldsymbol{e}_2{}'$ は ㋞［　　　］である.

【解終】

問題 48 線形写像 f の核 $\mathrm{Ker}f$

例題

線形写像 $f:\boldsymbol{R}^3\to\boldsymbol{R}^2$ について $\mathrm{Ker}\,f$ と $\mathrm{Im}\,f$ の次元を求めよう.

$$\begin{pmatrix}x_1\\x_2\\x_3\end{pmatrix}\mapsto\begin{pmatrix}x_1-x_2\\x_1-2x_2+x_3\end{pmatrix}$$

解 答 $\mathrm{Ker}\,f$ を求める. 定義より

$$\mathrm{Ker}\,f=\left\{\begin{pmatrix}x_1\\x_2\\x_3\end{pmatrix}\in\boldsymbol{R}^3\,\middle|\,f\left(\begin{pmatrix}x_1\\x_2\\x_3\end{pmatrix}\right)=\boldsymbol{0}'\right\}$$

核

$f:V\to V'$ 線形写像

$\mathrm{Ker}\,f=f^{-1}(\boldsymbol{0}')$

$=\{\boldsymbol{x}\in V\,|\,f(\boldsymbol{x})=\boldsymbol{0}'\}$

なので, 連立方程式 $f\left(\begin{pmatrix}x_1\\x_2\\x_3\end{pmatrix}\right)=\boldsymbol{0}'$ から, $\begin{cases}x_1-x_2=0\\x_1-2x_2+x_3=0\end{cases}$

これを解くと, $x_1=x_2=x_3=k$ (k は任意の実数) となり,

$\mathrm{Ker}\,f=\left\{k\begin{pmatrix}1\\1\\1\end{pmatrix}\,\middle|\,k\text{ は任意の実数}\right\}$ よって, $\dim(\mathrm{Ker}\,f)=1$ である.

p.181 定理 5.6.5 次元定理より, $\dim(\mathrm{Im}\,f)=\dim\boldsymbol{R}^3-\dim(\mathrm{Ker}\,f)=3-1=2$ 【解終】

POINT $\mathrm{Ker}\,f$ を求めて $\dim(\mathrm{Ker}\,f)$ を求め, 次元定理を使う

演習 48

線形写像 $f:\boldsymbol{R}^2\to\boldsymbol{R}^3$ について $\mathrm{Ker}\,f$ と $\mathrm{Im}\,f$ の次元を求めよう.

$$\begin{pmatrix}x_1\\x_2\end{pmatrix}\mapsto\begin{pmatrix}x_1+x_2\\x_1-x_2\\2x_1-3x_2\end{pmatrix}$$

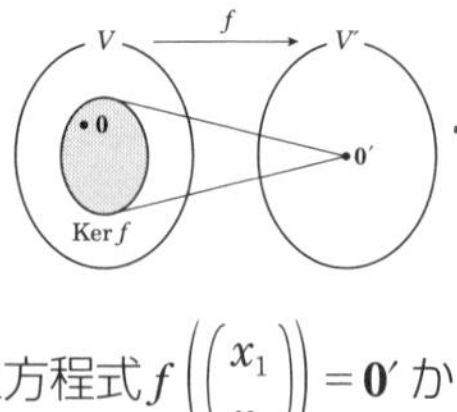

解答は p.289

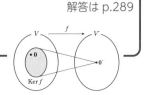

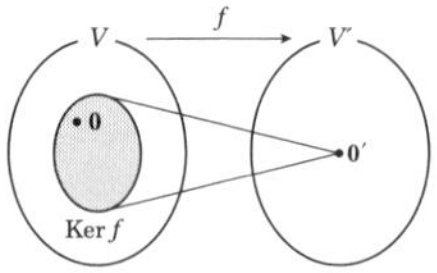

解 答 $\mathrm{Ker}\,f$ を求める.

定義より $\mathrm{Ker}\,f=\left\{\begin{pmatrix}x_1\\x_2\end{pmatrix}\in\boldsymbol{R}^2\,\middle|\,f\left(\begin{pmatrix}x_1\\x_2\end{pmatrix}\right)=\boldsymbol{0}'\right\}$ なので, 連立方程式 $f\left(\begin{pmatrix}x_1\\x_2\end{pmatrix}\right)=\boldsymbol{0}'$ から,

㋐ [ ], ㋑ [ ], ㋒ [ ]

これを解くと, $x_1=$ ㋓ [ ], $x_2=$ ㋔ [ ] となるので, $\mathrm{Ker}\,f=$ ㋕ [ ] となり,

$\dim$ ($\mathrm{Ker}\,f$) $=$ ㋖ [ ] となる. p.181 定理 5.6.5 次元定理より,

$\dim(\mathrm{Im}\,f)=\dim\boldsymbol{R}^2-\dim(\mathrm{Ker}\,f)=$ ㋗ [ ] $-$ ㋖ [ ] $=$ ㋘ [ ] 【解終】

Section 5.7

表現行列

ここでは話を簡単にするため，線形写像fが次の場合を考えよう．

$$f : \boldsymbol{R}^n \to \boldsymbol{R}^m$$

$\boldsymbol{R}^n$ の標準基底を

$$\boldsymbol{e}_1 = \begin{pmatrix} 1 \\ 0 \\ \vdots \\ 0 \end{pmatrix}, \quad \boldsymbol{e}_2 = \begin{pmatrix} 0 \\ 1 \\ \vdots \\ 0 \end{pmatrix}, \quad \cdots, \quad \boldsymbol{e}_n = \begin{pmatrix} 0 \\ \vdots \\ 0 \\ 1 \end{pmatrix}$$

とし，$\boldsymbol{R}^m$ の標準基底を

$$\boldsymbol{e}_1{}' = \begin{pmatrix} 1 \\ 0 \\ \vdots \\ 0 \end{pmatrix}, \quad \boldsymbol{e}_2{}' = \begin{pmatrix} 0 \\ 1 \\ \vdots \\ 0 \end{pmatrix}, \quad \cdots, \quad \boldsymbol{e}_m{}' = \begin{pmatrix} 0 \\ \vdots \\ 0 \\ 1 \end{pmatrix}$$

とする．$\boldsymbol{R}^n$ の任意の元 $\boldsymbol{x}$ は

$$\boldsymbol{x} = x_1 \boldsymbol{e}_1 + x_2 \boldsymbol{e}_2 + \cdots + x_n \boldsymbol{e}_n$$

と表せる．f は線形写像なので

$$f(\boldsymbol{x}) = f(x_1 \boldsymbol{e}_1 + x_2 \boldsymbol{e}_2 + \cdots + x_n \boldsymbol{e}_n) = x_1 f(\boldsymbol{e}_1) + x_2 f(\boldsymbol{e}_2) + \cdots + x_n f(\boldsymbol{e}_n)$$

と書ける．ここで $f(\boldsymbol{e}_1), f(\boldsymbol{e}_2), \cdots, f(\boldsymbol{e}_n)$ は $\boldsymbol{R}^m$ の元なので

$$f(\boldsymbol{e}_1) = \begin{pmatrix} a_{11} \\ a_{21} \\ \vdots \\ a_{m1} \end{pmatrix} = a_{11}\boldsymbol{e}_1{}' + a_{21}\boldsymbol{e}_2{}' + \cdots + a_{m1}\boldsymbol{e}_m{}' \qquad ①$$

$$f(\boldsymbol{e}_2) = \begin{pmatrix} a_{12} \\ a_{22} \\ \vdots \\ a_{m2} \end{pmatrix} = a_{12}\boldsymbol{e}_1{}' + a_{22}\boldsymbol{e}_2{}' + \cdots + a_{m1}\boldsymbol{e}_m{}' \qquad ②$$

$$\vdots$$

$$f(\boldsymbol{e}_n) = \begin{pmatrix} a_{1n} \\ a_{2n} \\ \vdots \\ a_{mn} \end{pmatrix} = a_{1n}\boldsymbol{e}_1{}' + a_{2n}\boldsymbol{e}_2{}' + \cdots + a_{mn}\boldsymbol{e}_m{}' \qquad ⓝ$$

とおくと

$$f(\boldsymbol{x}) = x_1\begin{pmatrix} a_{11} \\ a_{21} \\ \vdots \\ a_{m1} \end{pmatrix} + x_2\begin{pmatrix} a_{12} \\ a_{22} \\ \vdots \\ a_{m2} \end{pmatrix} + \cdots + x_n\begin{pmatrix} a_{1n} \\ a_{2n} \\ \vdots \\ a_{mn} \end{pmatrix}$$

$$= \begin{pmatrix} a_{11}x_1 \\ a_{21}x_1 \\ \vdots \\ a_{m1}x_1 \end{pmatrix} + \begin{pmatrix} a_{12}x_2 \\ a_{22}x_2 \\ \vdots \\ a_{m2}x_2 \end{pmatrix} + \cdots + \begin{pmatrix} a_{1n}x_n \\ a_{2n}x_n \\ \vdots \\ a_{mn}x_n \end{pmatrix}$$

$$= \begin{pmatrix} a_{11}x_1 + a_{12}x_2 + \cdots + a_{1n}x_n \\ a_{21}x_1 + a_{22}x_2 \quad \cdots + a_{2n}x_n \\ \vdots \\ a_{m1}x_1 + a_{m2}x_2 \quad \cdots + a_{mn}x_n \end{pmatrix} = \begin{pmatrix} a_{11} & a_{12} & \cdots & a_{1n} \\ a_{21} & a_{22} & \cdots & a_{2n} \\ \vdots & \vdots & & \vdots \\ a_{m1} & a_{m2} & \cdots & a_{mn} \end{pmatrix}\begin{pmatrix} x_1 \\ x_2 \\ \vdots \\ x_n \end{pmatrix}$$

となる．そこで

$$A = \begin{pmatrix} a_{11} & a_{12} & \cdots & a_{1n} \\ a_{21} & a_{22} & \cdots & a_{2n} \\ \vdots & \vdots & & \vdots \\ a_{m1} & a_{m2} & \cdots & a_{mn} \end{pmatrix}$$

とおくと

$$A = (f(\boldsymbol{e}_1),\ f(\boldsymbol{e}_2), \cdots, f(\boldsymbol{e}_n)) \qquad \cdots (*)$$

と表せる．また，A は (m, n) 型の行列であり

$$f(\boldsymbol{x}) = A\boldsymbol{x}$$

となることがわかった．

そして，①, ②, ⋯, ⓝと，p.167 定理 5.4.1 より，$f(\boldsymbol{e}_1), f(\boldsymbol{e}_2), \cdots, f(\boldsymbol{e}_n)$ を $\boldsymbol{R}^m$ の標準基底ベクトル $\boldsymbol{e}_1', \boldsymbol{e}_2', \cdots, \boldsymbol{e}_m'$ を用いて表す表し方は 1 通りであることから，行列 A は f により 1 つに定まる．

定理 5.7.1　行列が定める線形写像

❶　線形写像 $f : \boldsymbol{R}^n \to \boldsymbol{R}^m$ に対し (m, n) 型の行列 A がただ 1 つ定まり，次式が成立する．

$$f(\boldsymbol{x}) = A\boldsymbol{x}$$

❷　(m, n) 型行列 A に対して，写像 $f_A : \boldsymbol{R}^n \to \boldsymbol{R}^m$ を

$$f_A(\boldsymbol{x}) = A\boldsymbol{x}$$

と定めると，f_A は線形写像である．

証明 ❶はすでに上の議論で示されているので❷のみ証明する.

❷ f_A が線形写像であることを示すには, 線形写像の 2 つの条件

・$f_A(\boldsymbol{x}+\boldsymbol{y})=f_A(\boldsymbol{x})+f_A(\boldsymbol{y})$

・$f_A(a\boldsymbol{x})=af_A(\boldsymbol{x})$

を示せばよい. $f_A(\boldsymbol{x})=A\boldsymbol{x}$ という定義を使うと

・$f_A(\boldsymbol{x}+\boldsymbol{y})=A(\boldsymbol{x}+\boldsymbol{y})=A\boldsymbol{x}+A\boldsymbol{y}=f_A(\boldsymbol{x})+f_A(\boldsymbol{y})$

・$f_A(a\boldsymbol{x})=A(a\boldsymbol{x})=(Aa)\boldsymbol{x}=(aA)\boldsymbol{x}=a(A\boldsymbol{x})=af_A(\boldsymbol{x})$

ゆえに f_A は線形写像であることが示せた. 【証明終】

定理 5.7.2 線形写像と行列

$\boldsymbol{R}^n$ から $\boldsymbol{R}^m$ への線形写像全体 $\mathscr{L}(\boldsymbol{R}^n,\boldsymbol{R}^m)$ と (m,n) 型行列全体 $\mathscr{M}(m,n)$ は 1 対 1 に対応している.

解説 定理 5.7.1 の言いかえにすぎないが, 記号 $\mathscr{L}(\boldsymbol{R}^n,\boldsymbol{R}^m)$ がなかなかイメージとして把握しづらい. 次の図をみて想像しよう.

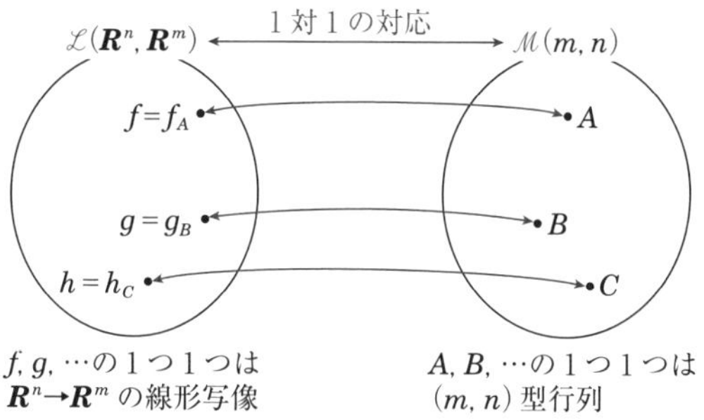

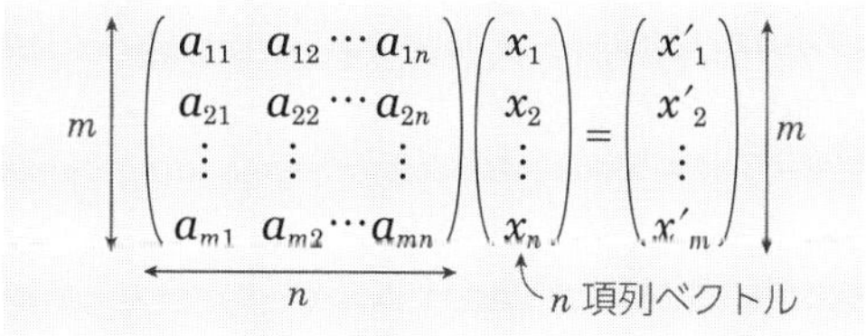

【解説終】

線形写像と行列の対応より次の定義を行おう.

表現行列の定義

線形写像 $f : \boldsymbol{R}^n \to \boldsymbol{R}^m$ に対応する (m, n) 型行列 A を

f の表現行列

といい, $f = f_A$ で表す.

解説 線形写像と行列が 1 対 1 に対応しているということは, 行列を調べれば線形写像のことがわかるということである. はじめに求めたように, f に対応する行列 A は $\boldsymbol{R}^n$ の標準基底 $\boldsymbol{e}_1, \cdots, \boldsymbol{e}_n$ を用いて

$$A = (f(\boldsymbol{e}_1), \cdots, f(\boldsymbol{e}_n))$$

と書けた.

厳密にいうと, p.188 の(∗)は

$$(f(\boldsymbol{e}_1),\ f(\boldsymbol{e}_2), \cdots, f(\boldsymbol{e}_n)) = (\boldsymbol{e}_1', \boldsymbol{e}_2', \cdots, \boldsymbol{e}_m')A$$

と表せるので, A を f の標準基底 $\{\boldsymbol{e}_1, \cdots, \boldsymbol{e}_n\}$, $\{\boldsymbol{e}_1', \cdots, \boldsymbol{e}_m'\}$ に関する表現行列という.

また, $\boldsymbol{R}^n$ と $\boldsymbol{R}^m$ の基底をそれぞれ一般化して $\{\boldsymbol{u}_1, \cdots, \boldsymbol{u}_n\}$, $\{\boldsymbol{v}_1, \cdots, \boldsymbol{v}_m\}$ に変えると, (∗)に相当するものは

$$(f(\boldsymbol{u}_1),\ f(\boldsymbol{u}_2), \cdots, f(\boldsymbol{u}_n)) = (\boldsymbol{v}_1, \boldsymbol{v}_2, \cdots, \boldsymbol{v}_m)B$$

となり, 一般的には行列 B は A とは異なる. 本書では, 一般化した基底に対する表現行列は扱わない. 【解説終】

定理 5.7.3 合成写像と表現行列

$f : \boldsymbol{R}^n \to \boldsymbol{R}^m$, $g : \boldsymbol{R}^m \to \boldsymbol{R}^\ell$ を線形写像とし, A, B をそれぞれ f と g の表現行列とする. このとき

❶ 合成写像 $g \circ f : \boldsymbol{R}^n \to \boldsymbol{R}^\ell$ は線形写像である.

❷ $g \circ f$ の表現行列は BA である.

解説　線形写像 f と g を続けて行うのが合成写像 $g \circ f$ である．
これは写像の“積”とも言われ，その表現行列は行列の積 BA（順序に注意！）となり，(ℓ, n) 型の行列となる．　【解説終】

証明

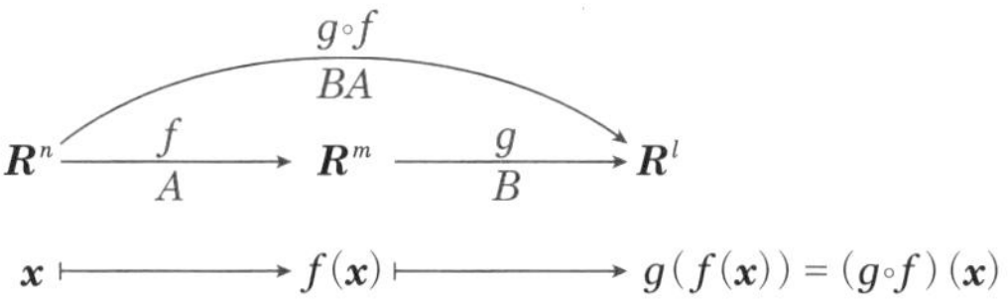

線形写像 f

$f(\boldsymbol{x}+\boldsymbol{y}) = f(\boldsymbol{x}) + f(\boldsymbol{y})$

$f(a\boldsymbol{x}) = af(\boldsymbol{x})$

❶　$h = g \circ f$ とおく．

$\boldsymbol{R}^n$ の元 $\boldsymbol{x}, \boldsymbol{y}$ に対して

$$h(\boldsymbol{x}+\boldsymbol{y}) = (g \circ f)(\boldsymbol{x}+\boldsymbol{y}) = g(f(\boldsymbol{x}+\boldsymbol{y}))$$

f と g の線形性より

$$= g(f(\boldsymbol{x}) + f(\boldsymbol{y}))$$
$$= g(f(\boldsymbol{x})) + g(f(\boldsymbol{y}))$$
$$= (g \circ f)(\boldsymbol{x}) + (g \circ f)(\boldsymbol{y})$$
$$= h(\boldsymbol{x}) + h(\boldsymbol{y})$$

$$h(a\boldsymbol{x}) = (g \circ f)(a\boldsymbol{x}) = g(f(a\boldsymbol{x}))$$

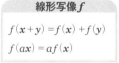

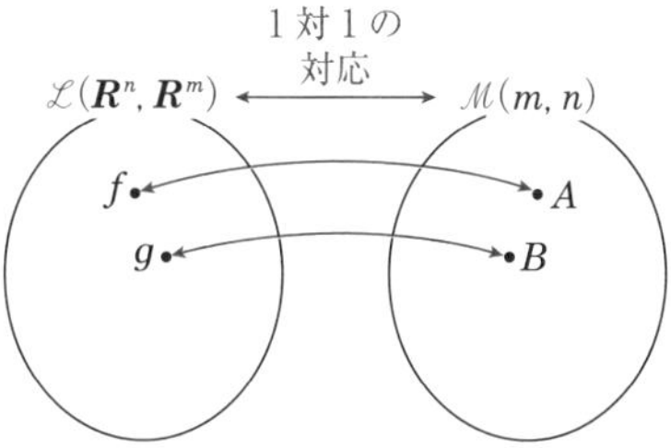

f と g の線形性より

$$= g(af(\boldsymbol{x})) = ag(f(\boldsymbol{x})) = a\{(g \circ f)(\boldsymbol{x})\}$$
$$= ah(\boldsymbol{x})$$

ゆえに，$h = g \circ f$ は線形写像である．

❷　$f(\boldsymbol{x}) = A\boldsymbol{x}$　$(\boldsymbol{x} \in \boldsymbol{R}^n)$，$g(\boldsymbol{y}) = B\boldsymbol{y}$　$(\boldsymbol{y} \in \boldsymbol{R}^m)$　より

$$(g \circ f)(\boldsymbol{x}) = g(f(\boldsymbol{x})) = g(A\boldsymbol{x}) = B(A\boldsymbol{x}) = (BA)\boldsymbol{x}$$

ゆえに，$g \circ f$ の表現行列は BA である．　【証明終】

問題 49　合成写像の表現行列

例題

次の 2 つの線形写像について問に答えよう.

$f: \boldsymbol{R}^3 \to \boldsymbol{R}^2$, $\quad g: \boldsymbol{R}^2 \to \boldsymbol{R}^1$

$\begin{pmatrix} x_1 \\ x_2 \\ x_3 \end{pmatrix} \mapsto \begin{pmatrix} x_1 - x_2 \\ x_1 - 2x_2 + x_3 \end{pmatrix}$ $\quad \begin{pmatrix} x_1 \\ x_2 \end{pmatrix} \mapsto (x_1 - x_2)$

(1)　f の表現行列 A と g の表現行列 B をそれぞれ求めよう.

(2)　合成写像 $g \circ f$ の表現行列 C を求めよう.

解答　(1)　f について, $\boldsymbol{R}^3$ の標準基底は

f の表現行列

$A = (f(\boldsymbol{e}_1),\ \cdots,\ f(\boldsymbol{e}_n))$

$\boldsymbol{e}_1 = \begin{pmatrix} 1 \\ 0 \\ 0 \end{pmatrix}, \boldsymbol{e}_2 = \begin{pmatrix} 0 \\ 1 \\ 0 \end{pmatrix}, \boldsymbol{e}_3 = \begin{pmatrix} 0 \\ 0 \\ 1 \end{pmatrix}$　なので

$$f(\boldsymbol{e}_1) = \begin{pmatrix} 1-0 \\ 1-2\cdot 0+0 \end{pmatrix} = \begin{pmatrix} 1 \\ 1 \end{pmatrix}, \qquad f(\boldsymbol{e}_2) = \begin{pmatrix} 0-1 \\ 0-2\cdot 1+0 \end{pmatrix} = \begin{pmatrix} -1 \\ -2 \end{pmatrix},$$

$$f(\boldsymbol{e}_3) = \begin{pmatrix} 0-0 \\ 0-2\cdot 0+1 \end{pmatrix} = \begin{pmatrix} 0 \\ 1 \end{pmatrix}$$

行列の積

$B \quad \cdot \quad A \quad = \quad C$

$(1, 2)$型$\cdot(2, 3)$型$=(1, 3)$型

これらより f の表現行列 A は　$A = \begin{pmatrix} 1 & -1 & 0 \\ 1 & -2 & 1 \end{pmatrix}$

g について, $\boldsymbol{R}^2$ の標準基底は　$\boldsymbol{e}_1 = \begin{pmatrix} 1 \\ 0 \end{pmatrix}, \boldsymbol{e}_2 = \begin{pmatrix} 0 \\ 1 \end{pmatrix}$　なので

$$g(\boldsymbol{e}_1) = (1-0) = (1), \qquad g(\boldsymbol{e}_2) = (0-1) = (-1)$$

ゆえに g の表現行列 B は　$B = (1 \quad -1)$

【(1)の別解】　$f(\boldsymbol{x}) = A\boldsymbol{x}$, $g(\boldsymbol{y}) = B\boldsymbol{y}$ の形に直す.

$$\begin{pmatrix} x_1 - x_2 \\ x_1 - 2x_2 + x_3 \end{pmatrix} = \begin{pmatrix} 1 & -1 & 0 \\ 1 & -2 & 1 \end{pmatrix} \begin{pmatrix} x_1 \\ x_2 \\ x_3 \end{pmatrix} \text{ より,} \quad A = \begin{pmatrix} 1 & -1 & 0 \\ 1 & -2 & 1 \end{pmatrix}$$

$$(x_1 - x_2) = (1 \quad -1) \begin{pmatrix} x_1 \\ x_2 \end{pmatrix} \text{ より,} \quad B = (1 \quad -1)$$

(2)　$C = BA$ より,　$C = (1 \quad -1) \begin{pmatrix} 1 & -1 & 0 \\ 1 & -2 & 1 \end{pmatrix} = (0 \quad 1 \quad -1)$　【解終】

POINT> 合成写像の表現行列 C は $C=BA$ である

演習 49

次の 2 つの線形写像について問に答えよう.

$$f:\ \boldsymbol{R}^2 \to \boldsymbol{R}^2, \qquad g:\ \boldsymbol{R}^2 \to \boldsymbol{R}^3$$

$$\begin{pmatrix} x_1 \\ x_2 \end{pmatrix} \mapsto \begin{pmatrix} 2x_1 \\ x_2 \end{pmatrix} \qquad \begin{pmatrix} x_1 \\ x_2 \end{pmatrix} \mapsto \begin{pmatrix} x_1 + x_2 \\ x_1 - x_2 \\ 2x_1 - 3x_2 \end{pmatrix}$$

(1) f の表現行列 A と g の表現行列 B をそれぞれ求めよう.

(2) 合成写像 $g\circ f$ の表現行列 C を求めよう.

(3) $\boldsymbol{a} = \begin{pmatrix} -1 \\ 2 \end{pmatrix}$ のとき $(g\circ f)(\boldsymbol{a})$ を求めよう.

解答は p.289

解答 (1) f について

$\boldsymbol{R}^2$ の標準基底は

$\boldsymbol{e}_1 =$ ㋐□, $\boldsymbol{e}_2 =$ ㋑□

なので

$f(\boldsymbol{e}_1) =$ ㋒□

$f(\boldsymbol{e}_2) =$ ㋓□

$\therefore\ A =$ ㋔□

g について

$\boldsymbol{R}^2$ の標準基底は

$\boldsymbol{e}_1 =$ ㋕□, $\boldsymbol{e}_2 =$ ㋖□

なので

$g(\boldsymbol{e}_1) =$ ㋗□

$g(\boldsymbol{e}_2) =$ ㋘□

$\therefore\ B =$ ㋙□

(2) $C = BA$ より C は ㋚□ 型の行列で

$C =$ ㋛□

(3) $(g\circ f)(\boldsymbol{a}) = C\boldsymbol{a}$ なので

$(g\circ f)(\boldsymbol{a}) =$ ㋜□

[巻末解答には(1)の別解も掲載した]

【解終】

問題 50 線形写像の表現行列

例題

線形写像 $f: \boldsymbol{R}^3 \to \boldsymbol{R}^2$ によって,

$$\begin{pmatrix}1\\2\\2\end{pmatrix} \mapsto \begin{pmatrix}1\\4\end{pmatrix}, \quad \begin{pmatrix}1\\3\\1\end{pmatrix} \mapsto \begin{pmatrix}2\\2\end{pmatrix}, \quad \begin{pmatrix}1\\4\\1\end{pmatrix} \mapsto \begin{pmatrix}3\\1\end{pmatrix}$$

となるとき, f の表現行列 A を求めよ.

解答 $\begin{pmatrix}1\\2\\2\end{pmatrix} \mapsto \begin{pmatrix}1\\4\end{pmatrix}, \quad \begin{pmatrix}1\\3\\1\end{pmatrix} \mapsto \begin{pmatrix}2\\2\end{pmatrix}, \quad \begin{pmatrix}1\\4\\1\end{pmatrix} \mapsto \begin{pmatrix}3\\1\end{pmatrix}$

から, f の表現行列 A を用いて, 次が成り立つ.

$$\begin{pmatrix}1\\4\end{pmatrix} = A\begin{pmatrix}1\\2\\2\end{pmatrix}, \quad \begin{pmatrix}2\\2\end{pmatrix} = A\begin{pmatrix}1\\3\\1\end{pmatrix}, \quad \begin{pmatrix}3\\1\end{pmatrix} = A\begin{pmatrix}1\\4\\1\end{pmatrix}$$

これらを 1 つにまとめると次が成り立つ.

$$\begin{pmatrix}1&2&3\\4&2&1\end{pmatrix} = A\begin{pmatrix}1&1&1\\2&3&4\\2&1&1\end{pmatrix}$$

ここで, $B = \begin{pmatrix}1&1&1\\2&3&4\\2&1&1\end{pmatrix}$ とすると, $\begin{pmatrix}1&2&3\\4&2&1\end{pmatrix} = AB$ となる.

よって, B^{-1} が存在すれば, $A = \begin{pmatrix}1&2&3\\4&2&1\end{pmatrix}B^{-1}$ となり A が求まる.

p.146 問題 37(2)より $B^{-1} = \begin{pmatrix}-1&0&1\\6&-1&-2\\-4&1&1\end{pmatrix}$ となる. よって,

$$A = \begin{pmatrix}1&2&3\\4&2&1\end{pmatrix}B^{-1} = \begin{pmatrix}1&2&3\\4&2&1\end{pmatrix}\begin{pmatrix}-1&0&1\\6&-1&-2\\-4&1&1\end{pmatrix} = \begin{pmatrix}-1&1&0\\4&-1&1\end{pmatrix}$$

【解終】

行列の積

(ℓ, m)型・(m, n)型 $=$ (ℓ, n)型

POINT 与えられた3つの対応関係を1つにまとめると表現行列 A が求まる

演習 50

線形写像 f： $\boldsymbol{R}^3 \to \boldsymbol{R}^2$ によって，

$$\begin{pmatrix} 1 \\ 0 \\ 1 \end{pmatrix} \mapsto \begin{pmatrix} 1 \\ 2 \end{pmatrix}, \quad \begin{pmatrix} 10 \\ 8 \\ 3 \end{pmatrix} \mapsto \begin{pmatrix} 0 \\ 3 \end{pmatrix}, \quad \begin{pmatrix} 7 \\ 5 \\ 2 \end{pmatrix} \mapsto \begin{pmatrix} 2 \\ -1 \end{pmatrix}$$

となるとき，f の表現行列 A を求めよ． 解答は p.289

解答 $$\begin{pmatrix} 1 \\ 0 \\ 1 \end{pmatrix} \mapsto \begin{pmatrix} 1 \\ 2 \end{pmatrix}, \quad \begin{pmatrix} 10 \\ 8 \\ 3 \end{pmatrix} \mapsto \begin{pmatrix} 0 \\ 3 \end{pmatrix}, \quad \begin{pmatrix} 7 \\ 5 \\ 2 \end{pmatrix} \mapsto \begin{pmatrix} 2 \\ -1 \end{pmatrix}$$

これらを1つにまとめると次が成り立つ．

㋐ □ $= A$ ㋑ □

ここで，$B =$ ㋑ □ とすると，㋐ □ $= AB$ となる．

よって，B^{-1} が存在すれば，$A =$ ㋐ □ B^{-1} となり A が求まる．

p.147 演習 37(2)より $B^{-1} =$ ㋒ □ となる．よって，

$A =$ ㋓ □

【解終】

B が正則行列で B^{-1} が存在するとき，
行列の関係式

$C = AB$

の両辺に右から B^{-1} をかけると

$CB^{-1} = (AB)B^{-1} = A(BB^{-1})$

$= AE = A$

つまり

$A = CB^{-1}$

となります．

行列の積では
交換法則

$AB = BA$

は一般的には成立しないので

CB^{-1} と $B^{-1}C$

は異なる行列になるので注意．

総合演習▶5

解答 p.290

問1　次の線形写像について問に答えなさい.

$$f:\ \boldsymbol{R}^3 \to \boldsymbol{R}^2$$
$$\begin{pmatrix} x_1 \\ x_2 \\ x_3 \end{pmatrix} \mapsto \begin{pmatrix} x_1+2x_2+x_3 \\ -3x_1+x_2 \end{pmatrix}$$

(1)　fの表現行列を求めなさい.

(2)　$\boldsymbol{a}=\begin{pmatrix} 1 \\ -1 \\ 0 \end{pmatrix}$, $\boldsymbol{b}=\begin{pmatrix} -1 \\ 5 \\ -7 \end{pmatrix}$ とするとき，$f(\boldsymbol{a})$ と $f(\boldsymbol{b})$ は線形独立か，線形従属か調べなさい.

(3)　$\mathrm{Ker}\, f$ の次元と1組の基底を求めなさい.

問2　次の集合は $\boldsymbol{R}^2$ において部分空間となるかどうか調べなさい.

(1)　$W_1=\left\{\begin{pmatrix} x_1 \\ x_2 \end{pmatrix} \middle|\ x_1+x_2=0\right\}$

(2)　$W_2=\left\{\begin{pmatrix} x_1 \\ x_2 \end{pmatrix} \middle|\ x_1+x_2=1\right\}$

総合演習のヒント

問1　(1)　問題49 (1) と同様に求めればよい.

(2)　$c_1 f(\boldsymbol{a})+c_2 f(\boldsymbol{b})=\boldsymbol{0}'$

(3)　$\mathrm{Ker}\, f=\{\boldsymbol{x}\in\boldsymbol{R}^3 \mid f(\boldsymbol{x})=\boldsymbol{0}'\}$

問2　部分空間の条件

❶　$\boldsymbol{x}, \boldsymbol{y}\in W \Rightarrow \boldsymbol{x}+\boldsymbol{y}\in W$

❷　$\boldsymbol{x}\in W,\ c\in \boldsymbol{R} \Rightarrow c\boldsymbol{x}\in W$

第6章

内積空間，固有値と対角化

Section 6.1

内積空間

高校の数学 C や本書の第 1 章では，座標平面上の場合でも座標空間上の場合でも，$\vec{a}$ と $\vec{b}$ の内積 $\vec{a}\cdot\vec{b}$ は，$\vec{a}$ と $\vec{b}$ のなす角 θ ($0° \leqq \theta \leqq 180°$) を用いて，

$$\vec{a}\cdot\vec{b} = |\vec{a}|\,|\vec{b}|\cos\theta$$

と定義されている．

この章では第 5 章で学んだ線形空間に内積（長さと角）の概念を導入しよう．

【1】 内積

内積の定義

実数体上の線形空間 V が次の内積の公理をみたすとき V を**内積空間**という．

[内積の公理]

V の元 $\boldsymbol{x}, \boldsymbol{y}$ に対して内積という実数 $\boldsymbol{x}\cdot\boldsymbol{y}$ が定まり，次の性質をみたす．

❶ $(\boldsymbol{x}_1+\boldsymbol{x}_2)\cdot\boldsymbol{y}=\boldsymbol{x}_1\cdot\boldsymbol{y}+\boldsymbol{x}_2\cdot\boldsymbol{y}$ ，　$\boldsymbol{x}\cdot(\boldsymbol{y}_1+\boldsymbol{y}_2)=\boldsymbol{x}\cdot\boldsymbol{y}_1+\boldsymbol{x}\cdot\boldsymbol{y}_2$

❷ $(a\boldsymbol{x})\cdot\boldsymbol{y}=a(\boldsymbol{x}\cdot\boldsymbol{y})$,　$\boldsymbol{x}\cdot(a\boldsymbol{y})=a(\boldsymbol{x}\cdot\boldsymbol{y})$　　$(a\in\boldsymbol{R})$

❸ $\boldsymbol{x}\cdot\boldsymbol{y}=\boldsymbol{y}\cdot\boldsymbol{x}$

❹ $\boldsymbol{x}\cdot\boldsymbol{x}\geqq 0$ ，　$\boldsymbol{x}\cdot\boldsymbol{x}=0 \Leftrightarrow \boldsymbol{x}=\boldsymbol{0}$

解説　一般の線形空間において，上の公理をみたす内積という演算や，次に定義する長さの概念を導入する．このように，ただの物の集まりに色々な定義を導入してその空間の中に構造をつくっていくと豊富な収穫が得られる．

V が複素数体上の線形空間のときは，少し内積の性質が異なるので要注意！

【解説終】

長さの定義

内積空間 V の元 $\boldsymbol{x}$ に対して $\sqrt{\boldsymbol{x}\cdot\boldsymbol{x}}$ を $\boldsymbol{x}$ の**長さ**または***ノルム***といい，$\|\boldsymbol{x}\|$ で表す．つまり

$$\|\boldsymbol{x}\|=\sqrt{\boldsymbol{x}\cdot\boldsymbol{x}}$$

解説　“長さ”は実数体における絶対値の拡張にもなっている.　【解説終】

定理 6.1.1　長さ（ノルム）の性質 1

❶ $\boldsymbol{x}=\boldsymbol{0} \Leftrightarrow \|\boldsymbol{x}\|=0$

❷ $\|c\boldsymbol{x}\|=|c|\,\|\boldsymbol{x}\|$　（$c \in \boldsymbol{R}$, ｜　｜は絶対値）

証明　❶ 内積の公理❹より

$$\boldsymbol{x}=\boldsymbol{0} \Leftrightarrow \boldsymbol{x}\cdot\boldsymbol{x}=0 \Leftrightarrow \sqrt{\boldsymbol{x}\cdot\boldsymbol{x}}=0 \Leftrightarrow \|\boldsymbol{x}\|=0$$

❷ 長さの定義と内積の公理❷を使うと

$$\|c\boldsymbol{x}\|=\sqrt{(c\boldsymbol{x})\cdot(c\boldsymbol{x})}=\sqrt{c\{\boldsymbol{x}\cdot(c\boldsymbol{x})\}}$$

$$=\sqrt{c^2(\boldsymbol{x}\cdot\boldsymbol{x})}$$

絶対値

$$|c|=\begin{cases} c & (c \geqq 0) \\ -c & (c<0) \end{cases}$$

ここで $c^2 \geqq 0$ であり，内積の公理❹より $\boldsymbol{x}\cdot\boldsymbol{x} \geqq 0$ なので

$$=\sqrt{c^2}\sqrt{\boldsymbol{x}\cdot\boldsymbol{x}}=|c|\,\|\boldsymbol{x}\|$$

【証明終】

定理 6.1.2　長さ（ノルム）の性質 2

内積空間において次の式が成立する.

❶ $\boldsymbol{x}\cdot\boldsymbol{y}=0$　ならば　$\|\boldsymbol{x}+\boldsymbol{y}\|^2=\|\boldsymbol{x}\|^2+\|\boldsymbol{y}\|^2$　（ピタゴラスの定理）

❷ $|\boldsymbol{x}\cdot\boldsymbol{y}| \leqq \|\boldsymbol{x}\|\,\|\boldsymbol{y}\|$　（シュヴァルツの不等式）

❸ $\|\boldsymbol{x}+\boldsymbol{y}\| \leqq \|\boldsymbol{x}\|+\|\boldsymbol{y}\|$　（三角不等式）

解説　❶は直角三角形の性質，❷は実数の絶対不等式，❸は三角形の性質または絶対値の性質の拡張となっている．証明は略.　【解説終】

内積を使って，2 つの元のなす角を定義する．

角の定義

内積空間の $\mathbf{0}$ でない 2 つの元 $\boldsymbol{x}, \boldsymbol{y}$ に対して

$$\cos\theta = \frac{\boldsymbol{x}\cdot\boldsymbol{y}}{\|\boldsymbol{x}\|\|\boldsymbol{y}\|} \qquad (0 \leqq \theta \leqq \pi)$$

をみたす θ を $\boldsymbol{x}$ と $\boldsymbol{y}$ のなす**角**という．

解説 定理 6.1.2 のシュヴァルツの不等式より

$$-1 \leqq \frac{\boldsymbol{x}\cdot\boldsymbol{y}}{\|\boldsymbol{x}\|\|\boldsymbol{y}\|} \leqq 1$$

が成立する．したがって

$$\cos\theta = \frac{\boldsymbol{x}\cdot\boldsymbol{y}}{\|\boldsymbol{x}\|\|\boldsymbol{y}\|}$$

をみたす θ が $0 \leqq \theta \leqq \pi$ の間でただ 1 つ定まるので，この値で $\boldsymbol{x}$ と $\boldsymbol{y}$ のなす角を定義する． 【解説終】

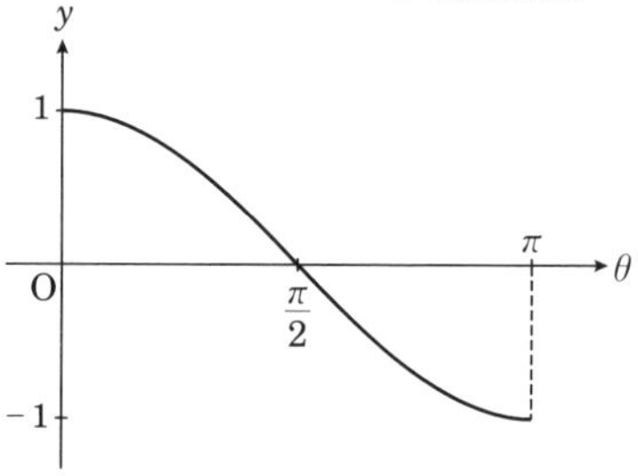

$y = \cos\theta$ のグラフ

直交の定義

内積空間において $\boldsymbol{x}\cdot\boldsymbol{y} = 0$ のとき，$\boldsymbol{x}$ と $\boldsymbol{y}$ は**直交**するといい $\boldsymbol{x} \perp \boldsymbol{y}$ で表す．

解説 $\boldsymbol{x} \neq \mathbf{0}$，$\boldsymbol{y} \neq \mathbf{0}$ で，$\boldsymbol{x}$ と $\boldsymbol{y}$ のなす角が $\frac{\pi}{2}$ のとき当然 $\boldsymbol{x}\cdot\boldsymbol{y} = 0$ となるが，$\boldsymbol{x} = \mathbf{0}$ または $\boldsymbol{y} = \mathbf{0}$ のときも $\boldsymbol{x}\cdot\boldsymbol{y} = 0$ となるので，このときも $\boldsymbol{x} \perp \boldsymbol{y}$ と考えることにしよう． 【解説終】

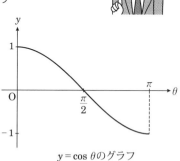

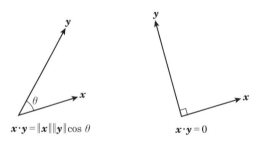

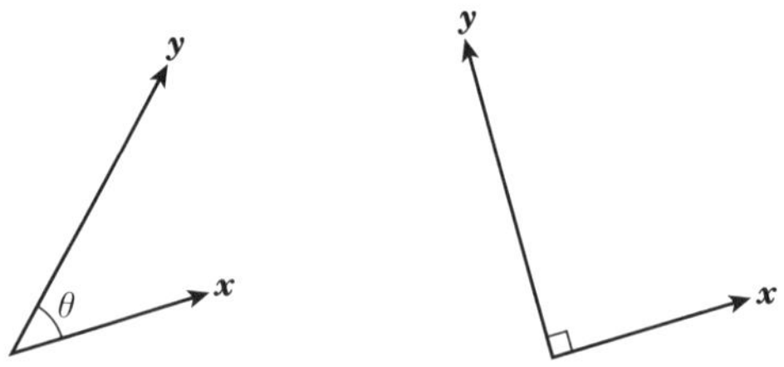

$\boldsymbol{x}\cdot\boldsymbol{y} = \|\boldsymbol{x}\|\|\boldsymbol{y}\|\cos\theta$　　　$\boldsymbol{x}\cdot\boldsymbol{y} = 0$

それでは n 項列ベクトル空間 $\boldsymbol{R}^n$ に内積を導入しよう.

定理 6.1.3　$\boldsymbol{x}$ と $\boldsymbol{y}$ の内積

$\boldsymbol{R}^n$ の元　$\boldsymbol{x}=\begin{pmatrix} x_1 \\ x_2 \\ \vdots \\ x_n \end{pmatrix}$, $\boldsymbol{y}=\begin{pmatrix} y_1 \\ y_2 \\ \vdots \\ y_n \end{pmatrix}$　に対して

$$\boldsymbol{x}\cdot\boldsymbol{y}={}^t\boldsymbol{x}\boldsymbol{y}=x_1y_1+x_2y_2+\cdots+x_ny_n$$

とすると, $\boldsymbol{x}\cdot\boldsymbol{y}$ は内積の公理をみたす.

解説　この ${}^t\boldsymbol{x}\boldsymbol{y}$ は行列の積の意味で

$${}^t\boldsymbol{x}\boldsymbol{y}={}^t\begin{pmatrix} x_1 \\ x_2 \\ \vdots \\ x_n \end{pmatrix}\begin{pmatrix} y_1 \\ y_2 \\ \vdots \\ y_n \end{pmatrix}=(x_1\ \ x_2\ \ \cdots\ \ x_n)\begin{pmatrix} y_1 \\ y_2 \\ \vdots \\ y_n \end{pmatrix}$$
$$=x_1y_1+x_2y_2+\cdots+x_ny_n$$

${}^tA=A$ の転置行列
$=A$ の行と列を
入れかえた行列

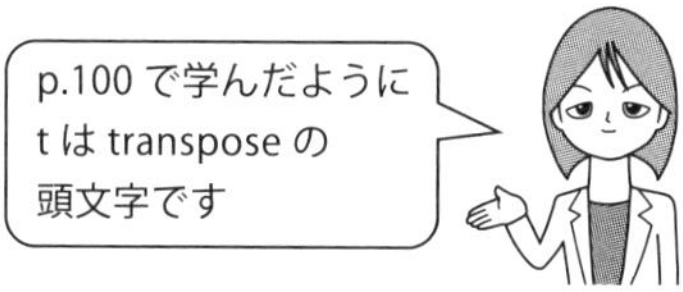
p.100 で学んだように
t は transpose の
頭文字です

と, ベクトルの成分の積和となる.

実数の性質より内積の公理をみたすことはすぐに調べられる. $\boldsymbol{R}^n$ の内積はいろいろ考えられるが, この内積を**自然内積**または**標準内積**という. 以後 $\boldsymbol{R}^n$ の内積という場合には自然内積のこととする.　【解説終】

定理 6.1.4　$\boldsymbol{x}$ の長さ（ノルム）

$\boldsymbol{R}^n$ において内積を定理 6.1.3 のように定義するとき, $\boldsymbol{R}^n$ の元

$$\boldsymbol{x}=\begin{pmatrix} x_1 \\ x_2 \\ \vdots \\ x_n \end{pmatrix}$$

の長さ(ノルム)は次のようになる.

$$\|\boldsymbol{x}\|=\sqrt{{x_1}^2+{x_2}^2+\cdots+{x_n}^2}$$

問題51　ベクトルのノルム, 内積, なす角, 直交

例題

内積空間 $\boldsymbol{R}^3$ において

$$\boldsymbol{a}=\begin{pmatrix}1\\-1\\0\end{pmatrix},\qquad \boldsymbol{b}=\begin{pmatrix}1\\-2\\1\end{pmatrix},\qquad \boldsymbol{c}=\begin{pmatrix}t\\1\\2t\end{pmatrix}$$

とするとき

(1)　$\boldsymbol{a}\cdot\boldsymbol{b}$, $\|\boldsymbol{a}\|$, $\|\boldsymbol{b}\|$の値を求めよう.

(2)　$\boldsymbol{a}$ と $\boldsymbol{b}$ のなす角 θ ($0\leqq\theta\leqq\pi$) を求めよう.

(3)　$\boldsymbol{b}$ と $\boldsymbol{c}$ が直交するような t の値を求めよう.

解答　(1)　$\boldsymbol{R}^n$ の内積および長さの定義より

$$\boldsymbol{a}\cdot\boldsymbol{b}=1\cdot1+(-1)\cdot(-2)+0\cdot1=3$$

$$\|\boldsymbol{a}\|=\sqrt{1^2+(-1)^2+0^2}=\sqrt{2}$$

$$\|\boldsymbol{b}\|=\sqrt{1^2+(-2)^2+1^2}=\sqrt{6}$$

内積空間 $\boldsymbol{R}^n$

$$\boldsymbol{x}\cdot\boldsymbol{y}=x_1y_1+\cdots+x_ny_n$$

$$\|\boldsymbol{x}\|=\sqrt{\boldsymbol{x}\cdot\boldsymbol{x}}=\sqrt{{x_1}^2+\cdots+{x_n}^2}$$

$$\cos\theta=\frac{\boldsymbol{x}\cdot\boldsymbol{y}}{\|\boldsymbol{x}\|\|\boldsymbol{y}\|}$$

(2)　$\boldsymbol{a}$ と $\boldsymbol{b}$ のなす角 θ を求める前に $\cos\theta$ の値を求めておくと, (1)の結果を使って

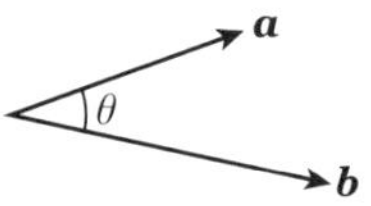
a
θ
b

$$\cos\theta=\frac{\boldsymbol{a}\cdot\boldsymbol{b}}{\|\boldsymbol{a}\|\|\boldsymbol{b}\|}=\frac{3}{\sqrt{2}\cdot\sqrt{6}}$$

$$=\frac{3}{\sqrt{12}}=\frac{3}{2\sqrt{3}}=\frac{\sqrt{3}}{2}$$

$0\leqq\theta\leqq\pi$より

$$\theta=\qquad(=30^\circ)$$

(3)　$\boldsymbol{b}$ と $\boldsymbol{c}$ が直交するということは, 定義より

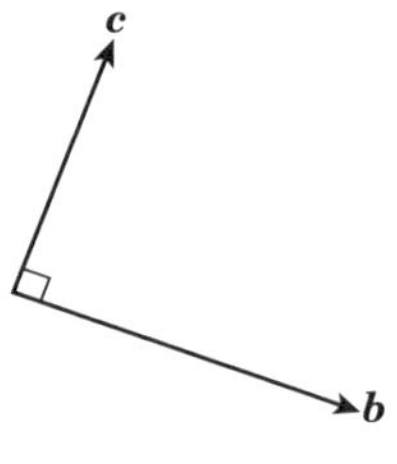
c
b

$$\boldsymbol{b}\cdot\boldsymbol{c}=0$$

なので

$$\boldsymbol{b}\cdot\boldsymbol{c}=1\cdot t+(-2)\cdot1+1\cdot2t=0$$

となる t を求めればよい.

$$t-2+2t=0$$

$$3t=2$$

$$t=\frac{2}{3}$$

【解終】

第１章や高校数学Ｃで
学んだベクトルの内積は,
自然内積のことです

POINT p.201 の R^n の自然内積を用いて計算する

演習 51

内積空間 $\boldsymbol{R}^3$ において

$$\boldsymbol{x}=\begin{pmatrix}-1\\1\\0\end{pmatrix},\qquad \boldsymbol{y}=\begin{pmatrix}2\\0\\-2\end{pmatrix},\qquad \boldsymbol{z}=\begin{pmatrix}2\\3t\\-t\end{pmatrix}$$

とするとき

(1) $\boldsymbol{x}\cdot\boldsymbol{y}$, $\|\boldsymbol{x}\|$, $\|\boldsymbol{y}\|$の値を求めよう.

(2) $\boldsymbol{x}$ と $\boldsymbol{y}$ のなす角 θ $(0\leqq\theta\leqq\pi)$ を求めよう.

(3) $\boldsymbol{x}+\boldsymbol{y}$ と $\boldsymbol{z}$ が直交するような t の値を求めよう.

解答は p.291

解答 (1) $\boldsymbol{R}^n$ の内積および長さの定義より

$\boldsymbol{x}\cdot\boldsymbol{y}=$ ㋐ □

$\|\boldsymbol{x}\|=$ ㋑ □

$\|\boldsymbol{y}\|=$ ㋒ □

(2) $\cos\theta$ の値を求めると

$$\cos\theta=\frac{\boldsymbol{x}\cdot\boldsymbol{y}}{\|\boldsymbol{x}\|\|\boldsymbol{y}\|}=\text{㋓}\ \square$$

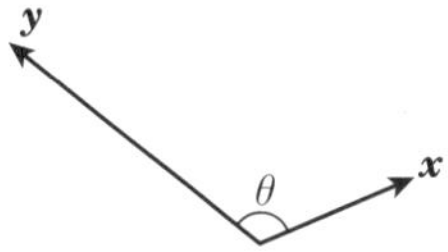

$0\leqq\theta\leqq\pi$ より, $\theta=$ ㋔ □.

(3) 先に $\boldsymbol{x}+\boldsymbol{y}$ を求めておく.

$$\boldsymbol{x}+\boldsymbol{y}=\begin{pmatrix}-1\\1\\0\end{pmatrix}+\begin{pmatrix}2\\0\\-2\end{pmatrix}=\text{㋕}\ \square$$

$\boldsymbol{x}+\boldsymbol{y}$ と $\boldsymbol{z}$ が直交するための条件は

$$(\boldsymbol{x}+\boldsymbol{y})\cdot\boldsymbol{z}=\text{㋖}\ \square$$

内積を計算して

$$(\boldsymbol{x}+\boldsymbol{y})\cdot\boldsymbol{z}=\text{㋗}\ \square=0$$

となる t を求めればよい.

㋘ □ より $t=$ ㋙ □

【解終】

【2】 正規直交基底

線形空間 V には，その空間を作り出すもととなるいくつかの元（げん），つまり“基底”というものがあった．

今度は V に内積を入れ，次のような良い性質をもった基底 $\{\boldsymbol{u}_1, \cdots, \boldsymbol{u}_n\}$ を考えよう．

正規直交基底の定義

実数体上の内積空間 V の元 $\boldsymbol{u}_1, \cdots, \boldsymbol{u}_n$ が

$$\boldsymbol{u}_i \cdot \boldsymbol{u}_j = \begin{cases} 1 & (i=j) \\ 0 & (i \neq j) \end{cases} \quad (i, j = 1, 2, \cdots, n)$$

をみたすとき，$\boldsymbol{u}_1, \cdots, \boldsymbol{u}_n$ は**正規直交系**であるという．

また，V の基底 $\{\boldsymbol{u}_1, \cdots, \boldsymbol{u}_n\}$ が正規直交系でもあるとき，$\{\boldsymbol{u}_1, \cdots, \boldsymbol{u}_n\}$ を**正規直交基底**という．

解説　いいかえれば，正規直交基底 $\{\boldsymbol{u}_1, \cdots, \boldsymbol{u}_n\}$ とは

$$\begin{cases} \|\boldsymbol{u}_i\| = 1 \\ \boldsymbol{u}_i \cdot \boldsymbol{u}_j = 0 \quad (i \neq j) \end{cases}$$

ということ．つまり長さが 1 で，お互いに直交している基底のこと．

$\boldsymbol{R}^n$ においては標準基底

$$\boldsymbol{e}_1 = \begin{pmatrix} 1 \\ 0 \\ \vdots \\ 0 \end{pmatrix}, \quad \boldsymbol{e}_2 = \begin{pmatrix} 0 \\ 1 \\ \vdots \\ 0 \end{pmatrix}, \quad \cdots, \quad \boldsymbol{e}_n = \begin{pmatrix} 0 \\ \vdots \\ 0 \\ 1 \end{pmatrix}$$

が一番代表的なものなのだが，正規直交基底のとり方はたくさんある．

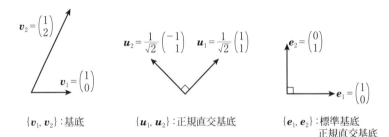

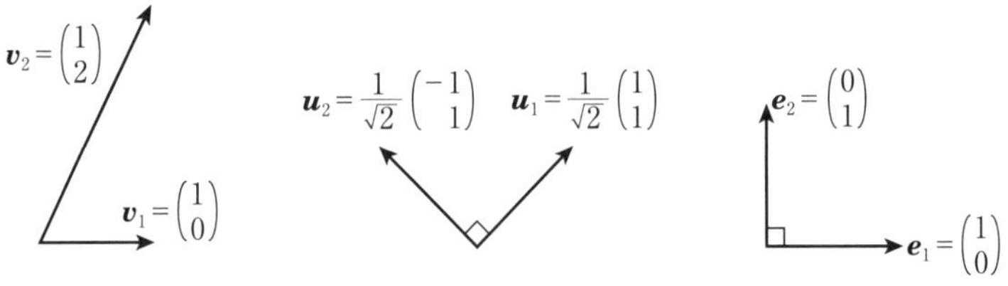

$\{\boldsymbol{v}_1, \boldsymbol{v}_2\}$：基底　　$\{\boldsymbol{u}_1, \boldsymbol{u}_2\}$：正規直交基底　　$\{\boldsymbol{e}_1, \boldsymbol{e}_2\}$：標準基底 正規直交基底

線形空間に基底を定めることは，座標軸を定めることと同じである．

たとえば $\boldsymbol{R}^2$ においては通常，原点 O と x 軸，y 軸が先に定められ，正規直交基底 $\{\boldsymbol{e}_1, \boldsymbol{e}_2\}$ が標準基底とよばれている．

一方

$$\boldsymbol{u}_1 = \frac{1}{\sqrt{2}}\begin{pmatrix}1\\1\end{pmatrix}, \qquad \boldsymbol{u}_2 = \frac{1}{\sqrt{2}}\begin{pmatrix}-1\\1\end{pmatrix}$$

も正規直交基底 $\{\boldsymbol{u}_1, \boldsymbol{u}_2\}$ となるが，どうしてこのようなあまり成分のきれいでない基底を考える必要があるのだろう．

本書の最後の方に出てくる次の例（p.261，演習 66）でみてみよう．

標準基底 $\{\boldsymbol{e}_1, \boldsymbol{e}_2\}$ を基準にしたベクトル空間 $\boldsymbol{R}^2$ において

$$\boldsymbol{x} = x\boldsymbol{e}_1 + y\boldsymbol{e}_2 \quad （ただし，5x^2 + 6xy + 5y^2 = 2）$$

というベクトルの集まりを考えてみよう．一目見ただけでは，どのようなベクトルの集まりかわかりにくい．今，基底を上に出てきた正規直交基底 $\{\boldsymbol{u}_1, \boldsymbol{u}_2\}$ に変え，下図のように 2 つのベクトル $\boldsymbol{u}_1, \boldsymbol{u}_2$ と同じ方向に新しく X 軸，Y 軸を考える．そして先ほどのベクトル $\boldsymbol{x}$ を新しい基底を使って

$$\boldsymbol{x} = X\boldsymbol{u}_1 + Y\boldsymbol{u}_2$$

と表し，$\boldsymbol{u}_1, \boldsymbol{u}_2$ の成分を代入すると次のようになる．

$$\boldsymbol{x} = \frac{X}{\sqrt{2}}\begin{pmatrix}1\\1\end{pmatrix} + \frac{Y}{\sqrt{2}}\begin{pmatrix}-1\\1\end{pmatrix} = \frac{1}{\sqrt{2}}\begin{pmatrix}X-Y\\X+Y\end{pmatrix}$$

$$すなわち，\quad x = \frac{1}{\sqrt{2}}(X-Y), \quad y = \frac{1}{\sqrt{2}}(X+Y)$$

これらを $5x^2 + 6xy + 5y^2 = 2$ に代入すると $4X^2 + Y^2 = 1$ となり，XY 平面で (X, Y) は楕円を描くことがすぐにわかる（詳細は演習 66 の解答を参照）．

対象物がよく見える方向に軸を定め直すことで，見通しがよくなった．

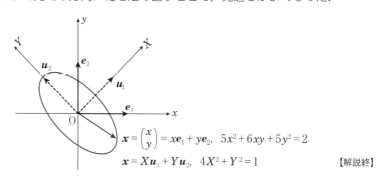

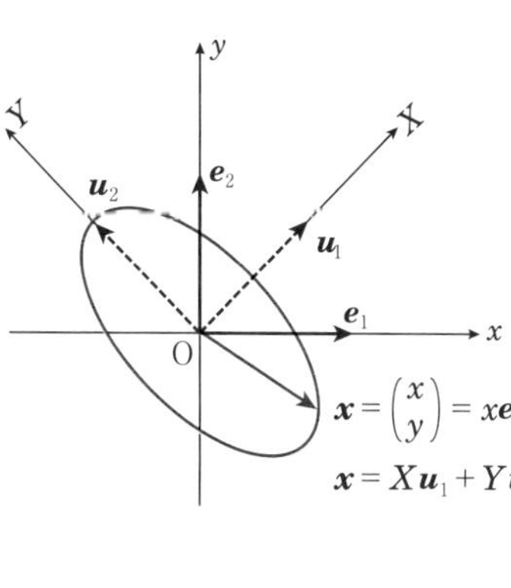

$\boldsymbol{x} = \begin{pmatrix}x\\y\end{pmatrix} = x\boldsymbol{e}_1 + y\boldsymbol{e}_2$，$5x^2 + 6xy + 5y^2 = 2$

$\boldsymbol{x} = X\boldsymbol{u}_1 + Y\boldsymbol{u}_2$，$4X^2 + Y^2 = 1$

【解説終】

基底を正規直交化する方法を紹介するまえに，$\boldsymbol{R}^2$ における正射影について述べる．一般的な内積空間においても，正射影の考え方が拡張される．

公式 6.1.5　正射影ベクトルの公式

$\boldsymbol{R}^2$ の $\boldsymbol{0}$ とは異なる 2 つのベクトル $\boldsymbol{a}, \boldsymbol{b}$ を考える．$\overrightarrow{\mathrm{OA}}=\boldsymbol{a}$, $\overrightarrow{\mathrm{OB}}=\boldsymbol{b}$ とし，A より直線 OB への垂線 AH を下ろしたとき，$\boldsymbol{x}=\overrightarrow{\mathrm{OH}}$ を $\boldsymbol{a}$ の $\boldsymbol{b}$ への**正射影ベクトル**といい，次で与えられる．

$$\boldsymbol{x}=\frac{\boldsymbol{a}\cdot\boldsymbol{b}}{\|\boldsymbol{b}\|^2}\boldsymbol{b}$$

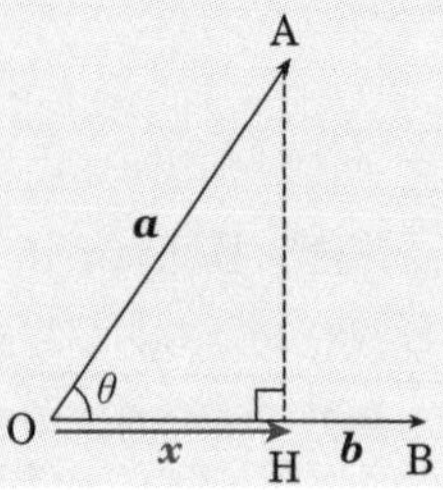

証明　$\boldsymbol{a}$ と $\boldsymbol{b}$ のなす角を θ とする（右上図参照）．

$0\leqq\theta\leqq\dfrac{\pi}{2}$ のとき，$\boldsymbol{x}=\dfrac{\|\boldsymbol{x}\|}{\|\boldsymbol{b}\|}\boldsymbol{b}$,　$\|\boldsymbol{x}\|=\|\boldsymbol{a}\|\cos\theta$,　$\cos\theta=\dfrac{\boldsymbol{a}\cdot\boldsymbol{b}}{\|\boldsymbol{a}\|\|\boldsymbol{b}\|}$ より，

$$\boldsymbol{x}=\frac{\|\boldsymbol{x}\|}{\|\boldsymbol{b}\|}\boldsymbol{b}=\frac{\|\boldsymbol{a}\|}{\|\boldsymbol{b}\|}(\cos\theta)\boldsymbol{b}=\frac{\|\boldsymbol{a}\|}{\|\boldsymbol{b}\|}\ \frac{\boldsymbol{a}\cdot\boldsymbol{b}}{\|\boldsymbol{a}\|\|\boldsymbol{b}\|}\boldsymbol{b}=\frac{\boldsymbol{a}\cdot\boldsymbol{b}}{\|\boldsymbol{b}\|^2}\boldsymbol{b}$$

$\dfrac{\pi}{2}<\theta\leqq\pi$ のときも，$\cos\theta<0$ に注意して同様に示せる．　【証明終】

定理 6.1.6　シュミットの正規直交化法

内積空間 V の基底 $\{\boldsymbol{a}_1, \cdots, \boldsymbol{a}_n\}$ から，次の方法で得られる $\{\boldsymbol{u}_1, \cdots, \boldsymbol{u}_n\}$ は，V の正規直交基底になっている．

	内積計算	直交性（内積 0 に） （$\boldsymbol{b}_n=\boldsymbol{a}_n-$（正射影）の形）	正規性 （長さを 1 に）
手順 ❶			$\boldsymbol{u}_1=\dfrac{1}{\|\boldsymbol{a}_1\|}\boldsymbol{a}_1$
手順 ❷	$c_1^{(2)}=\boldsymbol{a}_2\cdot\boldsymbol{u}_1$	$\boldsymbol{b}_2=\boldsymbol{a}_2-c_1^{(2)}\boldsymbol{u}_1$	$\boldsymbol{u}_2=\dfrac{1}{\|\boldsymbol{b}_2\|}\boldsymbol{b}_2$
手順 ❸	$c_1^{(3)}=\boldsymbol{a}_3\cdot\boldsymbol{u}_1$ $c_2^{(3)}=\boldsymbol{a}_3\cdot\boldsymbol{u}_2$	$\boldsymbol{b}_3=\boldsymbol{a}_3-c_1^{(3)}\boldsymbol{u}_1-c_2^{(3)}\boldsymbol{u}_2$	$\boldsymbol{u}_3=\dfrac{1}{\|\boldsymbol{b}_3\|}\boldsymbol{b}_3$
⋮	⋮	⋮	⋮
手順 ⓝ	$c_1^{(n)}=\boldsymbol{a}_n\cdot\boldsymbol{u}_1$ $c_2^{(n)}=\boldsymbol{a}_n\cdot\boldsymbol{u}_2$ ⋮ $c_{n-1}^{(n)}=\boldsymbol{a}_n\cdot\boldsymbol{u}_{n-1}$	$\boldsymbol{b}_n=\boldsymbol{a}_n-c_1^{(n)}\boldsymbol{u}_1-c_2^{(n)}\boldsymbol{u}_2-\cdots$ $-c_{n-1}^{(n)}\boldsymbol{u}_{n-1}$	$\boldsymbol{u}_n=\dfrac{1}{\|\boldsymbol{b}_n\|}\boldsymbol{b}_n$

解説　きちんとした証明は省略し，$\boldsymbol{R}^3$ で $\{\boldsymbol{u}_1, \boldsymbol{u}_2, \boldsymbol{u}_3\}$ のつくり方を説明しよう．はじめに $\boldsymbol{R}^3$ の1組の基底 $\{\boldsymbol{a}_1, \boldsymbol{a}_2, \boldsymbol{a}_3\}$ があるとする．

手順❶　$\boldsymbol{u}_1$ をつくろう．

$$\boldsymbol{u}_1 = \frac{1}{\|\boldsymbol{a}_1\|}\boldsymbol{a}_1 \quad \text{とすることで} \quad \|\boldsymbol{u}_1\| = 1$$

となる (Fig. 1)．

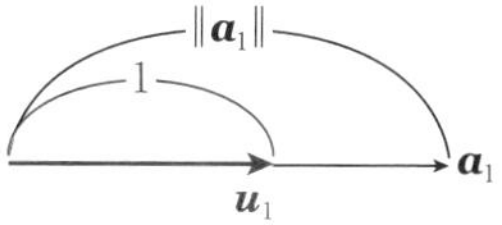

Fig. 1

手順❷　次に $\boldsymbol{u}_2$ をつくろう．

$c_1^{(2)} = \boldsymbol{a}_2 \cdot \boldsymbol{u}_1$ とおく．今，$\boldsymbol{a}_2$ から，$\boldsymbol{a}_2$ の $\boldsymbol{u}_1$ への正射影ベクトル $\dfrac{\boldsymbol{a}_2 \cdot \boldsymbol{u}_1}{\|\boldsymbol{u}_1\|^2}\boldsymbol{u}_1 = c_1^{(2)}\boldsymbol{u}_1$ 引いたベクトル (Fig. 2) を $\boldsymbol{b}_2$ とおくと，

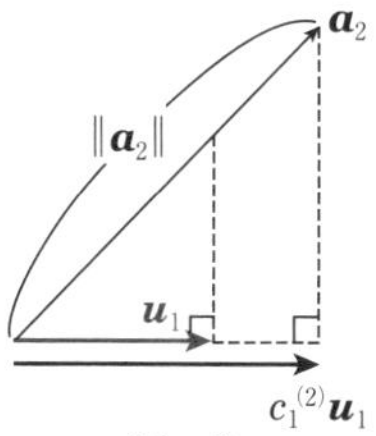

Fig. 2

$$\boldsymbol{b}_2 = \boldsymbol{a}_2 - c_1^{(2)}\boldsymbol{u}_1$$

は $\boldsymbol{u}_1$ と直交する (Fig. 3)．

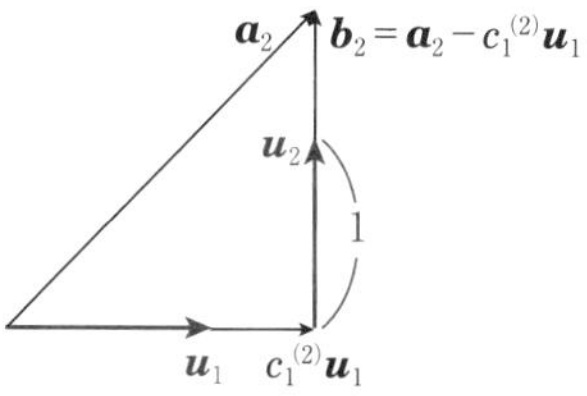

Fig. 3

そこで $\boldsymbol{b}_2$ の長さを1にして $\boldsymbol{u}_2$ とする．

$$\boldsymbol{u}_2 = \frac{1}{\|\boldsymbol{b}_2\|}\boldsymbol{b}_2$$

手順❸　最後に $\boldsymbol{u}_3$ をつくろう．

手順❷と同様に，2つの内積を $c_1^{(3)} = \boldsymbol{a}_3 \cdot \boldsymbol{u}_1$，$c_2^{(3)} = \boldsymbol{a}_3 \cdot \boldsymbol{u}_2$ とおく．今，$\boldsymbol{a}_3$ から，$\boldsymbol{a}_3$ の $\boldsymbol{u}_1$ への正射影ベクトルと $\boldsymbol{a}_3$ の $\boldsymbol{u}_2$ への正射影ベクトル (Fig. 4) を引いたベクトルを $\boldsymbol{b}_3$ とおくと，

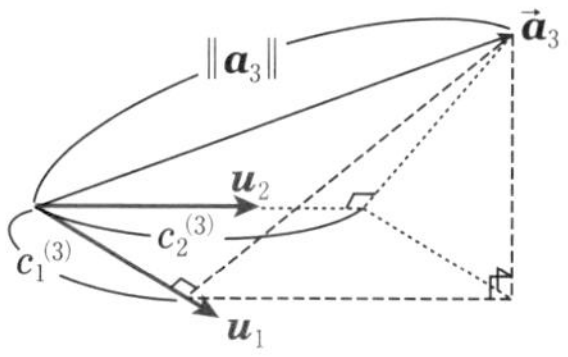

Fig. 4

$$\begin{aligned}\boldsymbol{b}_3 &= \boldsymbol{a}_3 - \frac{\boldsymbol{a}_3 \cdot \boldsymbol{u}_1}{\|\boldsymbol{u}_1\|^2}\boldsymbol{u}_1 - \frac{\boldsymbol{a}_3 \cdot \boldsymbol{u}_2}{\|\boldsymbol{u}_2\|^2}\boldsymbol{u}_2 \\ &= \boldsymbol{a}_3 - c_1^{(3)}\boldsymbol{u}_1 - c_2^{(3)}\boldsymbol{u}_2\end{aligned}$$

は $\boldsymbol{u}_1$ と $\boldsymbol{u}_2$ の両方に直交する (Fig. 5) ので，$\boldsymbol{b}_3$ の長さを1にして $\boldsymbol{u}_3$ をつくる．

$$\boldsymbol{u}_3 = \frac{1}{\|\boldsymbol{b}_3\|}\boldsymbol{b}_3$$

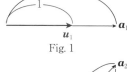

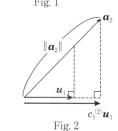

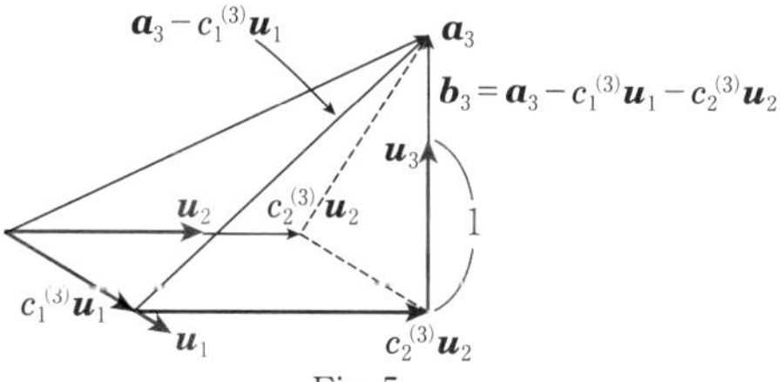

Fig. 5

このようなイメージで V の基底 $\{\boldsymbol{a}_1, \cdots, \boldsymbol{a}_n\}$ より正規直交基底 $\{\boldsymbol{u}_1, \cdots, \boldsymbol{u}_n\}$ をつくってゆく．また，$\boldsymbol{a}_1, \cdots, \boldsymbol{a}_n$ の順序をかえてつくると，ちがう正規直交基底ができ上がる．　**【解説終】**

問題 52　シュミットの正規直交化法

例題

シュミットの方法を使って次の $\boldsymbol{R}^3$ の基底より正規直交基底をつくろう.

$$\boldsymbol{a}_1=\begin{pmatrix}1\\1\\0\end{pmatrix},\qquad \boldsymbol{a}_2=\begin{pmatrix}0\\1\\1\end{pmatrix},\qquad \boldsymbol{a}_3=\begin{pmatrix}1\\0\\1\end{pmatrix}$$

解答　機械的にシュミットの方法に代入してしまおう.

	内積計算	直交性	正規性
手順 ❶	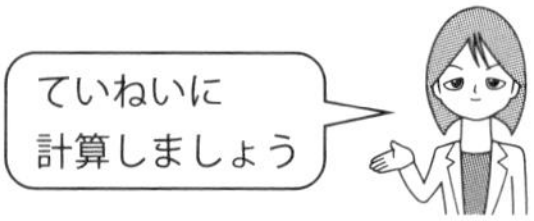		$\boldsymbol{u}_1=\dfrac{1}{\sqrt{1^2+1^2+0^2}}\begin{pmatrix}1\\1\\0\end{pmatrix}$ $=\dfrac{1}{\sqrt{2}}\begin{pmatrix}1\\1\\0\end{pmatrix}$
手順 ❷	$c_1^{(2)}=\begin{pmatrix}0\\1\\1\end{pmatrix}\cdot\left\{\dfrac{1}{\sqrt{2}}\begin{pmatrix}1\\1\\0\end{pmatrix}\right\}$ $=\dfrac{1}{\sqrt{2}}(0\cdot1+1\cdot1+1\cdot0)$ $=\dfrac{1}{\sqrt{2}}$	$\boldsymbol{b}_2=\begin{pmatrix}0\\1\\1\end{pmatrix}-\dfrac{1}{\sqrt{2}}\cdot\dfrac{1}{\sqrt{2}}\begin{pmatrix}1\\1\\0\end{pmatrix}$ $=\begin{pmatrix}0\\1\\1\end{pmatrix}-\dfrac{1}{2}\begin{pmatrix}1\\1\\0\end{pmatrix}=\dfrac{1}{2}\begin{pmatrix}-1\\1\\2\end{pmatrix}$	$\boldsymbol{u}_2=\dfrac{1}{\dfrac{1}{2}\sqrt{(-1)^2+1^2+2^2}}$ $\cdot\dfrac{1}{2}\begin{pmatrix}-1\\1\\2\end{pmatrix}=\dfrac{1}{\sqrt{6}}\begin{pmatrix}-1\\1\\2\end{pmatrix}$
手順 ❸	$c_1^{(3)}=\begin{pmatrix}1\\0\\1\end{pmatrix}\cdot\left\{\dfrac{1}{\sqrt{2}}\begin{pmatrix}1\\1\\0\end{pmatrix}\right\}$ $=\dfrac{1}{\sqrt{2}}(1\cdot1+0\cdot1+1\cdot0)$ $=\dfrac{1}{\sqrt{2}}$ --- $c_2^{(3)}=\begin{pmatrix}1\\0\\1\end{pmatrix}\cdot\left\{\dfrac{1}{\sqrt{6}}\begin{pmatrix}-1\\1\\2\end{pmatrix}\right\}$ $=\dfrac{1}{\sqrt{6}}\{1\cdot(-1)+0\cdot1+1\cdot2\}$ $=\dfrac{1}{\sqrt{6}}$	$\boldsymbol{b}_3=\begin{pmatrix}1\\0\\1\end{pmatrix}-\dfrac{1}{\sqrt{2}}\cdot\dfrac{1}{\sqrt{2}}\begin{pmatrix}1\\1\\0\end{pmatrix}$ $-\dfrac{1}{\sqrt{6}}\cdot\dfrac{1}{\sqrt{6}}\begin{pmatrix}-1\\1\\2\end{pmatrix}$ $=\begin{pmatrix}1\\0\\1\end{pmatrix}-\dfrac{1}{2}\begin{pmatrix}1\\1\\0\end{pmatrix}-\dfrac{1}{6}\begin{pmatrix}-1\\1\\2\end{pmatrix}$ $=\dfrac{2}{3}\begin{pmatrix}1\\-1\\1\end{pmatrix}$	$\boldsymbol{u}_3=\dfrac{1}{\dfrac{2}{3}\sqrt{1^2+(-1)^2+1^2}}$ $\cdot\dfrac{2}{3}\begin{pmatrix}1\\-1\\1\end{pmatrix}$ $=\dfrac{1}{\sqrt{3}}\begin{pmatrix}1\\-1\\1\end{pmatrix}$

ゆえに，正規直交基底 $\left\{\dfrac{1}{\sqrt{2}}\begin{pmatrix}1\\1\\0\end{pmatrix},\ \dfrac{1}{\sqrt{6}}\begin{pmatrix}-1\\1\\2\end{pmatrix},\ \dfrac{1}{\sqrt{3}}\begin{pmatrix}1\\-1\\1\end{pmatrix}\right\}$ がつくれた.

【解終】

POINT▷ p.206 定理 6.1.6 シュミットの正規直交化法の手順で $\boldsymbol{u}_1$, $\boldsymbol{u}_2$, …と順に求めていく

演習 52

シュミットの方法を使って，次の $\boldsymbol{R}^3$ の基底より正規直交基底をつくろう．

$$\boldsymbol{a}_1=\begin{pmatrix}1\\1\\-1\end{pmatrix},\quad \boldsymbol{a}_2=\begin{pmatrix}-2\\0\\1\end{pmatrix},\quad \boldsymbol{a}_3=\begin{pmatrix}-1\\2\\2\end{pmatrix}$$

解答は p.291

解答

	内積計算	直交性	正規性
手順❶			㋐ $\boldsymbol{u}_1=$
手順❷	㋑ $c_1^{(2)}=$	㋒ $\boldsymbol{b}_2=$	㋓ $\boldsymbol{u}_2=$
手順❸	㋔ $c_1^{(3)}=$ ㋕ $c_2^{(3)}=$	㋖ $\boldsymbol{b}_3=$	㋗ $\boldsymbol{u}_3=$

正規直交基底は ㋘ [　　　　]

【解終】

Section 6.2

直交行列，直交変換

直交行列の定義

n 次正方行列 U が**直交行列**であるとは，

$$ {}^tUU=E $$

が成り立つことをいう．ただし，E は n 次単位行列である．

解説 このとき，p.100 定理 4.1.2，p.90 定理 3.3.6 より

$$ |U|^2=|{}^tU||U|=|{}^tUU|=|E|=1 $$

ゆえに，$|U|=\pm 1\neq 0$ なので，p.103 定理 4.1.4(1) より U は正則で U^{-1} が存在して，$U^{-1}={}^tU$ となる．また，$U{}^tU=E$ も成り立つ．【解説終】

定理 6.2.2 で直交行列の性質を証明するが，そのために次の定理を紹介する．

定理 6.2.1 $\boldsymbol{R}^n$ の正規直交基底

線形空間 $\boldsymbol{R}^n$ の n 個の元 $\boldsymbol{u}_1,\cdots,\boldsymbol{u}_n$ が正規直交系であることと，$\{\boldsymbol{u}_1,\cdots,\boldsymbol{u}_n\}$ が $\boldsymbol{R}^n$ の正規直交基底となることは同値である．

定理 6.2.2 直交行列の性質

n 次正方行列 $U=(\boldsymbol{u}_1,\cdots,\boldsymbol{u}_n)$ について，次の 4 つは同値である．

(i) U は直交行列．

(ii) $\boldsymbol{u}_1,\cdots,\boldsymbol{u}_n$ は $\boldsymbol{R}^n$ の正規直交系，すなわち，$\{\boldsymbol{u}_1,\cdots,\boldsymbol{u}_n\}$ は $\boldsymbol{R}^n$ の正規直交基底（定理 6.2.1 より）．

(iii) 任意の $\boldsymbol{x}\in\boldsymbol{R}^n$ に対して，$\|U\boldsymbol{x}\|=\|\boldsymbol{x}\|$

(iv) 任意の $\boldsymbol{x},\boldsymbol{y}\in\boldsymbol{R}^n$ に対して，$(U\boldsymbol{x})\cdot(U\boldsymbol{y})=\boldsymbol{x}\cdot\boldsymbol{y}$

証明 ❶ (i) $\Longleftrightarrow$ (ii)：${}^tUU=\begin{pmatrix}\boldsymbol{u}_1\cdot\boldsymbol{u}_1 & \cdots & \boldsymbol{u}_1\cdot\boldsymbol{u}_n\\ \vdots & & \vdots\\ \boldsymbol{u}_n\cdot\boldsymbol{u}_1 & \cdots & \boldsymbol{u}_n\cdot\boldsymbol{u}_n\end{pmatrix}$ と計算できるので，

$$ \text{(i)} \underset{\text{def.}}{\Longleftrightarrow} {}^tUU=E \Longleftrightarrow \boldsymbol{u}_i\cdot\boldsymbol{u}_j=\begin{cases}1 & (i=j)\\ 0 & (i\neq j)\end{cases} \underset{\text{def.}}{\Longleftrightarrow} \boldsymbol{u}_1,\cdots,\boldsymbol{u}_n \text{ は } \boldsymbol{R}^n \text{ の正規直交系} $$

❷(i) $\Longrightarrow$ (iii)：U を直交行列とすると，${}^tUU=E$ なので，定理 4.1.1 を用いて

$$\|U\boldsymbol{x}\|^2=(U\boldsymbol{x})\cdot(U\boldsymbol{x})={}^t(U\boldsymbol{x})U\boldsymbol{x}={}^t\boldsymbol{x}{}^tUU\boldsymbol{x}={}^t\boldsymbol{x}E\boldsymbol{x}={}^t\boldsymbol{x}\boldsymbol{x}=\boldsymbol{x}\cdot\boldsymbol{x}=\|\boldsymbol{x}\|^2$$

ゆえに，　$\|U\boldsymbol{x}\|=\boldsymbol{x}$

❸(iii) $\Longrightarrow$ (iv)：任意の $\boldsymbol{x},\boldsymbol{y}\in\boldsymbol{R}^n$ に対して，

$$\|\boldsymbol{x}+\boldsymbol{y}\|^2=\|\boldsymbol{x}\|^2+2\boldsymbol{x}\cdot\boldsymbol{y}+\|\boldsymbol{y}\|^2$$

$$\|U(\boldsymbol{x}+\boldsymbol{y})\|^2=\|U\boldsymbol{x}+U\boldsymbol{y}\|^2=\|U\boldsymbol{x}\|^2+2(U\boldsymbol{x})\cdot(U\boldsymbol{y})+\|U\boldsymbol{y}\|^2$$

が成り立つ．条件(iii)により，〰〰部分は上下でそれぞれ等しいから，

$$(U\boldsymbol{x})\cdot(U\boldsymbol{y})=\boldsymbol{x}\cdot\boldsymbol{y}$$

❹(iv) $\Longrightarrow$ (ii)：$\{\boldsymbol{e}_1,\cdots,\boldsymbol{e}_n\}$ を $\boldsymbol{R}^n$ の標準基底とする．

(iv) において $\boldsymbol{x}=\boldsymbol{e}_i$，$\boldsymbol{y}=\boldsymbol{e}_j$ とすると，$\boldsymbol{u}_i=U\boldsymbol{e}_i$，$\boldsymbol{u}_j=U\boldsymbol{e}_j$ に注意して，

$$\boldsymbol{u}_i\cdot\boldsymbol{u}_j=(U\boldsymbol{e}_i)\cdot(U\boldsymbol{e}_j)=\boldsymbol{e}_i\cdot\boldsymbol{e}_j=\begin{cases}1 & (i=j)\\ 0 & (i\neq j)\end{cases}$$

【証明終】

線形変換の定義

V を実数体上の線形空間とする．

線形写像 $f:V\to V$

を**線形変換**という．

解説　変換とは，同じ空間内での移動である．V の基底を決めておけば，定理 5.7.1 ❶より線形変換には必ず 1 つの表現行列が対応しているので，線形変換の性質を調べるにはその表現行列を調べればよい．特に，表現行列が直交行列であるとき，次のように直交変換が定義される．【解説終】

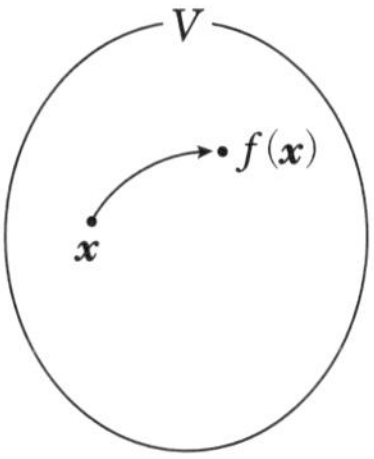

直交変換の定義

線形変換

$$f:\boldsymbol{R}^n\to\boldsymbol{R}^n$$

が，表現行列として n 次の直交行列 U を用いて，

$$f(\boldsymbol{x})=f_U(\boldsymbol{x})=U\boldsymbol{x}\quad(\boldsymbol{x}\in\boldsymbol{R}^n)$$

で定まるとき，f を直交変換という．

解説 定理 6.2.2 の(iii), (iv)より，直交変換は長さ，内積を保ち，よって「なす角」も保つ，良い性質の線形変換であることがわかる．つまり，直交変換は図形をそれと合同な図形に写す．次の問題 53 は，直交変換の重要例である．

【解説終】

問題 53 直交行列，直交変換

例題

> 次の行列 A について，$\boldsymbol{R}^2$ の線形変換 f_A は直交変換であることを示そう．
>
> $$A=\begin{pmatrix}\cos\theta & -\sin\theta\\ \sin\theta & \cos\theta\end{pmatrix}$$

解説 この f_A は，原点のまわりを θ だけ回転させるという線形変換である（§6.7 も参照）．f_A とは表現行列が A ということなので

$$f_A(\boldsymbol{x})=A\boldsymbol{x}=\begin{pmatrix}\cos\theta & -\sin\theta\\ \sin\theta & \cos\theta\end{pmatrix}\begin{pmatrix}x\\ y\end{pmatrix}=\begin{pmatrix}x\cos\theta-y\sin\theta\\ x\sin\theta+y\cos\theta\end{pmatrix}$$

ゆえに $\begin{pmatrix}x\\ y\end{pmatrix}\xrightarrow{f_A}\begin{pmatrix}X\\ Y\end{pmatrix}$ とすると

$$\begin{cases}X=x\cos\theta-y\sin\theta\\ Y=x\sin\theta+y\cos\theta\end{cases}$$ という関係式が成立する．

線形変換 f_A

$f_A(\boldsymbol{x})=A\boldsymbol{x}$

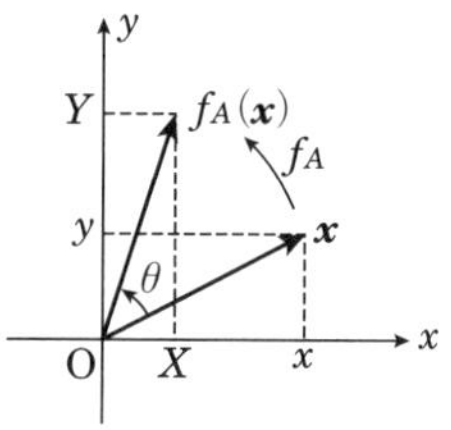

【解説終】

解 答 A が直交行列であること，つまり，${}^tAA=E$ を示そう．

$${}^tAA={}^t\begin{pmatrix}\cos\theta & -\sin\theta\\ \sin\theta & \cos\theta\end{pmatrix}\begin{pmatrix}\cos\theta & -\sin\theta\\ \sin\theta & \cos\theta\end{pmatrix}$$

$$=\begin{pmatrix}\cos\theta & \sin\theta\\ -\sin\theta & \cos\theta\end{pmatrix}\begin{pmatrix}\cos\theta & -\sin\theta\\ \sin\theta & \cos\theta\end{pmatrix}$$

$$=\begin{pmatrix}\cos^2\theta+\sin^2\theta & \cos\theta\,(-\sin\theta)+\sin\theta\cos\theta\\ -\sin\theta\cos\theta+\cos\theta\sin\theta & (-\sin\theta)(-\sin\theta)+\cos^2\theta\end{pmatrix}=\begin{pmatrix}1 & 0\\ 0 & 1\end{pmatrix}$$

直交行列の定義

A：直交行列 $\overset{\text{def.}}{\Longleftrightarrow}$ ${}^tAA=E$

【解終】

${}^tA=A$ の転置行列
$=A$ の行と列を入れかえた行列

$\sin^2\theta+\cos^2\theta=1$

POINT U は直交行列 $\iff {}^tUU = E$

演習 53

次の行列 U が直交行列となるように a, b を定めよう．

$$U = \begin{pmatrix} \frac{\sqrt{3}}{2} & a \\ \frac{1}{2} & b \end{pmatrix}$$

解答は p.291

解答 直交行列の性質（p.210，定理 6.2.2（ii））

$$U = (\boldsymbol{u}_1, \cdots, \boldsymbol{u}_n), \qquad \boldsymbol{u}_i \cdot \boldsymbol{u}_j = \begin{cases} 1 & (i = j) \\ 0 & (i \neq j) \end{cases}$$

を使って解こう．今の場合

$$\boldsymbol{u}_1 = ㋐\boxed{}, \quad \boldsymbol{u}_2 = ㋑\boxed{} \quad \text{とおくと，}$$

$$\boldsymbol{u}_1 \cdot \boldsymbol{u}_1 = \boldsymbol{u}_2 \cdot \boldsymbol{u}_2 = ㋒\boxed{}, \quad \boldsymbol{u}_1 \cdot \boldsymbol{u}_2 = \boldsymbol{u}_2 \cdot \boldsymbol{u}_1 = ㋓\boxed{}$$

となってほしい．成分を使って計算すると

$$\boldsymbol{u}_2 \cdot \boldsymbol{u}_2 = ㋔\boxed{} \qquad \cdots①$$

$$\boldsymbol{u}_1 \cdot \boldsymbol{u}_2 = \boldsymbol{u}_2 \cdot \boldsymbol{u}_1 = ㋕\boxed{} \qquad \cdots②$$

②より　$b = ㋖\boxed{}\,a$ 　…③

①へ代入して a を求めると

㋗$\boxed{}$

③に代入して b を求めると　$b = ㋘\boxed{}$

ゆえに

$$a = ㋙\boxed{}, \quad b = ㋚\boxed{} \qquad （複号同順）$$

【解終】

Section 6.3

固有値，固有ベクトル

固有値，固有ベクトルの定義

線形変換 $f: V \to V$ の表現行列を A とする．ある実数λに対し

$$f(\boldsymbol{v}) = \lambda \boldsymbol{v} \quad \text{つまり} \quad A\boldsymbol{v} = \lambda \boldsymbol{v}$$

をみたすベクトル $\boldsymbol{v}$ $(\boldsymbol{v} \neq \boldsymbol{0})$ が存在するとき，λを A の**固有値**，$\boldsymbol{v}$ を固有値λに属する**固有ベクトル**という．

解説 $f(\boldsymbol{v}) = \lambda \boldsymbol{v}$，つまりベクトル $\boldsymbol{v}$ の f による行き先が $\boldsymbol{v}$ の λ 倍になっている特別な λ と $\boldsymbol{v}$ $(\boldsymbol{v} \neq \boldsymbol{0})$ を行列 A の固有値，固有ベクトルという．行列 A に対して，固有値は 1 つとは限らない．

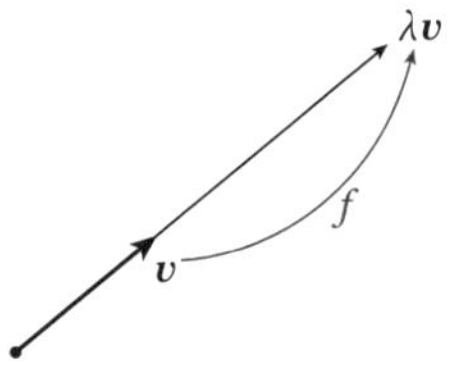

【解説終】

定理 6.3.1

n 次正方行列 A に対し次の同値関係が成立する．

$$\lambda \text{ は } A \text{ の固有値} \iff |\lambda E - A| = 0 \quad (\lambda : \text{実数})$$

証明 A を表現行列にもつ線形変換を f とすると，実数λについて

λが A の固有値

$\iff$ $f(\boldsymbol{v}) = \lambda \boldsymbol{v}$ となる $\boldsymbol{v} \neq \boldsymbol{0}$ が存在する．

$\iff$ $A\boldsymbol{v} = \lambda \boldsymbol{v}$ となる $\boldsymbol{v} \neq \boldsymbol{0}$ が存在する．

$\iff$ $\lambda E\boldsymbol{v} - A\boldsymbol{v} = \boldsymbol{0}$ となる $\boldsymbol{v} \neq \boldsymbol{0}$ が存在する．

$\iff$ $(\lambda E - A)\boldsymbol{v} = \boldsymbol{0}$ となる $\boldsymbol{v} \neq \boldsymbol{0}$ が存在する．

$\iff$ 連立 1 次方程式 $(\lambda E - A)\boldsymbol{v} = \boldsymbol{0}$ が自明でない解をもつ．

$\iff$ $|\lambda E - A| = 0$

【証明終】

> **連立1次方程式 $A\boldsymbol{v} = \boldsymbol{0}$**
>
> 自明でない解をもつ
>
> $\iff$ 解の自由度>0
>
> $\iff$ $\operatorname{rank} A < n$
>
> $\iff$ $|A| = 0$

固有方程式の定義

n 次正方行列 A に対し

$$|xE-A|=0$$

を A の**固有方程式**という.

解説

$$A=\begin{pmatrix} a_{11} & a_{12} & \cdots & a_{1n} \\ a_{21} & a_{22} & \cdots & a_{2n} \\ \vdots & \vdots & & \vdots \\ a_{n1} & a_{n2} & \cdots & a_{nn} \end{pmatrix}$$

のとき, A の固有方程式は

$$|xE-A|=\begin{vmatrix} x-a_{11} & -a_{12} & \cdots & -a_{1n} \\ -a_{21} & x-a_{22} & \cdots & -a_{2n} \\ \vdots & \vdots & & \vdots \\ -a_{n1} & -a_{n2} & \cdots & x-a_{nn} \end{vmatrix}=0$$

で, 行列式を計算すると x に関する n 次方程式となる. 方程式の左辺は A の成分にすべて − をつけ, 左上から右下への対角線上の成分 x を加えたものである. 変数 x の位置に気をつけよう.

たとえば

$$A=\begin{pmatrix} 1 & 2 \\ 3 & 4 \end{pmatrix} \quad \text{のとき} \quad |xE-A|=\begin{vmatrix} x-1 & -2 \\ -3 & x-4 \end{vmatrix}$$

となる.

定理 6.3.1 より, この固有方程式を解けばその実数解が A の固有値となる. 本書では, V を実数体上の線形空間としているので, 固有方程式の実数ではない複素数解は A の固有値と言わないことにする. 【解説終】

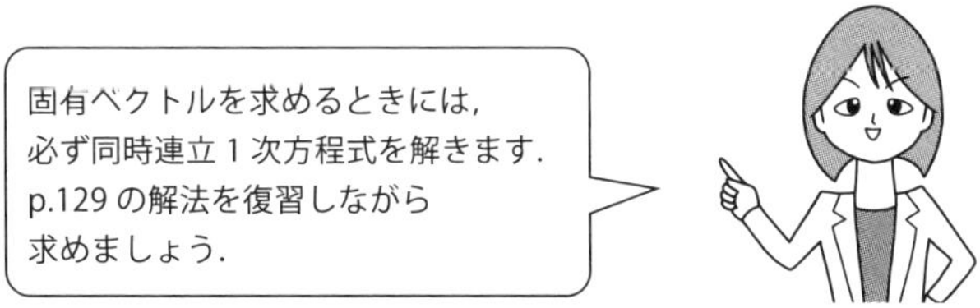
固有ベクトルを求めるときには,
必ず同時連立 1 次方程式を解きます.
p.129 の解法を復習しながら
求めましょう.

問題 54　2次正方行列の固有値と固有ベクトル

例題

行列 $A=\begin{pmatrix}1 & -2\\ 3 & -4\end{pmatrix}$ の固有値と，それに属する固有ベクトルを求めよう．

解答　A の固有方程式 $|xE-A|=0$ より

$$|xE-A|=\begin{vmatrix}x-1 & -(-2)\\ -3 & x-(-4)\end{vmatrix}=\begin{vmatrix}x-1 & 2\\ -3 & x+4\end{vmatrix}$$

$$=(x-1)(x+4)-2(-3)$$

$$=x^2+3x+2=(x+2)(x+1)=0$$

これを解くと $x=-2,\ -1$

つまり A の固有値は $\lambda_1=-2$，$\lambda_2=-1$ の2つとなる．

次にそれぞれに属する固有ベクトルを求めよう．

> $|\lambda E-A|=0 \Leftrightarrow$ λは A の固有値（λ：実数）

> **固有値 λ，固有ベクトル $\boldsymbol{v}$**
>
> $A\boldsymbol{v}=\lambda\boldsymbol{v}\quad(\boldsymbol{v}\neq\boldsymbol{0})$

$\lambda_1=-2$ のとき

固有ベクトルを $\boldsymbol{v}_1=\begin{pmatrix}x_1\\ x_2\end{pmatrix}$ とすると

$A\boldsymbol{v}_1=-2\boldsymbol{v}_1$ より $(A+2E)\boldsymbol{v}_1=\boldsymbol{0}$

$$\left\{\begin{pmatrix}1 & -2\\ 3 & -4\end{pmatrix}+2\begin{pmatrix}1 & 0\\ 0 & 1\end{pmatrix}\right\}\begin{pmatrix}x_1\\ x_2\end{pmatrix}=\begin{pmatrix}0\\ 0\end{pmatrix}$$

$$\begin{pmatrix}3 & -2\\ 3 & -2\end{pmatrix}\begin{pmatrix}x_1\\ x_2\end{pmatrix}=\begin{pmatrix}0\\ 0\end{pmatrix}$$

係数行列を行基本変形して

$$\begin{pmatrix}3 & -2\\ 0 & 0\end{pmatrix}\begin{pmatrix}x_1\\ x_2\end{pmatrix}=\begin{pmatrix}0\\ 0\end{pmatrix}$$

$3x_1=2x_2$

これを解くと $x_1=2k_1$，$x_2=3k_1$

ゆえに，$\boldsymbol{v}_1=\begin{pmatrix}x_1\\ x_2\end{pmatrix}=k_1\begin{pmatrix}2\\ 3\end{pmatrix}$

$\lambda_2=-1$ のとき

固有ベクトルを $\boldsymbol{v}_2=\begin{pmatrix}y_1\\ y_2\end{pmatrix}$ とすると

$A\boldsymbol{v}_2=-1\boldsymbol{v}_2$ より $(A+E)\boldsymbol{v}_2=\boldsymbol{0}$

$$\left\{\begin{pmatrix}1 & -2\\ 3 & -4\end{pmatrix}+\begin{pmatrix}1 & 0\\ 0 & 1\end{pmatrix}\right\}\begin{pmatrix}y_1\\ y_2\end{pmatrix}=\begin{pmatrix}0\\ 0\end{pmatrix}$$

$$\begin{pmatrix}2 & -2\\ 3 & -3\end{pmatrix}\begin{pmatrix}y_1\\ y_2\end{pmatrix}=\begin{pmatrix}0\\ 0\end{pmatrix}$$

係数行列を行基本変形して

$$\begin{pmatrix}1 & -1\\ 0 & 0\end{pmatrix}\begin{pmatrix}y_1\\ y_2\end{pmatrix}=\begin{pmatrix}0\\ 0\end{pmatrix}$$

$y_1=y_2$

これを解くと $y_1=y_2=k_2$

ゆえに，$\boldsymbol{v}_2=\begin{pmatrix}y_1\\ y_2\end{pmatrix}=k_2\begin{pmatrix}1\\ 1\end{pmatrix}$

$\boldsymbol{0}$ は固有ベクトルに入れないので $k_1, k_2\neq 0$.

$\therefore\quad \boldsymbol{v}_1=k_1\begin{pmatrix}2\\ 3\end{pmatrix}$ （k_1 は0でない任意実数）

$\therefore\quad \boldsymbol{v}_2=k_2\begin{pmatrix}1\\ 1\end{pmatrix}$ （k_2 は0でない任意実数）

【解終】

POINT $|\lambda E - A| = 0 \iff \lambda$ は A の固有値,
そして固有ベクトル $\boldsymbol{v}$ に対し，$A\boldsymbol{v} = \lambda\boldsymbol{v}$

演習 54

行列 $B = \begin{pmatrix} 2 & -2 \\ -1 & 3 \end{pmatrix}$ の固有値と，それに属する固有ベクトルを求めよう.

解答は p.292

解答 B の固有方程式 $|xE - B| = 0$ を解く.

㋐ □

ゆえに固有値は $\lambda_1 =$ ㋑□，$\lambda_2 =$ ㋒□ ($\lambda_1 < \lambda_2$ としておく).

次に固有ベクトルを求める.

$\lambda_1 =$ ㋑□ のとき

固有ベクトルを $\boldsymbol{v}_1 = \begin{pmatrix} x_1 \\ x_2 \end{pmatrix}$ とおくと

$B\boldsymbol{v}_1 =$ ㋓□ $\boldsymbol{v}_1$ より

㋔ □

ゆえに固有ベクトルは

$\boldsymbol{v}_1 =$ ㋕□

(k_1 は 0 でない任意実数)

$\lambda_2 =$ ㋒□ のとき

固有ベクトルを $\boldsymbol{v}_2 = \begin{pmatrix} y_1 \\ y_2 \end{pmatrix}$ とおくと

$B\boldsymbol{v}_2 =$ ㋖□ $\boldsymbol{v}_2$ より

㋗ □

ゆえに固有ベクトルは

$\boldsymbol{v}_2 =$ ㋘□

(k_2 は 0 でない任意実数)

【解終】

問題 55　3 次正方行列の固有値と固有ベクトル

例題

行列 $A=\begin{pmatrix} 1 & 2 & -4 \\ 2 & 1 & 4 \\ -1 & -1 & -1 \end{pmatrix}$ の固有値，固有ベクトルを求めよう．

解 答　まず固有方程式を解こう．因数をくくり出せるよう工夫してゆくと

$$|xE-A|=\begin{vmatrix} x-1 & -2 & 4 \\ -2 & x-1 & -4 \\ 1 & 1 & x+1 \end{vmatrix} \overset{①'+②'\times(-1)}{=} \begin{vmatrix} x+1 & -2 & 4 \\ -(x+1) & x-1 & -4 \\ 0 & 1 & x+1 \end{vmatrix}$$

$$=(x+1)\begin{vmatrix} 1 & -2 & 4 \\ -1 & x-1 & -4 \\ 0 & 1 & x+1 \end{vmatrix} \overset{②+①\times 1}{=} (x+1)\begin{vmatrix} 1 & -2 & 4 \\ 0 & x-3 & 0 \\ 0 & 1 & x+1 \end{vmatrix}$$

$$\overset{①'で展開}{=} (x+1)\cdot 1\cdot(-1)^{1+1}\begin{vmatrix} x-3 & 0 \\ 1 & x+1 \end{vmatrix} = (x+1)(x-3)(x+1)=0$$

固有方程式の解は　$x=3,\ -1$（重解）なので，固有値は $\lambda_1=3,\ \lambda_2=-1$.

それぞれの固有ベクトルをそれぞれ $\boldsymbol{v}_1=\begin{pmatrix} x_1 \\ x_2 \\ x_3 \end{pmatrix},\ \boldsymbol{v}_2=\begin{pmatrix} y_1 \\ y_2 \\ y_3 \end{pmatrix}$ とおいて，求めよう．

$\lambda_1=3$ のとき $A\boldsymbol{v}_1=3\boldsymbol{v}_1$ より $(A-3E)\boldsymbol{v}_1=\boldsymbol{0}$

$$\left\{\begin{pmatrix} 1 & 2 & -4 \\ 2 & 1 & 4 \\ -1 & -1 & -1 \end{pmatrix}-3\begin{pmatrix} 1 & 0 & 0 \\ 0 & 1 & 0 \\ 0 & 0 & 1 \end{pmatrix}\right\}\begin{pmatrix} x_1 \\ x_2 \\ x_3 \end{pmatrix}=\begin{pmatrix} 0 \\ 0 \\ 0 \end{pmatrix}$$

$$\begin{pmatrix} -2 & 2 & -4 \\ 2 & -2 & 4 \\ -1 & -1 & -4 \end{pmatrix}\begin{pmatrix} x_1 \\ x_2 \\ x_3 \end{pmatrix}=\begin{pmatrix} 0 \\ 0 \\ 0 \end{pmatrix}$$

$$\begin{pmatrix} 1 & 0 & 3 \\ 0 & 1 & 1 \\ 0 & 0 & 0 \end{pmatrix}\begin{pmatrix} x_1 \\ x_2 \\ x_3 \end{pmatrix}=\begin{pmatrix} 0 \\ 0 \\ 0 \end{pmatrix}$$

$x_1=-3x_3,\quad x_2=-x_3$　より

$$\begin{cases} x_1=-3k_1 \\ x_2=-k_1 \\ x_3=k_1 \end{cases}$$ と表される．

ゆえに固有ベクトルは　$\boldsymbol{v}_1=k_1\begin{pmatrix} -3 \\ -1 \\ 1 \end{pmatrix}$

（k_1 は 0 でない任意実数）

$\lambda_1=-1$ のとき $A\boldsymbol{v}_2=-\boldsymbol{v}_2$ より $(A+E)\boldsymbol{v}_2=\boldsymbol{0}$

$$\left\{\begin{pmatrix} 1 & 2 & -4 \\ 2 & 1 & 4 \\ -1 & -1 & -1 \end{pmatrix}+\begin{pmatrix} 1 & 0 & 0 \\ 0 & 1 & 0 \\ 0 & 0 & 1 \end{pmatrix}\right\}\begin{pmatrix} y_1 \\ y_2 \\ y_3 \end{pmatrix}=\begin{pmatrix} 0 \\ 0 \\ 0 \end{pmatrix}$$

$$\begin{pmatrix} 2 & 2 & -4 \\ 2 & 2 & 4 \\ -1 & -1 & 0 \end{pmatrix}\begin{pmatrix} y_1 \\ y_2 \\ y_3 \end{pmatrix}=\begin{pmatrix} 0 \\ 0 \\ 0 \end{pmatrix}$$

$$\begin{pmatrix} 1 & 1 & 0 \\ 0 & 0 & 1 \\ 0 & 0 & 0 \end{pmatrix}\begin{pmatrix} y_1 \\ y_2 \\ y_3 \end{pmatrix}=\begin{pmatrix} 0 \\ 0 \\ 0 \end{pmatrix}$$

$y_1=-y_1,\quad y_3=0$　より

$$\begin{cases} y_1=k_2 \\ y_2=-k_2 \\ y_3=0 \end{cases}$$ と表される．

ゆえに固有ベクトルは　$\boldsymbol{v}_2=k_2\begin{pmatrix} 1 \\ -1 \\ 0 \end{pmatrix}$

（k_2 は 0 でない任意実数）　**【解終】**

POINT $|\lambda E - A| = 0 \Leftrightarrow \lambda$ は A の固有値，
そして固有ベクトル $\boldsymbol{v}$ に対し，$A\boldsymbol{v} = \lambda\boldsymbol{v}$

演習 55

行列 $B = \begin{pmatrix} 3 & -1 & -3 \\ 8 & -6 & -3 \\ -4 & 4 & 2 \end{pmatrix}$ の固有値，固有ベクトルを求めよう．

解答は p.292

解答 固有方程式を解く．

$|xE - B| =$ ㋐

ゆえに固有値は $\lambda_1 =$ ㋑□，$\lambda_2 =$ ㋒□ $(\lambda_1 > \lambda_2)$ である．

次にそれぞれに属する固有ベクトルを求める．

$\lambda_1 =$ ㋑□ のとき ㋓

ゆえに固有ベクトルは

㋔

$\lambda_2 =$ ㋒□ のとき ㋕

ゆえに固有ベクトルは

㋖

【解終】

Section 6.4

行列の対角化

対角行列の定義

左上から右下への対角線上の成分以外はすべて 0 である正方行列

$$\begin{pmatrix} a_{11} & 0 & \cdots & 0 \\ 0 & a_{22} & \cdots & 0 \\ \vdots & \vdots & \ddots & \vdots \\ 0 & 0 & \cdots & a_{nn} \end{pmatrix}$$

を**対角行列**という.

対角行列と密接に関連している“行列の対角化”について述べる.

対角化の定義

n 次正方行列 A について，ある正則行列 P が存在して

$P^{-1}AP$ が対角行列

となるとき，A は**対角化可能**であるという．また，行列 A に対して，正則行列 P を見つけて $P^{-1}AP$ を対角行列にすることを A の**対角化**という.

解説　$P^{-1}AP$ はある意味で A と同じとみなせるので，特にその中で一番シンプルな表現方法を求めることは重要である．対角行列はとても扱いやすい表現なので，対角化できると嬉しい状況が出てくる.　【解説終】

対角化に関して，まずは，対角化可能の必要十分条件を述べた定理を紹介する.

定理 6.4.1　対角化可能であるための必要十分条件

n 次正方行列 A が対角化可能であるための必要十分条件は，A が n 個の線形独立な固有ベクトルをもつことである.

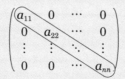

証明　n 次正方行列 A が固有値 $\lambda_1, \lambda_2, \cdots, \lambda_n$ をもち，それぞれに属する固有ベクトルを $\boldsymbol{v}_1, \boldsymbol{v}_2, \cdots, \boldsymbol{v}_n$ として，これらは線形独立であるとする．このとき，これらを並べて　$P=(\boldsymbol{v}_1, \boldsymbol{v}_2, \cdots, \boldsymbol{v}_n)$　とおくと，

$$AP=A(\boldsymbol{v}_1, \boldsymbol{v}_2, \cdots, \boldsymbol{v}_n)=(A\boldsymbol{v}_1, A\boldsymbol{v}_2, \cdots, A\boldsymbol{v}_n)=(\lambda_1\boldsymbol{v}_1, \lambda_2\boldsymbol{v}_2, \cdots, \lambda_n\boldsymbol{v}_n)$$

$$=(\boldsymbol{v}_1, \boldsymbol{v}_2, \cdots, \boldsymbol{v}_n)\begin{pmatrix}\lambda_1 & & \text{\huge 0} \\ & \lambda_2 & \\ \text{\huge 0} & & \ddots \\ & & & \lambda_n\end{pmatrix}=P\begin{pmatrix}\lambda_1 & & \text{\huge 0} \\ & \lambda_2 & \\ \text{\huge 0} & & \ddots \\ & & & \lambda_n\end{pmatrix}$$

$\boldsymbol{v}_1, \boldsymbol{v}_2, \cdots, \boldsymbol{v}_n$ は線形独立なので，p.157 定理 5.3.1 より，$|P| \neq 0$ となる．ゆえに P は正則行列であり，逆行列 P^{-1} が存在する（p.103 定理 4.1.4）ので，

$$P^{-1}AP=\begin{pmatrix}\lambda_1 & & \text{\huge 0} \\ & \lambda_2 & \\ \text{\huge 0} & & \ddots \\ & & & \lambda_n\end{pmatrix} \tag{1}$$

と対角行列になる．

逆に，A が対角化可能のとき，(1)が成立して，P^{-1} が存在しているので，$|P| \neq 0$ より，$P=(\boldsymbol{v}_1, \boldsymbol{v}_2, \cdots, \boldsymbol{v}_n)$ の列ベクトル $\boldsymbol{v}_1, \boldsymbol{v}_2, \cdots, \boldsymbol{v}_n$ は線形独立であり，

$$AP=P\begin{pmatrix}\lambda_1 & & \text{\huge 0} \\ & \lambda_2 & \\ \text{\huge 0} & & \ddots \\ & & & \lambda_n\end{pmatrix}$$

すなわち　$(A\boldsymbol{v}_1, A\boldsymbol{v}_2, \cdots, A\boldsymbol{v}_n)=(\lambda_1\boldsymbol{v}_1, \lambda_2\boldsymbol{v}_2, \cdots, \lambda_n\boldsymbol{v}_n)$

が成り立つので，$A\boldsymbol{v}_1=\lambda_1\boldsymbol{v}_1$，　$A\boldsymbol{v}_2=\lambda_2\boldsymbol{v}_2$，　$\cdots$，　$A\boldsymbol{v}_n=\lambda_n\boldsymbol{v}_n$ となり，A は n 個の線形独立な固有ベクトルをもつ．　**【証明終】**

定理 6.4.2　固有ベクトルの線形独立性

相異なる固有値に属する固有ベクトルは線形独立である．

証明　n 次正方行列 A の相異なる固有値を

$$\lambda_1, \lambda_2, \cdots, \lambda_r \quad (r \leqq n)$$

とし，それぞれに属する固有ベクトルを

$$\boldsymbol{v}_1, \boldsymbol{v}_2, \cdots, \boldsymbol{v}_r$$

とすると固有値，固有ベクトルの関係より

$$A\boldsymbol{v}_1=\lambda_1\boldsymbol{v}_1,\ \ A\boldsymbol{v}_2=\lambda_2\boldsymbol{v}_2,\ \ \cdots,\ \ A\boldsymbol{v}_r=\lambda_r\boldsymbol{v}_r$$

が成り立っている．

$\boldsymbol{v}_1\neq\boldsymbol{0}$ であるから $\boldsymbol{v}_1$ は 1 つで線形独立である．

線形独立

$c_1\boldsymbol{v}_1+\cdots+c_n\boldsymbol{v}_n=\boldsymbol{0}$
$\Rightarrow c_1=\cdots=c_n=0$

そこで

$$\boldsymbol{v}_1,\cdots,\boldsymbol{v}_k\quad(k<r)$$

は線形独立であるが

$$\boldsymbol{v}_1,\cdots,\boldsymbol{v}_k,\boldsymbol{v}_{k+1}$$

線形従属

$c_1\boldsymbol{v}_1+\cdots+c_n\boldsymbol{v}_n=\boldsymbol{0}$
ある $c_i\neq 0$

は線形従属になると仮定してみよう．すると，$\boldsymbol{v}_{k+1}$ は

$$\boldsymbol{v}_{k+1}=c_1\boldsymbol{v}_1+\cdots+c_k\boldsymbol{v}_k \tag{2}$$

のように $\boldsymbol{v}_1,\cdots,\boldsymbol{v}_k$ の線形結合で書けて，この両辺に左より A をかけると

$$A\boldsymbol{v}_{k+1}=A(c_1\boldsymbol{v}_1+\cdots+c_k\boldsymbol{v}_k)$$

$$A\boldsymbol{v}_{k+1}=c_1(A\boldsymbol{v}_1)+\cdots+c_k(A\boldsymbol{v}_k)$$

固有値，固有ベクトルの関係より，次のようになる．

$$\lambda_{k+1}\boldsymbol{v}_{k+1}=c_1(\lambda_1\boldsymbol{v}_1)+\cdots+c_k(\lambda_k\boldsymbol{v}_k)$$

一方，(2)の両辺に λ_{k+1} をかけると

固有値，固有ベクトル

$A\boldsymbol{v}=\lambda\boldsymbol{v}$

$$\lambda_{k+1}\boldsymbol{v}_{k+1}=c_1\lambda_{k+1}\boldsymbol{v}_1+\cdots+c_k\lambda_{k+1}\boldsymbol{v}_k$$

となるので，辺々引くと

$$\boldsymbol{0}=c_1(\lambda_1-\lambda_{k+1})\boldsymbol{v}_1+\cdots+c_k(\lambda_k-\lambda_{k+1})\boldsymbol{v}_k$$

となる．$\boldsymbol{v}_1,\cdots,\boldsymbol{v}_k$ は線形独立と仮定したから

$$c_1(\lambda_1-\lambda_{k+1})=0,\ \ \cdots,\ \ c_k(\lambda_k-\lambda_{k+1})=0$$

であり，さらに $\lambda_1,\cdots,\lambda_{k+1}$ は相異なる A の固有値だったので

$\lambda_i\neq\lambda_{k+1}$ $(i=1,\cdots,k)$ より

$$c_1=0,\ \ \cdots,\ \ c_k=0$$

を得る．すると

$$\boldsymbol{v}_{k+1}=c_1\boldsymbol{v}_1+\cdots+c_k\boldsymbol{v}_k=\boldsymbol{0}$$

となり，これは $\boldsymbol{v}_{k+1}$ が固有ベクトルであることに反する．したがって

$$\boldsymbol{v}_1,\cdots,\boldsymbol{v}_k,\boldsymbol{v}_{k+1}$$

は線形独立となり，結局

$$\boldsymbol{v}_1,\cdots,\boldsymbol{v}_r$$

は線形独立となる．　【証明終】

これらの定理から次の定理を得ることができる.

定理 6.4.3　対角化可能であるための十分条件

n 次正方行列 A が相異なる n 個の固有値をもつならば，適当な正則行列 P により A は対角化可能である.

定理 6.4.3 は相異なる n 個の固有値をもてば必ず対角化可能であることを示している．そこで，対角化の手順を紹介する.

《対角化の手順》（A が相異なる n 個の固有値をもつ場合）

手順❶　A の固有値 $\lambda_1, \cdots, \lambda_n$ を求める.

手順❷　$\lambda_1, \cdots, \lambda_n$ に属する（線形独立な）固有ベクトル $\boldsymbol{v}_1, \cdots, \boldsymbol{v}_n$ を求める.

手順❸　$P = (\boldsymbol{v}_1, \cdots, \boldsymbol{v}_n)$ とおくと P は正則行列で，$P^{-1}AP = \begin{pmatrix} \lambda_1 & & 0 \\ & \ddots & \\ 0 & & \lambda_n \end{pmatrix}$

と対角化される.

逆に，n 次正方行列 A が対角化可能であるためには，A が相異なる n 個の固有値をもつことが必ずしも必要ではない．実際，固有方程式が重解をもっている場合，対角化可能な場合もあれば，対角化不可能な場合もある．これらを踏まえて対角化可能の判定の仕方についてまとめると次のようになる.

《対角化可能性の判定法》

A を n 次正方行列とする.

（1）　A の固有方程式が n 個の相異なる実数解をもつとき，A は対角化可能.

（2）　A の固有方程式が k 重解（$k \geqq 2$）をもつとき，

　（2-i）　線形独立な n 個の固有ベクトルがあれば，対角化可能.

　（2-ii）　線形独立な n 個の固有ベクトルがなければ，対角化不可能.

固有値

λ：A の固有値

$$\Leftrightarrow\ |\lambda E - A| = \begin{vmatrix} \lambda - a_{11} & \cdots & -a_{1n} \\ \vdots & \ddots & \vdots \\ -a_{n1} & \cdots & \lambda - a_{nn} \end{vmatrix} = 0$$

この判定法を問題 58,
問題 59 で適用します

問題 56　正則行列 P による行列の対角化①

例題

行列 $A=\begin{pmatrix}5 & 2\\ 1 & 4\end{pmatrix}$ を対角化しよう.

手順❶	固有値	$\lambda_1=3$	$\lambda_2=6$
手順❷	固有ベクトル	$k_1\begin{pmatrix}-1\\ 1\end{pmatrix}$ $k_1=1\downarrow$	$k_2\begin{pmatrix}2\\ 1\end{pmatrix}$ $k_2=1\downarrow$
手順❸	正則行列 P	$\begin{pmatrix}-1\\ 1\end{pmatrix}$	$\begin{pmatrix}2\\ 1\end{pmatrix}$
手順❸	対角化 $P^{-1}AP$	$\begin{pmatrix}3\\ 0\end{pmatrix}$	$\begin{pmatrix}0\\ 6\end{pmatrix}$

解答　前頁の手順に従って計算し，求まったら右の表に書きこんでいこう.

手順❶　A の固有方程式は

$$|xE-A|=\begin{vmatrix}x-5 & -2\\ -1 & x-4\end{vmatrix}$$
$$=(x-5)(x-4)-(-1)(-2)=x^2-9x+18=(x-6)(x-3)=0$$

ゆえに A の固有値は　$\lambda_1=3$，$\lambda_2=6$

手順❷　それぞれに属する固有ベクトルを求めよう.

$\lambda_1=3$ のとき，

固有ベクトルを $\boldsymbol{v}_1=\begin{pmatrix}x_1\\ x_2\end{pmatrix}$ とすると

$A\boldsymbol{v}_1=3\boldsymbol{v}_1$ より $(A-3E)\boldsymbol{v}_1=\boldsymbol{0}$

$$\begin{pmatrix}2 & 2\\ 1 & 1\end{pmatrix}\begin{pmatrix}x_1\\ x_2\end{pmatrix}=\begin{pmatrix}0\\ 0\end{pmatrix}$$

係数行列を行基本変形して

$$\begin{pmatrix}1 & 1\\ 0 & 0\end{pmatrix}\begin{pmatrix}x_1\\ x_2\end{pmatrix}=\begin{pmatrix}0\\ 0\end{pmatrix}$$

$x_1=-x_2$ より

$$\boldsymbol{v}_1=\begin{pmatrix}x_1\\ x_2\end{pmatrix}=k_1\begin{pmatrix}-1\\ 1\end{pmatrix}\quad(k_1\neq 0)$$

$\lambda_2=6$ のとき，

固有ベクトルを $\boldsymbol{v}_2=\begin{pmatrix}y_1\\ y_2\end{pmatrix}$ とすると

$A\boldsymbol{v}_2=6\boldsymbol{v}_2$ より $(A-6E)\boldsymbol{v}_2=\boldsymbol{0}$

$$\begin{pmatrix}-1 & 2\\ 1 & -2\end{pmatrix}\begin{pmatrix}y_1\\ y_2\end{pmatrix}=\begin{pmatrix}0\\ 0\end{pmatrix}$$

係数行列を行基本変形して

$$\begin{pmatrix}1 & -2\\ 0 & 0\end{pmatrix}\begin{pmatrix}y_1\\ y_2\end{pmatrix}=\begin{pmatrix}0\\ 0\end{pmatrix}$$

$y_1=2y_2$ より

$$\boldsymbol{v}_2=\begin{pmatrix}y_1\\ y_2\end{pmatrix}=k_2\begin{pmatrix}2\\ 1\end{pmatrix}\quad(k_2\neq 0)$$

手順❸　❷で求めた固有ベクトルにおける k_1, k_2 は 0 でない任意の実数でよいから，たとえば $k_1=k_2=1$ とおいて正則行列 P をつくると A は次のように対角化される.

$$P=\begin{pmatrix}-1 & 2\\ 1 & 1\end{pmatrix},\qquad P^{-1}AP=\begin{pmatrix}3 & 0\\ 0 & 6\end{pmatrix}$$ 【解終】

p.227 の下も
読んでみて下さいね.

POINT p.223《対角化の手順》の通りに計算する

演習 56

行列 $B=\begin{pmatrix} 7 & 4 \\ -12 & -7 \end{pmatrix}$ を対角化しよう.

解答は p.293

解答 手順に従って計算し，それに従って右の表を埋めてゆこう.

		㋙	
手順❶	固有値		
手順❷	固有ベクトル		
手順❸	正則行列 P		
	対角化 $P^{-1}BP$		

手順❶　B の固有値 $\lambda_1, \lambda_2\ (\lambda_1 < \lambda_2)$ を求める.

㋐

手順❷

$\lambda_1 =$ ㋑ □ に属する固有ベクトルを求める.

㋒

$\lambda_2 =$ ㋓ □ に属する固有ベクトルを求める.

㋔

手順❸　❷の結果より正則行列 P を求める.

$k_1 =$ ㋕ □，$k_2 =$ ㋖ □ とおいて P をつくると

$P =$ ㋗ □

この P を使うと，B は次のように対角化される.

$P^{-1}BP =$ ㋘ □

【解終】

問題 57 正則行列 P による行列の対角化②

例題

行列 $A=\begin{pmatrix}-1&0&0\\8&1&2\\3&0&2\end{pmatrix}$ を対角化しよう.

解 答 2次の正方行列のときと手順はまったく同じである.

手順❶ A の固有値を求めよう. 固有方程式をつくって解いてゆく.

$$|xE-A|=\begin{vmatrix}x+1&0&0\\-8&x-1&-2\\-3&0&x-2\end{vmatrix}\overset{①で展開}{=}(x+1)\begin{vmatrix}x-1&-2\\0&x-2\end{vmatrix}$$

$$=(x+1)(x-1)(x-2)=0$$

$$\therefore\quad x=-1,1,2$$

ゆえに固有値は $\lambda_1=-1,\quad \lambda_2=1,\quad \lambda_3=2$

手順❷ それぞれの固有値に属する固有ベクトルを $\boldsymbol{v}_1=\begin{pmatrix}x_1\\x_2\\x_3\end{pmatrix},\boldsymbol{v}_2=\begin{pmatrix}y_1\\y_2\\y_3\end{pmatrix},\boldsymbol{v}_3\begin{pmatrix}z_1\\z_2\\z_3\end{pmatrix}$.

とする.

$\lambda_1=-1$ のとき $A\boldsymbol{v}_1=(-1)\boldsymbol{v}_1$ より $(A+E)\boldsymbol{v}_1=\boldsymbol{0}$

$$\left\{\begin{pmatrix}-1&0&0\\8&1&2\\3&0&2\end{pmatrix}+\begin{pmatrix}1&0&0\\0&1&0\\0&0&1\end{pmatrix}\right\}\begin{pmatrix}x_1\\x_2\\x_3\end{pmatrix}=\begin{pmatrix}0\\0\\0\end{pmatrix}$$

$$\begin{pmatrix}0&0&0\\8&2&2\\3&0&3\end{pmatrix}\begin{pmatrix}x_1\\x_2\\x_3\end{pmatrix}=\begin{pmatrix}0\\0\\0\end{pmatrix},\qquad\begin{pmatrix}1&0&1\\0&1&-3\\0&0&0\end{pmatrix}\begin{pmatrix}x_1\\x_2\\x_3\end{pmatrix}=\begin{pmatrix}0\\0\\0\end{pmatrix}$$

$$\begin{cases}x_1=-x_3\\x_2=3x_3\end{cases}\text{ より,}\quad \boldsymbol{v}_1=\begin{pmatrix}x_1\\x_2\\x_3\end{pmatrix}=k_1\begin{pmatrix}-1\\3\\1\end{pmatrix}\quad(k_1\neq0)$$

$\lambda_2=1$ のとき $A\boldsymbol{v}_2=1\boldsymbol{v}_2$ より $(A-E)\boldsymbol{v}_2=\boldsymbol{0}$

$$\left\{\begin{pmatrix}-1&0&0\\8&1&2\\3&0&2\end{pmatrix}-\begin{pmatrix}1&0&0\\0&1&0\\0&0&1\end{pmatrix}\right\}\begin{pmatrix}y\\y_2\\y_3\end{pmatrix}=\begin{pmatrix}0\\0\\0\end{pmatrix}$$

$$\begin{pmatrix}-2&0&0\\8&0&2\\3&0&1\end{pmatrix}\begin{pmatrix}y_1\\y_2\\y_3\end{pmatrix}=\begin{pmatrix}0\\0\\0\end{pmatrix},\qquad\begin{pmatrix}1&0&0\\0&0&1\\0&0&0\end{pmatrix}\begin{pmatrix}y_1\\y_2\\y_3\end{pmatrix}=\begin{pmatrix}0\\0\\0\end{pmatrix}$$

$$\begin{cases} y_1 = 0 \\ y_3 = 0 \end{cases} \text{ より，} \quad \boldsymbol{v}_2 = \begin{pmatrix} y_1 \\ y_2 \\ y_3 \end{pmatrix} = k_2 \begin{pmatrix} 0 \\ 1 \\ 0 \end{pmatrix} \quad (k_2 \neq 0)$$

$\lambda_3 = 2$ のとき $A\boldsymbol{v}_3 = 2\boldsymbol{v}_3$ より $(A - 2E)\,\boldsymbol{v}_3 = \boldsymbol{0}$

$$\left\{ \begin{pmatrix} -1 & 0 & 0 \\ 8 & 1 & 2 \\ 3 & 0 & 2 \end{pmatrix} - 2\begin{pmatrix} 1 & 0 & 0 \\ 0 & 1 & 0 \\ 0 & 0 & 1 \end{pmatrix} \right\} \begin{pmatrix} z_1 \\ z_2 \\ z_3 \end{pmatrix} = \begin{pmatrix} 0 \\ 0 \\ 0 \end{pmatrix}$$

$$\begin{pmatrix} -3 & 0 & 0 \\ 8 & -1 & 2 \\ 3 & 0 & 0 \end{pmatrix} \begin{pmatrix} z_1 \\ z_2 \\ z_3 \end{pmatrix} = \begin{pmatrix} 0 \\ 0 \\ 0 \end{pmatrix}, \qquad \begin{pmatrix} 1 & 0 & 0 \\ 0 & 1 & -2 \\ 0 & 0 & 0 \end{pmatrix} \begin{pmatrix} z_1 \\ z_2 \\ z_3 \end{pmatrix} = \begin{pmatrix} 0 \\ 0 \\ 0 \end{pmatrix}$$

$$\begin{cases} z_1 = 0 \\ z_2 = 2z_3 \end{cases} \text{ より，} \quad \boldsymbol{v}_3 = \begin{pmatrix} z_1 \\ z_2 \\ z_3 \end{pmatrix} = k_3 \begin{pmatrix} 0 \\ 2 \\ 1 \end{pmatrix} \quad (k_3 \neq 0)$$

手順❸　求めた固有ベクトルを使って A を対角化させる正則行列 P をつくろう．

$k_1 = k_2 = k_3 = 1$ とおいて，固有ベクトルを並べて正則行列 P をつくると

$$P = \begin{pmatrix} -1 & 0 & 0 \\ 3 & 1 & 2 \\ 1 & 0 & 1 \end{pmatrix}$$

そして

$$P^{-1}AP = \begin{pmatrix} -1 & 0 & 0 \\ 0 & 1 & 0 \\ 0 & 0 & 2 \end{pmatrix}$$

と A が対角化される．

【解終】

手順❶	固有値	$\lambda_1 = -1$	$\lambda_2 = 1$	$\lambda_3 = 2$
手順❷	固有ベクトル	$k_1\begin{pmatrix} -1 \\ 3 \\ 1 \end{pmatrix}$ $k_1 = 1 \downarrow$	$k_2\begin{pmatrix} 0 \\ 1 \\ 0 \end{pmatrix}$ $k_2 = 1 \downarrow$	$k_3\begin{pmatrix} 0 \\ 2 \\ 1 \end{pmatrix}$ $k_3 = 1 \downarrow$
手順❸	正則行列 P	$\begin{pmatrix} -1 & 0 & 0 \\ 3 & 1 & 2 \\ 1 & 0 & 1 \end{pmatrix}$		
	対角化 $P^{-1}AP$	$\begin{pmatrix} -1 & 0 & 0 \\ 0 & 1 & 0 \\ 0 & 0 & 2 \end{pmatrix}$		

$P^{-1} = \begin{pmatrix} -1 & 0 & 0 \\ 1 & 1 & -2 \\ 1 & 0 & 1 \end{pmatrix}$ を求め（§4.7 を参照），$AP = (\lambda_1\boldsymbol{v}_1, \lambda_2\boldsymbol{v}_2, \lambda_3\boldsymbol{v}_3) = \begin{pmatrix} 1 & 0 & 0 \\ -3 & 1 & 4 \\ -1 & 0 & 2 \end{pmatrix}$

であることに注意すると，

$$P^{-1}AP = \begin{pmatrix} -1 & 0 & 0 \\ 1 & 1 & -2 \\ 1 & 0 & 1 \end{pmatrix} \begin{pmatrix} 1 & 0 & 0 \\ -3 & 1 & 4 \\ -1 & 0 & 2 \end{pmatrix} = \begin{pmatrix} -1 & 0 & 0 \\ 0 & 1 & 0 \\ 0 & 0 & 2 \end{pmatrix}$$

と対角行列ができ，固有値の -1，1，2 がきれいに並びました！
この“ちょっとした感動”を実感し，じっくり味わってみて下さい．
すべての問題で P^{-1} や $P^{-1}AP$ を計算してみる必要はありませんが，
いくつかの問題で実際に手を動かすことで，より深く理解できます．

POINT p.223《対角化の手順》の通りに計算する

演習 57

行列 $B=\begin{pmatrix} 1 & -1 & 2 \\ -1 & 1 & -1 \\ -1 & 1 & -2 \end{pmatrix}$ を対角化しよう.

解答は p.293

解答 手順❶ B の固有値 $\lambda_1, \lambda_2, \lambda_3$ $(\lambda_1 < \lambda_2 < \lambda_3)$ を求める.

㋐

手順❷ それぞれの固有値に属する固有ベクトルを求める.

㋑

手順❸　❷で求めた固有ベクトルより B を対角化させる正則行列 P をつくると

ウ
$P=$

となる．これにより B を対角化すると

エ
$P^{-1}BP=$

【解終】

オ

手順❶	固有値			
手順❷	固有ベクトル			
手順❸	正則行列 P			
	対角化 $P^{-1}BP$			

上の表における固有値の並べ方が異なれば，
P も $P^{-1}AP$ も異なった行列になります．
また，k_1，k_2，k_3 の値の選び方によっても
異なった P が得られます．
問題 56，60，61，62 でも同じです．

問題 58　2 次正方行列の対角化可能性の判定

例題

行列 $A=\begin{pmatrix}1 & 0\\ 2 & 1\end{pmatrix}$ が対角化可能か，判定しよう．

解答　手順❶　A の固有値を求めよう．まずは，固有方程式をつくる．

$$|xE-A|=\begin{vmatrix}x-1 & 0\\ -2 & x-1\end{vmatrix}=(x-1)^2=0 \qquad \therefore \quad x=1\ (\text{重解})$$

ゆえに，$\lambda_1=\lambda_2=1$.

手順❷　固有ベクトルを求めよう．

$\lambda_1=\lambda_2=1$ のとき，$\boldsymbol{v}_1=\begin{pmatrix}x_1\\ x_2\end{pmatrix}$ とおくと $A\boldsymbol{v}_1=\boldsymbol{v}_1$ より，$(A-E)\boldsymbol{v}_1=\boldsymbol{0}$

$$\begin{pmatrix}0 & 0\\ 2 & 0\end{pmatrix}\begin{pmatrix}x_1\\ x_2\end{pmatrix}=\begin{pmatrix}0\\ 0\end{pmatrix}, \qquad \begin{pmatrix}1 & 0\\ 0 & 0\end{pmatrix}\begin{pmatrix}x_1\\ x_2\end{pmatrix}=\begin{pmatrix}0\\ 0\end{pmatrix}$$

つまり，$x_1=0$ である．したがって，

$$\boldsymbol{v}_1=\begin{pmatrix}x_1\\ x_2\end{pmatrix}=k_1\begin{pmatrix}0\\ 1\end{pmatrix} \qquad (k_1\ \text{は 0 でない任意実数})$$

ゆえに，固有ベクトルは

$$\begin{pmatrix}0\\ 1\end{pmatrix}$$

の 1 つのみである．したがって，p.223 対角化可能性の判定法の (2-ii) より，対角化不可能である．　**【解終】**

《対角化可能性の判定法》

A を n 次正方行列とする．

(1)　A の固有方程式が n 個の相異なる実数解をもつとき，A は対角化可能．

(2)　A の固有方程式が k 重解（$k \geqq 2$）をもつとき，

　(2-i)　線形独立な n 個の固有ベクトルがあれば，対角化可能．

　(2-ii)　線形独立な n 個の固有ベクトルがなければ，対角化不可能．

POINT p.223《対角化可能性の判定法》を用いる

演習 58

行列 $A=\begin{pmatrix} 1 & 2 \\ -1 & 3 \end{pmatrix}$ が対角化可能か，判定しよう．

解答は p.294

解答 手順❶ A の固有値を求めよう．まずは，固有方程式をつくる．

㋐ [ ]

手順❷ 固有ベクトルを求めよう．

㋑ [ ]

よって，固有ベクトルは㋒[ ]個である．したがって，p.223 対角化可能性の判定法の㋓[ ]より，対角化㋔[ ]である．

【解終】

問題 59　3 次正方行列の対角化可能性の判定

例題

行列 $A=\begin{pmatrix} -1 & 0 & 4 \\ -4 & 3 & 4 \\ 0 & -1 & 3 \end{pmatrix}$ が対角化可能か，判定しよう．

解答　手順❶　A の固有値を求めよう．まずは，固有方程式をつくる．

$$|xE-A|=\begin{vmatrix} x+1 & 0 & -4 \\ 4 & x-3 & -4 \\ 0 & 1 & x-3 \end{vmatrix} \overset{②'で展開等による}{=} (x-1)^2(x-3)=0 \qquad x=3,1\ (重解)$$

ゆえに，$\lambda_1=3,\quad \lambda_2=\lambda_3=1$

手順❷　固有ベクトルを求めよう．

$\lambda_1=3$ のとき，$\boldsymbol{v}_1=\begin{pmatrix} x_1 \\ x_2 \\ x_3 \end{pmatrix}$ とおくと $A\boldsymbol{v}_1=3\boldsymbol{v}_1$ より，$(A-3E)\boldsymbol{v}_1=\boldsymbol{0}$

$$\begin{pmatrix} -4 & 0 & 4 \\ -4 & 0 & 4 \\ 0 & -4 & 0 \end{pmatrix}\begin{pmatrix} x_1 \\ x_2 \\ x_3 \end{pmatrix}=\begin{pmatrix} 0 \\ 0 \\ 0 \end{pmatrix}, \qquad \begin{pmatrix} 1 & 0 & -1 \\ 0 & 1 & 0 \\ 0 & 0 & 0 \end{pmatrix}\begin{pmatrix} x_1 \\ x_2 \\ x_3 \end{pmatrix}=\begin{pmatrix} 0 \\ 0 \\ 0 \end{pmatrix}$$

$$\begin{cases} x_1=x_3 \\ x_2=0 \end{cases} \text{より，}\boldsymbol{v}_1=\begin{pmatrix} x_1 \\ x_2 \\ x_3 \end{pmatrix}=k_1\begin{pmatrix} 1 \\ 0 \\ 1 \end{pmatrix} \quad (k_1\text{は}0\text{でない任意実数})$$

$\lambda_2=\lambda_3=1$ のとき，$\boldsymbol{v}_2=\begin{pmatrix} y_1 \\ y_2 \\ y_3 \end{pmatrix}$ とおくと $A\boldsymbol{v}_2=1\boldsymbol{v}_2$ より，$(A-E)\boldsymbol{v}_2=\boldsymbol{0}$

$$\begin{pmatrix} -2 & 0 & 4 \\ -4 & 2 & 4 \\ 0 & -1 & 2 \end{pmatrix}\begin{pmatrix} y_1 \\ y_2 \\ y_3 \end{pmatrix}=\begin{pmatrix} 0 \\ 0 \\ 0 \end{pmatrix}, \qquad \begin{pmatrix} 1 & 0 & -2 \\ 0 & 1 & -2 \\ 0 & 0 & 0 \end{pmatrix}\begin{pmatrix} y_1 \\ y_2 \\ y_3 \end{pmatrix}=\begin{pmatrix} 0 \\ 0 \\ 0 \end{pmatrix}$$

$$\begin{cases} y_1=2y_3 \\ y_2=2y_3 \end{cases} \text{より，}\boldsymbol{v}_2=\begin{pmatrix} y_1 \\ y_2 \\ y_3 \end{pmatrix}=k_2\begin{pmatrix} 2 \\ 2 \\ 1 \end{pmatrix} \quad (k_2\text{は}0\text{でない任意実数})$$

ゆえに，線形独立な固有ベクトルは

$$\begin{pmatrix} 1 \\ 0 \\ 1 \end{pmatrix}, \qquad \begin{pmatrix} 2 \\ 2 \\ 1 \end{pmatrix}$$

の 2 つのみである．したがって，p.223 対角化可能性の判定法の（2-ii）より，対角化不可能である．

【解終】

POINT p.223《対角化可能性の判定法》を用いる

演習 59

行列 $A=\begin{pmatrix}1 & 0 & 0\\ 0 & 2 & 1\\ 0 & 2 & 3\end{pmatrix}$ が対角化可能か，判定しよう.

解答は p.294

解答 手順❶ A の固有値を求めよう.

㋐

手順❷ 固有ベクトルを求めよう.

㋑

よって，固有ベクトルは㋒□個である．したがって，p.223 対角化可能性の判定法の㋓□より，対角化㋔□である. 【解終】

Section 6.5

対称行列の対角化

この章では，対称行列についてその対角化を考えよう．まず対称行列とはどんな行列かというと……

対称行列の定義

左上から右下への対角線を中心に成分が対称に並んでいる正方行列を**対称行列**という．

解説 たとえば右のような行列が対称行列である．対称行列は (i, j) 成分と (j, i) 成分が等しく，${}^{t}A = A$ という性質をもつ．【解説終】

こっちの対角線について対称

$$\begin{pmatrix} 1 & 2 & 3 \\ 2 & 4 & 5 \\ 3 & 5 & 6 \end{pmatrix}$$

定理 6.5.1

n 次対称行列のすべての固有値は実数である．

解説 次の定理とともに，対称行列を直交行列で対角化するときに必要な重要な性質である．証明は，行列の成分を複素数まで拡張して行うのだが省略する．【解説終】

定理 6.5.2　対称行列の固有ベクトルの直交性

対称行列の相異なる固有値に属する固有ベクトルは直交する．

証明 A を対称行列とし，λ_1, λ_2 を相異なる固有値としよう．λ_1, λ_2 に属する固有ベクトルをそれぞれ $\boldsymbol{v}_1, \boldsymbol{v}_2$ とすると，固有値，固有ベクトルの関係から次の式が成立する．

$$A\boldsymbol{v}_1 = \lambda_1 \boldsymbol{v}_1, \qquad A\boldsymbol{v}_2 = \lambda_2 \boldsymbol{v}_2$$

そこで，次の計算をしてみよう．内積と対称行列の性質を使うと

$$\begin{aligned}\lambda_1(\boldsymbol{v}_1 \cdot \boldsymbol{v}_2) &= (\lambda_1 \boldsymbol{v}_1) \cdot \boldsymbol{v}_2 = (A\boldsymbol{v}_1) \cdot \boldsymbol{v}_2 = {}^t(A\boldsymbol{v}_1)\boldsymbol{v}_2 \\ &= ({}^t\boldsymbol{v}_1 {}^tA)\boldsymbol{v}_2 = {}^t\boldsymbol{v}_1({}^tA\boldsymbol{v}_2) = {}^t\boldsymbol{v}_1(A\boldsymbol{v}_2) \\ &= \boldsymbol{v}_1 \cdot (A\boldsymbol{v}_2) = \boldsymbol{v}_1 \cdot (\lambda_2 \boldsymbol{v}_2) = \lambda_2(\boldsymbol{v}_1 \cdot \boldsymbol{v}_2)\end{aligned}$$

> ${}^tA$：A の転置行列
> （行と列を入れかえる）
>
> A：対称行列 $\Leftrightarrow$ ${}^tA = A$

これより

$$(\lambda_1 - \lambda_2)(\boldsymbol{v}_1 \cdot \boldsymbol{v}_2) = 0$$

λ_1, λ_2 は相異なっていたので $\lambda_1 \neq \lambda_2$．ゆえに

$$\boldsymbol{v}_1 \cdot \boldsymbol{v}_2 = 0$$

したがって $\boldsymbol{v}_1$ と $\boldsymbol{v}_2$ は直交している．　【証明終】

定理 6.5.3　対称行列の直交行列による対角化

対称行列は直交行列で対角化可能．

解説　A が n 次の対称行列の場合，相異なる固有値が n 個でなくても（つまり，n 個より少なくても）対角化することができ，しかも正則行列よりさらに性質の良い直交行列で対角化可能となる．

証明は省略するが，対角化の手順を次に書いておくので，例題と演習で練習しよう．

【解説終】

《対角化の手順》（Aが対称行列の場合）

手順❶　A の固有値 $\lambda_1, \cdots, \lambda_n$ を求める．

手順❷　$\lambda_1, \cdots, \lambda_n$ に属する線形独立な固有ベクトル $\boldsymbol{v}_1, \cdots, \boldsymbol{v}_n$ を求める．

手順❸　$\{\boldsymbol{v}_1, \cdots, \boldsymbol{v}_n\}$ をシュミットの方法で正規直交化し，正規直交基底 $\{\boldsymbol{u}_1, \cdots, \boldsymbol{u}_n\}$ を求める．

手順❹　$U = (\boldsymbol{u}_1, \cdots, \boldsymbol{u}_n)$ とおくと U は直交行列で

$$U^{-1}AU = \begin{pmatrix} \lambda_1 & & 0 \\ & \ddots & \\ 0 & & \lambda_n \end{pmatrix}$$

と対角化される．

問題 60　対称行列の直交行列による対角化①

例題

対称行列 $A=\begin{pmatrix}0 & 2\\ 2 & 3\end{pmatrix}$ を直交行列で対角化しよう.

解 答　前頁の手順に従って求め，次頁の表を埋めていこう．❸の正規直交化には，前にでてきたシュミットの正規直交化法 (p.206) を用いる.

手順❶　A の固有値を求めよう.

$$|xE-A|=\begin{vmatrix}x-0 & -2\\ -2 & x-3\end{vmatrix}$$

$$=x(x-3)-4=x^2-3x-4=(x-4)(x+1)=0$$

これより A の固有値は

$$\lambda_1=-1,\qquad \lambda_2=4$$

手順❷　固有ベクトルを求めよう.

$\lambda_1=-1$ のとき，$\boldsymbol{v}_1=\begin{pmatrix}x_1\\ x_2\end{pmatrix}$ とおくと $A\boldsymbol{v}_1=-1\boldsymbol{v}_1$ より $(A+E)\boldsymbol{v}_1=\boldsymbol{0}$

$$\begin{pmatrix}1 & 2\\ 2 & 4\end{pmatrix}\begin{pmatrix}x_1\\ x_2\end{pmatrix}=\begin{pmatrix}0\\ 0\end{pmatrix},\qquad \begin{pmatrix}1 & 2\\ 0 & 0\end{pmatrix}\begin{pmatrix}x_1\\ x_2\end{pmatrix}=\begin{pmatrix}0\\ 0\end{pmatrix}$$

$x_1=-2x_2$ より，$\boldsymbol{v}_1=k_1\begin{pmatrix}2\\ -1\end{pmatrix}$　$(k_1\neq 0)$

$\lambda_2=4$ のとき，$\boldsymbol{v}_1=\begin{pmatrix}y_1\\ y_2\end{pmatrix}$ とおくと $A\boldsymbol{v}_2=4\boldsymbol{v}_2$ より $(A-4E)\boldsymbol{v}_2=\boldsymbol{0}$

$$\begin{pmatrix}-4 & 2\\ 2 & -1\end{pmatrix}\begin{pmatrix}y_1\\ y_2\end{pmatrix}=\begin{pmatrix}0\\ 0\end{pmatrix},\qquad \begin{pmatrix}2 & -1\\ 0 & 0\end{pmatrix}\begin{pmatrix}y_1\\ y_2\end{pmatrix}=\begin{pmatrix}0\\ 0\end{pmatrix}$$

$y_2=2y_1$ より，$\boldsymbol{v}_2=k_2\begin{pmatrix}1\\ 2\end{pmatrix}$　$(k_2\neq 0)$

手順❸　❷で求めた固有ベクトル $\boldsymbol{v}_1,\boldsymbol{v}_2$ は，それぞれ相異なる固有値 -1，4 に属するので，0 以外のどんな k_1,k_2 に対しても $\boldsymbol{v}_1,\boldsymbol{v}_2$ は線形独立であり，直交している.

ゆえに $\{\boldsymbol{v}_1,\boldsymbol{v}_2\}$ を正規直交基底 $\{\boldsymbol{u}_1,\boldsymbol{u}_2\}$ にするにはベクトルの長さを 1 にする k_1,k_2 を求めればよい.

$$\boldsymbol{v}_1 = k_1\begin{pmatrix} 2 \\ -1 \end{pmatrix} = \begin{pmatrix} 2k_1 \\ -k_1 \end{pmatrix} \quad \text{より}$$

$$\|\boldsymbol{v}_1\| = \sqrt{(2k_1)^2 + (-k_1)^2} = \sqrt{5k_1^{\,2}}$$

$\|\boldsymbol{v}_1\| = 1$ のとき $\sqrt{5k_1^{\,2}} = 1$

$$\therefore \quad k_1 = \pm\frac{1}{\sqrt{5}}$$

$$\boldsymbol{v}_2 = k_2\begin{pmatrix} 1 \\ 2 \end{pmatrix} = \begin{pmatrix} k_2 \\ 2k_2 \end{pmatrix} \quad \text{より}$$

$$\|\boldsymbol{v}_2\| = \sqrt{k_2^{\,2} + (2k_2)^2} = \sqrt{5k_2^{\,2}}$$

$\|\boldsymbol{v}_2\| = 1$ のとき $\sqrt{5k_2^{\,2}} = 1$

$$\therefore \quad k_2 = \pm\frac{1}{\sqrt{5}}$$

$k_1 = k_2 = \dfrac{1}{\sqrt{5}}$ にとり

$$\boldsymbol{u}_1 = \frac{1}{\sqrt{5}}\begin{pmatrix} 2 \\ -1 \end{pmatrix} = \begin{pmatrix} \frac{2}{\sqrt{5}} \\ -\frac{1}{\sqrt{5}} \end{pmatrix} \qquad \boldsymbol{u}_2 = \frac{1}{\sqrt{5}}\begin{pmatrix} 1 \\ 2 \end{pmatrix} = \begin{pmatrix} \frac{1}{\sqrt{5}} \\ \frac{2}{\sqrt{5}} \end{pmatrix}$$

とおくと $\{\boldsymbol{u}_1, \boldsymbol{u}_2\}$ は正規直交基底である.

手順❹　これらを並べて直交行列 U をつくると

$$U = (\boldsymbol{u}_1 \quad \boldsymbol{u}_2) = \begin{pmatrix} \frac{2}{\sqrt{5}} & \frac{1}{\sqrt{5}} \\ -\frac{1}{\sqrt{5}} & \frac{2}{\sqrt{5}} \end{pmatrix} = \frac{1}{\sqrt{5}}\begin{pmatrix} 2 & 1 \\ -1 & 2 \end{pmatrix}$$

とすれば，U は直交行列となり，次のように対角化される.

$$U^{-1}AU = \begin{pmatrix} -1 & 0 \\ 0 & 4 \end{pmatrix}$$

【解終】

直交行列

U：直交行列

$\Leftrightarrow\ {}^tUU = E$

$\Leftrightarrow\ U = (\boldsymbol{u}_1 \quad \cdots \quad \boldsymbol{u}_n)$

$\{\boldsymbol{u}_1, \cdots, \boldsymbol{u}_n\}$：正規直交基底

手順			
手順❶	固有値	$\lambda_1 = -1$	$\lambda_2 = 4$
手順❷	固有ベクトル	$k_1\begin{pmatrix} 2 \\ -1 \end{pmatrix}$	$k_1\begin{pmatrix} 1 \\ 2 \end{pmatrix}$
手順❸	正規直交化	$k_1 = \frac{1}{\sqrt{5}}$	$k_2 = \frac{1}{\sqrt{5}}$
手順❹	直交行列 U	$\frac{1}{\sqrt{5}}\begin{pmatrix} 2 & 1 \\ -1 & 2 \end{pmatrix}$	
	対角化 $U^{-1}AU$	$\begin{pmatrix} -1 & 0 \\ 0 & 4 \end{pmatrix}$	

POINT p.235《対角化の手順》(A が対称行列の場合)の通りに計算する

演習 60

対称行列 $B=\begin{pmatrix} 3 & -2 \\ -2 & 3 \end{pmatrix}$ を直交行列で対角化しよう.

解答は p.294

解答 手順に従って計算し,表を埋めていけばよい.

手順❶ B の固有値を求める.

㋐

手順❷ それぞれの固有値に属する固有ベクトルを求める.

㋑

手順❸　❷で求めた固有ベクトルより正規直交基底をつくる．

㋒

手順❹　これらを並べて直交行列 U をつくると

㋓

$U=$ □

この U で B は次のように対角化される．

㋔

$U^{-1}BU=$ □

【解終】

㋕

手順❶	固有値		
手順❷	固有ベクトル		
手順❸	正規直交化		
手順❹	直交行列 U		
	対角化 $U^{-1}BU$		

問題 61 対称行列の直交行列による対角化②

例題

対称行列 $A=\begin{pmatrix} 1 & 0 & -1 \\ 0 & 1 & 0 \\ -1 & 0 & 1 \end{pmatrix}$ を直交行列で対角化しよう．

解答 手順❶ まず A の固有値から求めよう．

$$|xE-A|=\begin{vmatrix} x-1 & 0 & 1 \\ 0 & x-1 & 0 \\ 1 & 0 & x-1 \end{vmatrix} \overset{②で展開}{=} (x-1)(-1)^{2+2}\begin{vmatrix} x-1 & 1 \\ 1 & x-1 \end{vmatrix}$$

$$=(x-1)\{(x-1)^2-1\}=(x-1)(x^2-2x)=x(x-1)(x-2)=0$$

ゆえに A の固有値は

$$\lambda_1=0,\quad \lambda_2=1,\quad \lambda_3=2$$

手順❷ 次は固有ベクトル．

$\lambda_1=0$ のとき $A\boldsymbol{v}_1=0\boldsymbol{v}_1$ より $A\boldsymbol{v}_1=\boldsymbol{0}$

$$\begin{pmatrix} 1 & 0 & -1 \\ 0 & 1 & 0 \\ -1 & 0 & 1 \end{pmatrix}\begin{pmatrix} x_1 \\ x_2 \\ x_3 \end{pmatrix}=\begin{pmatrix} 0 \\ 0 \\ 0 \end{pmatrix} \quad ゆえに \quad \boldsymbol{v}_1=k_1\begin{pmatrix} 1 \\ 0 \\ 1 \end{pmatrix} \quad (k_1\neq 0)$$

$\lambda_2=1$ のとき $A\boldsymbol{v}_2=1\boldsymbol{v}_2$ より $(A-E)\boldsymbol{v}_2=\boldsymbol{0}$

$$\begin{pmatrix} 0 & 0 & -1 \\ 0 & 0 & 0 \\ -1 & 0 & 0 \end{pmatrix}\begin{pmatrix} y_1 \\ y_2 \\ y_3 \end{pmatrix}=\begin{pmatrix} 0 \\ 0 \\ 0 \end{pmatrix} \quad ゆえに \quad \boldsymbol{v}_2=k_2\begin{pmatrix} 0 \\ 1 \\ 0 \end{pmatrix} \quad (k_2\neq 0)$$

$\lambda_3=2$ のとき $A\boldsymbol{v}_3=2\boldsymbol{v}_3$ より $(A-2E)\boldsymbol{v}_3=\boldsymbol{0}$

$$\begin{pmatrix} -1 & 0 & -1 \\ 0 & -1 & 0 \\ -1 & 0 & -1 \end{pmatrix}\begin{pmatrix} z_1 \\ z_2 \\ z_3 \end{pmatrix}=\begin{pmatrix} 0 \\ 0 \\ 0 \end{pmatrix} \quad ゆえに \quad \boldsymbol{v}_3=k_3\begin{pmatrix} 1 \\ 0 \\ -1 \end{pmatrix} \quad (k_3\neq 0)$$

手順❸ ❷で求めた固有ベクトルを使って直交行列をつくる．$\boldsymbol{v}_1, \boldsymbol{v}_2, \boldsymbol{v}_3$ は相異なる固有値の固有ベクトルであるから k_1, k_2, k_3 がどんな値でも線形独立であり，互いに直交している．したがって，これらを正規直交基底にするには長さを 1 にすればよい．

$$\|\boldsymbol{v}_1\| = \sqrt{{k_1}^2 + 0^2 + {k_1}^2} = \sqrt{2{k_1}^2} = 1 \quad \text{より} \quad k_1 = \pm\frac{1}{\sqrt{2}}$$

$$\|\boldsymbol{v}_2\| = \sqrt{0^2 + {k_2}^2 + 0^2} = \sqrt{{k_2}^2} = 1 \quad \text{より} \quad k_2 = \pm 1$$

$$\|\boldsymbol{v}_3\| = \sqrt{{k_3}^2 + 0^2 + (-k_3)^2} = \sqrt{2{k_3}^2} = 1 \quad \text{より} \quad k_3 = \pm\frac{1}{\sqrt{2}}$$

これらより

$$k_1 = k_3 = \frac{1}{\sqrt{2}}, \quad k_2 = 1$$

とし

$$\boldsymbol{u}_1 = \frac{1}{\sqrt{2}}\begin{pmatrix}1\\0\\1\end{pmatrix} = \begin{pmatrix}\frac{1}{\sqrt{2}}\\0\\\frac{1}{\sqrt{2}}\end{pmatrix}$$

$$\boldsymbol{u}_2 = 1\begin{pmatrix}0\\1\\0\end{pmatrix} = \begin{pmatrix}0\\1\\0\end{pmatrix}$$

$$\boldsymbol{u}_3 = \frac{1}{\sqrt{2}}\begin{pmatrix}1\\0\\-1\end{pmatrix} = \begin{pmatrix}\frac{1}{\sqrt{2}}\\0\\-\frac{1}{\sqrt{2}}\end{pmatrix}$$

手順				
手順❶	固有値	$\lambda_1=0$	$\lambda_2=1$	$\lambda_3=2$
手順❷	固有ベクトル	$k_1\begin{pmatrix}1\\0\\1\end{pmatrix}$	$k_2\begin{pmatrix}0\\1\\0\end{pmatrix}$	$k_3\begin{pmatrix}1\\0\\-1\end{pmatrix}$
手順❸	正規直交化	$k_1=\frac{1}{\sqrt{2}}$	$k_2=1$	$k_3=\frac{1}{\sqrt{2}}$
手順❹	直交行列 U	$\frac{1}{\sqrt{2}}$, 0, $\frac{1}{\sqrt{2}}$	0, 1, 0	$\frac{1}{\sqrt{2}}$, 0, $-\frac{1}{\sqrt{2}}$
	対角化 $U^{-1}AU$	0, 0, 0	0, 1, 0	0, 0, 2

とおくと，$\{\boldsymbol{u}_1, \boldsymbol{u}_2, \boldsymbol{u}_3\}$ は正規直交基底となる.

手順❹　$U = (\boldsymbol{u}_1, \boldsymbol{u}_2, \boldsymbol{u}_3)$ とおくと

$$U = \begin{pmatrix}\frac{1}{\sqrt{2}} & 0 & \frac{1}{\sqrt{2}}\\ 0 & 1 & 0\\ \frac{1}{\sqrt{2}} & 0 & -\frac{1}{\sqrt{2}}\end{pmatrix} = \frac{1}{\sqrt{2}}\begin{pmatrix}1 & 0 & 1\\ 0 & \sqrt{2} & 0\\ 1 & 0 & -1\end{pmatrix}$$

は直交行列となり A は次のように対角化される.

$$U^{-1}AU = \begin{pmatrix}0 & 0 & 0\\ 0 & 1 & 0\\ 0 & 0 & 2\end{pmatrix}$$

【解終】

POINT p.235《対角化の手順》（A が対称行列の場合）の通りに計算する

演習 61

対称行列 $B=\begin{pmatrix} 3 & -1 & 1 \\ -1 & 5 & -1 \\ 1 & -1 & 3 \end{pmatrix}$ を直交行列で対角化しよう.

解答は p.295

解答 手順❶ 固有値を求める.

手順❷ 固有ベクトルを求める.

手順❸　❷の固有ベクトルより正規直交基底をつくる.

手順❹　❸より正規直交行列

$U=$

により B は次のように対角化される.

$U^{-1}BU=$

【解終】

手順	項目			
手順❶	固有値			
手順❷	固有ベクトル			
手順❸	正規直交化			
手順❹	直交行列 U			
手順❹	対角化 $U^{-1}BU$			

問題 62　対称行列の直交行列による対角化③

例題

対称行列 $A=\begin{pmatrix} 2 & 2 & -2 \\ 2 & -1 & 4 \\ -2 & 4 & -1 \end{pmatrix}$ を直交行列で対角化しよう．

解答　手順❶　A の固有値を求めよう．

変形には
工夫が
必要ですね

$$|xE-A|=\begin{vmatrix} x-2 & -2 & 2 \\ -2 & x+1 & -4 \\ 2 & -4 & x+1 \end{vmatrix}$$

$$\overset{③+②\times 1}{=}\begin{vmatrix} x-2 & -2 & 2 \\ -2 & x+1 & -4 \\ 0 & x-3 & x-3 \end{vmatrix}=(x-3)\begin{vmatrix} x-2 & -2 & 2 \\ -2 & x+1 & -4 \\ 0 & 1 & 1 \end{vmatrix}$$

$$\overset{②'+③'\times(-1)}{=}(x-3)\begin{vmatrix} x-2 & -4 & 2 \\ -2 & x+5 & -4 \\ 0 & 0 & 1 \end{vmatrix}\underset{展開}{\overset{③で}{=}}(x-3)\cdot 1\cdot(-1)^{3+3}\begin{vmatrix} x-2 & -4 \\ -2 & x+5 \end{vmatrix}$$

$$=(x-3)\{(x-2)(x+5)-(-4)(-2)\}$$

$$=(x-3)(x^2+3x-18)$$

$$=(x-3)^2(x+6)=0$$

x=3 は重解なので
λ1=3，λ2=3
としておきます

これより固有値は

$$\lambda_1=\lambda_2=3,\quad \lambda_3=-6$$

手順❷　固有ベクトルを求めよう．

$\lambda_1=\lambda_2=3$ のとき，$A\boldsymbol{v}_1=3\boldsymbol{v}_1$ より $(A-3E)\boldsymbol{v}_1=\boldsymbol{0}$ なので

$$\begin{pmatrix} -1 & 2 & -2 \\ 2 & -4 & 4 \\ -2 & 4 & -4 \end{pmatrix}\begin{pmatrix} x_1 \\ x_2 \\ x_3 \end{pmatrix}=\begin{pmatrix} 0 \\ 0 \\ 0 \end{pmatrix},\qquad \begin{pmatrix} 1 & -2 & 2 \\ 0 & 0 & 0 \\ 0 & 0 & 0 \end{pmatrix}\begin{pmatrix} x_1 \\ x_2 \\ x_3 \end{pmatrix}=\begin{pmatrix} 0 \\ 0 \\ 0 \end{pmatrix}$$

$$\underset{(自由度=2)}{x_1=2x_2-2x_3}\ より，\ \boldsymbol{v}_1=k_1\begin{pmatrix} 2 \\ 1 \\ 0 \end{pmatrix}+k_2\begin{pmatrix} -2 \\ 0 \\ 1 \end{pmatrix}\quad (k_1, k_2\ は同時に\ 0\ ではない)$$

$\boldsymbol{v}_1, \boldsymbol{v}_3$ の表し方は一通りではない

$\lambda_3=-6$ のとき，$A\boldsymbol{v}_3=-6\boldsymbol{v}_3$ より $(A+6E)\boldsymbol{v}_3=\boldsymbol{0}$ なので

$$\begin{pmatrix} 8 & 2 & -2 \\ 2 & 5 & 4 \\ -2 & 4 & 5 \end{pmatrix}\begin{pmatrix} z_1 \\ z_2 \\ z_3 \end{pmatrix}=\begin{pmatrix} 0 \\ 0 \\ 0 \end{pmatrix},\qquad \begin{pmatrix} 2 & 1 & 0 \\ 0 & 1 & 1 \\ 0 & 0 & 0 \end{pmatrix}\begin{pmatrix} z_1 \\ z_2 \\ z_3 \end{pmatrix}=\begin{pmatrix} 0 \\ 0 \\ 0 \end{pmatrix}$$

$\begin{cases} z_2 = -2z_1 \\ z_3 = -z_2 \end{cases}$ （自由度＝1） より，$\boldsymbol{v}_3 = k_3 \begin{pmatrix} 1 \\ -2 \\ 2 \end{pmatrix} \quad (k_3 \neq 0)$

手順❸　❷で求めた固有ベクトルから正規直交基底を1組つくろう．

$\lambda_1 = \lambda_2 = 3$ の固有ベクトル $\boldsymbol{v}_1$ において，$k_1 = 1$，$k_2 = 0$；$k_1 = 0$，$k_2 = 1$

$\lambda_3 = -6$ の固有ベクトル $\boldsymbol{v}_3$ において，$k_3 = 1$

とおき，あらためて

$$\boldsymbol{v}_1 = \begin{pmatrix} 2 \\ 1 \\ 0 \end{pmatrix}, \qquad \boldsymbol{v}_2 = \begin{pmatrix} -2 \\ 0 \\ 1 \end{pmatrix}, \qquad \boldsymbol{v}_3 = \begin{pmatrix} 1 \\ -2 \\ 2 \end{pmatrix}$$

とおくと，$\boldsymbol{v}_1 \perp \boldsymbol{v}_3$，$\boldsymbol{v}_2 \perp \boldsymbol{v}_3$ であるが $\boldsymbol{v}_1$ と $\boldsymbol{v}_2$ は直交していない．そこで，シュミットの正規直交化法（p.206）を使って，$\{\boldsymbol{v}_1, \boldsymbol{v}_2, \boldsymbol{v}_3\}$ から正規直交基底 $\{\boldsymbol{u}_1, \boldsymbol{u}_2, \boldsymbol{u}_3\}$ をつくる．

シュミットの方法の手順に沿って計算していくと，次のようになる．

シュミットの方法の手順❶

$$\boldsymbol{u}_1 = \frac{1}{\|\boldsymbol{v}_1\|}\boldsymbol{v}_1 = \frac{1}{\sqrt{2^2+1^2+0^2}}\begin{pmatrix} 2 \\ 1 \\ 0 \end{pmatrix} = \frac{1}{\sqrt{5}}\begin{pmatrix} 2 \\ 1 \\ 0 \end{pmatrix}$$

シュミットの方法の手順❷

$$c_1^{(2)} = \boldsymbol{u}_1 \cdot \boldsymbol{v}_2 = \frac{1}{\sqrt{5}}\{2\cdot(-2) + 1\cdot 0 + 0\cdot 1\} = -\frac{4}{\sqrt{5}}$$

$$\boldsymbol{b}_2 = \boldsymbol{v}_2 - c_1^{(2)}\boldsymbol{u}_1 = \begin{pmatrix} -2 \\ 0 \\ 1 \end{pmatrix} - \left(-\frac{4}{\sqrt{5}}\right)\frac{1}{\sqrt{5}}\begin{pmatrix} 2 \\ 1 \\ 0 \end{pmatrix} = \frac{1}{5}\begin{pmatrix} -2 \\ 4 \\ 5 \end{pmatrix}$$

$$\boldsymbol{u}_2 = \frac{1}{\|\boldsymbol{b}_2\|}\boldsymbol{b}_2 = \frac{1}{\frac{1}{5}\sqrt{(-2)^2+4^2+5^2}}\,\frac{1}{5}\begin{pmatrix} -2 \\ 4 \\ 5 \end{pmatrix} = \frac{1}{\sqrt{45}}\begin{pmatrix} -2 \\ 4 \\ 5 \end{pmatrix} = \frac{1}{3\sqrt{5}}\begin{pmatrix} -2 \\ 4 \\ 5 \end{pmatrix}$$

シュミットの方法の手順❸

$c_1^{(3)} = \boldsymbol{u}_1 \cdot \boldsymbol{v}_3 = 0, \qquad c_2^{(3)} = \boldsymbol{u}_2 \cdot \boldsymbol{v}_3 = 0$（上で見たように $\boldsymbol{u}_1 \perp \boldsymbol{u}_3$，$\boldsymbol{u}_2 \perp \boldsymbol{u}_3$）

$$\boldsymbol{b}_3 = \boldsymbol{v}_3 - 0\,\boldsymbol{u}_1 - 0\,\boldsymbol{u}_2 = \boldsymbol{v}_3 = \begin{pmatrix} 1 \\ -2 \\ 2 \end{pmatrix}$$

$$\boldsymbol{u}_3 = \frac{1}{\|\boldsymbol{v}_3\|}\boldsymbol{v}_3 = \frac{1}{3}\begin{pmatrix} 1 \\ -2 \\ 2 \end{pmatrix}$$

（次頁へつづく）

以上より，次の正規直交基底 $\{\boldsymbol{u}_1, \boldsymbol{u}_2, \boldsymbol{u}_3\}$ が得られた．

$$\boldsymbol{u}_1 = \frac{1}{\sqrt{5}}\begin{pmatrix} 2 \\ 1 \\ 0 \end{pmatrix} = \begin{pmatrix} \dfrac{2}{\sqrt{5}} \\ \dfrac{1}{\sqrt{5}} \\ 0 \end{pmatrix}$$

$$\boldsymbol{u}_2 = \frac{1}{3\sqrt{5}}\begin{pmatrix} -2 \\ 4 \\ 5 \end{pmatrix} = \begin{pmatrix} -\dfrac{2}{3\sqrt{5}} \\ \dfrac{4}{3\sqrt{5}} \\ \dfrac{5}{3\sqrt{5}} \end{pmatrix}$$

$$\boldsymbol{u}_3 = \frac{1}{3}\begin{pmatrix} 1 \\ -2 \\ 2 \end{pmatrix} = \begin{pmatrix} \dfrac{1}{3} \\ -\dfrac{2}{3} \\ \dfrac{2}{3} \end{pmatrix}$$

手順❹　❸から直交行列

$$U = (\boldsymbol{u}_1 \ \ \boldsymbol{u}_2 \ \ \boldsymbol{u}_3) = \begin{pmatrix} \dfrac{2}{\sqrt{5}} & -\dfrac{2}{3\sqrt{5}} & \dfrac{1}{3} \\ \dfrac{1}{\sqrt{5}} & \dfrac{4}{3\sqrt{5}} & -\dfrac{2}{3} \\ 0 & \dfrac{5}{3\sqrt{5}} & \dfrac{2}{3} \end{pmatrix} = \frac{1}{3\sqrt{5}}\begin{pmatrix} 6 & -2 & \sqrt{5} \\ 3 & 4 & -2\sqrt{5} \\ 0 & 5 & 2\sqrt{5} \end{pmatrix}$$

をつくると，A は U により次のように対角化される．

$$U^{-1}AU = \begin{pmatrix} 3 & 0 & 0 \\ 0 & 3 & 0 \\ 0 & 0 & -6 \end{pmatrix}$$

【解終】

手順❶	固有値	$\lambda_1=3$	$\lambda_2=3$	$\lambda_3=-6$
手順❷	固有ベクトル	$k_1\begin{pmatrix}2\\1\\0\end{pmatrix}+k_2\begin{pmatrix}-2\\0\\1\end{pmatrix}$		$k_3\begin{pmatrix}1\\-2\\2\end{pmatrix}$
		$k_1=1$ $k_2=0$	$k_1=0$ $k_2=1$	$k_3=1$
	線形独立なベクトルの組	$\begin{pmatrix}2\\1\\0\end{pmatrix}$	$\begin{pmatrix}-2\\0\\1\end{pmatrix}$	$\begin{pmatrix}1\\-2\\2\end{pmatrix}$
手順❸	正規直交化*	$k_1=\frac{1}{\sqrt{5}}$ $k_2=0$	$k_1=\frac{4}{3\sqrt{5}}$ $k_2=\frac{5}{3\sqrt{5}}$	$k_3=\frac{1}{3}$
手順❹	直交行列 U	$\begin{pmatrix}\frac{2}{\sqrt{5}} & -\frac{2}{3\sqrt{5}} & \frac{1}{3}\\ \frac{1}{\sqrt{5}} & \frac{4}{3\sqrt{5}} & -\frac{2}{3}\\ 0 & \frac{5}{3\sqrt{5}} & \frac{2}{3}\end{pmatrix}$		
	対角化 $U^{-1}AU$	$\begin{pmatrix}3 & 0 & 0\\ 0 & 3 & 0\\ 0 & 0 & -6\end{pmatrix}$		

* ここでの k_1, k_2, k_3 はシュミットの正規直交化により求まるが，特に明記する必要はない．

解説 この例題における 3 次の対称行列 A の相異なる固有値は 2 個しかないが，固有方程式の重解となっている固有値 3 の固有ベクトルの中から独立な 2 つのベクトルをとることができたので，A を対角化する直交行列 U をつくることができた．一般に n 次の対称行列は，相異なる固有値の個数が n より少なくても，直交行列で対角化することができる（p.235 定理 6.5.3）．【解説終】

POINT 対称行列の固有方程式が重解をもつ場合，シュミットの正規直交化法を用いて，線形独立な直交する固有ベクトルが求まる

演習 62

次の行列を直交行列で対角化しよう．

$$A=\begin{pmatrix} 0 & 1 & 1 \\ 1 & 0 & 1 \\ 1 & 1 & 0 \end{pmatrix}$$

解答は p.295

解答 手順❶ A の固有値を求める．

手順❷ 固有ベクトルを求める．

手順❸ ❷で求めた固有ベクトルから正規直交基底を 1 組つくる．

はじめに線形独立なベクトルの組を取り出す．

シュミットの正規直交化法でこれらを正規直交化する.

以上より次の正規直交基底 $\{\boldsymbol{u}_1, \boldsymbol{u}_2, \boldsymbol{u}_3\}$ が得られた.

$\vec{u}_1 =$

$\vec{u}_2 =$

$\vec{u}_3 =$

手順❹　❸から直交行列

$U =$

をつくると，A は次のように対角化される.

$U^{-1}AU =$

【解終】

手順❶	固有値			
手順❷	固有ベクトル			
	線形独立なベクトルの組			
手順❸	正規直交化*			
手順❹	直交行列 U			
	対角化 $U^{-1}AU$			

*　k_1, k_2, k_3 の値は特に明記する必要はない.

問題 63　対角化可能な正方行列の n 乗の計算

例題

p.224 問題 56 で扱った 2 次正方行列 $A=\begin{pmatrix} 5 & 2 \\ 1 & 4 \end{pmatrix}$ について，A^n を求めよう.

解答 p.224 より

$$P=\begin{pmatrix} -1 & 2 \\ 1 & 1 \end{pmatrix}, \qquad P^{-1}AP=\begin{pmatrix} 3 & 0 \\ 0 & 6 \end{pmatrix}$$

であった．p.47 定理 2.3.2 より $P^{-1}=\begin{pmatrix} -\dfrac{1}{3} & \dfrac{2}{3} \\ \dfrac{1}{3} & \dfrac{1}{3} \end{pmatrix}$ であり，

$$(P^{-1}AP)^n=\underbrace{(P^{-1}AP)(P^{-1}AP)\cdots(P^{-1}AP)}_{n\text{ 個の積}}=P^{-1}A^nP$$

である．p.48 定理 2.4.2(2) より，$(P^{-1}AP)^n=\begin{pmatrix} 3 & 0 \\ 0 & 6 \end{pmatrix}^n=\begin{pmatrix} 3^n & 0 \\ 0 & 6^n \end{pmatrix}$

なので，

$$A^n=P(P^{-1}AP)^nP^{-1}=\begin{pmatrix} -1 & 2 \\ 1 & 1 \end{pmatrix}\begin{pmatrix} 3^n & 0 \\ 0 & 6^n \end{pmatrix}\begin{pmatrix} -\dfrac{1}{3} & \dfrac{2}{3} \\ \dfrac{1}{3} & \dfrac{1}{3} \end{pmatrix}$$

$$=\frac{1}{3}\begin{pmatrix} 3^n+2\cdot 6^n & -2\cdot 3^n+2\cdot 6^n \\ -3^n+6^n & 2\cdot 3^n+2\cdot 6^n \end{pmatrix}$$

【解終】

《対角化可能な行列の n 乗の求め方》

1. A を対角化する正則行列 P，逆行列 P^{-1} と対角行列 $P^{-1}AP$ を求める.
2. $(P^{-1}AP)^n$ を求める.
3. $(P^{-1}AP)^n=(P^{-1}AP)(P^{-1}AP)\cdots(P^{-1}AP)$
   $=P^{-1}A^nP$

より $A^n=P(P^{-1}AP)^nP^{-1}$ なので，1., 2. で求めた P，P^{-1}，$(P^{-1}AP)^n$ を代入して A^n を計算する.

POINT A が対角化可能，つまり $P^{-1}AP$ が対角行列のとき，$A^n = P(P^{-1}AP)^n P^{-1}$ となる

演習 63

p.226 問題 57 で扱った 3 次正方行列 $A = \begin{pmatrix} -1 & 0 & 0 \\ 8 & 1 & 2 \\ 3 & 0 & 2 \end{pmatrix}$ について，

A^n を求めよう．解答は p.296

解答 p.227 より

$$P = \begin{pmatrix} -1 & 0 & 0 \\ 3 & 1 & 2 \\ 1 & 0 & 1 \end{pmatrix}, \qquad P^{-1}AP = \begin{pmatrix} -1 & 0 & 0 \\ 0 & 1 & 0 \\ 0 & 0 & 2 \end{pmatrix}$$

であった．$P^{-1} =$ ㋐［　　　］ であり，

$(P^{-1}AP)^n =$ ㋑［　　　］

である．$(P^{-1}AP)^n =$ ㋒［　　　］ なので，

$A^n = P(P^{-1}AP)^n P^{-1}$

$=$ ㋓［　　　］

【解終】

Section 6.6

2 次形式

ここでは，行列の対角化の 1 つの応用として，2 次形式を標準形に直すことを勉強しよう．簡単のため，2 次形式は x と y に関するもの，x, y, z に関するものにとどめておく．

2 次形式の定義

1. x と y に関する次の形の 2 次式

$$F(x, y) = a_{11}x^2 + 2a_{12}xy + a_{22}y^2$$

を，x, y **に関する 2 次形式**という．

2. x, y, z に関する次の形の 2 次式

$$F(x, y, z) = a_{11}x^2 + a_{22}y^2 + a_{33}z^2 + 2a_{12}xy + 2a_{23}yz + 2a_{13}xz$$

を，x, y, z **に関する 2 次形式**という．

解説　2 次形式の定義をよく見よう．$F(x, y)$，$F(x, y, z)$ はともに 2 次式であるが，x, y, z の 1 次の項や定数項はない．係数の a_{12}, a_{23}, a_{13} に“2”がついているのは，以下で説明するように，2 次形式を行列を使ってきれいに表すためである．

2 次形式は次のように，ベクトルと対称行列を使って行列の積として表すことができる．

$$F(x, y) = a_{11}x^2 + 2a_{12}xy + a_{22}y^2 = (x \quad y)\begin{pmatrix} a_{11} & a_{12} \\ a_{12} & a_{22} \end{pmatrix}\begin{pmatrix} x \\ y \end{pmatrix}$$

ここで

$$\boldsymbol{x} = \begin{pmatrix} x \\ y \end{pmatrix}, \qquad A = \begin{pmatrix} a_{11} & a_{12} \\ a_{12} & a_{22} \end{pmatrix}$$

とおくと，A は対称行列であり，上の 2 次形式は次のように表せる．

$$F(\boldsymbol{x}) = {}^t\boldsymbol{x}A\boldsymbol{x}$$

同様に

$$\boldsymbol{x}=\begin{pmatrix}x\\y\\z\end{pmatrix},\qquad A=\begin{pmatrix}a_{11}&a_{12}&a_{13}\\a_{12}&a_{22}&a_{23}\\a_{13}&a_{23}&a_{33}\end{pmatrix}$$

とおけば，A は対称行列であり

$$\begin{aligned}F(x,y,z)&=a_{11}x^2+a_{22}y^2+a_{33}z^2+2a_{12}xy+2a_{23}yz+2a_{13}xz\\&=(x\quad y\quad z)\begin{pmatrix}a_{11}&a_{12}&a_{13}\\a_{12}&a_{22}&a_{23}\\a_{13}&a_{23}&a_{33}\end{pmatrix}\begin{pmatrix}x\\y\\z\end{pmatrix}\end{aligned}$$

つまり次のように表せる．

$$F(\boldsymbol{x})={}^t\boldsymbol{x}A\boldsymbol{x}$$

このように，1 つの 2 次形式には 1 つの対称行列が対応しているので，2 次形式 $F(\boldsymbol{x})$ に対応している対称行列 A を $F(\boldsymbol{x})$ の（対称）**係数行列**という．特に係数行列が対角行列である

$$F(x,y)=2x^2-y^2=(x\quad y)\begin{pmatrix}2&0\\0&-1\end{pmatrix}\begin{pmatrix}x\\y\end{pmatrix}$$

$$F(x,y,z)=x^2+2y^2+3z^2=(x\quad y\quad z)\begin{pmatrix}1&0&0\\0&2&0\\0&0&3\end{pmatrix}\begin{pmatrix}x\\y\\z\end{pmatrix}$$

のような xy，yz，xz の項がない 2 次形式を**標準形**という．

一般に対称行列 A は，適当な直交行列 U を使って次のように対角化された．

$$U^{-1}AU=\begin{pmatrix}\lambda_1&&0\\&\ddots&\\0&&\lambda_n\end{pmatrix}\quad(\lambda_1,\cdots,\lambda_n\text{ は }A\text{ の固有値})$$

積の転置行列

$${}^t(AB)={}^tB\,{}^tA$$

直交行列

$$U\,{}^tU={}^tUU=E$$
$$U^{-1}={}^tU$$

ここで

$$\boldsymbol{x}=U\boldsymbol{x}'\quad(\boldsymbol{x}'=U^{-1}\boldsymbol{x})$$

という直交変換を考えると，2 次形式 $F(\boldsymbol{x})$ は

$$\begin{aligned}F(\boldsymbol{x})&={}^t\boldsymbol{x}A\boldsymbol{x}\\&={}^t(U\boldsymbol{x}')A(U\boldsymbol{x}')=({}^t\boldsymbol{x}'\,{}^tU)A(U\boldsymbol{x}')\\&=({}^t\boldsymbol{x}'U^{-1})A(U\boldsymbol{x}')={}^t\boldsymbol{x}'(U^{-1}AU)\boldsymbol{x}'\end{aligned}$$

と変換される．$U^{-1}AU$ は対角行列なので，$F(\boldsymbol{x})$ は標準形に変形されたことになる．　**【解説終】**

x=Ux′は
直交行列 U による
座標軸の変換を
意味します

問題 64　x, y についての 2 次形式の標準形への変換

例題

2 次形式　$F(x, y) = x^2 - 2\sqrt{3}xy - y^2$　について

(1)　係数行列 A を求めよう.

(2)　A を直交行列 U で対角化しよう.

(3)　$F(x, y)$ に適当な変換を行って標準形に直そう.

解答　(1)　係数をよく見ながら A の成分をきめてゆこう.

$$A = \left(\begin{array}{c|c} x^2 \text{ の係数} & xy \text{ の係数} \div 2 \\ xy \text{ の係数} \div 2 & y^2 \text{ の係数} \end{array}\right) = \begin{pmatrix} 1 & -\sqrt{3} \\ -\sqrt{3} & -1 \end{pmatrix}$$

(2)　問題 60 (p.236) と同様に行えばよい.
結果のみ表で示そう.

手順 ❶	固有値	2	-2
手順 ❷	固有ベクトル	$k_1\begin{pmatrix} -\sqrt{3} \\ 1 \end{pmatrix}$	$k_2\begin{pmatrix} 1 \\ \sqrt{3} \end{pmatrix}$
手順 ❸	正規直交化	$k_1 = \dfrac{1}{2}$	$k_2 = \dfrac{1}{2}$
手順 ❹	直交行列 U	$\dfrac{1}{2}\begin{pmatrix} -\sqrt{3} & 1 \\ 1 & \sqrt{3} \end{pmatrix}$	
	対角化 $U^{-1}AU$	$\begin{pmatrix} 2 & 0 \\ 0 & -2 \end{pmatrix}$	

(3)　$\boldsymbol{x} = \begin{pmatrix} x \\ y \end{pmatrix}$ とおくと

$$F(x, y) = {}^t\boldsymbol{x}A\boldsymbol{x}$$

と表される. (2) で求めた U を使い

$$\boldsymbol{x} = U\boldsymbol{x}', \qquad \boldsymbol{x}' = \begin{pmatrix} x' \\ y' \end{pmatrix}$$

という変換を行うと

$$\begin{aligned} F(x, y) &= {}^t\boldsymbol{x}A\boldsymbol{x} \\ &= {}^t(U\boldsymbol{x}')A(U\boldsymbol{x}') \\ &= ({}^t\boldsymbol{x}'{}^tU)A(U\boldsymbol{x}') \\ &= ({}^t\boldsymbol{x}'U^{-1})A(U\boldsymbol{x}') \\ &= {}^t\boldsymbol{x}'(U^{-1}AU)\boldsymbol{x} \\ &= {}^t\begin{pmatrix} x' \\ y' \end{pmatrix}\begin{pmatrix} 2 & 0 \\ 0 & -2 \end{pmatrix}\begin{pmatrix} x' \\ y' \end{pmatrix} \\ &= 2x'^2 - 2y'^2 \end{aligned}$$

と標準形に直せる.

【解終】

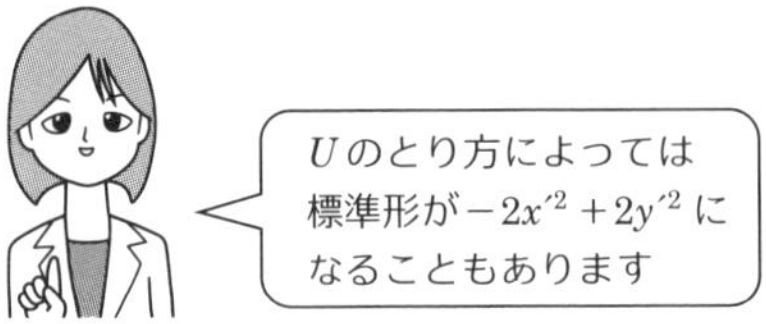

Uのとり方によっては
標準形が−2x′2＋2y′2 に
なることもあります

POINT 係数行列 A を対角化する直交行列 U を用いて，
$\begin{pmatrix} x \\ y \end{pmatrix} = U\begin{pmatrix} x' \\ y' \end{pmatrix}$ による $\begin{pmatrix} x \\ y \end{pmatrix}$ から $\begin{pmatrix} x' \\ y' \end{pmatrix}$ への変換で標準形に直す

演習 64

2 次形式　$G(x, y) = 6x^2 + 6xy - 2y^2$　について

（1）　係数行列 B を求めよう.

（2）　B を直交行列 U で対角化しよう.

（3）　$G(x, y)$ に適当な変換を行い標準形に直そう.　解答は p.296

解答　（1）　$G(x, y)$ の係数をよく見て係数行列 B をつくると

$$B = ㋐\boxed{}$$

$G(x, y) = ax^2 + 2bxy + cx^2$

↓係数行列

$$\begin{matrix} & x & y \\ x & \left(\begin{matrix} x^2 \text{ の係数} \\ xy \text{ の係数} \div 2 \end{matrix}\right. & \left.\begin{matrix} xy \text{ の係数} \div 2 \\ y^2 \text{ の係数} \end{matrix}\right) \\ y & & \end{matrix}$$

（2）　結果のみ次の表に記入しよう.

㋑

手順❶	固有値		
手順❷	固有ベクトル		
手順❸	正規直交化		
手順❹	直交行列 U		
	対角化 $U^{-1}BU$		

（3）　（2）で求めた U を使い

$$㋒\boxed{}$$

という変換を行うと（2）の対角化の結果より

$$G(x, y) = ㋓\boxed{}$$

と標準形に変形される.

【解終】

問題 65　$x,\ y,\ z$ についての２次形式の標準形への変換

例題

次の式を標準形に直そう．

$$F(x, y, z)=x^2+y^2+z^2-2xz$$

解答　問題 61 の例題（p.240）の結果を参考にしよう．

（1）　$F(x, y, z)$ の係数行列を A とすると

$$A=\begin{pmatrix} 1 & 0 & -1 \\ 0 & 1 & 0 \\ -1 & 0 & 1 \end{pmatrix}$$

（2）　行列 A を直交行列で対角化すると

固有値	0	1	2
固有ベクトル	$k_1\begin{pmatrix}1\\0\\1\end{pmatrix}$	$k_2\begin{pmatrix}0\\1\\0\end{pmatrix}$	$k_3\begin{pmatrix}1\\0\\-1\end{pmatrix}$
正規直交化	$k_1=\dfrac{1}{\sqrt{2}}$	$k_2=1$	$k_3=\dfrac{1}{\sqrt{2}}$
直交行列 U	$\dfrac{1}{\sqrt{2}}\begin{pmatrix}1 & 0 & 1\\0 & \sqrt{2} & 0\\1 & 0 & -1\end{pmatrix}$		
対角化 $U^{-1}AU$	$\begin{pmatrix}0 & 0 & 0\\0 & 1 & 0\\0 & 0 & 2\end{pmatrix}$		

（3）　（2）の結果を使って

$$\boldsymbol{x}=U\boldsymbol{x}', \qquad \boldsymbol{x}'=\begin{pmatrix}x'\\y'\\z'\end{pmatrix}$$

と変換すると

$$\begin{aligned}F(x, y, z)&=0x'^2+1y'^2+2z'^2\\&=y'^2+2z'^2\end{aligned}$$

と標準形に直される．

【解終】

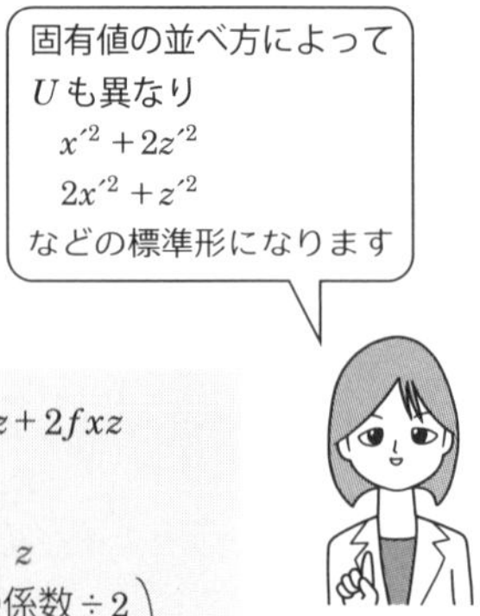
固有値の並べ方によって
U も異なり
$x'^2+2z'^2$
$2x'^2+z'^2$
などの標準形になります

$$F(x, y, z)=ax^2+by^2+cz^2+2dxy+2eyz+2fxz$$

↓ 係数行列

$$\begin{array}{c} \\ x \\ y \\ z \end{array}\begin{array}{c}\begin{array}{ccc} \quad x \quad & \quad y \quad & \quad z \quad \end{array}\\ \begin{pmatrix} x^2\text{ の係数} & xy\text{ の係数}\div 2 & xz\text{ の係数}\div 2 \\ xy\text{ の係数}\div 2 & y^2\text{ の係数} & yz\text{ の係数}\div 2 \\ xz\text{ の係数}\div 2 & yz\text{ の係数}\div 2 & z^2\text{ の係数} \end{pmatrix}\end{array}$$

POINT 係数行列 A を対角化する直交行列 U を用いて，
$\begin{pmatrix} x \\ y \\ z \end{pmatrix} = U \begin{pmatrix} x' \\ y' \\ z' \end{pmatrix}$ による $\begin{pmatrix} x \\ y \\ z \end{pmatrix}$ から $\begin{pmatrix} x' \\ y' \\ z' \end{pmatrix}$ への変換で標準形に直す

演習 65

次の式を標準形に直そう．

$$G(x, y, z) = 3x^2 + 5y^2 + 3z^2 - 2xy - 2yz + 2xz$$

解答は p.296

解答 演習 61 (p.242) の結果を参考にする．

(1)　$G(x, y, z)$ の係数行列を B とすると

$B =$ ㋐ [　　　　]

(2)　B を直交行列で対角化すると

	㋑		
固有値			
固有ベクトル			
正規直交化			
直交行列 U			
対角化 $U^{-1}BU$			

(3)　(2) の結果を使って

㋒ [　　　　]

と変換すると

$G(x, y, z) =$ ㋓ [　　　　]

と標準形に直される．　　【解終】

次の節では，
標準形への変換を応用して，
2 次曲線のグラフを描きます

Section 6.7

2 次曲線

ここでは，2 次形式の標準形を使って

$$a_{11}x^2 + 2a_{12}xy + a_{22}y^2 = C$$

の形の 2 次曲線のグラフを描くことを考えよう．

§6.2 (p.210) において，直交変換について勉強した．

直交変換とは

ベクトルの内積を変えない線形変換

長さや角の大きさを変えない線形変換

であった．つまり，直交変換により，図形は同じ形の（合同な）図形に移される．そして，直交変換の表現行列が直交行列であった．

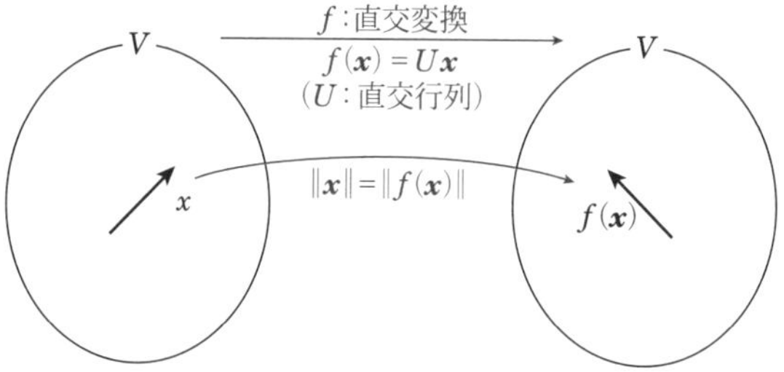

直交行列

$U\,{}^tU = {}^tU\,U = E$

$U^{-1} = {}^tU$

直交変換

$f(\boldsymbol{x}) = U\boldsymbol{x}$

U : 直交行列

xy 平面上の色々な線形変換の中で原点 O を中心とする回転を考えてみよう．

次の問題 66 等では，通常，回転角 θ は

$0 < \theta < \pi$

または

$-\dfrac{\pi}{2} < \theta < \dfrac{\pi}{2}$

の範囲で考えます

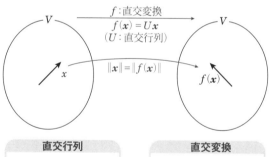

x 軸，y 軸をそれぞれ原点 O のまわりに θ だけ回転させて x' 軸，y' 軸になったとき，点の座標の変換式は

$$\begin{pmatrix} x \\ y \end{pmatrix} = \begin{pmatrix} \cos\theta & -\sin\theta \\ \sin\theta & \cos\theta \end{pmatrix} \begin{pmatrix} x' \\ y' \end{pmatrix}$$

となる（p.212 問題 53 の例題を参照）．この表現行列は直交行列で，**回転行列**とよばれる．これを利用して 2 次曲線のグラフを描いてみよう．

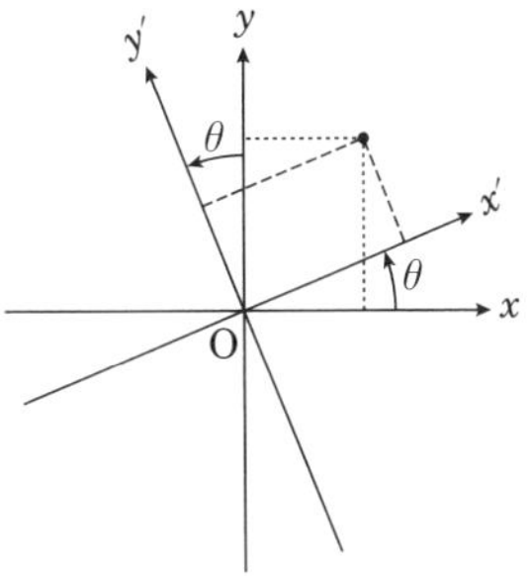

x, y に関する 2 次形式の標準形は

$$F(x, y) = a_{11}x^2 + a_{22}y^2$$

の形で，$a_{11} \neq 0$，$a_{22} \neq 0$ の場合，2 次曲線の標準形 $F(x, y) = C$ のグラフは次の 3 通りになる．また，$2x^2 + y^2 = -1$ のように関係式をみたす実数 x, y が存在しないとき，その 2 次曲線のグラフは存在しない．

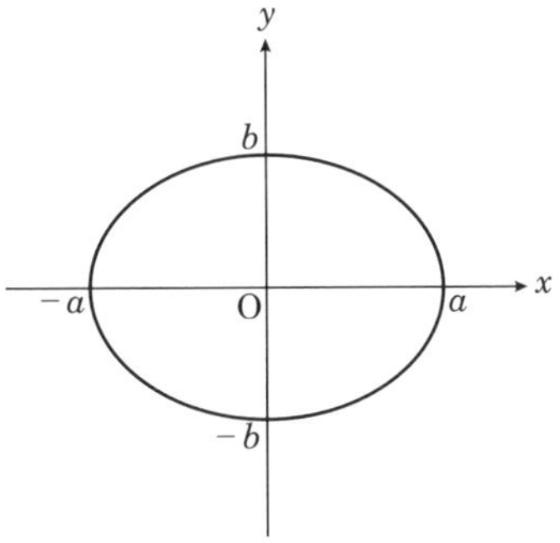

楕円　$\dfrac{x^2}{a^2} + \dfrac{y^2}{b^2} = 1 \quad (a, b > 0)$

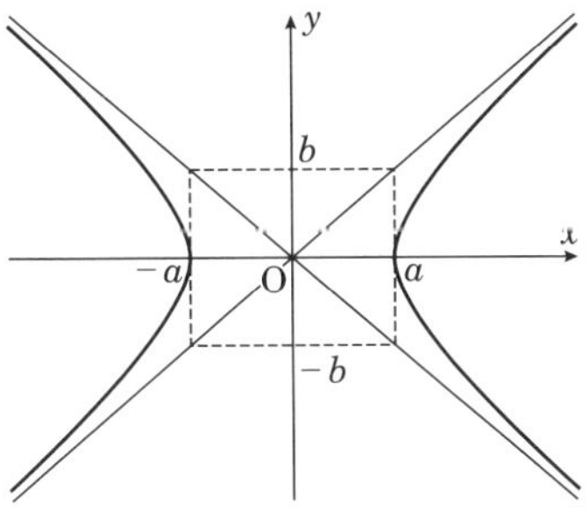

双曲線　$\dfrac{x^2}{a^2} - \dfrac{y^2}{b^2} = 1 \quad (a, b > 0)$

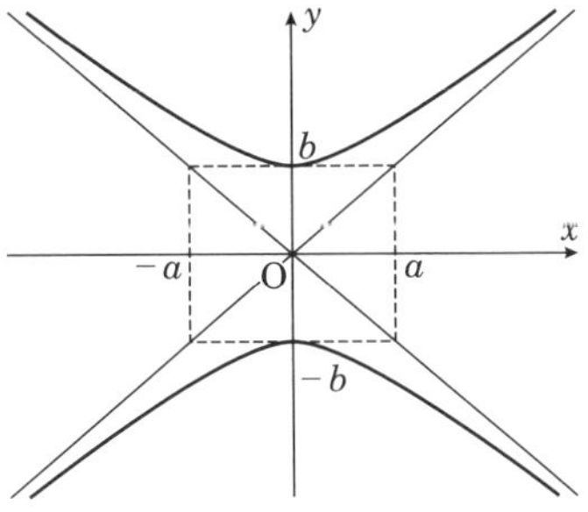

双曲線　$\dfrac{x^2}{a^2} - \dfrac{y^2}{b^2} = -1 \quad (a, b > 0)$

問題66 2次曲線のグラフ

例題

2次曲線 $x^2-2\sqrt{3}\,xy-y^2=2$ のグラフを描こう．

解 答 問題64の例題（p.254）の結果を使おう．

$$F(x,y)=x^2-2\sqrt{3}\,xy-y^2$$

とおき，

$$\boldsymbol{x}=U\boldsymbol{x}',\qquad \boldsymbol{x}'=\begin{pmatrix}x'\\y'\end{pmatrix},\qquad U=\frac{1}{2}\begin{pmatrix}-\sqrt{3}&1\\1&\sqrt{3}\end{pmatrix}$$

という変換により $F(x,y)$ は次の標準形に変形された．

$$F(x,y)=2x'^2-2y'^2$$

したがって，もとの方程式は $\boldsymbol{x}=U\boldsymbol{x}'$ によって方程式

$$2x'^2-2y'^2=2\quad つまり\quad x'^2-y'^2=1$$

にかわったことになる．これは x' 軸，y' 軸について直角双曲線であることがわかる．それでは x 軸，y 軸との関係はどうだろう．その関係を与えるのが直交行列 U である．

いま，$U=\frac{1}{2}\begin{pmatrix}-\sqrt{3}&1\\1&\sqrt{3}\end{pmatrix}$ であるが，これを回転行列 $\begin{pmatrix}\cos\theta&-\sin\theta\\\sin\theta&\cos\theta\end{pmatrix}$ と比較してみよう．すると「$-$」の位置が合わない．合わないときは合うように，固有ベクトルを変えよう．p.254 解答において例えば $k_1=-\frac{1}{2}$ とおきかえると，

$$U=\frac{1}{2}\begin{pmatrix}\sqrt{3}&1\\-1&\sqrt{3}\end{pmatrix}$$

となり

$$\cos\theta=\frac{\sqrt{3}}{2},\qquad \sin\theta=-\frac{1}{2}$$

をみたす $\theta=-\frac{\pi}{6}=-30^\circ$ が回転角になる．

x 軸，y 軸を -30° 回転させて x' 軸，y' 軸を描き，x' 軸，y' 軸について直角双曲線

$$x'^2-y'^2=1$$

を描くと右図のようになる． 【解終】

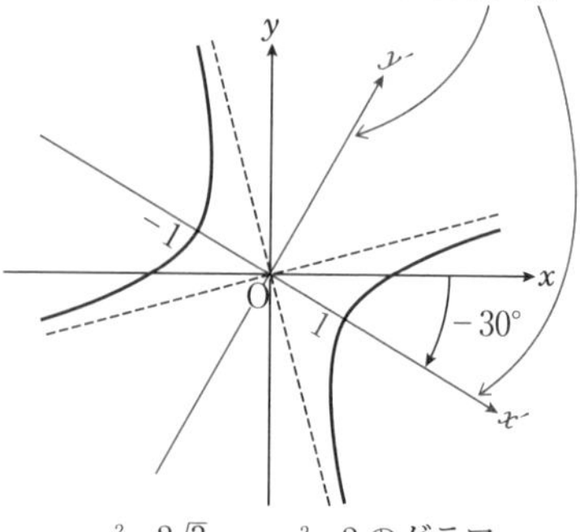

$x^2-2\sqrt{3}\,xy-y^2=2$ のグラフ

POINT 係数行列を対角化する回転角 θ の回転行列により，標準形が得られる．
x' 軸，y' 軸を定めて，グラフを描こう．

演習 66

2 次曲線 $5x^2+6xy+5y^2=2$ のグラフを描こう．

解答は p.296

解答 $G(x,y)=5x^2+6xy+5y^2$ とおくと

$G(x,y)$ の係数行列 B は

$$B=^{㋐}\boxed{}$$

このBを直交行列 U により対角化するが，その際 U が回転行列になるように固有ベクトルのとり方を工夫すると右表のようになる．この U を使って

$$\boldsymbol{x}=U\boldsymbol{x}',\quad \boldsymbol{x}=\begin{pmatrix}x\\y\end{pmatrix},\quad \boldsymbol{x}'=\begin{pmatrix}x'\\y'\end{pmatrix}$$

の変換を行うと

$$G(x,y)=^{㋒}\boxed{}$$

となる．ゆえにもとの方程式はこの変換により

㋓ $\boxed{}$

となる．これは x'軸，y' 軸についての ㋔ $\boxed{}$ の標準形である．

また U より，この変換は

$$\cos\theta=^{㋕}\boxed{},\quad \sin\theta=^{㋖}\boxed{}$$

をみたす $\theta=^{㋗}\boxed{}$ の回転であることがわかる．

したがってグラフは右図のようになる．

【解終】

㋑

固有値		
固有ベクトル		
正規直交化		
正則行列 U (回転の行列)		
対角化 $U^{-1}AU$		

㋘

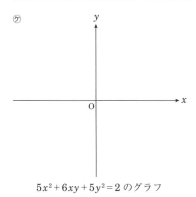

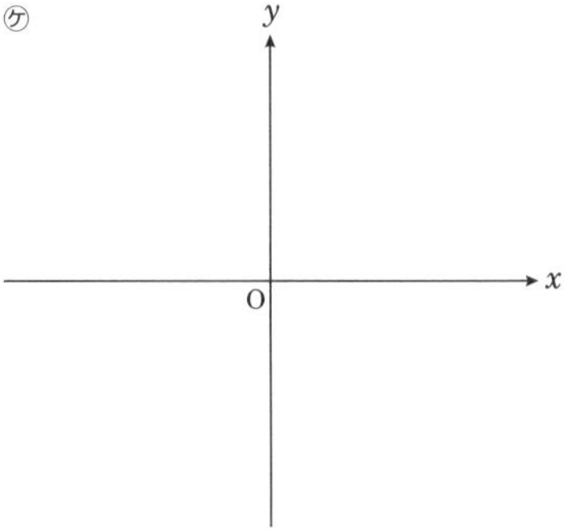

$5x^2+6xy+5y^2=2$ のグラフ

総合演習 ▸ 6

解答 p.297

問1　次の 2 つのベクトル $\boldsymbol{a}$，$\boldsymbol{b}$ について問に答えなさい．

$$\boldsymbol{a}=\begin{pmatrix} 3k \\ -1 \\ 2 \end{pmatrix},\quad \boldsymbol{b}=\begin{pmatrix} -3 \\ 4 \\ 2k \end{pmatrix}$$

(1)　$\|\boldsymbol{a}\|=\|\boldsymbol{b}\|$ となるように k の値を定めなさい．

(2)　k が(1)で求めた値のとき，$\boldsymbol{a}+\boldsymbol{b}$ と $\boldsymbol{a}-\boldsymbol{b}$ の内積を求めなさい．

問2　次の行列を対角化しなさい．

$$A=\begin{pmatrix} 1 & 0 & 0 \\ 0 & 2 & 1 \\ 0 & 2 & 3 \end{pmatrix}$$

問3　次の行列を直交行列で対角化しなさい．

$$A=\begin{pmatrix} -3 & 2 & -2 \\ 2 & -3 & 2 \\ -2 & 2 & -3 \end{pmatrix}$$

問4　次の 2 次曲線のグラフを描きなさい．

$$5x^2+4xy+2y^2=6$$

総合演習のヒント

問1　$\|\boldsymbol{x}\|$ と $\boldsymbol{x}\cdot\boldsymbol{y}$ の定義を思い出しましょう．

問2　p.226 ～ 229 問題 57 を復習しましょう．

問3　重解の固有値からは互いに独立な 2 つの固有ベクトルを取り出しましょう．

問4　回転角はきれいな角にはなりません．

とうとう最後の問題にたどりつきました！

Column　線形写像や固有値の様子を，図で見て，実感しよう

2 次正方行列 $A=\begin{pmatrix}3&2\\1&4\end{pmatrix}$ を表現行列にもつ線形写像 $f:\boldsymbol{R}^2\to\boldsymbol{R}^2$ を考えます．このとき，任意の $\boldsymbol{R}^2$ ベクトル $\boldsymbol{x}$ に対して，$f(\boldsymbol{x})=A\boldsymbol{x}$ となります．

(a)　$\overrightarrow{\mathrm{OA}}=\boldsymbol{e}_1$，　$\overrightarrow{\mathrm{OB}}=\boldsymbol{e}_2$，　$\overrightarrow{\mathrm{OC}}=\boldsymbol{e}_1+\boldsymbol{e}_2=\begin{pmatrix}1\\1\end{pmatrix}$　に対して，

$$\overrightarrow{\mathrm{OA'}}=f(\boldsymbol{e}_1)=A\boldsymbol{e}_1=\begin{pmatrix}3&2\\1&4\end{pmatrix}\begin{pmatrix}1\\0\end{pmatrix}=\begin{pmatrix}3\\1\end{pmatrix}\tag{1}$$

$$\overrightarrow{\mathrm{OB'}}=f(\boldsymbol{e}_2)=A\boldsymbol{e}_2=\begin{pmatrix}3&2\\1&4\end{pmatrix}\begin{pmatrix}0\\1\end{pmatrix}=\begin{pmatrix}2\\4\end{pmatrix}\tag{2}$$

$$\overrightarrow{\mathrm{OC'}}=f(\boldsymbol{e}_1+\boldsymbol{e}_2)=A(\boldsymbol{e}_1+\boldsymbol{e}_2)=\begin{pmatrix}3&2\\1&4\end{pmatrix}\begin{pmatrix}1\\1\end{pmatrix}=\begin{pmatrix}5\\5\end{pmatrix}\tag{3}$$

より，線形写像 f によって A(1, 0) は A′(3, 1) に，B(0, 1) は B′(2, 4) に，C(1, 1) は C′(5, 5) に移ります．このことを図で表すと下のようになり，f によって，左図の正方形の格子状に並んだ点は右図の平行四辺形の格子状に並んだ点に移ります．

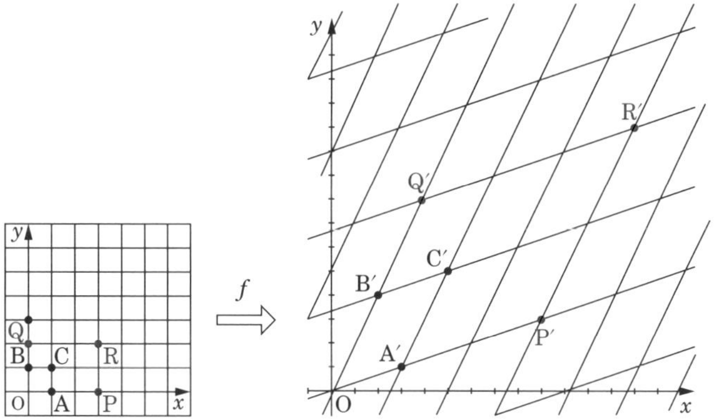

(b)　$f(\boldsymbol{e}_1)$，$f(\boldsymbol{e}_2)$ で張られる平行四辺形 OA′ C′ B′ の面積は $|\det A|$ です．（ここで $\det A$ は行列 A の行列式で，$|\det A|$ はその絶対値です．）

また，f によって，$\boldsymbol{e}_1$，$\boldsymbol{e}_2$ で張られる正方形 OABC の面積は $|\det A|$ 倍に拡大・縮小されます．実際，(1)，(2) より，

(平行四辺形 OA′ C′ B′ の面積) = 2×(三角形 OA′ B′ の面積)

$$= 2 \times \frac{1}{2}|3 \cdot 4 - 1 \cdot 2| = |\det A| = |\det A| \times (\text{正方形 OABC の面積})$$

※ $\boldsymbol{e}_1$, $\boldsymbol{e}_2$ で張られる正方形 OABC の面積が 1 であることに注意する.

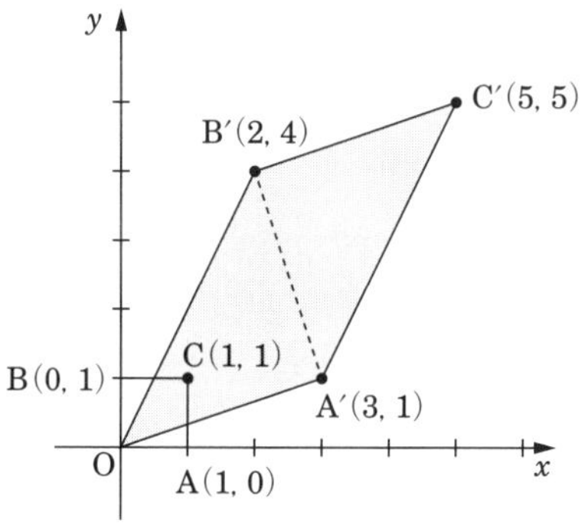

(c) (a)と同様に, $\overrightarrow{OP} = 3\boldsymbol{e}_1$, $\overrightarrow{OQ} = 2\boldsymbol{e}_2$, $\overrightarrow{OR} = 3\boldsymbol{e}_1 + 2\boldsymbol{e}_2$ に対して,

$\overrightarrow{OP'} = f(3\boldsymbol{e}_1) = 3f(\boldsymbol{e}_1)$, $\overrightarrow{OQ'} = f(2\boldsymbol{e}_2) = 2f(\boldsymbol{e}_2)$, $\overrightarrow{OR'} = f(3\boldsymbol{e}_1 + 2\boldsymbol{e}_2)$ とすると,

$$\overrightarrow{OR'} = f(3\boldsymbol{e}_1 + 2\boldsymbol{e}_2) = 3f(\boldsymbol{e}_1) + 2f(\boldsymbol{e}_2) = \overrightarrow{OP'} + \overrightarrow{OQ'}$$

図でもこのことが確認できます.

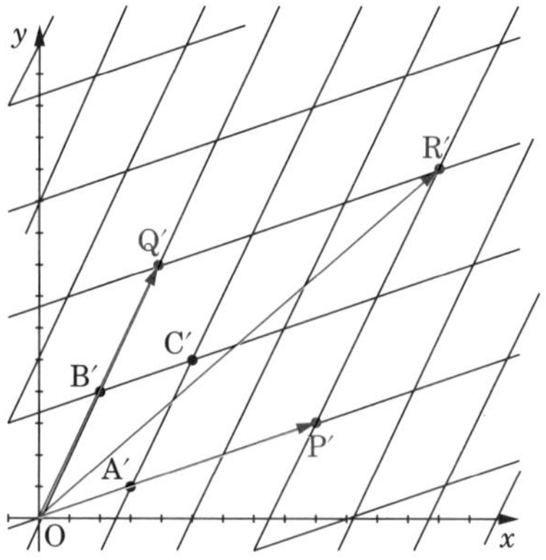

(d)　(3)から，C(1, 1)が C′(5, 5)に移ることを表現行列 A を用いて表すと，

$$A\begin{pmatrix}1\\1\end{pmatrix} = \begin{pmatrix}5\\5\end{pmatrix} = 5\begin{pmatrix}1\\1\end{pmatrix} \tag{4}$$

でした．これは，$\overrightarrow{\mathrm{OC}}$ は線形写像 f（表現行列 A）によって，長さが 5 倍されるだけで向きが変わらないベクトル $\overrightarrow{\mathrm{OC'}}$ に移ることを意味しています．同様に，(4)の両辺に $k \neq 0$ を掛けると，

$$A\boldsymbol{v} = 5\boldsymbol{v} \qquad \text{ただし，} \boldsymbol{v} = k\begin{pmatrix}1\\1\end{pmatrix}$$

これは，$\boldsymbol{v}$ が線形写像 f（表現行列 A）によって，長さが 5 倍されるだけで向きが変わらないベクトルに移ることを意味しています．

このように，ある行列に対して，ベクトル $\boldsymbol{v}$ を掛けても向きが変わらないようなベクトル $\boldsymbol{v}$ を**固有ベクトル**というのです．また，固有ベクトル $\boldsymbol{v}$ を掛けた際の長さの倍率のことを**固有値**と呼びます．先の例で言えば，

固有値は 5,

固有ベクトルは $k\begin{pmatrix}1\\1\end{pmatrix}$（$k$ は 0 でない任意の実数）

となります．

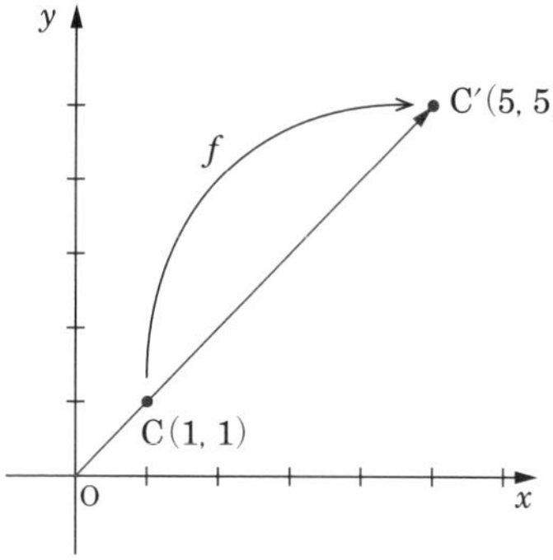

第1章 ベクトル

p.9 ◎ 演習1

解 答 (1)　ベクトルの大きさ，内積の成分表示より，

$|\vec{a}|=$ ㋐ $\boxed{\sqrt{1^2+1^2+(-1)^2}=\sqrt{3}}$，$|\vec{b}|=$ ㋑ $\boxed{\sqrt{2^2+(-1)^2+(-1)^2}=\sqrt{6}}$，$\vec{a}\cdot\vec{b}=$ ㋒ $\boxed{1\cdot 2+1\cdot(-1)+(-1)\cdot(-1)=2}$

(2)　$\vec{p}\perp(2\vec{a}+\vec{b}) \iff \vec{p}\cdot(2\vec{a}+\vec{b})=0$ であることに注意する.

$0=\vec{p}\cdot(2\vec{a}+\vec{b})=$ ㋓ $\boxed{2}\,|\vec{a}|^2$ ㋔ $\boxed{(2t+1)}\,\vec{a}\cdot\vec{b}+$ ㋕ $\boxed{t}\,|\vec{b}|^2=$ ㋖ $\boxed{10}\,t+$ ㋗ $\boxed{8}$　　これを解いて，$t=$ ㋘ $\boxed{-\frac{4}{5}}$

【(2)の別解】 $\vec{p}$ と $2\vec{a}+\vec{b}$ を成分表示すると，

それぞれ $\vec{p}=$ ㋙ $\boxed{(1,1,-1)+t(2,-1,-1)=(1+2t,\ 1-t,\ -1-t)}$，

$2\vec{a}+\vec{b}=$ ㋚ $\boxed{(2,2,-2)+(2,-1,-1)=(4,1,-3)}$ である.

$\vec{p}\perp(2\vec{a}+\vec{b}) \iff \vec{p}\cdot(2\vec{a}+\vec{b})=0$ なので，

㋛
$(1+2t,\ 1-t,\ -1-t)\cdot(4,1,-3)=0$

$4(1+2t)+(1-t)-3(-1-t)=0$　　これを解いて，$t=-\frac{4}{5}$

(3)　内積の性質より

$|\vec{p}|=\sqrt{|\vec{p}|^2}=$ ㋜ $\boxed{\sqrt{|\vec{a}|^2+2t\vec{a}\cdot\vec{b}+t^2|\vec{b}|^2}=\sqrt{(\sqrt{3})^2+2t\cdot 2+t^2(\sqrt{6})}=\sqrt{6t^2+4t+3}=\sqrt{6\left(t+\frac{1}{3}\right)^2+\frac{7}{3}}}$

よって，$t=$ ㋝ $\boxed{-\frac{1}{3}}$ のとき，最小値 ㋞ $\boxed{\sqrt{\frac{7}{3}}}$ になる.

(4)　三角形の面積の公式から $S=$ ㋟ $\boxed{\frac{1}{2}\sqrt{(\sqrt{3})^2(\sqrt{6})^2-2^2}=\frac{\sqrt{14}}{2}}$

p.15 ◎ 演習2

解 答 点Pは線分ADを $s:(1-s)$ に内分するとき，

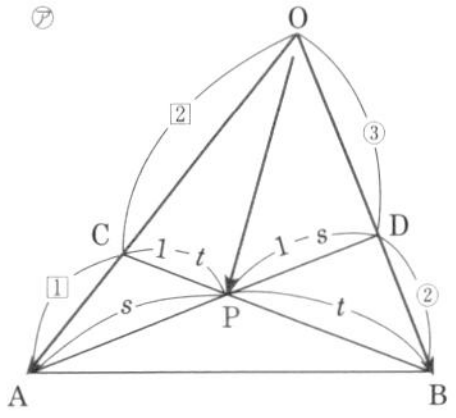

$\overrightarrow{OD}=$ ㋐ $\boxed{\frac{3}{5}}\,\overrightarrow{OB}=$ ㋑ $\boxed{\frac{3}{5}}\,\vec{b}$ であることに注意すると，

$\overrightarrow{OP}=$ ㋒ $\boxed{(1-s)}\,\overrightarrow{OA}+$ ㋓ $\boxed{s}\,\overrightarrow{OD}=$ ㋔ $\boxed{(1-s)}\,\vec{a}+$ ㋕ $\boxed{\frac{3}{5}s}\,\vec{b}$　　…(1)

一方，点Pは線分CBを $(1-t):t$ に内分するとき，

$\overrightarrow{OC}=$ ㋖ $\boxed{\frac{2}{3}}\,\overrightarrow{OA}=$ ㋗ $\boxed{\frac{2}{3}}\,\vec{a}$ であることに注意すると，

$\overrightarrow{OP}=$ ㋘ $\boxed{t}\,\overrightarrow{OC}+$ ㋙ $\boxed{(1-t)}\,\overrightarrow{OB}=$ ㋚ $\boxed{\frac{2}{3}t}\,\vec{a}+$ ㋛ $\boxed{(1-t)}\,\vec{b}$　　…(2)

(1)と(2)から，㋔ $\boxed{(1-s)}\,\vec{a}+$ ㋕ $\boxed{\frac{3}{5}s}\,\vec{b}=$ ㋚ $\boxed{\frac{2}{3}t}\,\vec{a}+$ ㋛ $\boxed{(1-t)}\,\vec{b}$

$\vec{a}\neq\vec{0}$，$\vec{b}\neq 0$ で，$\vec{a}$ と $\vec{b}$ が平行でないので，$\vec{a}$ と $\vec{b}$ は線形独立（1次独立），ゆえに，

㋔ $\boxed{(1-s)}=$ ㋚ $\boxed{\frac{2}{3}t}$，　かつ　㋕ $\boxed{\frac{3}{5}s}=$ ㋛ $\boxed{(1-t)}$　これを解いて，$s=$ ㋜ $\boxed{\frac{5}{9}}$，$t=$ ㋝ $\boxed{\frac{2}{3}}$.

したがって，$\overrightarrow{OP}=$ ㋞ $\boxed{\frac{4}{9}}\,\vec{a}+$ ㋟ $\boxed{\frac{1}{3}}\,\vec{b}$

p.19 ◎ 演習3

解 答 (1)　点 $A(\vec{a})$，$B(\vec{b})$ を通る直線の方程式の方向ベクトルの1つは

$\vec{d}=$ ㋐ $\boxed{\overrightarrow{AB}=\vec{b}-\vec{a}=(6,1)-(-3,4)=(9,-3)}$ なので，この直線上の任意の点 $P(\vec{p})$ のベクトル方程式をまず成分表示してみる．$\vec{p}=\vec{a}+t\vec{d}$ に $\vec{p}=$ ㋑ $\boxed{(x,y)}$，$\vec{a}=$ ㋒ $\boxed{(-3,4)}$，$\vec{d}=$ ㋓ $\boxed{(9,-3)}$ を代入すると，次のように表される.

$(x,y)=$ ㋔ $\boxed{(-3,4)+t(9,-3)=(-3,4)+(9t,-3t)=(-3+9t,\ 4-3t)}$

したがって，この直線の媒介変数表示は $\begin{cases} x= ㋕\ \boxed{-3+9t} \\ y= ㋖\ \boxed{4-3t} \end{cases}$

また，この式から t を消去して整理すると，直線の方程式は ㋗ $\boxed{x+3y-9=0}$

(2)　直線 $3x+4y+5=0$ の法線ベクトルを成分表示すると㋘ $\boxed{(3,4)}$ である．
したがって，直線 $3x+4y+5=0$ に垂直な直線の方程式の方向ベクトルは $\vec{d}=$ ㋙ $\boxed{(3,4)}$ となる．
　いま，点 $\mathrm{A}(\vec{a})$ を通り，方向ベクトルが $\vec{d}$ である直線上の任意の点 $\mathrm{P}(\vec{p})$ のベクトル方程式をまず成分表示してみる．
$\vec{p}=\vec{a}+t\vec{d}$ に $\vec{p}=$ ㋚ $\boxed{(x,y)}$，$\vec{a}=$ ㋛ $\boxed{(3,2)}$，$\vec{d}=$ ㋜ $\boxed{(3,4)}$ を代入すると，次のように表される．
$(x,y)=$ ㋝ $\boxed{(3,2)+t(3,4)=(3,2)+(3t,4t)=(3+3t,\ 2+4t)}$

したがって，この直線の媒介変数表示は $\begin{cases} x= ㋞\ \boxed{3+3t} \\ y= ㋟\ \boxed{2+4t} \end{cases}$

この式から t を消去して整理すると，直線の方程式は㋠ $\boxed{4x-3y-6=0}$

p.23 ◎ 演習 4

解 答　(1)　点 $\mathrm{A}(\vec{a})$，$\mathrm{B}(\vec{b})$ を通る直線の方程式の方向ベクトルの 1 つは
$\vec{d}=$ ㋐ $\boxed{\overrightarrow{\mathrm{AB}}=\vec{b}-\vec{a}=(1,2,2)-(1,2,-1)=(0,0,3)}$ なので，求める直線上の任意の点 $\mathrm{P}(\vec{p})$ のベクトル方程式を成分表示する．$\vec{p}=\vec{a}+t\vec{d}$ に $\vec{p}=(x,y,z)$，$\vec{a}=$ ㋑ $\boxed{(1,2,-1)}$，$\vec{d}=$ ㋒ $\boxed{(0,0,3)}$ を代入すると，次のように表される．
　$(x,y,z)=$ ㋓ $\boxed{(1,2,-1)+t(0,0,3)=(1,2,-1)+(0,0,3)=(1,2,-1+3t)}$
したがって，この直線の媒介変数表示は $x=$ ㋔ $\boxed{1}$，$y=$ ㋕ $\boxed{2}$，$z=$ ㋖ $\boxed{-1+3t}$．つまり，㋗ $\boxed{x=1,\ y=2,\ z\text{は任意の実数}}$．
これは㋘ $\boxed{z}$ 軸に平行な直線を表す．
(2)　点 $\mathrm{A}(1,0,-1)$，法線ベクトル $\vec{n}=$ ㋙ $\boxed{\overrightarrow{\mathrm{AB}}=(0,-1,1)-(1,0,-1)=(-1,-1,2)}$ なので，求める平面の方程式は，㋚ $\boxed{-(x-1)-y+2(z+1)=0\ \text{つまり}\ x+y-2z-3=0}$
(3)　t を実数として，$\dfrac{x+1}{5}=\dfrac{y}{-3}=\dfrac{z+2}{2}=t$
とおくと，直線④上の任意の点 (x,y,z) は次のように表される．　$(x,y,z)=$ ㋛ $\boxed{(5t-1,\ -3t,\ 2t-2)}$　⑥
直線④上の点が，平面⑤上にあるとき，その点が求める交点なので，⑥を平面⑤の方程式に代入して，解くと
$t=$ ㋜ $\boxed{1}$ となる．よって，$t=$ ㋜ $\boxed{1}$ を⑥に代入すると，交点の座標は㋝ $\boxed{(4,-3,0)}$ になる．

p.24 ◎ 総合演習 1

問 1

(1)　$\vec{c}+\vec{a}=(k+2,\ k+3,\ k-2)$，　$\vec{c}-\vec{b}=(k-3,\ k-1,\ k+1)$ なので，$(\vec{c}+\vec{a})\cdot(\vec{c}-\vec{b})=0$ となる k を求めればよい．$(k+2)(k-3)+(k+3)(k-1)+(k-2)(k+1)=0$，　$k^2-k-6+k^2+2k-3+k^2-k-2=0$
$3k^2-11=0$，　$k^2=\dfrac{11}{3}$，　$k=\pm\sqrt{\dfrac{11}{3}}$
(2)　$2\vec{a}-\vec{b}=2(2,2,\ -1)-(3,2,\ -2)=(4,4,\ -2)-(3,2,\ -2)=(1,2,\ 0)$
$\vec{c}/\!/(2\vec{a}-\vec{b})$ より，$\vec{c}=t(\vec{a}-\vec{b})$ となる実数 t が存在するので，$(k,\ k+1,\ k-1)=t(1,2,\ 0)$
$\therefore \begin{cases} k=t \\ k+1=2t \\ k-1=0 \end{cases}$　$\therefore k=1$　　またこのとき，$\vec{c}=(1,2,\ 0)$ となる．

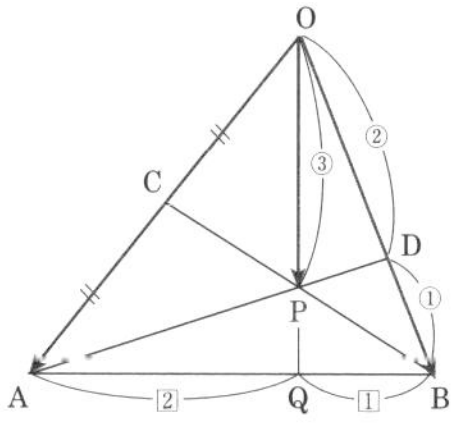

問 2　p.12　問題 2 より $\overrightarrow{\mathrm{OP}}=\dfrac{1}{4}\vec{a}+\dfrac{1}{2}\vec{b}$ であった．$\overrightarrow{\mathrm{OP}}=\dfrac{1}{4}\vec{a}+\dfrac{1}{2}\vec{b}=\dfrac{3}{4}\cdot\dfrac{\vec{a}+2\vec{b}}{1+2}$
で $\dfrac{\vec{a}+2\vec{b}}{2+1}$ は AB を 2：1 に内分する点のベクトルなので $\overrightarrow{\mathrm{OQ}}=\dfrac{\vec{a}+2\vec{b}}{2+1}$
$\therefore$ AQ：QB＝2：1
さらに $\overrightarrow{\mathrm{OP}}=\dfrac{3}{4}\overrightarrow{\mathrm{OQ}}$ なので，OP：PQ＝3：1となる．

問 3

(1) 求める直線の方程式の方向ベクトル $\vec{d}$ は $\vec{d}=(2,1,3)$ で，点 $\mathrm{A}(1,3,\ -1)$ を通るので，$\dfrac{x-1}{2}=y-3=\dfrac{z+1}{3}$
(2) t を実数として，$\dfrac{x-1}{2}=y-3=\dfrac{z+1}{3}=t$ とおくと直線上の任意の点 $(x,\ y,\ z)$ は次のように表される．
　$(x,\ y,\ z)=(1+2t,\ 3+t,\ -1+3t)$
直線上の点が平面上にあるとき，その点が求める交点なので，この $(x,\ y,\ z)$ を平面の式に代入すると，
$2(1+2t)+(3+t)+3(-1+3t)+12=0$，　$2+4t+3+t-3+9t+12=0$
$14t+14=0$，　$t=-1$　　このとき $(x,\ y,\ z)=(-1,2,\ -4)$　　$\therefore$交点は $(-1,2,\ -4)$

第2章 行列

p.29 ● 演習 5

解 答

$$\left.\begin{pmatrix} 1 & 2 \\ \hdashline 3 & -4 \\ \hdashline -5 & 6 \\ \hdashline -7 & 8 \end{pmatrix}\right\}㋐\boxed{4}\text{行} \qquad \underbrace{\left(\begin{array}{c:c} 1 & 2 \\ 3 & -4 \\ -5 & 6 \\ -7 & 8 \end{array}\right)}_{㋑\boxed{2}\text{列}}$$

(1) 行の数は㋒$\boxed{4}$，列の数は㋓$\boxed{2}$なので㋔$\boxed{4}$行㋕$\boxed{2}$列の行列である．つまり㋖$\boxed{(4,2)}$型行列．

(2) 第2行は2番目の行だから㋗$\boxed{3 \quad -4}$，第1列は1番目の列だから㋘$\boxed{\begin{matrix} 1 \\ 3 \\ -5 \\ -7 \end{matrix}}$

(3) $(1,1)$成分＝第㋙$\boxed{1}$行と第㋚$\boxed{1}$列の交差した数＝㋛$\boxed{1}$，$(2,2)$成分＝第㋜$\boxed{2}$行と第㋝$\boxed{2}$列の交差した数＝㋞$\boxed{-4}$

(4) 2＝第㋟$\boxed{1}$行と第㋠$\boxed{2}$列の交差した数＝㋡$\boxed{(1,2)}$成分，-7＝第㋢$\boxed{4}$行と第㋣$\boxed{1}$列の交差した数＝㋤$\boxed{(4,1)}$成分

p.35 ● 演習 6

解 答 定義に従って計算すると，

$$A+B=㋐\boxed{\begin{pmatrix} 1 & 0 & -6 \\ -3 & -1 & 0 \\ 2 & 5 & -4 \end{pmatrix}}+㋑\boxed{\begin{pmatrix} -3 & 4 & 5 \\ 7 & 2 & 8 \\ 0 & -1 & 0 \end{pmatrix}}=㋒\boxed{\begin{pmatrix} 1-3 & 0+4 & -6+5 \\ -3+7 & -1+2 & 0+8 \\ 2+0 & 5-1 & -4+0 \end{pmatrix}=\begin{pmatrix} -2 & 4 & -1 \\ 4 & 1 & 8 \\ 2 & 4 & -4 \end{pmatrix}}$$

$$A-B=㋓\boxed{\begin{pmatrix} 1 & 0 & -6 \\ -3 & -1 & 0 \\ 2 & 5 & -4 \end{pmatrix}}-㋔\boxed{\begin{pmatrix} -3 & 4 & 5 \\ 7 & 2 & 8 \\ 0 & -1 & 0 \end{pmatrix}}=㋕\boxed{\begin{pmatrix} 1-(-3) & 0-4 & -6-5 \\ -3-7 & -1-2 & 0-8 \\ 2-0 & 5-(-1) & -4-0 \end{pmatrix}=\begin{pmatrix} 4 & -4 & -11 \\ -10 & -3 & -8 \\ 2 & 6 & -4 \end{pmatrix}}$$

$$-2B=-2\,㋖\boxed{\begin{pmatrix} -3 & 4 & 5 \\ 7 & 2 & 8 \\ 0 & -1 & 0 \end{pmatrix}}=㋗\boxed{\begin{pmatrix} -2\cdot(-3) & -2\cdot 4 & -2\cdot 5 \\ -2\cdot 7 & -2\cdot 2 & -2\cdot 8 \\ -2\cdot 0 & -2\cdot(-1) & -2\cdot 0 \end{pmatrix}=\begin{pmatrix} 6 & -8 & -10 \\ -14 & -4 & -16 \\ 0 & 2 & 0 \end{pmatrix}}$$

$$3A+B=3\,㋘\boxed{\begin{pmatrix} 1 & 0 & -6 \\ -3 & -1 & 0 \\ 2 & 5 & -4 \end{pmatrix}}+㋙\boxed{\begin{pmatrix} -3 & 4 & 5 \\ 7 & 2 & 8 \\ 0 & -1 & 0 \end{pmatrix}}=㋚\boxed{\begin{pmatrix} 3 & 0 & -18 \\ -9 & -3 & 0 \\ 6 & 15 & -12 \end{pmatrix}+\begin{pmatrix} -3 & 4 & 5 \\ 7 & 2 & 8 \\ 0 & -1 & 0 \end{pmatrix}=\begin{pmatrix} 0 & 4 & -13 \\ -2 & -1 & 8 \\ 6 & 14 & -12 \end{pmatrix}}$$

p.39 ● 演習 7

解 答 (1) 行列の型を調べると $(2,2)$型・㋐$\boxed{(2,3)}$型＝㋑$\boxed{(2,3)}$型 となるので

$$\begin{pmatrix} 3 & 4 \\ 2 & 1 \end{pmatrix}\begin{pmatrix} 0 & 4 & -1 \\ -2 & 1 & 5 \end{pmatrix}=\left(\begin{array}{c:c:c} (1,1)\text{成分} & ㋒\boxed{(1,2)}\text{成分} & ㋓\boxed{(1,3)}\text{成分} \\ \hdashline ㋔\boxed{(2,1)}\text{成分} & ㋕\boxed{(2,2)}\text{成分} & ㋖\boxed{(2,3)}\text{成分} \end{array}\right)$$

$$=\left(\begin{array}{c:c:c} \text{第1行と第1列の積和} & ㋗\boxed{\text{1行と2列}}\text{の積和} & ㋘\boxed{\text{1行と3列}}\text{の積和} \\ \hdashline ㋙\boxed{\text{2行と1列}}\text{の積和} & ㋚\boxed{\text{2行と2列}}\text{の積和} & ㋛\boxed{\text{2行と3列}}\text{の積和} \end{array}\right)$$

$$=\begin{pmatrix} 3\cdot 0+4\cdot(-2) & ㋜\boxed{3\cdot 4+4\cdot 1} & ㋝\boxed{3\cdot(-1)+4\cdot 5} \\ ㋞\boxed{2\cdot 0+1\cdot(-2)} & ㋟\boxed{2\cdot 4+1\cdot 1} & ㋠\boxed{2\cdot(-1)+1\cdot 5} \end{pmatrix}=㋡\boxed{\begin{pmatrix} 0-8 & 12+4 & -3+20 \\ 0-2 & 8+1 & -2+5 \end{pmatrix}=\begin{pmatrix} -8 & 16 & 17 \\ -2 & 9 & 3 \end{pmatrix}}$$

(2) 行列の型は ㋢$\boxed{(1,3)}$型・$(3,2)$型＝㋣$\boxed{(1,2)}$型 となるので

$$(1 \quad 0 \quad -1)\begin{pmatrix} 7 & -3 \\ 5 & 4 \\ 2 & -5 \end{pmatrix}=\left(㋤\boxed{(1,1)}\text{成分} \;\vdots\; ㋥\boxed{(1,2)}\text{成分}\right)=\left(㋦\boxed{\text{1行と1列}}\text{の積和} \;\vdots\; ㋧\boxed{\text{1行と2列}}\text{の積和}\right)$$

$$=㋨\boxed{(1\cdot 7+0\cdot 5-1\cdot 2 \quad 1\cdot(-3)+0\cdot 4+(-1)(-5))=(7+0-2 \quad -3+0+5)=(5 \quad 2)}$$

p.41 ● 演習 8

解 答 (1) ABの型は ㋐$\boxed{(3,1)}$型・㋑$\boxed{(1,3)}$型＝㋒$\boxed{(3,3)}$型 となり

$$AB=\begin{pmatrix}2\\-1\\3\end{pmatrix}(1\quad 3\quad -2)=\begin{pmatrix}2\cdot1 & \text{㋓}\boxed{2\cdot3} & \text{㋖}\boxed{2\cdot(-2)}\\ -1\cdot1 & \text{㋔}\boxed{-1\cdot3} & \text{㋗}\boxed{-1\cdot(-2)}\\ 3\cdot1 & \text{㋕}\boxed{3\cdot3} & \text{㋘}\boxed{3\cdot(-2)}\end{pmatrix}=\text{㋙}\boxed{\begin{pmatrix}2 & 6 & -4\\ -1 & -3 & 2\\ 3 & 9 & -6\end{pmatrix}}$$

BA の型を調べると ㋚ $\boxed{(1,3)}$ 型・㋛ $\boxed{(3,1)}$ 型 = ㋜ $\boxed{(1,1)}$ 型　となり

$$BA=(1\quad 3\quad -2)\begin{pmatrix}2\\-1\\3\end{pmatrix}=\text{㋝}\boxed{(1\cdot2+3\cdot(-1)+(-2)\cdot3)=(-7)}$$

(2)　A，B ともに㋞ $\boxed{(2,2)}$ 型なので，AB，BA ともに結果は㋟ $\boxed{(2,2)}$ 型となる．

$$AB=\begin{pmatrix}0 & 1\\ 1 & 0\end{pmatrix}\begin{pmatrix}0 & 1\\ 0 & 0\end{pmatrix}=\begin{pmatrix}0\cdot0+1\cdot0 & \text{㋡}\boxed{0\cdot1+1\cdot0}\\ \text{㋠}\boxed{1\cdot0+0\cdot0} & 1\cdot1+0\cdot0\end{pmatrix}=\text{㋢}\boxed{\begin{pmatrix}0 & 0\\ 0 & 1\end{pmatrix}}$$

$$BA=\begin{pmatrix}0 & 1\\ 0 & 0\end{pmatrix}\begin{pmatrix}0 & 1\\ 1 & 0\end{pmatrix}=\text{㋣}\boxed{\begin{pmatrix}0\cdot0+1\cdot1 & 0\cdot1+1\cdot0\\ 0\cdot0+0\cdot1 & 0\cdot1+0\cdot0\end{pmatrix}=\begin{pmatrix}1 & 0\\ 0 & 0\end{pmatrix}}$$

p.45　演習 9

解答　$X=\begin{pmatrix}x & y\\ z & w\end{pmatrix}$ とおき，$AX=E$ となる X が存在するかどうか調べる．

$$AX=\begin{pmatrix}-1 & 1\\ 2 & -5\end{pmatrix}\begin{pmatrix}x & y\\ z & w\end{pmatrix}=\begin{pmatrix}-x+z & \text{㋐}\boxed{-y+w}\\ 2x-5z & \text{㋑}\boxed{2y-5w}\end{pmatrix}$$

これが単位行列 $E=\begin{pmatrix}1 & 0\\ 0 & 1\end{pmatrix}$ に等しくなる条件は　$\begin{cases}-x+z=1 & \cdots①\\ 2x-5z=0 & \cdots②\end{cases}$　$\begin{cases}\text{㋒}\boxed{-y+w=0} & \cdots③\\ \text{㋓}\boxed{2y-5w=1} & \cdots④\end{cases}$

①②を連立させて x，z を求めると

㋔ $\boxed{①\times2 \text{ より } -2x+2z=2\ \cdots①',\quad ①'+② \text{より } -3z=2,\ z=-\frac{2}{3},\ ① \text{へ代入して } -x-\frac{2}{3}=1,\ x=-\frac{5}{3}}$

③④を連立させて y，w を求めると

㋕ $\boxed{③\times2 \text{ より } -2y+2w=0\ \cdots③',\quad ③'+④ \text{より } -3w=1,\ w=-\frac{1}{3},\ ③ \text{へ代入して } -y-\frac{1}{3}=0,\ y=-\frac{1}{3}}$

以上より，$x=-\frac{5}{3}$，$y=$ ㋖ $\boxed{-\frac{1}{3}}$，$z=$ ㋗ $\boxed{-\frac{2}{3}}$，$w=-\frac{1}{3}$ が得られたので　$X=\begin{pmatrix}-\frac{5}{3} & \text{㋘}\boxed{-\frac{1}{3}}\\ \text{㋙}\boxed{-\frac{2}{3}} & -\frac{1}{3}\end{pmatrix}=-\frac{1}{3}$ ㋚ $\boxed{\begin{pmatrix}5 & 1\\ 2 & 1\end{pmatrix}}$

また，この X について

$$XA=\text{㋛}\boxed{-\frac{1}{3}\begin{pmatrix}5 & 1\\ 2 & 1\end{pmatrix}\begin{pmatrix}-1 & 1\\ 2 & -5\end{pmatrix}=-\frac{1}{3}\begin{pmatrix}5\cdot(-1)+1\cdot2 & 5\cdot1+1\cdot(\ \ 5)\\ 2\cdot(-1)+1\cdot2 & 2\cdot1+1\cdot(-5)\end{pmatrix}=-\frac{1}{3}\begin{pmatrix}-3 & 0\\ 0 & -3\end{pmatrix}=\begin{pmatrix}1 & 0\\ 0 & 1\end{pmatrix}}$$

も成立するので，A は正則であり　$A^{-1}=$ ㋜ $\boxed{-\frac{1}{3}\begin{pmatrix}5 & 1\\ 2 & 1\end{pmatrix}}$

p.47　演習 10

解答　$X=\begin{pmatrix}x & y\\ z & w\end{pmatrix}$ とおいて，$AX=E$ となる X が存在するかどうか調べる．

$$AX=\begin{pmatrix}2 & 5\\ 4 & 10\end{pmatrix}\begin{pmatrix}x & y\\ z & w\end{pmatrix}=\begin{pmatrix}2x+5z & 2y+5w\\ \text{㋐}\boxed{4x+10z} & \text{㋑}\boxed{4y+10w}\end{pmatrix}$$

これが $E=\begin{pmatrix}1 & 0\\ 0 & 1\end{pmatrix}$ となる条件は　$\begin{cases}2x+5z=\text{㋒}\boxed{1} & \cdots①\\ \text{㋓}\boxed{4x+10z=0} & \cdots②\end{cases}$　$\begin{cases}2y+5w=\text{㋔}\boxed{0} & \cdots③\\ \text{㋕}\boxed{4y+10w=1} & \cdots④\end{cases}$

①と②を調べると㋖ $\boxed{①\times2 \text{ より } 4x+10z=2\ \cdots①',\ ② \text{と} ①' \text{より } 0=2 \text{ となり矛盾}}$

ゆえに $AX=E$ となる X は存在㋗ $\boxed{\text{しない}}$ ので，A は正則㋘ $\boxed{\text{ではなく}}$，逆行列は存在㋙ $\boxed{\text{しない}}$．

p.51 演習 11

解 答 (1) ケーリー・ハミルトンの定理より，㋐ $\boxed{A^2+A+E_2=0}$ である．よって，

$$A^2=㋑\boxed{-A-E_2}=㋒\boxed{-\begin{pmatrix}1&1\\-3&-2\end{pmatrix}-\begin{pmatrix}1&0\\0&1\end{pmatrix}=\begin{pmatrix}-2&-1\\3&1\end{pmatrix}}$$

$A^3=$㋓ $\boxed{AA^2=A(-A-E_2)=-A^2-A=-(-A-E_2)-A=E_2}$　$A^4=$㋔ $\boxed{A^3A=A}$　$A^5=$㋕ $\boxed{A^3A^2=A^2}$

$A^6=$㋖ $\boxed{A^3A^3=E_2}$

これを繰り返して，$k=1,2,\cdots$に対して，

$A^{3k-2}=$㋗ $\boxed{A^{3(k-1)}A=(A^3)^{k-1}A=(E_2)^{k-1}A=A}$　$A^{3k-1}=$㋘ $\boxed{A^{3(k-1)}A^2=(A^3)^{k-1}A^2=(E_2)^{k-1}A^2=A^2}$

$A^{3k}=$㋙ $\boxed{(A^3)^k=(E_2)^k=E_2}$

以上をまとめて，㋚ $k=1,2,\cdots$に対して，

$$A^n=\begin{cases}\begin{pmatrix}1&1\\-3&-2\end{pmatrix} & n=3k-2\text{ のとき}\\ \begin{pmatrix}-2&-1\\3&1\end{pmatrix} & n=3k-1\text{ のとき}\\ \begin{pmatrix}1&0\\0&1\end{pmatrix} & n=3k\text{ のとき}\end{cases}$$

(2) $n=1$ のとき，左辺$=A^1=A$，右辺$=$㋛ $\boxed{\begin{pmatrix}\cos\theta&-\sin\theta\\\sin\theta&\cos\theta\end{pmatrix}}=A$ となって成り立つ．

$n=k$ ($k=1,2,\cdots$) のとき，$A^k=$㋜ $\boxed{\begin{pmatrix}\cos k\theta&-\sin k\theta\\\sin k\theta&\cos k\theta\end{pmatrix}}$ が成り立つと仮定すると，$n=k+1$ のとき，

$$A^{k+1}=A^kA=㋝\begin{pmatrix}\cos k\theta&-\sin k\theta\\\sin k\theta&\cos k\theta\end{pmatrix}\begin{pmatrix}\cos\theta&-\sin\theta\\\sin\theta&\cos\theta\end{pmatrix}=\begin{pmatrix}\cos k\theta\cos\theta-\sin k\theta\sin\theta&-\cos k\theta\sin\theta-\sin k\theta\cos\theta\\\sin k\theta\cos\theta+\cos k\theta\sin\theta&\cos k\theta\cos\theta-\sin k\theta\sin\theta\end{pmatrix}$$
$$=\begin{pmatrix}\cos(k+1)\theta&-\sin(k+1)\theta\\\sin(k+1)\theta&\cos(k+1)\theta\end{pmatrix}$$

となるので，$n=k+1$ のときも成り立つ．
(最後の式変形は三角関数の加法定理を用いている．)

p.52 総合演習 2

問 1 (1) $\begin{pmatrix}7&12&6\\10&5&-4\end{pmatrix}$ (2) $\begin{pmatrix}-1&18&-7\\29&-49&55\end{pmatrix}$ (3) $\begin{pmatrix}25&-9&2\\-44&11&10\end{pmatrix}$

問 2 (1) 両辺に $-3A$ を加えて，$2X=O_{22}-3A=-3A$

両辺を $\frac{1}{2}$ 倍して，$X=-\frac{3}{2}A=-\frac{3}{2}\begin{pmatrix}6&-2\\2&-4\end{pmatrix}=-3\begin{pmatrix}3&-1\\1&-2\end{pmatrix}=\begin{pmatrix}-9&3\\-3&6\end{pmatrix}$

(2) 両辺に $-2A$ を加えて　$-3Y=3E_2-2A$,　両辺を (-1) 倍して　$3Y=-3E_2+2A$

両辺を $\frac{1}{3}$ 倍して，$Y=-E_2+\frac{2}{3}A$

$$\therefore\quad Y=-\begin{pmatrix}1&0\\0&1\end{pmatrix}+\frac{2}{3}\begin{pmatrix}6&-2\\2&-4\end{pmatrix}=\begin{pmatrix}3&-\frac{4}{3}\\\frac{4}{3}&-\frac{11}{3}\end{pmatrix}=\frac{1}{3}\begin{pmatrix}9&-4\\4&-11\end{pmatrix}$$

問 3 (1) $X=\begin{pmatrix}x&y\\z&w\end{pmatrix}$ とおく．$AX=C$ と仮定すると成分計算より

$\begin{cases}x+3z=1 & \cdots①\\2x+z=-3 & \cdots②\end{cases}$　$\begin{cases}y+3w=5 & \cdots③\\2y+w=-5 & \cdots④\end{cases}$ を得る．

①②より　$x=-2$，$z=1$，　③④より　$y=-4$，$w=3$

これより $AX=C$ となる X は存在し，$X=\begin{pmatrix}-2&-4\\1&3\end{pmatrix}$.

(2) $Y=\begin{pmatrix}x&y\\z&w\end{pmatrix}$ とおく．$YB=C$ と仮定すると成分計算より

$\begin{cases}2x-y=1 & \cdots①\\2z-w=-3 & \cdots②\end{cases}$　$\begin{cases}4x-2y=5 & \cdots③\\4z-2w=-5 & \cdots④\end{cases}$ を得る．

①③を連立させて，①×2 より　$4x-2y=2$　…①′
③－①′より　$0=3$　となり矛盾.
これより $YB=C$ となる Y は存在しない.

問4　A が正則行列 $\overset{\text{def.}}{\Longleftrightarrow} AX=XA=E$ となる X が存在する
ということであった．$X=\begin{pmatrix} x & y \\ z & w \end{pmatrix}$とおくと，$AX=XA=E$ より

$$\begin{pmatrix} a & b \\ c & d \end{pmatrix}\begin{pmatrix} x & y \\ z & w \end{pmatrix}=\begin{pmatrix} 1 & 0 \\ 0 & 1 \end{pmatrix}, \qquad \begin{pmatrix} x & y \\ z & w \end{pmatrix}\begin{pmatrix} a & b \\ c & d \end{pmatrix}=\begin{pmatrix} x & y \\ z & w \end{pmatrix}\begin{pmatrix} 1 & 0 \\ 0 & 1 \end{pmatrix}$$

$$\therefore \quad \begin{cases} ax+bz=1 \\ cx+dz=0 \end{cases} \begin{cases} ay+bw=0 \\ cy+dw=1 \end{cases} \quad \begin{cases} ax+cy=1 \\ az+cw=0 \end{cases} \begin{cases} bx+dy=0 \\ bz+dw=1 \end{cases}$$

となる．この連立方程式は　$ad-bc\neq 0$ のときだけ解をもつので，このとき A は正則行列となる．このとき解は

$x=\dfrac{d}{ad-bc}$，　$y=\dfrac{-b}{ad-bc}$，　$z=\dfrac{-c}{ad-bc}$，　$w=\dfrac{a}{ad-bc}$　　なので

$$A^{-1}=X=\begin{pmatrix} x & y \\ z & w \end{pmatrix}=\begin{pmatrix} \dfrac{d}{ad-bc} & \dfrac{-b}{ad-bc} \\ \dfrac{-c}{ad-bc} & \dfrac{a}{ad-bc} \end{pmatrix}=\frac{1}{ad-bc}\begin{pmatrix} d & -b \\ -c & a \end{pmatrix}$$

第3章 行列式

p.58 ◎ 演習 12

解 答 定義に従って計算する.

$|A| =$ ㋐ $\boxed{-2}$,　　$|B| =$ ㋑ $\boxed{0}$

$|C| = \begin{vmatrix} 3 & 2 \\ -1 & 4 \end{vmatrix} =$ ㋒ $\boxed{3\cdot 4} -$ ㋓ $\boxed{2\cdot(-1)} =$ ㋔ $\boxed{12+2=14}$,　$|D| = \begin{vmatrix} 5 & -4 \\ 0 & -2 \end{vmatrix} =$ ㋕ $\boxed{5\cdot(-2)-(-4)\cdot 0=-10+0=-10}$

p.59 ◎ 演習 13

解 答 サラスの公式を覚えたら見ないでやってみよう.

$|A| = \begin{vmatrix} 0 & 1 & 3 \\ 8 & 0 & -4 \\ 2 & 1 & 0 \end{vmatrix} =$ ㋐ $\boxed{0\cdot 0\cdot 0} +$ ㋑ $\boxed{8\cdot 1\cdot 3} +$ ㋒ $\boxed{1\cdot(-4)\cdot 2} -$ ㋓ $\boxed{3\cdot 0\cdot 2} -$ ㋔ $\boxed{(-4)\cdot 1\cdot 0} -$ ㋕ $\boxed{1\cdot 8\cdot 0} =$ ㋖ $\boxed{16}$

$|B| = \begin{vmatrix} -3 & 1 & 5 \\ 4 & -2 & 2 \\ 5 & 1 & -3 \end{vmatrix} =$ ㋗ $\boxed{\begin{array}{l}(-3)(-2)(-3)+4\cdot 1\cdot 5+1\cdot 2\cdot 5 \\ \quad -5\cdot(-2)\cdot 5-2\cdot 1\cdot(-3)-1\cdot 4\cdot(-3)\end{array}} =$ ㋘ $\boxed{80}$

p.63 ◎ 演習 14

解 答 (1)　$\tilde{a}_{22} = (2,2)$ 余因子なので

$\tilde{a}_{22} = (-1)^{㋐\boxed{2}+㋑\boxed{2}}$ ㋒ $\boxed{\begin{vmatrix} 9 & -8 & -7 \\ 4 & -5 & 6 \\ -3 & 2 & 1 \end{vmatrix}} = (-1)^{㋓\boxed{4}} \begin{vmatrix} ㋔\boxed{9} & ㋕\boxed{-7} \\ ㋖\boxed{-3} & ㋗\boxed{1} \end{vmatrix}$

$= (+1)\{$ ㋘ $\boxed{9\cdot 1} -$ ㋙ $\boxed{(-7)\cdot(-3)}\} =$ ㋚ $\boxed{9-21=-12}$

(2)　$\tilde{a}_{12} = (1,2)$ 余因子なので

$\tilde{a}_{12} =$ ㋛ $\boxed{(-1)^{1+2}}$ ㋜ $\boxed{\begin{vmatrix} 9 & -8 & -7 \\ 4 & -5 & 6 \\ -3 & 2 & 1 \end{vmatrix}} = \boxed{(-1)^3 \begin{vmatrix} 4 & 6 \\ -3 & 1 \end{vmatrix}} =$ ㋝ $\boxed{(-1)\{4\cdot 1-6\cdot(-3)\} = -(4+18) = -22}$

(3)　$\tilde{a}_{33} = (3,3)$ 余因子なので

$\tilde{a}_{33} =$ ㋞ $\boxed{(-1)^{3+3}\begin{vmatrix} 9 & -8 & -7 \\ 4 & -5 & 6 \\ -3 & 2 & 1 \end{vmatrix} = (-1)^6 \begin{vmatrix} 9 & -8 \\ 4 & -5 \end{vmatrix} = (+1)\{9\cdot(-5)-(-8)\cdot 4\} = -45+32 = -13}$

p.67 ◎ 演習 15

解 答 余因子をつくるとき，何成分か気をつけよう.

(1)　第 2 列の上から順に展開して

$|A| = \begin{vmatrix} 1 & 2 \\ 3 & 4 \end{vmatrix} = 2\cdot\tilde{a}_{12} +$ ㋐ $\boxed{4}\cdot$ ㋑ $\boxed{\tilde{a}_{22}} = 2\cdot(-1)^{1+2}\begin{vmatrix} 1 & 2 \\ 3 & 4 \end{vmatrix} +$ ㋒ $\boxed{4}\cdot(-1)^{㋓\boxed{2+2}}$ ㋔ $\boxed{\begin{vmatrix} 1 & 2 \\ 3 & 4 \end{vmatrix}}$

$= 2\cdot(-1)^3\cdot 3 +$ ㋕ $\boxed{4}\cdot(-1)^{㋖\boxed{4}}\cdot$ ㋗ $\boxed{1} =$ ㋘ $\boxed{2\cdot(-1)\cdot 3+4\cdot(+1)\cdot 1=-2}$

(2)　第 1 行の左から順に展開して

$|A| = \begin{vmatrix} 1 & 2 \\ 3 & 4 \end{vmatrix} =$ ㋙ $\boxed{1}\cdot$ ㋚ $\boxed{\tilde{a}_{11}} + 2\cdot\tilde{a}_{12} =$ ㋛ $\boxed{1}\cdot(-1)^{㋜\boxed{1+1}}$ ㋝ $\boxed{\begin{vmatrix} 1 & 2 \\ 3 & 4 \end{vmatrix}} + 2\cdot(-1)^{㋞\boxed{1+2}}$ ㋟ $\begin{vmatrix} 1 & 2 \\ 3 & 4 \end{vmatrix}$

$=$ ㋠ $\boxed{1\cdot(-1)^2\cdot 4} +$ ㋡ $\boxed{2\cdot(-1)^3\cdot 3} =$ ㋢ $\boxed{1\cdot(+1)\cdot 4+2\cdot(-1)\cdot 3=-2}$

p.69 ◎ 演習 16

解 答 第 1 列で展開するので，第 1 列に印をつけて順に展開していくと

$|A| = \begin{vmatrix} 4 & 2 & -3 \\ -3 & 7 & -2 \\ 0 & -1 & 1 \end{vmatrix}$ (㋐) $= 4\cdot\tilde{a}_{11} +$ ㋑ $\boxed{(-3)}\cdot$ ㋒ $\boxed{\tilde{a}_{21}} +$ ㋓ $\boxed{0}\cdot$ ㋔ $\boxed{\tilde{a}_{31}}$

余因子に注意して

$= 4\cdot(-1)^{1+1}\begin{vmatrix} 4 & 2 & -3 \\ -3 & 7 & -2 \\ 0 & -1 & 1 \end{vmatrix} +$ ㋕ $\boxed{(-3)}\cdot(-1)^{㋖\boxed{2+1}}$ ㋗ $\boxed{\begin{vmatrix} 4 & 2 & -3 \\ -3 & 7 & -2 \\ 0 & -1 & 1 \end{vmatrix}} +$ ㋘ $\boxed{0}$

取り除いた部分をつめて 2 次の行列式をつくると

$$=4\cdot(-1)^2\begin{vmatrix}7 & -2\\ -1 & 1\end{vmatrix}+ ㋙\boxed{(-3)}\cdot(-1)^{㋚\boxed{3}}\ ㋛\boxed{\begin{vmatrix}2 & -3\\ -1 & 1\end{vmatrix}}$$

2 次の行列式を計算して

$$=4\cdot(+1)\{㋜\boxed{7\cdot 1-(-2)\cdot(-1)}\}+㋝\boxed{(-3)}\cdot㋞\boxed{(-1)}\cdot\{㋟\boxed{2\cdot 1-(-3)\cdot(-1)}\}$$

$$=㋠\boxed{4(7-2)-3(-1)(2-3)=4\cdot 5+3\cdot(-1)=17}$$

p.71 ● 演習 17

解 答 (1) たとえば第 1 行で展開すると

$$\begin{vmatrix}0 & 1 & 2\\ -3 & 4 & 0\\ 5 & 0 & 6\end{vmatrix}=0\cdot\tilde{a}_{11}+㋐\boxed{1}\cdot㋑\boxed{\tilde{a}_{12}}+㋒\boxed{2}\cdot㋓\boxed{\tilde{a}_{13}}$$

$$=㋔\boxed{0}+(-1)^{㋕\boxed{1+2}}\ ㋖\boxed{\begin{vmatrix}0 & 1 & 2\\ -3 & 4 & 0\\ 5 & 0 & 6\end{vmatrix}}+2\cdot(-1)^{㋗\boxed{1+3}}\ ㋘\boxed{\begin{vmatrix}0 & 1 & 2\\ -3 & 4 & 0\\ 5 & 0 & 6\end{vmatrix}}$$

$$=(-1)^{㋙\boxed{3}}\ ㋚\boxed{\begin{vmatrix}-3 & 0\\ 5 & 6\end{vmatrix}}+2\cdot(-1)^{㋛\boxed{4}}\ ㋜\boxed{\begin{vmatrix}-3 & 4\\ 5 & 0\end{vmatrix}}=㋝\boxed{-(-18-0)}+㋞\boxed{2(0-20)}=㋟\boxed{-22}$$

(2) 0 を 2 つ含む第㋠$\boxed{3 列}$に印をつけて展開すると

$$㋡\boxed{\begin{vmatrix}1 & -3 & 0\\ 9 & -7 & 0\\ 8 & 5 & 4\end{vmatrix}}=㋢\boxed{0}\cdot㋣\boxed{\tilde{a}_{13}}+㋤\boxed{0}\cdot㋥\boxed{\tilde{a}_{23}}+㋦\boxed{4}\cdot㋧\boxed{\tilde{a}_{33}}$$

$$=㋨\boxed{4\cdot(-1)^{3+3}\begin{vmatrix}1 & -3 & 0\\ 9 & -7 & 0\\ 8 & 5 & 4\end{vmatrix}=4\cdot(-1)^6\begin{vmatrix}1 & -3\\ 9 & -7\end{vmatrix}=4(-7+27)=80}$$

p.73 ● 演習 18

解 答 0 を一番多く含むのは第㋐$\boxed{2 行}$なので，そこで展開して 3 次の行列式にすると

$$|A|=㋑\boxed{\begin{aligned}&\begin{vmatrix}1 & 3 & -1 & 4\\ 0 & 2 & 0 & 2\\ -8 & 0 & 1 & -3\\ 1 & 5 & 4 & 0\end{vmatrix}=0\cdot\tilde{a}_{21}+2\cdot\tilde{a}_{22}+0\cdot\tilde{a}_{23}+2\cdot\tilde{a}_{24}\\ &=0+2\cdot(-1)^{2+2}\begin{vmatrix}1 & 3 & -1 & 4\\ 0 & 2 & 0 & 2\\ -8 & 0 & 1 & -3\\ 1 & 5 & 4 & 0\end{vmatrix}+0+2\cdot(-1)^{2+4}\begin{vmatrix}1 & 3 & -1 & 4\\ 0 & 2 & 0 & 2\\ -8 & 0 & 1 & -3\\ 1 & 5 & 4 & 0\end{vmatrix}\\ &=2\begin{vmatrix}1 & -1 & 4\\ -8 & 1 & -3\\ 1 & 4 & 0\end{vmatrix}+2\begin{vmatrix}1 & 3 & -1\\ -8 & 0 & 1\\ 1 & 5 & 4\end{vmatrix}\end{aligned}}$$

どちらの 3 次の行列式も 0 が 1 つしかないので，展開を使ってもよいし，サラスの公式でもよい．計算すると

$=㋒\boxed{\text{(サラスの公式を使うと)}\ 2(0-128+3-4+12-0)+2(0+40+3-0-5+96)=-234+268=34}$

p.83 ● 演習 19

解 答 成分に 0 があるのは第 1 列と第 2 行であるが，“1” を含みもう 1 つ 0 をつくりやすいのは第 1 列である．そこで行変形 (R5) を行い，

第 3 行　に　第 1 行 × (−4)　を加える　　　という計算をすると

$$\begin{vmatrix}1 & -1 & 2\\ 0 & -2 & -3\\ 4 & 2 & -1\end{vmatrix}\ \underset{=}{㋐\boxed{③+①\times(-4)}}\ \begin{vmatrix}1 & -1 & 2\\ 0 & -2 & -3\\ 4+1\times(-4) & ㋑\boxed{2+(-1)\times(-4)} & ㋒\boxed{-1+2\times(-4)}\end{vmatrix}$$

$$=\begin{vmatrix}1 & -1 & 2\\ 0 & -2 & -3\\ 0 & ㋓\boxed{6} & ㋔\boxed{-9}\end{vmatrix}$$

第1列に0が2つできたので，この列で展開して計算すると

①′で㋕ = 展開

$$1\cdot\tilde{a}_{11}+0\cdot\tilde{a}_{21}+0\cdot\tilde{a}_{31}=1\cdot\tilde{a}_{11}=(-1)^{1+1}\begin{vmatrix}1&-1&2\\0&-2&-3\\0&6&-9\end{vmatrix}=(+1)\begin{vmatrix}-2&-3\\6&-9\end{vmatrix}=18-(-18)=36$$

p.85 演習 20

解 答 例題と同じ要領で考えよう.

0があるのは第㋐$\boxed{2}$行と第㋑$\boxed{2}$列．しかし第㋒$\boxed{2}$列には“1”がないので，第㋓$\boxed{2}$行でもう1つ“0”をつくることを考えよう．“1”に注目して(R5)を使い

第㋔$\boxed{1}$列 に 第㋕$\boxed{3}$列×㋖$\boxed{(-3)}$ を加える という計算をすると

$$\begin{vmatrix}8&-2&2\\3&0&1\\1&4&6\end{vmatrix}\ \overset{㋗\ \boxed{①'+③'\times(-3)}}{=}\ \begin{vmatrix}8+2\times(-3)&-2&2\\ ㋘\ \boxed{3+1\times(-3)}&0&1\\ ㋙\ \boxed{1+6\times(-3)}&4&6\end{vmatrix}=\begin{vmatrix}2&-2&2\\ ㋚\ \boxed{0}&0&1\\ ㋛\ \boxed{-17}&4&6\end{vmatrix}$$

これで第㋜$\boxed{2}$行に0が2つできたので，この行で展開すると

㋝$\boxed{②}$で㋞ = 展開

$$0\cdot\tilde{a}_{21}+0\cdot\tilde{a}_{22}+1\cdot\tilde{a}_{23}=(-1)^{2+3}\begin{vmatrix}2&-2&2\\0&0&1\\-17&4&6\end{vmatrix}=-\begin{vmatrix}2&-2\\-17&4\end{vmatrix}=-\{2\cdot4-(-2)(-17)\}=26$$

p.87 演習 21

解 答 行または列でくくり出せるものは出しておこう．第1行の成分はすべて㋐$\boxed{2}$の倍数．第1列の成分はすべて㋑$\boxed{3}$の倍数．第3列の成分はすべて㋒$\boxed{2}$の倍数．(C2)を使って列の方からくくり出すと．

$$\begin{vmatrix}-6&4&2\\9&1&2\\3&3&-8\end{vmatrix}=㋓\boxed{3}\cdot㋔\boxed{2}\begin{vmatrix}㋕\ -2&4&㋖\ 1\\3&1&1\\1&3&-4\end{vmatrix}$$

となるので，もう行の方からはくくれない．今度は成分に“0”を多く作る計算である．(1,3)成分の“1”を使って第3列の下2つの成分を0にしよう．第1行をもととして(R5)を使うと

㋗

$$6\begin{vmatrix}-2&4&1\\3&1&1\\1&3&-4\end{vmatrix}\ \overset{②+①\times(-1)}{\underset{③+①\times4}{=}}\ 6\begin{vmatrix}-2&4&1\\3+(-2)\times(-1)&1+4\times(-1)&1+1\times(-1)\\1+(-2)\times4&3+4\times4&-4+1\times4\end{vmatrix}=6\begin{vmatrix}-2&4&1\\5&-3&0\\-7&19&0\end{vmatrix}$$

③′で展開

$$=6(1\cdot\tilde{a}_{13}+0\cdot\tilde{a}_{23}+0\cdot\tilde{a}_{33})=6(-1)^{1+3}\begin{vmatrix}5&-3\\-7&19\end{vmatrix}=6(+1)\{5\cdot19-(-3)(-7)\}=444$$

p.89 演習 22

解 答 “1”を利用して第1行か第4列の成分にもう2つ0を作ろう．第1行の成分にもう2つ0を作る方針で計算していくと

$$\begin{vmatrix}-1&-3&1&0\\7&2&5&5\\2&-1&3&4\\4&2&2&1\end{vmatrix}\ \overset{①'+③'\times1}{\underset{②'+③'\times3}{=}}\ ㋐\begin{vmatrix}0&0&1&0\\12&17&5&5\\5&8&3&4\\6&8&2&1\end{vmatrix}\ \overset{①で展開}{=}\ 1\cdot(-1)^{1+3}\begin{vmatrix}12&17&5\\5&8&4\\6&8&1\end{vmatrix}$$

$$\overset{①+③\times(-5)}{\underset{②+③\times(-4)}{=}}\begin{vmatrix}-18&-23&0\\-19&-24&0\\6&8&1\end{vmatrix}\ \overset{③'で展開}{=}\ 1\cdot(-1)^{3+3}\begin{vmatrix}-18&-23\\-19&-24\end{vmatrix}\ \overset{②+①\times(-1)}{=}\ \begin{vmatrix}-18&-23\\-1&-1\end{vmatrix}$$

$$=(-18)(-1)-(-23)(-1)=-5$$

p.91 ◎ 演習 23（行列式の計算方法は一例である）

解 答 まず行列の積 AB を計算すると，

$$AB=\begin{pmatrix}3&1&7\\-2&0&1\\6&1&3\end{pmatrix}\begin{pmatrix}0&-5&0\\1&4&-2\\-1&2&3\end{pmatrix}\overset{㋐}{=}\boxed{\begin{pmatrix}0+1-7&-15+4+14&0-2+21\\0+0-1&10+0+2&0+0+3\\0+1-3&-30+4+6&0-2+9\end{pmatrix}=\begin{pmatrix}-6&3&19\\-1&12&3\\-2&-20&7\end{pmatrix}}$$

これより

$$|AB|\overset{㋑}{=}\boxed{\begin{vmatrix}-6&3&19\\-1&12&3\\-2&-20&7\end{vmatrix}\underset{③+②\times(-2)}{\overset{①+②\times(-6)}{=}}\begin{vmatrix}0&-69&1\\-1&12&3\\0&-44&1\end{vmatrix}\underset{\text{展開}}{\overset{①'\text{で}}{=}}(-1)(-1)^{2+1}\begin{vmatrix}-69&1\\-44&1\end{vmatrix}=(+1)\{-69-(-44)\}=-25}$$

次に行列式 $|A|$，$|B|$ をそれぞれ求めると

$$|A|=\begin{vmatrix}3&1&7\\-2&0&1\\6&1&3\end{vmatrix}\overset{㋒}{}\boxed{\overset{③+①\times(-1)}{=}\begin{vmatrix}3&1&7\\-2&0&1\\3&0&-4\end{vmatrix}\underset{\text{展開}}{\overset{②'\text{で}}{=}}1\cdot(-1)^{1+2}\begin{vmatrix}-2&1\\3&-4\end{vmatrix}=(-1)(8-3)=-5}$$

$$|B|=\begin{vmatrix}0&-5&0\\1&4&-2\\-1&2&3\end{vmatrix}\overset{㋓}{=}\boxed{(\text{①で展開})(-5)(-1)^{1+2}\begin{vmatrix}1&-2\\-1&3\end{vmatrix}=5(3-2)=5}$$

これより $|A|\cdot|B|=$ ㋔ $\boxed{(-5)}\cdot$ ㋕ $\boxed{5}=$ ㋖ $\boxed{-25}$

以上より，$|AB|=|A||B|$ が確認された．

p.93 ◎ 演習 24

解 答 第㋐ $\boxed{3}$ 列に“-8”が2つあるので

$$f(x)\overset{②+①\times(-1)}{=}\ ㋑\ \boxed{\begin{vmatrix}x-2&5&-8\\-1+(x-2)\times(-1)&(x+4)+5\times(-1)&-8+(-8)\times(-1)\\-5&6&x-6\end{vmatrix}=\begin{vmatrix}x-2&5&-8\\-x+1&x-1&0\\-5&6&x-6\end{vmatrix}}$$

第2行より㋒ $\boxed{x-1}$ をくくり出して第2行に0をつくってゆくと

$$\overset{㋓}{=}\boxed{\begin{aligned}&(x-1)\begin{vmatrix}x-2&5&-8\\-1&1&0\\-5&6&x-6\end{vmatrix}\overset{①'+②'\times1}{=}(x-1)\begin{vmatrix}x+3&5&-8\\0&1&0\\1&6&x-6\end{vmatrix}=(x-1)\cdot1\cdot(-1)^{2+2}\begin{vmatrix}x+3&-8\\1&x-6\end{vmatrix}\\&=(x-1)\{(x+3)(x-6)-(-8)\cdot1\}=(x-1)(x^2-3x-10)=(x-1)(x-5)(x+2)\end{aligned}}$$

p.95 ◎ 演習 25

解 答 (1) 第㋐ $\boxed{1}$ 行に“1”が並んでいるので，そこの成分に0をつくってゆくと

$$|A|\underset{③'+①'\times(-1)}{\overset{②'+①'\times(-1)}{=}}\ ㋑\ \boxed{\begin{aligned}&\begin{vmatrix}1&0&0\\a&b-a&c-a\\bc&ca-bc&ab-bc\end{vmatrix}\underset{\text{展開}}{\overset{①\text{で}}{=}}1\cdot(-1)^{1+1}\begin{vmatrix}b-a&c-a\\ca-bc&ab-bc\end{vmatrix}=\begin{vmatrix}b-a&c-a\\c(a-b)&b(a-c)\end{vmatrix}\\&=(a-b)(c-a)\begin{vmatrix}-1&1\\c&-b\end{vmatrix}=(a-b)(c-a)(b-c)=(a-b)(b-c)(c-a)\end{aligned}}$$

(2) (1) と同様に第㋒ $\boxed{1}$ 列に0をつくってゆくと

$$|B|\overset{㋓}{=}\boxed{\begin{aligned}&\begin{matrix}②+①\times(-1)\\③+①\times(-1)\end{matrix}\text{と変形すると}\begin{vmatrix}1&ab&a+b\\0&bc-ab&(b+c)-(a+b)\\0&ca-ab&(c+a)-(a+b)\end{vmatrix}\overset{①'\text{で展開}}{=}1\cdot(-1)^{1+1}\begin{vmatrix}b(c-a)&c-a\\a(c-b)&c-b\end{vmatrix}\\&=(c-a)(c-b)\begin{vmatrix}b&1\\a&1\end{vmatrix}=(c-a)(c-b)(b-a)=(a-b)(b-c)(c-a)\end{aligned}}$$

p.97 ◎ 演習 26

解 答 各行各列とも“$a, b, c, 0$”が並んでいるので

$$|A| \overset{\text{①}'+\text{②}'\times1,\ \text{①}'+\text{③}'\times1,\ \text{①}'+\text{④}'\times1\ (\text{ア})}{=} \begin{vmatrix} a+b+c & b & a & 0 \\ a+b+c & c & 0 & a \\ a+b+c & 0 & c & b \\ a+b+c & a & b & c \end{vmatrix} = (a+b+c)\begin{vmatrix} 1 & b & a & 0 \\ 1 & c & 0 & a \\ 1 & 0 & c & b \\ 1 & a & b & c \end{vmatrix} \overset{\text{②}+\text{①}\times(-1),\ \text{③}+\text{①}\times(-1),\ \text{④}+\text{①}\times(-1)}{=} (a+b+c)\begin{vmatrix} 1 & b & a & 0 \\ 0 & c-b & -a & a \\ 0 & -b & c-a & b \\ 0 & a-b & b-a & c \end{vmatrix}$$

$$\overset{\text{①}'\text{で展開}}{=} (a+b+c)\begin{vmatrix} c-b & -a & a \\ -b & c-a & b \\ a-b & b-a & c \end{vmatrix} \overset{\text{①}'+\text{③}'\times1}{=} (a+b+c)\begin{vmatrix} a-b+c & -a & a \\ 0 & c-a & b \\ a-b+c & b-a & c \end{vmatrix}$$

$$= (a+b+c)(a-b+c)\begin{vmatrix} 1 & -a & a \\ 0 & c-a & b \\ 1 & b-a & c \end{vmatrix} \overset{\text{③}+\text{①}\times(-1)}{=} (a+b+c)(a-b+c)\begin{vmatrix} 1 & -a & a \\ 0 & c-a & b \\ 0 & b & c-a \end{vmatrix}$$

$$= (a+b+c)(a-b+c)\begin{vmatrix} c-a & b \\ b & c-a \end{vmatrix} = (a+b+c)(a-b+c)\{(c-a)^2-b^2\}$$

$$= (a+b+c)(a-b+c)(c-a+b)(c-a-b)$$

p.98 ◎ 総合演習 3

問 1 (1) -9 (2) 124 (3) -15

(4) (計算方法は一例である) 行と列に同じ数字が並んでいることに着目して

$$\text{与行列式} \overset{\text{①}'+\text{②}'\times1,\ \text{①}'+\text{③}'\times1,\ \text{①}'+\text{④}'\times1,\ \text{①}'+\text{⑤}'\times1}{=} \begin{vmatrix} 15 & 2 & 3 & 4 & 5 \\ 15 & 3 & 4 & 5 & 1 \\ 15 & 4 & 5 & 1 & 2 \\ 15 & 5 & 1 & 2 & 3 \\ 15 & 1 & 2 & 3 & 4 \end{vmatrix} = 15\begin{vmatrix} 1 & 2 & 3 & 4 & 5 \\ 1 & 3 & 4 & 5 & 1 \\ 1 & 4 & 5 & 1 & 2 \\ 1 & 5 & 1 & 2 & 3 \\ 1 & 1 & 2 & 3 & 4 \end{vmatrix} \overset{\text{②}+\text{①}\times(-1),\ \text{③}+\text{①}\times(-1),\ \text{④}+\text{①}\times(-1),\ \text{⑤}+\text{①}\times(-1)}{=} 15\begin{vmatrix} 1 & 2 & 3 & 4 & 5 \\ 0 & 1 & 1 & 1 & -4 \\ 0 & 2 & 2 & -3 & -3 \\ 0 & 3 & -2 & -2 & -2 \\ 0 & -1 & -1 & -1 & -1 \end{vmatrix}$$

$$\overset{\text{①}'\text{で展開}}{=} 15\cdot1\cdot(-1)^{1+1}\begin{vmatrix} 1 & 1 & 1 & -4 \\ 2 & 2 & -3 & -3 \\ 3 & -2 & -2 & -2 \\ -1 & -1 & -1 & -1 \end{vmatrix} \overset{\text{②}'+\text{①}'\times(-1),\ \text{③}'+\text{①}'\times(-1),\ \text{④}'+\text{①}'\times(-1)}{=} 15\begin{vmatrix} 1 & 0 & 0 & -5 \\ 2 & 0 & -5 & -5 \\ 3 & -5 & -5 & -5 \\ -1 & 0 & 0 & 0 \end{vmatrix}$$

$$\overset{\text{④で展開}}{=} 15\cdot(-1)\cdot(-1)^{4+1}\begin{vmatrix} 0 & 0 & -5 \\ 0 & -5 & -5 \\ -5 & -5 & -5 \end{vmatrix} = 15\cdot(-5)^3\begin{vmatrix} 0 & 0 & 1 \\ 0 & 1 & 1 \\ 1 & 1 & 1 \end{vmatrix} \overset{\text{サラスの公式}}{=} -1875(0+0+0-1-0-0) = 1875$$

問 2 たとえば第 1 列で展開すると

$$\text{与行列式} = a_{11}\tilde{a}_{11} + a_{21}\tilde{a}_{21} + a_{31}\tilde{a}_{31} = a_{11}\cdot(-1)^{1+1}\begin{vmatrix} a_{22} & a_{23} \\ a_{32} & a_{33} \end{vmatrix} + a_{21}\cdot(-1)^{2+1}\begin{vmatrix} a_{12} & a_{13} \\ a_{32} & a_{33} \end{vmatrix} + a_{31}\cdot(-1)^{3+1}\begin{vmatrix} a_{12} & a_{13} \\ a_{22} & a_{23} \end{vmatrix}$$

$$= a_{11}\cdot(+1)(a_{22}a_{33} - a_{23}a_{32}) + a_{21}(-1)(a_{12}a_{33} - a_{13}a_{32}) + a_{31}(+1)(a_{12}a_{23} - a_{13}a_{22})$$

$$= a_{11}a_{22}a_{33} - a_{11}a_{23}a_{32} - a_{21}a_{12}a_{33} + a_{21}a_{13}a_{32} + a_{31}a_{12}a_{23} - a_{31}a_{13}a_{22}$$

＋の項と－の項をまとめて

$$= a_{11}a_{22}a_{33} + a_{13}a_{21}a_{32} + a_{12}a_{23}a_{31} - a_{13}a_{22}a_{31} - a_{11}a_{23}a_{32} - a_{12}a_{21}a_{33}$$

問 3 (計算例)

$$\text{与行列式} \overset{\text{④}+\text{③}\times(-w)}{=} \begin{vmatrix} 1 & 1 & 1 & 1 \\ w & x & y & z \\ w^2 & x^2 & y^2 & z^2 \\ 0 & x^3-wx^2 & y^3-wy^2 & z^3-wz^2 \end{vmatrix} \overset{\text{③}+\text{②}\times(-w)}{=} \begin{vmatrix} 1 & 1 & 1 & 1 \\ w & x & y & z \\ 0 & x^2-wx & y^2-wy & z^2-wz \\ 0 & x^3-wx^2 & y^3-wy^2 & z^3-wz^2 \end{vmatrix}$$

$$\overset{\text{②}+\text{①}\times(-w)}{=} \begin{vmatrix} 1 & 1 & 1 & 1 \\ 0 & x-w & y-w & z-w \\ 0 & x(x-w) & y(y-w) & z(z-w) \\ 0 & x^2(x-w) & y^2(y-w) & z^2(z-w) \end{vmatrix} \overset{\text{①}'\text{で展開}}{=} \begin{vmatrix} x-w & y-w & z-w \\ x(x-w) & y(y-w) & z(z-w) \\ x^2(x-w) & y^2(y-w) & z^2(z-w) \end{vmatrix}$$

$$= (x-w)(y-w)(z-w)\begin{vmatrix} 1 & 1 & 1 \\ x & y & z \\ x^2 & y^2 & z^2 \end{vmatrix}$$

$$\overset{\text{②}'+\text{①}'\times(-1),\ \text{③}'+\text{①}'\times(-1)}{=} (x-w)(y-w)(z-w)\begin{vmatrix} 1 & 0 & 0 \\ x & y-x & z-x \\ x^2 & y^2-x^2 & z^2-x^2 \end{vmatrix}$$

$$\overset{\text{①}'\text{で展開}}{=} (x-w)(y-w)(z-w)\begin{vmatrix} y-x & z-x \\ (y+x)(y-x) & (z+x)(z-x) \end{vmatrix} = (x-w)(y-w)(z-w)(y-x)(z-x)\begin{vmatrix} 1 & 1 \\ y+x & z+x \end{vmatrix}$$

$$= (x-w)(y-w)(z-w)(y-x)(z-x)\{(z+x)-(y+x)\} = (x-w)(y-w)(z-w)(y-x)(z-x)(z-y)$$

第4章 連立一次方程式

p.105 演習 27

解 答 まず$|A|$を求めると

$$|A| \overset{(ア)}{=} \boxed{\overset{①+③\times(-4)}{=} \begin{vmatrix} -11 & 0 & 25 \\ -2 & 0 & 5 \\ 3 & 1 & -8 \end{vmatrix} \overset{②' で展開}{=} 1\cdot(-1)^{3+2}\begin{vmatrix} -11 & 25 \\ -2 & 5 \end{vmatrix} = 5}$$

$|A| \neq 0$ なので A は正則である.

$$A^{-1} = \frac{1}{|A|}\tilde{A} = \frac{1}{(イ)\boxed{5}}\,{}^t\begin{pmatrix} \tilde{a}_{11} & \tilde{a}_{12} & \tilde{a}_{13} \\ \tilde{a}_{21} & \tilde{a}_{22} & \tilde{a}_{23} \\ \tilde{a}_{31} & \tilde{a}_{32} & \tilde{a}_{33} \end{pmatrix}$$

各 $\tilde{a}_{ij}$ を求めると

$$\tilde{a}_{11} \overset{(ウ)}{=} \boxed{(-1)^{1+1}\begin{vmatrix} 0 & 5 \\ 1 & -8 \end{vmatrix} = -5} \quad \tilde{a}_{12} \overset{(エ)}{=} \boxed{(-1)^{1+2}\begin{vmatrix} -2 & 5 \\ 3 & -8 \end{vmatrix} = -1} \quad \tilde{a}_{13} \overset{(オ)}{=} \boxed{(-1)^{1+3}\begin{vmatrix} -2 & 0 \\ 3 & 1 \end{vmatrix} = -2}$$

$$\tilde{a}_{21} \overset{(カ)}{=} \boxed{(-1)^{2+1}\begin{vmatrix} 4 & -7 \\ 1 & -8 \end{vmatrix} = 25} \quad \tilde{a}_{22} \overset{(キ)}{=} \boxed{(-1)^{2+2}\begin{vmatrix} 1 & -7 \\ 3 & -8 \end{vmatrix} = 13} \quad \tilde{a}_{23} \overset{(ク)}{=} \boxed{(-1)^{2+3}\begin{vmatrix} 1 & 4 \\ 3 & 1 \end{vmatrix} = 11}$$

$$\tilde{a}_{31} \overset{(ケ)}{=} \boxed{(-1)^{3+1}\begin{vmatrix} 4 & -7 \\ 0 & 5 \end{vmatrix} = 20} \quad \tilde{a}_{32} \overset{(コ)}{=} \boxed{(-1)^{3+2}\begin{vmatrix} 1 & -7 \\ -2 & 5 \end{vmatrix} = 9} \quad \tilde{a}_{33} \overset{(サ)}{=} \boxed{(-1)^{3+3}\begin{vmatrix} 1 & 4 \\ -2 & 0 \end{vmatrix} = 8}$$

$$\therefore\ A^{-1} = \frac{1}{(シ)\boxed{5}} \overset{(ス)}{\boxed{{}^t\begin{pmatrix} -5 & -1 & -2 \\ 25 & 13 & 11 \\ 20 & 9 & 8 \end{pmatrix}}} \overset{(セ)}{=} \boxed{\frac{1}{5}\begin{pmatrix} -5 & 25 & 20 \\ -1 & 13 & 9 \\ -2 & 11 & 8 \end{pmatrix}}$$

p.111 演習 28

解 答 x を x_1, y を x_2, z を x_3 と思ってクラメールの公式を使えばよい.

連立方程式の左辺から係数行列 A をつくると $A \overset{(ア)}{=} \boxed{\begin{pmatrix} 1 & 4 & -7 \\ -2 & 0 & 5 \\ 3 & 1 & -8 \end{pmatrix}}$

これより$|A|$を求めると

$$|A| \overset{(イ)}{=} \boxed{\begin{vmatrix} 1 & 4 & -7 \\ -2 & 0 & 5 \\ 3 & 1 & -8 \end{vmatrix} \overset{①+③\times(-4)}{=} \begin{vmatrix} -11 & 0 & 25 \\ -2 & 0 & 5 \\ 3 & 1 & -8 \end{vmatrix} \overset{②' で展開}{=} 1\cdot(-1)^{3+2}\begin{vmatrix} -11 & 25 \\ -2 & 5 \end{vmatrix} = 5}$$

クラメールの公式より $x = \dfrac{|A_1|}{|A|}$, $y = \dfrac{|A_2|}{|A|}$, $z = \dfrac{|A_3|}{|A|}$ なので$|A_1|$, $|A_2|$, $|A_3|$を求めると

$$|A_1| \overset{(ウ)}{=} \boxed{\begin{vmatrix} 0 & 4 & -7 \\ -1 & 0 & 5 \\ 2 & 1 & -8 \end{vmatrix} \overset{③+②\times 2}{=} \begin{vmatrix} 0 & 4 & -7 \\ -1 & 0 & 5 \\ 0 & 1 & 2 \end{vmatrix} \overset{①' で展開}{=} (-1)(-1)^{2+1}\begin{vmatrix} 4 & -7 \\ 1 & 2 \end{vmatrix} = 15}$$

$$|A_2| \overset{(エ)}{=} \boxed{\begin{vmatrix} 1 & 0 & -7 \\ -2 & -1 & 5 \\ 3 & 2 & -8 \end{vmatrix} \overset{③+②\times 2}{=} \begin{vmatrix} 1 & 0 & -7 \\ -2 & -1 & 5 \\ -1 & 0 & 2 \end{vmatrix} \overset{②' で展開}{=} (-1)(-1)^{2+2}\begin{vmatrix} 1 & -7 \\ -1 & 2 \end{vmatrix} = 5}$$

$$|A_3| \overset{(オ)}{=} \boxed{\begin{vmatrix} 1 & 4 & 0 \\ -2 & 0 & -1 \\ 3 & 1 & 2 \end{vmatrix} \overset{③+②\times 2}{=} \begin{vmatrix} 1 & 4 & 0 \\ -2 & 0 & -1 \\ -1 & 1 & 0 \end{vmatrix} \overset{③' で展開}{=} (-1)(-1)^{2+3}\begin{vmatrix} 1 & 4 \\ -1 & 1 \end{vmatrix} = 5}$$

ゆえに $x \overset{(カ)}{=} \boxed{\dfrac{15}{5} = 3}$, $y \overset{(キ)}{=} \boxed{\dfrac{5}{5} = 1}$, $z \overset{(ク)}{=} \boxed{\dfrac{5}{5} = 1}$

p.117 ◎ 演習 29

解答 連立 1 次方程式の係数だけを取り出して行変形を行うと

$$\left(\begin{array}{cc|c} 3 & \text{㋐}\boxed{4} & \text{㋑}\boxed{-1} \\ 1 & \text{㋒}\boxed{2} & \text{㋓}\boxed{1} \end{array}\right)$$

(1) $\xrightarrow{\text{①}\leftrightarrow\text{②}} \left(\begin{array}{cc|c} 1 & \text{㋔}\boxed{2} & \text{㋕}\boxed{1} \\ 3 & \text{㋖}\boxed{4} & \text{㋗}\boxed{-1} \end{array}\right)$

(2) $\xrightarrow{\text{②}+\text{①}\times(-3)} \left(\begin{array}{cc|c} 1 & \text{㋘}\boxed{2} & \text{㋙}\boxed{1} \\ 3+1\times(-3) & \text{㋚}\boxed{4+2\times(-3)} & \text{㋛}\boxed{-1+1\times(-3)} \end{array}\right) = \left(\begin{array}{cc|c} 1 & \text{㋜}\boxed{2} & \text{㋝}\boxed{1} \\ 0 & \text{㋞}\boxed{-2} & \text{㋟}\boxed{-4} \end{array}\right)$

(3) $\xrightarrow{\text{②}\times\left(-\frac{1}{2}\right)} \left(\begin{array}{cc|c} 1 & \text{㋠}\boxed{2} & \text{㋡}\boxed{1} \\ 0 & \text{㋢}\boxed{1} & \text{㋣}\boxed{2} \end{array}\right)$

(4) $\xrightarrow{\text{①}+\text{②}\times(-2)} \left(\begin{array}{cc|c} 1+0\times(-2) & \text{㋤}\boxed{2+1\times(-2)} & \text{㋥}\boxed{1+2\times(-2)} \\ 0 & \text{㋦}\boxed{1} & \text{㋧}\boxed{2} \end{array}\right) = \left(\begin{array}{cc|c} 1 & \text{㋨}\boxed{0} & \text{㋩}\boxed{-3} \\ 0 & \text{㋪}\boxed{1} & \text{㋫}\boxed{2} \end{array}\right)$

最後に得られた行列を連立 1 次方程式にもどすと

$$\begin{cases} 1\cdot x+0\cdot y = \text{㋬}\boxed{-3} \\ 0\cdot x+1\cdot y = \text{㋭}\boxed{2} \end{cases} \qquad \therefore \begin{cases} x = \text{㋮}\boxed{-3} \\ y = \text{㋯}\boxed{2} \end{cases}$$

p.119 ◎ 演習 30

解答 連立 1 次方程式の係数より行列をつくると $\left(\begin{array}{cc|c} 3 & \text{㋐}\boxed{2} & \text{㋑}\boxed{2} \\ 2 & \text{㋒}\boxed{1} & \text{㋓}\boxed{3} \end{array}\right)$

(1, 1) 成分を 1 に変形するために，第 1 行に第 2 行を (−1) 倍して加えると

$$\xrightarrow{\text{㋔}\boxed{\text{①}+\text{②}\times(-1)}} \left(\begin{array}{cc|c} 1 & \text{㋕}\boxed{1} & \text{㋖}\boxed{-1} \\ 2 & \text{㋗}\boxed{1} & \text{㋘}\boxed{3} \end{array}\right)$$

(1, 1) 成分の 1 を使って下の成分を掃き出すと

$$\xrightarrow{\text{㋙}\boxed{\text{②}+\text{①}\times(-2)}} \left(\begin{array}{cc|c} 1 & \text{㋚}\boxed{1} & \text{㋛}\boxed{-1} \\ 0 & \text{㋜}\boxed{-1} & \text{㋝}\boxed{5} \end{array}\right)$$

次に，(2, 2) 成分を 1 に変形するために第 2 行を㋞$\boxed{(-1)}$倍して

$$\xrightarrow{\text{㋟}\boxed{\text{②}\times(-1)}} \left(\begin{array}{cc|c} 1 & \text{㋠}\boxed{1} & \text{㋡}\boxed{-1} \\ 0 & 1 & \text{㋢}\boxed{-5} \end{array}\right)$$

最後に (2, 2) 成分の 1 を使って上の成分を掃き出すと

$$\xrightarrow{\text{㋣}\boxed{\text{①}+\text{②}\times(-1)}} \left(\begin{array}{cc|c} 1 & 0 & \text{㋤}\boxed{4} \\ 0 & 1 & \text{㋥}\boxed{-5} \end{array}\right)$$

これより　$x = \text{㋦}\boxed{4}$,　$y = \text{㋧}\boxed{-5}$

p.121 ◎ 演習 31

解答 はじめに，係数より行列を作ると

$$\left(\begin{array}{ccc|c} -1 & 1 & -2 & -3 \\ \text{㋐}\boxed{1} & \text{㋑}\boxed{-2} & \text{㋒}\boxed{3} & \text{㋓}\boxed{5} \\ \text{㋔}\boxed{3} & \text{㋕}\boxed{-3} & \text{㋖}\boxed{4} & \text{㋗}\boxed{3} \end{array}\right)$$

目標の行列に向かって変形していくと

㋘ （変形例）

$$\xrightarrow{\text{①}\times(-1)} \left(\begin{array}{ccc|c} 1 & -1 & 2 & 3 \\ 1 & -2 & 3 & 5 \\ 3 & -3 & 4 & 3 \end{array}\right) \xrightarrow[\text{③}+\text{①}\times(-3)]{\text{②}+\text{①}\times(-1)} \left(\begin{array}{ccc|c} 1 & -1 & 2 & 3 \\ 0 & -1 & 1 & 2 \\ 0 & 0 & -2 & -6 \end{array}\right) \xrightarrow{\text{②}\times(-1)} \left(\begin{array}{ccc|c} 1 & -1 & 2 & 3 \\ 0 & 1 & -1 & -2 \\ 0 & 0 & -2 & -6 \end{array}\right)$$

$$\xrightarrow{\text{①}+\text{②}\times 1} \left(\begin{array}{ccc|c} 1 & 0 & 1 & 1 \\ 0 & 1 & -1 & -2 \\ 0 & 0 & -2 & -6 \end{array}\right) \xrightarrow{\text{③}\times\left(-\frac{1}{2}\right)} \left(\begin{array}{ccc|c} 1 & 0 & 1 & 1 \\ 0 & 1 & -1 & -2 \\ 0 & 0 & 1 & 3 \end{array}\right) \xrightarrow[\text{②}+\text{③}\times 1]{\text{①}+\text{③}\times(-1)} \left(\begin{array}{ccc|c} 1 & 0 & 0 & -2 \\ 0 & 1 & 0 & 1 \\ 0 & 0 & 1 & 3 \end{array}\right)$$

これより　$x = \text{㋙}\boxed{-2}$,　$y = \text{㋚}\boxed{1}$,　$z = \text{㋛}\boxed{3}$

p.125 ◎ 演習 32

解答 (1) (1, 1) 成分が "1" でないので行を入れかえてから掃き出してゆくと

$$A \xrightarrow{\text{①}\leftrightarrow\text{②}} \text{㋐}\boxed{\begin{pmatrix} 1 & 2 & 1 \\ -4 & -3 & -7 \\ 2 & 2 & 2 \end{pmatrix}} \xrightarrow[\text{③}+\text{①}\times\text{㋒}\boxed{(-2)}]{\text{②}+\text{①}\times\text{㋑}\boxed{4}} \begin{pmatrix} 1 & 2 & 1 \\ 0 & 5 & -3 \\ 0 & -2 & 0 \end{pmatrix}\ \text{㋓}$$

次に第 2 列目を掃き出すのだが "1" がない．そこで数字をにらんで考えると，第 3 行は各成分が 2 の倍数なので $\frac{1}{2}$ 倍してから計算すると

$$\xrightarrow{\text{③}\times\frac{1}{2}} \text{㋔}\boxed{\begin{pmatrix} 1 & 2 & 1 \\ 0 & 5 & -3 \\ 0 & -1 & 0 \end{pmatrix} \xrightarrow{\text{②}\leftrightarrow\text{③}} \begin{pmatrix} 1 & 2 & 1 \\ 0 & -1 & 0 \\ 0 & 5 & -3 \end{pmatrix} \xrightarrow{\text{③}+\text{②}\times 5} \begin{pmatrix} 1 & 2 & 1 \\ 0 & -1 & 0 \\ 0 & 0 & -3 \end{pmatrix}}$$

$\therefore\ \ \mathrm{rank}\,A = \text{㋕}\boxed{3}$

(2) 第 1 列はすぐに掃き出せる．第 2 列も (2, 2) 成分を使って掃き出せる．

$$B \xrightarrow{\text{③}+\text{①}\times\text{㋖}\boxed{(-1)}} \begin{pmatrix} 1 & 2 & -1 & 2 \\ 0 & -2 & 3 & -5 \\ 0 & \text{㋗}\,4 & 3 & 1 \\ 0 & 8 & 3 & 5 \end{pmatrix} \xrightarrow[\text{④}+\text{②}\times\text{㋙}\boxed{4}]{\text{③}+\text{②}\times\text{㋘}\boxed{2}} \begin{pmatrix} 1 & 2 & -1 & 2 \\ 0 & -2 & 3 & -5 \\ 0 & 0 & \text{㋚}\,9 & -9 \\ 0 & 0 & 15 & -15 \end{pmatrix}$$

第 3 行は㋛$\boxed{9}$の倍数，第 4 行は㋜$\boxed{15}$の倍数なので，各行㋝$\boxed{\frac{1}{9}}$倍，㋞$\boxed{\frac{1}{15}}$倍してから掃き出すと

$$\xrightarrow[\text{④}\times\text{㋞}\boxed{\frac{1}{15}}]{\text{③}\times\text{㋝}\boxed{\frac{1}{9}}} \text{㋟}\boxed{\begin{pmatrix} 1 & 2 & -1 & 2 \\ 0 & -2 & 3 & -5 \\ 0 & 0 & 1 & -1 \\ 0 & 0 & 1 & -1 \end{pmatrix} \xrightarrow{\text{④}+\text{③}\times(-1)} \begin{pmatrix} 1 & 2 & -1 & 2 \\ 0 & -2 & 3 & -5 \\ 0 & 0 & 1 & -1 \\ 0 & 0 & 0 & 0 \end{pmatrix}}$$

$\therefore\ \ \mathrm{rank}\,B = \text{㋠}\boxed{3}$

p.131 ◎ 演習 33

解答 係数行列は $A = \text{㋐}\boxed{\begin{pmatrix} 1 & -1 & 1 \\ 1 & 2 & 2 \\ 2 & 1 & 3 \end{pmatrix}}$

A に行基本変形を行って階段行列 B に変形すると

$$A \xrightarrow[\text{③}+\text{①}\times(-2)]{\text{②}+\text{①}\times(-1)} \text{㋑}\boxed{\begin{pmatrix} 1 & -1 & 1 \\ 0 & 3 & 1 \\ 0 & 3 & 1 \end{pmatrix} \xrightarrow{\text{③}+\text{②}\times(-1)} \begin{pmatrix} 1 & -1 & 1 \\ 0 & 3 & 1 \\ 0 & 0 & 0 \end{pmatrix}} = B$$

ゆえに　$\mathrm{rank}\,A = \text{㋒}\boxed{2}$　となる．未知数の数は㋓$\boxed{3}$個なので　自由度 = ㋔$\boxed{3}$ − ㋕$\boxed{2}$ = ㋖$\boxed{1}$

つまり，x, y, z のうち㋗$\boxed{1}$つは任意に決めなければいけない．

階段行列 B よりもとの方程式と同値な方程式をつくると　㋘$\boxed{\begin{cases} x-y+z=0 \\ 3y+z=0 \end{cases}}$

自由度は㋙$\boxed{1}$なので　$z=k$　とおくと

第 2 式より　$y = \text{㋚}\boxed{-\frac{1}{3}z = -\frac{1}{3}k}$,

第 1 式より　$x = \text{㋛}\boxed{y-z = -\frac{1}{3}k - k = -\frac{4}{3}k}$

ゆえに解は　$x=-\frac{4}{3}k$,　$y=-\frac{1}{3}k$,　$z=k$　(k は任意の実数)

> $x=k$ とおくと
> $y = \text{㋜}\boxed{\frac{1}{4}k}$,　$z = \text{㋝}\boxed{-\frac{3}{4}k}$
> $y=k$ とおくと
> $x = \text{㋞}\boxed{4k}$,　$z = \text{㋟}\boxed{-3k}$

p.133 ◎ 演習 34

解答 係数行列を書き出し，それをなるべく簡単な階段行列 B に直すと

$$A = \text{㋐}\boxed{\begin{pmatrix} 1 & -2 & -1 & 1 \\ 1 & -3 & 1 & 0 \\ -1 & 5 & -5 & 2 \\ 2 & -5 & 0 & 1 \end{pmatrix}} \xrightarrow[\substack{\text{③}+\text{①}\times 1 \\ \text{④}+\text{①}\times(-2)}]{\text{②}+\text{①}\times(-1)} \text{㋑}\begin{pmatrix} 1 & -2 & -1 & 1 \\ 0 & -1 & 2 & -1 \\ 0 & 3 & -6 & 3 \\ 0 & -1 & 2 & -1 \end{pmatrix}$$

$$\xrightarrow[\text{④}+\text{②}\times(-1)]{\text{③}+\text{②}\times 3} \begin{pmatrix} 1 & -2 & -1 & 1 \\ 0 & -1 & 2 & -1 \\ 0 & 0 & 0 & 0 \\ 0 & 0 & 0 & 0 \end{pmatrix} \xrightarrow{\text{①}+\text{②}\times 1} \begin{pmatrix} 1 & -3 & 1 & 0 \\ 0 & -1 & 2 & -1 \\ 0 & 0 & 0 & 0 \\ 0 & 0 & 0 & 0 \end{pmatrix} \xrightarrow{\text{②}\times(-1)} \begin{pmatrix} 1 & -3 & 1 & 0 \\ 0 & 1 & -2 & -1 \\ 0 & 0 & 0 & 0 \\ 0 & 0 & 0 & 0 \end{pmatrix} = B$$

（最後の 3 つの行列のうちどれを B にしてもよい）

ゆえに，rank $A=$ ㋒ $\boxed{2}$ となるので　自由度 $=$ ㋓ $\boxed{4-2=2}$

B より，もとの方程式と同値な方程式をつくると　㋔ $\boxed{\begin{cases} x-3y+z=0 \\ y-2z+w=0 \end{cases}}$

自由度 $=$ ㋕ $\boxed{2}$ なので ㋖ $\boxed{z}=k_1$，㋗ $\boxed{w}=k_2$ とおくと

㋘ $\boxed{\text{第 2 式より}\quad y=2z-w=2k_1-k_2,\qquad \text{第 1 式より}\quad x=3y-z=3(2k_1-k_2)-k_1=5k_1-3k_2}$

ゆえに解は

$x=$ ㋙ $\boxed{5k_1-3k_2}$，$y=$ ㋚ $\boxed{2k_1-k_2}$，$z=$ ㋛ $\boxed{k_1}$，$w=$ ㋜ $\boxed{k_2}$　（k_1, k_2 は任意の実数）

（$x=k_1$，$y=k_2$，$z=-k_1+3k_2$，$w=-2k_1+5k_2$ や，$x=3k_1-k_2$，$y=k_1$，$z=k_2$，$w=-k_1+2k_2$ などでもよい）

p.139 ● 演習 35

解答 係数行列 A と拡大係数行列 B の階数を調べる．

(1)　$B=\left(A\ \middle|\ \begin{matrix}-3\\-13\\-2\end{matrix}\right)=$ ㋐ $\boxed{\left(\begin{array}{cc|c}1&9&-3\\3&2&-13\\2&-7&-2\end{array}\right)\xrightarrow[③+①\times(-2)]{②+①\times(-3)}\left(\begin{array}{cc|c}1&9&-3\\0&-25&-4\\0&-25&4\end{array}\right)\xrightarrow{③+②\times(-1)}\left(\begin{array}{cc|c}1&9&-3\\0&-25&-4\\0&0&8\end{array}\right)}$

ゆえに rank $A=$ ㋑ $\boxed{2}$，rank $B=$ ㋒ $\boxed{3}$ となり ㋓ $\boxed{\text{解は存在しない}}$．

(2)　$B=$ ㋔ $\boxed{\left(A\ \middle|\ \begin{matrix}-2\\0\end{matrix}\right)=\left(\begin{array}{ccc|c}3&4&-4&-2\\2&2&-1&0\end{array}\right)\xrightarrow{①+②\times(-1)}\left(\begin{array}{ccc|c}1&2&-3&-2\\2&2&-1&0\end{array}\right)\xrightarrow{②+①\times(-2)}\left(\begin{array}{ccc|c}1&2&-3&-2\\0&-2&5&4\end{array}\right)\xrightarrow{①+②\times1}\left(\begin{array}{ccc|c}1&0&2&2\\0&-2&5&4\end{array}\right)}=C$

（最後の 2 つの行列のどちらを C にしてもよい）

ゆえに　rank $A=$ rank $B=$ ㋕ $\boxed{2}$　なので解は存在する．

自由度 $=$ ㋖ $\boxed{3}-$ ㋗ $\boxed{2}=$ ㋘ $\boxed{1}$

行列 C より，もとの方程式と同値な方程式をつくると　㋙ $\boxed{\begin{cases} x+2z=2 \\ -2y+5z=4 \end{cases}}$

$z=k$ とおくと，

第 2 式より　$y=$ ㋚ $\boxed{-\dfrac{1}{2}(4-5z)=-\dfrac{1}{2}(4-5k)=-2+\dfrac{5}{2}k}$，　第 1 式より　$x=$ ㋛ $\boxed{2-2z=2-2k}$

ゆえに，$x=$ ㋜ $\boxed{2-2k}$，$y=$ ㋝ $\boxed{-2+\dfrac{5}{2}k}$，$z=$ ㋞ $\boxed{k}$　（k は ㋟ $\boxed{\text{任意の実数}}$）

p.141 ● 演習 36

解答 係数行列を A，拡大係数行列を B とする．B をなるべく簡単な行列 C に変形しておく．

(1)　$B=$ ㋐ $\boxed{\left(\begin{array}{ccc|c}3&-1&2&11\\-1&5&1&0\\2&3&1&2\end{array}\right)\xrightarrow{①\leftrightarrow②}\left(\begin{array}{ccc|c}-1&5&1&0\\3&-1&2&11\\2&3&1&2\end{array}\right)}$

$\boxed{\xrightarrow[③+①\times2]{②+①\times3}\left(\begin{array}{ccc|c}-1&5&1&0\\0&14&5&11\\0&13&3&2\end{array}\right)\xrightarrow{②+③\times(-1)}\left(\begin{array}{ccc|c}-1&5&1&0\\0&1&2&9\\0&13&3&2\end{array}\right)\xrightarrow[③+②\times(-13)]{①+②\times(-5)}\left(\begin{array}{ccc|c}-1&0&-9&-45\\0&1&2&9\\0&0&-23&-115\end{array}\right)}$

$\boxed{\xrightarrow[③\times\left(-\frac{1}{23}\right)]{①\times(-1)}\left(\begin{array}{ccc|c}1&0&9&45\\0&1&2&9\\0&0&1&5\end{array}\right)\xrightarrow[②+③\times(-2)]{①+③\times(-9)}\left(\begin{array}{ccc|c}1&0&0&0\\0&1&0&-1\\0&0&1&5\end{array}\right)}=C$

ゆえに，rank $A=$ rank $B=$ ㋑ $\boxed{3}$ なので解がある．そして自由度 $=$ ㋒ $\boxed{3-3=0}$．

C より　$x=$ ㋓ $\boxed{0}$，$y=$ ㋔ $\boxed{-1}$，$z=$ ㋕ $\boxed{5}$．

(2) $B=$ ㋖ $\left(\begin{array}{cccc|c} 1 & -1 & 1 & -1 & 2 \\ 1 & -1 & -1 & -1 & 0 \end{array}\right) \xrightarrow{②+①\times(-1)} \left(\begin{array}{cccc|c} 1 & -1 & 1 & -1 & 2 \\ 0 & 0 & -2 & 0 & -2 \end{array}\right) \xrightarrow{②\times\left(-\frac{1}{2}\right)} \left(\begin{array}{cccc|c} 1 & -1 & 1 & -1 & 2 \\ 0 & 0 & 1 & 0 & 1 \end{array}\right) \xrightarrow{①+②\times(-1)} \left(\begin{array}{cccc|c} 1 & -1 & 0 & -1 & 1 \\ 0 & 0 & 1 & 0 & 1 \end{array}\right) = C$

ゆえに，rank A = rank B = ㋗ [2] なので解がある．自由度 = ㋘ [$4-2=2$].

C より方程式をつくると ㋙ $\begin{cases} x-y \quad -w=1 \\ \quad\quad z \quad\; =1 \end{cases}$

これらの式より，x，y，z，w のうち ㋚ [z] は決まってしまっているので ㋛ [x, y, w] のうち ㋜ [2] つを任意にとる．$x=k_1$，$y=k_2$ とおくと

$z=$ ㋝ [1]，　$w=$ ㋞ [k_1-k_2-1]　(k_1, k_2 は任意の実数)

p.147 ◎ 演習 37

解 答 (1) $(A|E) \longrightarrow (E|A^{-1})$ になるように行基本変形すると，

$\left(\begin{array}{cc|cc} 2 & 8 & 1 & 0 \\ 1 & 5 & 0 & 1 \end{array}\right) \xrightarrow{①\leftrightarrow②}$ ㋐ $\left(\begin{array}{cc|cc} ① & 5 & 0 & 1 \\ 2 & 8 & 1 & 0 \end{array}\right) \xrightarrow{②+①\times(-2)}$ ㋑ $\left(\begin{array}{cc|cc} 1 & 5 & 0 & 1 \\ 0 & -2 & 1 & -2 \end{array}\right)$

$\xrightarrow{②\times\left(-\frac{1}{2}\right)}$ ㋒ $\left(\begin{array}{cc|cc} 1 & 5 & 0 & 1 \\ 0 & ① & -\frac{1}{2} & 1 \end{array}\right) \xrightarrow{①+②\times(-5)} \left(\begin{array}{cc|cc} 1 & 0 & \frac{5}{2} & -4 \\ 0 & 1 & -\frac{1}{2} & 1 \end{array}\right)$

$\therefore\ A^{-1}=$ ㋓ $\begin{pmatrix} \frac{5}{2} & -4 \\ -\frac{1}{2} & 1 \end{pmatrix} = \frac{1}{2}$ ㋔ $\begin{pmatrix} 5 & -8 \\ -1 & -2 \end{pmatrix}$

(2) $(B|E) \longrightarrow (E|B^{-1})$ になるように行基本変形すると，

㋕ $\left(\begin{array}{ccc|ccc} ① & 10 & 7 & 1 & 0 & 0 \\ 0 & 8 & 5 & 0 & 1 & 0 \\ 1 & 3 & 2 & 0 & 0 & 1 \end{array}\right) \xrightarrow{③+①\times(-1)} \left(\begin{array}{ccc|ccc} 1 & 10 & 7 & 1 & 0 & 0 \\ 0 & 8 & 5 & 0 & 1 & 0 \\ 0 & -7 & -5 & -1 & 0 & 1 \end{array}\right) \xrightarrow{②+③\times 1} \left(\begin{array}{ccc|ccc} 1 & 10 & 7 & 1 & 0 & 0 \\ 0 & ① & 0 & -1 & 1 & 1 \\ 0 & -7 & -5 & -1 & 0 & 1 \end{array}\right)$

$\xrightarrow[①+②\times(-10)]{③+②\times 7} \left(\begin{array}{ccc|ccc} 1 & 0 & 7 & 11 & -10 & -10 \\ 0 & 1 & 0 & -1 & 1 & 1 \\ 0 & 0 & -5 & -8 & 7 & 8 \end{array}\right) \xrightarrow{③\times\left(-\frac{1}{5}\right)} \left(\begin{array}{ccc|ccc} 1 & 0 & 7 & 11 & -10 & -10 \\ 0 & 1 & 0 & -1 & 1 & 1 \\ 0 & 0 & ① & \frac{8}{5} & -\frac{7}{5} & -\frac{8}{5} \end{array}\right)$

$\xrightarrow{①+③\times(-7)} \left(\begin{array}{ccc|ccc} 1 & 0 & 0 & -\frac{1}{5} & \frac{1}{5} & \frac{6}{5} \\ 0 & 1 & 0 & -1 & 1 & 1 \\ 0 & 0 & 1 & \frac{8}{5} & -\frac{7}{5} & -\frac{8}{5} \end{array}\right)$

(変形は 1 例である)

$\therefore\ B^{-1}=$ ㋖ $\begin{pmatrix} -\frac{1}{5} & -\frac{1}{5} & \frac{6}{5} \\ -1 & 1 & 1 \\ \frac{8}{5} & -\frac{7}{5} & -\frac{8}{5} \end{pmatrix} = \frac{1}{5}\begin{pmatrix} -1 & -1 & 6 \\ -5 & 5 & 5 \\ 8 & -7 & -8 \end{pmatrix}$

(特に $\frac{1}{5}$ でくくらなくてもよい)

p.148 総合演習 4（いずれも計算または変形例）

問 1　(1)　p.107 定理 4.2.1 の各記号を使う.

$$|A|=\begin{vmatrix}3&2&-2&1\\-2&3&-1&2\\1&1&-2&3\\2&-1&-3&1\end{vmatrix}\underset{④+①\times(-1)}{\overset{\substack{②+①\times(-2)\\③+①\times(-3)}}{=}}\begin{vmatrix}3&2&-2&1\\-8&-1&3&0\\-8&-5&4&0\\-1&-3&-1&0\end{vmatrix}\underset{\text{展開}}{\overset{④'\text{で}}{=}}1\cdot(-1)^{1+4}\begin{vmatrix}-8&-1&3\\-8&-5&4\\-1&-3&-1\end{vmatrix}$$

$$\overset{②+①\times(-1)}{=}(-1)\begin{vmatrix}-8&-1&3\\0&-4&1\\-1&-3&-1\end{vmatrix}\overset{①+③\times(-8)}{=}-\begin{vmatrix}0&23&11\\0&-4&1\\-1&-3&-1\end{vmatrix}\underset{\text{展開}}{\overset{④'\text{で}}{=}}-(-1)(-1)^{3+1}\begin{vmatrix}23&11\\-4&1\end{vmatrix}$$

$$=(+1)\{23\cdot1-11\cdot(-4)\}=67$$

$$|A_1|=\begin{vmatrix}5&2&-2&1\\-5&3&-1&2\\4&1&-2&3\\6&-1&-3&1\end{vmatrix}\underset{④+①\times(-1)}{\overset{\substack{②+①\times(-2)\\③+①\times(-3)}}{=}}\begin{vmatrix}5&2&-2&1\\-15&-1&3&0\\-11&-5&4&0\\1&-3&-1&0\end{vmatrix}\underset{\text{展開}}{\overset{④'\text{で}}{=}}1\cdot(-1)^{1+4}\begin{vmatrix}-15&-1&3\\-11&-5&4\\1&-3&-1\end{vmatrix}$$

$$\overset{②+①\times(-1)}{=}(-1)\begin{vmatrix}-15&-1&3\\4&-4&1\\1&-3&-1\end{vmatrix}\underset{③+②\times1}{\overset{①+②\times(-3)}{=}}-\begin{vmatrix}-27&11&0\\4&-4&1\\5&-7&0\end{vmatrix}\underset{\text{展開}}{\overset{③'\text{で}}{=}}-1\cdot(-1)^{2+3}\begin{vmatrix}-27&11\\5&-7\end{vmatrix}$$

$$=(+1)\{-27\cdot(-7)-11\cdot5\}=134$$

$$|A_2|=\begin{vmatrix}3&5&-2&1\\-2&-5&-1&2\\1&4&-2&3\\2&6&-3&1\end{vmatrix}\underset{④+①\times(-1)}{\overset{\substack{②+①\times(-2)\\③+①\times(-3)}}{=}}\begin{vmatrix}3&5&-2&1\\-8&-15&3&0\\-8&-11&4&0\\-1&1&-1&0\end{vmatrix}\underset{\text{展開}}{\overset{④'\text{で}}{=}}1\cdot(-1)^{1+4}\begin{vmatrix}-8&-15&3\\-8&-11&4\\-1&1&-1\end{vmatrix}$$

$$\underset{②'+③'\times1}{\overset{①'+③'\times(-1)}{=}}(-1)\begin{vmatrix}-11&-12&3\\-12&-7&4\\0&0&-1\end{vmatrix}\underset{\text{展開}}{\overset{③\text{で}}{=}}-(-1)(-1)^{3+3}\begin{vmatrix}-11&-12\\-12&-7\end{vmatrix}$$

$$=(+1)\{(-11)\cdot(-7)-(-12)\cdot(-12)\}=-67$$

$$|A_3|=\begin{vmatrix}3&2&5&1\\-2&3&-5&2\\1&1&4&3\\2&-1&6&1\end{vmatrix}\underset{④+①\times(-1)}{\overset{\substack{②+①\times(-2)\\③+①\times(-3)}}{=}}\begin{vmatrix}3&2&5&1\\-8&-1&-15&0\\-8&-5&-11&0\\-1&-3&1&0\end{vmatrix}\underset{\text{展開}}{\overset{④'\text{で}}{=}}1\cdot(-1)^{1+4}\begin{vmatrix}-8&-1&-15\\-8&-5&-11\\-1&-3&1\end{vmatrix}$$

$$\overset{②+①\times(-1)}{=}(-1)\begin{vmatrix}-8&-1&-15\\0&-4&4\\-1&-3&1\end{vmatrix}\overset{①+3\times(-8)}{=}-\begin{vmatrix}0&23&-23\\0&-4&4\\-1&-3&1\end{vmatrix}\underset{\text{展開}}{\overset{①'\text{で}}{=}}(-1)(-1)(-1)^{3+1}\begin{vmatrix}23&-23\\-4&4\end{vmatrix}$$

$$=(+1)\cdot23\cdot4\begin{vmatrix}1&-1\\-1&1\end{vmatrix}=23\cdot4\cdot0=0$$

$$|A_4|=\begin{vmatrix}3&2&-2&5\\-2&3&-1&-5\\1&1&-2&4\\2&-1&-3&6\end{vmatrix}\underset{\substack{②+③\times2\\④+③\times(-2)}}{\overset{①+③\times(-3)}{=}}\begin{vmatrix}0&-1&4&-7\\0&5&-5&3\\1&1&-2&4\\0&-3&1&-2\end{vmatrix}\underset{\text{展開}}{\overset{①'\text{で}}{=}}1\cdot(-1)^{3+1}\begin{vmatrix}-1&4&-7\\5&-5&3\\-3&1&-2\end{vmatrix}$$

$$\underset{③'+②'\times2}{\overset{①'+②'\times3}{=}}(+1)\begin{vmatrix}11&4&1\\-10&-5&-7\\0&1&0\end{vmatrix}\underset{\text{展開}}{\overset{③\text{で}}{=}}1\cdot(-1)^{3+2}\begin{vmatrix}11&1\\-10&-7\end{vmatrix}=(-1)\{11\cdot(-7)-1\cdot(-10)\}=67$$

以上より　$x=\dfrac{|A_1|}{|A|}=\dfrac{134}{67}=2,\quad y=\dfrac{|A_2|}{|A|}=\dfrac{-67}{67}=-1,\quad z=\dfrac{|A_3|}{|A|}=\dfrac{0}{67}=0,\quad w=\dfrac{|A_4|}{|A|}=\dfrac{67}{67}=1$

(2)　拡大係数行列を変形とすると

$$\left(\begin{array}{cccc|c}3&2&-2&1&5\\-2&3&-1&2&-5\\1&1&-2&3&4\\2&-1&-3&1&6\end{array}\right)\xrightarrow[②+④\times1]{①\leftrightarrow③}\left(\begin{array}{cccc|c}1&1&-2&3&4\\0&2&-4&3&1\\3&2&-2&1&5\\2&-1&-3&1&6\end{array}\right)\xrightarrow[④+①\times(-2)]{③+①\times(-3)}\left(\begin{array}{cccc|c}1&1&-2&3&4\\0&2&-4&3&1\\0&-1&4&-8&-7\\0&-3&1&-5&-2\end{array}\right)$$

$$\xrightarrow{②\leftrightarrow③}\left(\begin{array}{cccc|c}1&1&-2&3&4\\0&-1&4&-8&-7\\0&2&-4&3&1\\0&-3&1&-5&-2\end{array}\right)\xrightarrow{②\times(-1)}\left(\begin{array}{cccc|c}1&1&-2&3&4\\0&1&-4&8&7\\0&2&-4&3&1\\0&-3&1&-5&-2\end{array}\right)\xrightarrow[\substack{②+②\times(-2)\\③+②\times3}]{①+②\times(-1)}\left(\begin{array}{cccc|c}1&0&2&-5&-3\\0&1&-4&8&7\\0&0&4&-13&-13\\0&0&-11&19&19\end{array}\right)$$

$$\xrightarrow[④+③\times3]{②+③\times1}\left(\begin{array}{cccc|c}1&0&2&-5&-3\\0&1&0&-5&-6\\0&0&4&-13&-13\\0&0&1&-20&-20\end{array}\right)\xrightarrow{③\leftrightarrow④}\left(\begin{array}{cccc|c}1&0&2&-5&-3\\0&1&0&-5&-6\\0&0&1&-20&-20\\0&0&4&-13&-13\end{array}\right)\xrightarrow[④+③\times(-4)]{①+③\times(-2)}\left(\begin{array}{cccc|c}1&0&0&35&37\\0&1&0&-5&-6\\0&0&1&-20&-20\\0&0&0&67&67\end{array}\right)$$

$$\xrightarrow{④\times\frac{1}{67}}\left(\begin{array}{cccc|c}1&0&0&35&37\\0&1&0&-5&-6\\0&0&1&-20&-20\\0&0&0&\textcircled{1}&1\end{array}\right)\xrightarrow[\substack{②+④\times5\\③+④\times20}]{①+④\times(-35)}\left(\begin{array}{cccc|c}1&0&0&0&2\\0&1&0&0&-1\\0&0&1&0&0\\0&0&0&1&1\end{array}\right)$$

これより $\begin{cases}x=2\\y=-1\\z=0\\w=1\end{cases}$

問2 係数行列を A とおくと

$$A=\begin{pmatrix}3&1&1&-5\\1&1&-1&-1\\1&2&-3&0\end{pmatrix}\xrightarrow{①\leftrightarrow②}\begin{pmatrix}\textcircled{1}&1&-1&-1\\3&1&1&-5\\1&2&-3&0\end{pmatrix}\xrightarrow[③+①\times(-1)]{②+①\times(-3)}\begin{pmatrix}1&1&-1&-1\\0&-2&4&-2\\0&1&-2&1\end{pmatrix}\xrightarrow{②+③\times2}\begin{pmatrix}1&1&-1&-1\\0&0&0&0\\0&1&-2&1\end{pmatrix}$$

$$\xrightarrow{②\leftrightarrow③}\begin{pmatrix}1&1&-1&-1\\0&1&-2&1\\0&0&0&0\end{pmatrix}\xrightarrow{①+②\times(-1)}\begin{pmatrix}1&0&1&-2\\0&1&-2&1\\0&0&0&0\end{pmatrix}=B$$

これより rank $A=2$，自由度 $=4-2=2$，B より，もとと同値な方程式をつくると

$$\begin{cases}x\quad\ +\ z-2w=0 & \cdots①\\ \quad y-2z+\ w=0 & \cdots②\end{cases}$$

$z=k_1$，$w=k_2$ とおくと　①より $x=-k_1+2k_2$　②より　$y=2k_1-k_2$

以上より　$x=-k_1+2k_2$，$y=2k_1-k_2$，$z=k_1$，$w=k_2$　(k_1, k_2：任意実数)

(x, y, z, w のうちどの 2 つを k_1, k_2 とおくかにより解の形は異なる.)

問3 問題の行列を A とおくと

$$(A|E)=\left(\begin{array}{cccc|cccc}0&-3&-1&0&1&0&0&0\\3&4&5&2&0&1&0&0\\1&-1&1&0&0&0&1&0\\1&2&2&1&0&0&0&1\end{array}\right)\xrightarrow{①\leftrightarrow③}\left(\begin{array}{cccc|cccc}\textcircled{1}&-1&1&0&0&0&1&0\\3&4&5&2&0&1&0&0\\0&-3&-1&0&1&0&0&0\\1&2&2&1&0&0&0&1\end{array}\right)$$

$$\xrightarrow[④+①\times(-1)]{②+①\times(-3)}\left(\begin{array}{cccc|cccc}1&-1&1&0&0&0&1&0\\0&7&2&2&0&1&-3&0\\0&\textcircled{-3}&-1&0&1&0&0&0\\0&3&1&1&0&0&-1&1\end{array}\right)\xrightarrow[④+③\times1]{②+③\times2}\left(\begin{array}{cccc|cccc}1&-1&1&0&0&0&1&0\\0&\textcircled{1}&0&2&2&1&-3&0\\0&-3&-1&0&1&0&0&0\\0&0&0&1&1&0&-1&1\end{array}\right)$$

$$\xrightarrow[③+②\times3]{①+②\times1}\left(\begin{array}{cccc|cccc}1&0&1&2&2&1&-2&0\\0&1&0&2&2&1&-3&0\\0&0&\textcircled{-1}&6&7&3&-9&0\\0&0&0&1&1&0&-1&1\end{array}\right)\xrightarrow{①+③\times1}\left(\begin{array}{cccc|cccc}1&0&0&8&9&4&-11&0\\0&1&0&2&2&1&-3&0\\0&0&-1&6&7&3&-9&0\\0&0&0&1&1&0&-1&1\end{array}\right)$$

$$\xrightarrow{③\times(-1)}\left(\begin{array}{cccc|cccc}1&0&0&8&9&4&-11&0\\0&1&0&2&2&1&-3&0\\0&0&1&-6&-7&-3&9&0\\0&0&0&\textcircled{1}&1&0&-1&1\end{array}\right)\xrightarrow[\substack{②+④\times(-2)\\③+④\times6}]{①+④\times(-8)}\left(\begin{array}{cccc|cccc}1&0&0&0&1&4&-3&-8\\0&1&0&0&0&1&-1&-2\\0&0&1&0&-1&-3&3&6\\0&0&0&1&1&0&-1&1\end{array}\right)$$

$=(E|A^{-1})$

これより　$A^{-1}=\begin{pmatrix}1&4&-3&-8\\0&1&-1&-2\\-1&-3&3&6\\1&0&-1&1\end{pmatrix}$

p.159 ● 演習 38

解 答 線形関係式 ㋐ $c_1\boldsymbol{a}_1+c_2\boldsymbol{a}_2=\boldsymbol{0}$ …(♣)

が成り立っているとする．ベクトルの成分を代入して計算すると

㋑ $c_1\begin{pmatrix}2\\1\end{pmatrix}+c_2\begin{pmatrix}-2\\-3\end{pmatrix}=\begin{pmatrix}0\\0\end{pmatrix},\ \begin{pmatrix}2c_1-2c_2\\c_1-3c_2\end{pmatrix}=\begin{pmatrix}0\\0\end{pmatrix},\ \begin{cases}2c_1-2c_2=0\\c_1-3c_2=0\end{cases}$

c_1，c_2 に関する同次連立 1 次方程式が得られたので，係数行列 A を取り出して掃き出し法で階段行列 B に変形すると

㋒（変形例）

$$A=\begin{pmatrix}2&-2\\1&-3\end{pmatrix}\xrightarrow{①\times\frac{1}{2}}\begin{pmatrix}1&-1\\1&-3\end{pmatrix}\xrightarrow{②+①\times(-1)}\begin{pmatrix}1&-1\\0&-2\end{pmatrix}\xrightarrow{②\times\left(-\frac{1}{2}\right)}\begin{pmatrix}1&-1\\0&1\end{pmatrix}\xrightarrow{①+②\times 1}\begin{pmatrix}1&0\\0&1\end{pmatrix}=B$$

㋛

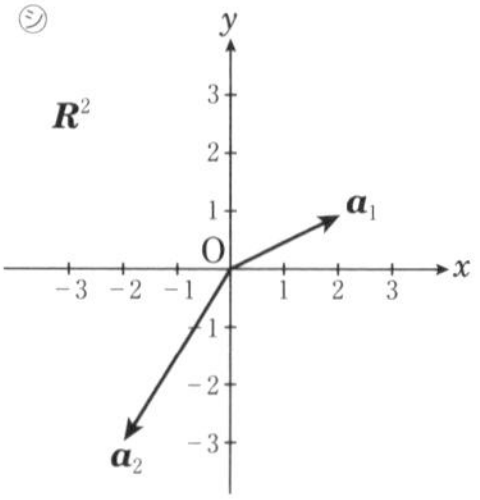

これより　rank $A=$ ㋓ 2，　自由度 $=$ ㋔ 2 − ㋕ 2 $=$ ㋖ 0

となるので，解はただ 1 組である．

B より，　$c_1=$ ㋗ 0，　$c_2=$ ㋘ 0

ゆえに，線形関係式（♣）は，　㋙ $c_1=c_2=0$

のときしか成立しないので，$\boldsymbol{a}_1$, $\boldsymbol{a}_2$ は線形 ㋚ 独立 である．

p.161 ● 演習 39

解 答 線形関係式 ㋐ $c_1\boldsymbol{b}_1+c_2\boldsymbol{b}_2=\boldsymbol{0}$ …(＊)　が成り立っているとすると，ベクトルの成分を代入して計算して

㋑ $c_1\begin{pmatrix}-4\\2\end{pmatrix}+c_2\begin{pmatrix}6\\-3\end{pmatrix}=\begin{pmatrix}0\\0\end{pmatrix},\quad \begin{pmatrix}-4c_1+6c_2\\2c_1-3c_2\end{pmatrix}=\begin{pmatrix}0\\0\end{pmatrix},\quad \begin{cases}-4c_1+6c_2=0\\2c_1-3c_2=0\end{cases}$

c_1，c_2 に関する同次連立 1 次方程式が得られたので，係数行列 A を取り出して掃き出し法で階段行列 B に変形すると

㋒（変形例）

$$A=\begin{pmatrix}-4&6\\2&-3\end{pmatrix}\xrightarrow{①\times\frac{1}{2}}\begin{pmatrix}-2&3\\2&-3\end{pmatrix}\xrightarrow{②+①\times 1}\begin{pmatrix}-2&3\\0&0\end{pmatrix}=B$$

㋠

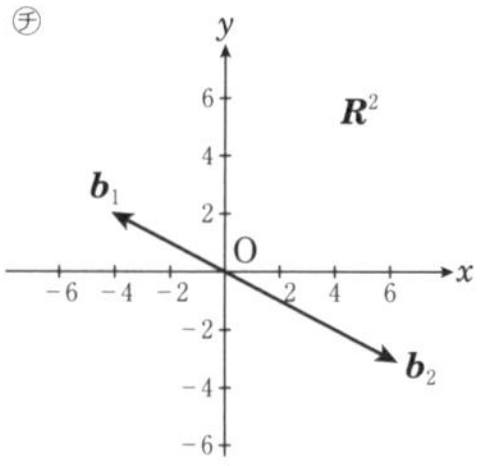

これより，　rank $A=$ ㋓ 1，　自由度 $=$ ㋔ 2 − ㋕ 1 $=$ ㋖ 1

B より，もとの連立方程式と同値な式を作ると　㋗ $-2c_1+3c_2=0$

（㋒の変形結果により異なる）

自由度 ㋘ 1 なので ㋙ c_2 $=k$ とおくと，他は

㋚ $-2c_1+3k=0$ より　$c_1=\dfrac{3}{2}k$（k は任意実数）

これより（＊）をみたす c_1，c_2 は無数に存在する．

たとえば $k=$ ㋛ 2 とおくと

$c_1=$ ㋜ 3，　$c_2=$ ㋝ 2 となり，

（＊）に代入すると

㋞ $3\boldsymbol{b}_1+2\boldsymbol{b}_2=\boldsymbol{0}$　（㋘〜㋞は一例）

という線形関係式が成立するので，

$\boldsymbol{b}_1$, $\boldsymbol{b}_2$ は線形 ㋟ 従属 である．

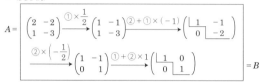

【別解】

$3\boldsymbol{b}_1=\begin{pmatrix}-12\\6\end{pmatrix}$，$2\boldsymbol{b}_2=\begin{pmatrix}12\\-6\end{pmatrix}$ より $3\boldsymbol{b}_1+2\boldsymbol{b}_2=\boldsymbol{0}$ であり，$\boldsymbol{b}_1, \boldsymbol{b}_2$ は線形従属.

p.163 ◎ 演習 40

解 答 線形関係式 $c_1\boldsymbol{b}_1+c_2\boldsymbol{b}_2+c_3\boldsymbol{b}_3=\boldsymbol{0}$ …(＊) が成り立っているとして c_1, c_2, c_3 を求めればよい．各成分を入れて c_1, c_2, c_3 の連立 1 次方程式をつくると

㋐
$$c_1\begin{pmatrix}1\\3\\-1\end{pmatrix}+c_2\begin{pmatrix}3\\9\\-3\end{pmatrix}+c_3\begin{pmatrix}-2\\-6\\2\end{pmatrix}=\begin{pmatrix}0\\0\\0\end{pmatrix},\quad \begin{pmatrix}c_1+3c_2-2c_3\\3c_1+9c_2-6c_3\\-c_1-3c_2+2c_3\end{pmatrix}=\begin{pmatrix}0\\0\\0\end{pmatrix},\quad \begin{cases}c_1+3c_2-2c_3=0\\3c_1+9c_2-6c_3=0\\-c_1-3c_2+2c_3=0\end{cases}$$

掃き出し法でこの連立方程式を解く．係数行列 A を階段行列 B に変形すると

$$A=㋑\begin{pmatrix}1&3&-2\\3&9&-6\\-1&-3&2\end{pmatrix}\xrightarrow[③+①\times 1]{②+①\times(-3)}\begin{pmatrix}1&3&-2\\0&0&0\\0&0&0\end{pmatrix}=B$$

ゆえに，rank $A=$ ㋒ $\boxed{1}$，自由度 $=$ ㋓ $\boxed{3-1=2}$

B より，もとの連立方程式と同値な式をつくると ㋔ $\boxed{c_1+3c_2-2c_3=0}$

自由度 ㋕ $\boxed{2}$ なので $c_2=k_1$，$c_3=k_2$ とおくと $c_1=$ ㋖ $\boxed{-3k_1+2k_2}$ となる.

ゆえに(＊)をみたす c_1, c_2, c_3 は無数にある．たとえば $k_1=1$，$k_2=0$ とおくと

$c_1=$ ㋗ $\boxed{-3}$，$c_2=$ ㋘ $\boxed{1}$，$c_3=$ ㋙ $\boxed{0}$ となり，$\boldsymbol{b}_1, \boldsymbol{b}_2, \boldsymbol{b}_3$ には ㋚ $\boxed{-3\boldsymbol{b}_1+1\boldsymbol{b}_2+0\boldsymbol{b}_3=\boldsymbol{0}}$

の線形関係式が成立し，㋛ 線形従属 であることがわかる.

【別解】

$$\boldsymbol{b}_2=\begin{pmatrix}3\\9\\-3\end{pmatrix}=3\begin{pmatrix}1\\3\\-1\end{pmatrix}=3\boldsymbol{b}_1$$ より $-3\boldsymbol{b}_1+1\boldsymbol{b}_2+0\boldsymbol{b}_3=\boldsymbol{0}$ であり，$\boldsymbol{b}_1, \boldsymbol{b}_2, \boldsymbol{b}_3$ は線形従属.

p.165 ◎ 演習 41

解 答 線形関係式 ㋐ $\boxed{c_1\boldsymbol{b}_1+c_2\boldsymbol{b}_2+c_3\boldsymbol{b}_3=\boldsymbol{0}}$

が成り立つとする．成分を代入して c_1, c_2, c_3 のみたす連立方程式をつくると

㋑
$$c_1\begin{pmatrix}1\\1\\0\\0\end{pmatrix}+c_2\begin{pmatrix}0\\1\\1\\0\end{pmatrix}+c_3\begin{pmatrix}0\\0\\1\\1\end{pmatrix}=\begin{pmatrix}0\\0\\0\\0\end{pmatrix},\quad \begin{cases}c_1=0\\c_1+c_2=0\\c_2+c_3=0\\c_3=0\end{cases}$$

係数行列 A を階段行列 B に変形すると

$$A=㋒\begin{pmatrix}1&0&0\\1&1&0\\0&1&1\\0&0&1\end{pmatrix}\xrightarrow{②+①\times(-1)}\begin{pmatrix}1&0&0\\0&1&0\\0&1&1\\0&0&1\end{pmatrix}\xrightarrow{③+②\times(-1)}\begin{pmatrix}1&0&0\\0&1&0\\0&0&1\\0&0&1\end{pmatrix}\xrightarrow{④+③\times(-1)}\begin{pmatrix}1&0&0\\0&1&0\\0&0&1\\0&0&0\end{pmatrix}=B$$

ゆえに rank $A=$ ㋓ $\boxed{3}$，自由度 $=$ ㋔ $\boxed{3-3=0}$

したがって B より $c_1=$ ㋕ $\boxed{0}$，$c_2=$ ㋖ $\boxed{0}$，$c_3=$ ㋗ $\boxed{0}$ となり，$\boldsymbol{b}_1, \boldsymbol{b}_2, \boldsymbol{b}_3$ は ㋘ 線形独立 となる.

p.169 ◎ 演習 42

解 答 $\boldsymbol{v}_1, \boldsymbol{v}_2$ が線形独立であれば $\boldsymbol{R}^2$ の基底になれる.

㋐ $\boxed{c_1\boldsymbol{v}_1+c_2\boldsymbol{v}_2=\boldsymbol{0}}$ とおき，$\boldsymbol{v}_1, \boldsymbol{v}_2$ の成分を代入して c_1，c_2 を求める.

㋑ $c_1\begin{pmatrix}1\\2\end{pmatrix}+c_2\begin{pmatrix}-3\\2\end{pmatrix}=\begin{pmatrix}0\\0\end{pmatrix}$　　これより (☆) ㋒ $\begin{cases}c_1-3c_2=0\\2c_1+2c_2=0\end{cases}$

これを解くと $c_1=$ ㋓ $\boxed{0}$，$c_2=$ ㋔ $\boxed{0}$ となるので，$\boldsymbol{v}_1, \boldsymbol{v}$ は線形 ㋖ 独立．ゆえに $\boldsymbol{R}^2$ の ㋗ 基底 となれる.

次に $\boldsymbol{b}$ を $\boldsymbol{v}_1, \boldsymbol{v}_2$ の線形結合で表す． $\boldsymbol{b}=b_1\boldsymbol{v}_1+b_2\boldsymbol{v}_2$ と表されているとし，成分を代入して b_1，b_2 を求めると

㋘ $\boxed{\begin{pmatrix}9\\2\end{pmatrix}=b_1\begin{pmatrix}1\\2\end{pmatrix}+b_2\begin{pmatrix}-3\\2\end{pmatrix}}$　これより　(★)㋙ $\boxed{\begin{cases}b_1-3b_2=9\\2b_1+2b_2=2\end{cases}}$

$b_1=$ ㋚ $\boxed{3}$，　$b_2=$ ㋛ $\boxed{-2}$

ゆえに　$\boldsymbol{b}=$ ㋜ $\boxed{3\boldsymbol{v}_1-2\boldsymbol{v}_2}$

［(☆) の係数行列の変形］

㋕
$$\text{(変形例)}\begin{pmatrix}1&-3\\2&2\end{pmatrix}\xrightarrow{\text{②}+\text{①}\times(-2)}\begin{pmatrix}1&-3\\0&8\end{pmatrix}\xrightarrow{\text{②}\times\frac{1}{8}}\begin{pmatrix}1&-3\\0&1\end{pmatrix}\xrightarrow{\text{①}+\text{②}\times 3}\begin{pmatrix}1&0\\0&1\end{pmatrix}$$

［(★) の拡大係数行列の変形］

㋝
$$\text{(変形例)}\left(\begin{array}{cc|c}1&-3&9\\2&2&2\end{array}\right)\xrightarrow{\text{②}+\text{①}\times(-2)}\left(\begin{array}{cc|c}1&-3&9\\0&8&16\end{array}\right)\xrightarrow{\text{②}\times\frac{1}{8}}\left(\begin{array}{cc|c}1&-3&9\\0&1&-2\end{array}\right)\xrightarrow{\text{①}+\text{②}\times 3}\left(\begin{array}{cc|c}1&0&3\\0&1&-2\end{array}\right)$$

p.171 ● 演習43

解 答 $\boldsymbol{v}_1, \boldsymbol{v}_2, \boldsymbol{v}_3$ が線形独立なら基底になれる．㋐ $\boxed{c_1\boldsymbol{v}_1+c_2\boldsymbol{v}_2+c_3\boldsymbol{v}_3+\ =\boldsymbol{0}}$ とおいて成分を代入して

㋑ $\boxed{c_1\begin{pmatrix}1\\1\\0\end{pmatrix}+c_2\begin{pmatrix}0\\1\\1\end{pmatrix}+c_3\begin{pmatrix}1\\0\\1\end{pmatrix}=\begin{pmatrix}0\\0\\0\end{pmatrix}}$　∴ (☆)㋒ $\boxed{\begin{cases}c_1\quad\ +c_3=0\\c_1+c_2\quad\ =0\\\quad c_2+c_3=0\end{cases}}$

∴　$c_1=$ ㋓ $\boxed{0}$，　$c_2=$ ㋔ $\boxed{0}$，　$c_3=$ ㋕ $\boxed{0}$　　ゆえに，$\boldsymbol{v}_1, \boldsymbol{v}_2, \boldsymbol{v}_3$ は線形㋗ $\boxed{\text{独立}}$ なので $\boldsymbol{R}^3$ の㋘ $\boxed{\text{基底}}$ となれる．

$\boldsymbol{y}$ が $\boldsymbol{v}_1, \boldsymbol{v}_2, \boldsymbol{v}_3$ の線形結合 $\boldsymbol{y}=y_1\boldsymbol{v}_1+y_2\boldsymbol{v}_2+y_3\boldsymbol{v}_3$ で表せるとすると，成分を代入して

㋙ $\boxed{\begin{pmatrix}5\\1\\2\end{pmatrix}=x_1\begin{pmatrix}1\\1\\0\end{pmatrix}+x_2\begin{pmatrix}0\\1\\1\end{pmatrix}+x_3\begin{pmatrix}1\\0\\1\end{pmatrix}}$　∴ (☽)㋚ $\boxed{\begin{cases}y_1\quad\ +y_3=5\\y_1+y_2\quad\ =1\\\quad y_2+y_3=2\end{cases}}$

∴　$y_1=$ ㋛ $\boxed{2}$，　$y_2=$ ㋜ $\boxed{-1}$，　$y_3=$ ㋝ $\boxed{3}$　　∴　$\boldsymbol{y}=$ ㋞ $\boxed{2\boldsymbol{v}_1-\boldsymbol{v}_2+3\boldsymbol{v}_3}$

［(☆) の係数行列の変形］

㋖
$$\begin{pmatrix}1&0&1\\1&1&0\\0&1&1\end{pmatrix}\xrightarrow{\text{②}+\text{①}\times(-1)}\begin{pmatrix}1&0&1\\0&1&-1\\0&1&1\end{pmatrix}\xrightarrow{\text{③}+\text{②}\times(-1)}\begin{pmatrix}1&0&1\\0&1&-1\\0&0&2\end{pmatrix}\xrightarrow{\text{③}\times\frac{1}{2}}\begin{pmatrix}1&0&1\\0&1&-1\\0&0&1\end{pmatrix}\xrightarrow[\text{②}+\text{③}\times 1]{\text{①}+\text{③}\times(-1)}\begin{pmatrix}1&0&0\\0&1&0\\0&0&1\end{pmatrix}$$

［(☽) の拡大係数行列の変形］

㋟
$$\left(\begin{array}{ccc|c}1&0&1&5\\1&1&0&1\\0&1&1&2\end{array}\right)\xrightarrow{\text{②}+\text{①}\times(-1)}\left(\begin{array}{ccc|c}1&0&1&5\\0&1&-1&-4\\0&1&1&2\end{array}\right)\xrightarrow{\text{③}+\text{②}\times(-1)}\left(\begin{array}{ccc|c}1&0&1&5\\0&1&-1&-4\\0&0&2&6\end{array}\right)$$
$$\xrightarrow{\text{③}\times\frac{1}{2}}\left(\begin{array}{ccc|c}1&0&1&5\\0&1&-1&-4\\0&0&1&3\end{array}\right)\xrightarrow[\text{②}+\text{③}\times 1]{\text{①}+\text{③}\times(-1)}\left(\begin{array}{ccc|c}1&0&0&2\\0&1&0&-1\\0&0&1&3\end{array}\right)$$

p.175 ● 演習44

解 答 部分空間の条件❶，❷をみたすことを示せばよい．

❶　W より 2 つの元 $\boldsymbol{x}, \boldsymbol{y}$ をとると

$\boldsymbol{x}=$ ㋐ $\boxed{\begin{pmatrix}x_1\\x_2\\x_3\end{pmatrix},\ x_1+x_2+x_3=0}$，　$\boldsymbol{y}=$ ㋑ $\boxed{\begin{pmatrix}y_1\\y_2\\y_3\end{pmatrix},\ y_1+y_2+y_3=0}$ と書ける．ゆえに　$\boldsymbol{x}+\boldsymbol{y}=$ ㋒ $\boxed{\begin{pmatrix}x_1\\x_2\\x_3\end{pmatrix}+\begin{pmatrix}y_1\\y_2\\y_3\end{pmatrix}=\begin{pmatrix}x_1+y_1\\x_2+y_2\\x_3+y_3\end{pmatrix}}$

ここで $(x_1+y_1)+(x_2+y_2)+(x_3+y_3)=$ ㋓ $\boxed{(x_1+x_2+x_3)+(y_1+y_2+y_3)=0+0=0}$　　∴　$\boldsymbol{x}+\boldsymbol{y}\in W$

❷　W の元 $\boldsymbol{x}=\begin{pmatrix}x_1\\x_2\\x_3\end{pmatrix}$ と実数 c に対して $c\boldsymbol{x}=$ ㋔ $c\begin{pmatrix}x_1\\x_2\\x_3\end{pmatrix}=\begin{pmatrix}cx_1\\cx_2\\cx_3\end{pmatrix}$

ここで　$cx_1+cx_2+cx_3=$ ㋕ $c(x_1+x_2+x_3)=c\cdot 0=0$ なので　$c\boldsymbol{x}\in W$

次に W の基底を求めよう．W の任意の元 $\boldsymbol{x}$ について　$\boldsymbol{x}=\begin{pmatrix}x_1\\x_2\\x_3\end{pmatrix}$ とおくと，$x_1+x_2+x_3=0$　より

$x_3=$ ㋖ $-x_1-x_2$ となるので，$\boldsymbol{x}$ の成分を x_1, x_2 で表すと

$\boldsymbol{x}=\begin{pmatrix}x_1\\x_2\\ ㋗\ \boxed{-x_1-x_2}\end{pmatrix}=\begin{pmatrix}x_1\\0\\-x_1\end{pmatrix}+$ ㋘ $\begin{pmatrix}0\\x_2\\-x_2\end{pmatrix}=x_1\begin{pmatrix}1\\0\\-1\end{pmatrix}+x_2$ ㋙ $\begin{pmatrix}0\\1\\-1\end{pmatrix}$ と書ける．$\boldsymbol{u}_1=\begin{pmatrix}1\\0\\-1\end{pmatrix}$，$\boldsymbol{u}_2=$ ㋚ $\begin{pmatrix}0\\1\\-1\end{pmatrix}$

とおくと，$\boldsymbol{u}_1$ と $\boldsymbol{u}_2$ は線形独立で W の任意の元はそれらの線形結合なので $\{\boldsymbol{u}_1, \boldsymbol{u}_2\}$ は W の 1 組の基底となる．
（ここで求めた $\{\boldsymbol{u}_1, \boldsymbol{u}_2\}$ 以外にも基底は無数に存在する．）

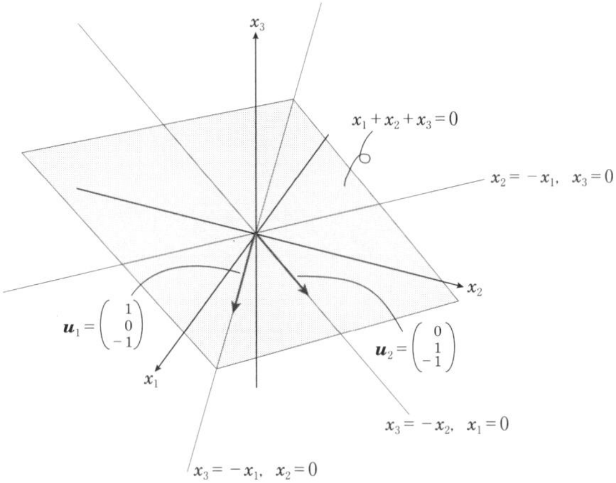

p.177 ● 演習 45

解 答　$W=$ ㋐ $\{\boldsymbol{x}\mid \boldsymbol{x}=x_1\boldsymbol{b}_1+x_2\boldsymbol{b}_2+x_3\boldsymbol{b}_3,\ x_1, x_2, x_3\in\boldsymbol{R}\}$ と書ける．まず b_1, b_2, b_3 が線形独立かどうか調べる．

㋑ $c_1\boldsymbol{b}_1+c_2\boldsymbol{b}_2+c_3\boldsymbol{b}_3=\boldsymbol{0}$ とおくと　(☆) ㋒ $\begin{cases}2c_1+2c_2+2c_3=0\\-3c_1-2c_2+c_3=0\\-c_2-4c_3=0\end{cases}$

［(☆) の係数行列の変形］

㋓
$$\begin{pmatrix}2&2&2\\-3&-2&1\\0&-1&-4\end{pmatrix}\xrightarrow{①\times\frac{1}{2}}\begin{pmatrix}1&1&1\\-3&-2&1\\0&-1&-4\end{pmatrix}\xrightarrow{②+①\times 3}\begin{pmatrix}1&1&1\\0&1&4\\0&-1&-4\end{pmatrix}\xrightarrow{③+②\times 1}\begin{pmatrix}1&1&1\\0&1&4\\0&0&0\end{pmatrix}$$
$$\xrightarrow{①+②\times(-1)}\begin{pmatrix}1&0&-3\\0&1&4\\0&0&0\end{pmatrix}$$

これを解いて　$c_1=$ ㋔ $3k$，$c_2=$ ㋕ $-4k$，$c_3=k$　（k は任意実数）
ゆえに $\boldsymbol{b}_1, \boldsymbol{b}_2, \boldsymbol{b}_3$ は線形従属で $k=1$ とおくと線形関係式 ㋖ $3\boldsymbol{b}_1-4\boldsymbol{b}_2+\boldsymbol{b}_3=\boldsymbol{0}$
が求まる．これより $\boldsymbol{b}_3=$ ㋗ $-3\boldsymbol{b}_1+4\boldsymbol{b}_2$ なので W の任意の元 $\boldsymbol{x}$ について

$\boldsymbol{x}=x_1\boldsymbol{b}_1+x_2\boldsymbol{b}_2+x_3\boldsymbol{b}_3=$ ㋘ $x_1\boldsymbol{b}_1+x_2\boldsymbol{b}_2+x_3(-3\boldsymbol{b}_1+4\boldsymbol{b}_2)=$ ㋙ $(x_1-3x_3)\ \boldsymbol{b}_1+$ ㋚ $(x_2+4x_3)\ \boldsymbol{b}_2$

これは $\boldsymbol{x}$ が ㋛ $\boldsymbol{b}_1$ と $\boldsymbol{b}_2$ の線形結合 であることを示している．

また $\boldsymbol{b}_1$ と $\boldsymbol{b}_2$ が線形独立かどうか調べると　$c_1\boldsymbol{b}_1+c_2\boldsymbol{b}_2=\boldsymbol{0}$　のとき　㋜ $\begin{cases}2c_1+2c_2=0\\-3c_1-2c_2=0\\-c_2=0\end{cases}$　∴　$\begin{cases}c_1=㋝\ 0\\c_2=㋞\ 0\end{cases}$

なので，$\boldsymbol{b}_1, \boldsymbol{b}_2$ は ㋟ 線形独立 である．ゆえに $\{\boldsymbol{b}_1, \boldsymbol{b}_2\}$ は ㋠ W の 1 組の基底 であり，$\dim W=$ ㋡ 2 となる．

p.183 ● 演習46

解 答 写像による成分の変化をよく見て線形写像の定義❶, ❷を調べよう.

(1)　$\boldsymbol{R}^2$ より2つの元 $\boldsymbol{x}=\begin{pmatrix}x_1\\x_2\end{pmatrix}$, $\boldsymbol{y}=\begin{pmatrix}y_1\\y_2\end{pmatrix}$ をとると

❶ $f(\boldsymbol{x}+\boldsymbol{y})=$ ㋐ $\boxed{f\left(\begin{pmatrix}x_1\\x_2\end{pmatrix}+\begin{pmatrix}y_1\\y_2\end{pmatrix}\right)=f\left(\begin{pmatrix}x_1+y_1\\x_2+y_2\end{pmatrix}\right)=\begin{pmatrix}x_1+y_1+1\\x_2+y_2+1\end{pmatrix}}$

$f(\boldsymbol{x})+f(\boldsymbol{y})=$ ㋑ $\boxed{f\left(\begin{pmatrix}x_1\\x_2\end{pmatrix}\right)+f\left(\begin{pmatrix}y_1\\y_2\end{pmatrix}\right)=\begin{pmatrix}x_1+1\\x_2+1\end{pmatrix}+\begin{pmatrix}y_1+1\\y_2+1\end{pmatrix}=\begin{pmatrix}x_1+y_1+2\\x_2+y_2+2\end{pmatrix}}$

ゆえに $f(\boldsymbol{x}+\boldsymbol{y})$ ㋒ $\boxed{\neq}$ $f(\boldsymbol{x})+f(\boldsymbol{y})$ なので❶は成立せず, f は㋓ 線形写像ではない.

【(1)の別解】 $f(\boldsymbol{0})=\begin{pmatrix}1\\1\end{pmatrix}\neq\boldsymbol{0}'$ は定理5.6.1の❶と矛盾する.

(2)　$\boldsymbol{R}^3$ より2つの元 $\boldsymbol{x}=\begin{pmatrix}x_1\\x_2\\x_3\end{pmatrix}$, $\boldsymbol{y}=\begin{pmatrix}y_1\\y_2\\y_3\end{pmatrix}$ をとると

❶ $g(\boldsymbol{x}+\boldsymbol{y})=$ ㋔ $\boxed{g\left(\begin{pmatrix}x_1\\x_2\\x_3\end{pmatrix}+\begin{pmatrix}y_1\\y_2\\y_3\end{pmatrix}\right)=g\left(\begin{pmatrix}x_1+y_1\\x_2+y_2\\x_3+y_3\end{pmatrix}\right)=((x_1+y_1)+(x_2+y_2)-(x_3+y_3))}$

$g(\boldsymbol{x})+g(\boldsymbol{y})=$ ㋕ $\boxed{g\left(\begin{pmatrix}x_1\\x_2\\x_3\end{pmatrix}\right)+g\left(\begin{pmatrix}y_1\\y_2\\y_3\end{pmatrix}\right)=(x_1+x_2-x_3)+(y_1+y_2-y_3)=(x_1+y_1)+(x_2+y_2)-(x_3+y_3)}$

∴ $g(\boldsymbol{x}+\boldsymbol{y})$ ㋖ $\boxed{=}$ $g(\boldsymbol{x})+g(\boldsymbol{y})$

❷ a を実数とすると

$g(a\boldsymbol{x})=$ ㋗ $\boxed{g\left(a\begin{pmatrix}x_1\\x_2\\x_3\end{pmatrix}\right)=g\left(\begin{pmatrix}ax_1\\ax_2\\ax_3\end{pmatrix}\right)=(ax_1+ax_2-ax_3)=a(x_1+x_2-x_3)=ag\left(\begin{pmatrix}x_1\\x_2\\x_3\end{pmatrix}\right)=ag(\boldsymbol{x})}$

ゆえに, 両方成立するので, g は㋘ 線形写像である.

p.185 ● 演習47

解 答 $\boldsymbol{e}_1'=f(\boldsymbol{e}_1)$, $\boldsymbol{e}_2'=f(\boldsymbol{e}_2)$ とおくと

(1)　$\boldsymbol{e}_1'=$ ㋐ $\boxed{f\left(\begin{pmatrix}1\\0\end{pmatrix}\right)=\begin{pmatrix}2\cdot1\\0\end{pmatrix}=\begin{pmatrix}2\\0\end{pmatrix}}$, 　$\boldsymbol{e}_2'=$ ㋑ $\boxed{f\left(\begin{pmatrix}0\\1\end{pmatrix}\right)=\begin{pmatrix}2\cdot0\\1\end{pmatrix}=\begin{pmatrix}0\\1\end{pmatrix}}$ 　$\boldsymbol{e}_1', \boldsymbol{e}_2'$ が線形独立か線形従属か調べる.

$c_1\boldsymbol{e}_1'+c_2\boldsymbol{e}_2'=\boldsymbol{0}'$ とおくと

(♪) ㋒ $\boxed{\begin{cases}2c_1 \quad =0\\ \quad c_2=0\end{cases}}$ より $\begin{cases}c_1= ㋔ \boxed{0}\\ c_2= ㋕ \boxed{0}\end{cases}$

[(♪)の係数行列の変形]

㋓ $\begin{pmatrix}2&0\\0&1\end{pmatrix}\xrightarrow{①\times\frac{1}{2}}\begin{pmatrix}1&0\\0&1\end{pmatrix}$

なので $f(\boldsymbol{e}_1)$, $f(\boldsymbol{e}_2)$ は㋖ 線形独立 である.

(2)　$\boldsymbol{e}_1'=$ ㋗ $\boxed{f\left(\begin{pmatrix}1\\0\end{pmatrix}\right)=\begin{pmatrix}2\cdot1+6\cdot0\\1+3\cdot0\end{pmatrix}=\begin{pmatrix}2\\1\end{pmatrix}}$, 　$\boldsymbol{e}_2'=$ ㋘ $\boxed{f\left(\begin{pmatrix}0\\1\end{pmatrix}\right)=\begin{pmatrix}2\cdot0+6\cdot1\\0+3\cdot1\end{pmatrix}=\begin{pmatrix}6\\3\end{pmatrix}}$

$\boldsymbol{e}_1'$ と $\boldsymbol{e}_2'$ が線形独立か線形従属か調べる.

$c_1\boldsymbol{e}_1'+c_2\boldsymbol{e}_2'=\boldsymbol{0}'$ とおくと

(♬) ㋙ $\boxed{\begin{cases}2c_1+6c_2=0\\ c_1+3c_2=0\end{cases}}$

[(♬)の係数行列の変形]

㋚ $\begin{pmatrix}2&6\\1&3\end{pmatrix}\xrightarrow{①\times\frac{1}{2}}\begin{pmatrix}1&3\\1&3\end{pmatrix}\xrightarrow{②+①\times(-1)}\begin{pmatrix}1&3\\0&0\end{pmatrix}$

これを解くと $c_1=$ ㋛ $\boxed{-3k}$, $c_2=$ ㋜ $\boxed{k}$ (k は任意実数). ゆえに, たとえば $k=1$ とおけば㋝ $\boxed{-3\boldsymbol{e}_1'+\boldsymbol{e}_2'=\boldsymbol{0}'}$ という自明でない線形関係式が成り立つので $\boldsymbol{e}_1', \boldsymbol{e}_2'$ は㋞ 線形従属 である.

p.186 ◎ 演習 48

解 答 $\mathrm{Ker}\,f$ を求める．定義より $\mathrm{Ker}\,f=\left\{\begin{pmatrix}x_1\\x_2\end{pmatrix}\in\boldsymbol{R}^2\,\middle|\,f\left(\begin{pmatrix}x_1\\x_2\end{pmatrix}\right)=\mathbf{0}\right\}$ なので，連立方程式 $f\left(\begin{pmatrix}x_1\\x_2\end{pmatrix}\right)=\mathbf{0}'$ から，

㋐ $\boxed{x_1+x_2=0}$，　㋑ $\boxed{x_1-x_2=0}$，　㋒ $\boxed{2x_1-3x_2=0}$

これを解くと，$x_1=$㋓$\boxed{0}$，$x_2=$㋔$\boxed{0}$ となるので，$\mathrm{Ker}\,f=$㋕$\boxed{\left\{\begin{pmatrix}0\\0\end{pmatrix}\right\}}$ となり，$\dim(\mathrm{Ker}\,f)=$㋖$\boxed{0}$となる．

p.181 定理 5.6.5 次元定理より，$\dim(\mathrm{Im}\,f)=\dim\boldsymbol{R}^2-\dim(\mathrm{Ker}\,f)=$㋗$\boxed{2}-$㋖$\boxed{0}=$㋘$\boxed{2}$

p.193 ◎ 演習 49

解 答 (1) f について $\boldsymbol{R}^2$ の標準基底は

$\boldsymbol{e}_1=$㋐$\boxed{\begin{pmatrix}1\\0\end{pmatrix}}$，$\boldsymbol{e}_2=$㋑$\boxed{\begin{pmatrix}0\\1\end{pmatrix}}$ なので

$f(\boldsymbol{e}_1)=$㋒$\boxed{\begin{pmatrix}2\cdot1\\0\end{pmatrix}=\begin{pmatrix}2\\0\end{pmatrix}}$

$f(\boldsymbol{e}_2)=$㋓$\boxed{\begin{pmatrix}2\cdot0\\1\end{pmatrix}=\begin{pmatrix}0\\1\end{pmatrix}}$

$\therefore\ A=$㋔$\boxed{(f(\boldsymbol{e}_1)\ \ f(\boldsymbol{e}_2))=\begin{pmatrix}2&0\\0&1\end{pmatrix}}$

g について $\boldsymbol{R}^2$ の標準基底は

$\boldsymbol{e}_1=$㋕$\boxed{\begin{pmatrix}1\\0\end{pmatrix}}$，$\boldsymbol{e}_2=$㋖$\boxed{\begin{pmatrix}0\\1\end{pmatrix}}$ なので

$g(\boldsymbol{e}_1)=$㋗$\boxed{\begin{pmatrix}1+0\\1-0\\2\cdot1-3\cdot0\end{pmatrix}=\begin{pmatrix}1\\1\\2\end{pmatrix}}$，$g(\boldsymbol{e}_2)=$㋘$\boxed{\begin{pmatrix}0+1\\0-1\\2\cdot0-3\cdot1\end{pmatrix}=\begin{pmatrix}1\\-1\\-3\end{pmatrix}}$

$\therefore\ B=$㋙$\boxed{(g(\boldsymbol{e}_1)\ \ g(\boldsymbol{e}_2))=\begin{pmatrix}1&1\\1&-1\\2&-3\end{pmatrix}}$

【(1)の別解】

$\begin{pmatrix}2x_1\\x_2\end{pmatrix}=\begin{pmatrix}2&0\\0&1\end{pmatrix}\begin{pmatrix}x_1\\x_2\end{pmatrix}$ より，$A=\begin{pmatrix}2&0\\0&1\end{pmatrix}$，　$\begin{pmatrix}x_1+x_2\\x_1-x_2\\2x_1-3x_2\end{pmatrix}=\begin{pmatrix}1&1\\1&-1\\2&-3\end{pmatrix}\begin{pmatrix}x_1\\x_2\end{pmatrix}$ より，$B=\begin{pmatrix}1&1\\1&-1\\2&-3\end{pmatrix}$

(2) $C=BA$ より C は㋚$\boxed{(3,2)}$型の行列で　$C=$㋛$\boxed{\begin{pmatrix}1&1\\1&-1\\2&-3\end{pmatrix}\begin{pmatrix}2&0\\0&1\end{pmatrix}=\begin{pmatrix}2&1\\2&-1\\4&-3\end{pmatrix}}$

(3) $(g\circ f)(\boldsymbol{a})=C\boldsymbol{a}$ なので　$(g\circ f)(\boldsymbol{a})=$㋜$\boxed{\begin{pmatrix}2&1\\2&-1\\4&-3\end{pmatrix}\begin{pmatrix}-1\\2\end{pmatrix}=\begin{pmatrix}0\\-4\\-10\end{pmatrix}}$

p.195 ◎ 演習 50

解 答 $\begin{pmatrix}1\\0\\1\end{pmatrix}\mapsto\begin{pmatrix}1\\2\end{pmatrix}$，　$\begin{pmatrix}10\\8\\3\end{pmatrix}\mapsto\begin{pmatrix}0\\3\end{pmatrix}$，　$\begin{pmatrix}7\\5\\2\end{pmatrix}\mapsto\begin{pmatrix}2\\-1\end{pmatrix}$ から，f の表現行列 A を用いて

$\begin{pmatrix}1\\2\end{pmatrix}=A\begin{pmatrix}1\\0\\1\end{pmatrix}$，　$\begin{pmatrix}0\\3\end{pmatrix}=A\begin{pmatrix}10\\8\\3\end{pmatrix}$，　$\begin{pmatrix}2\\-1\end{pmatrix}=A\begin{pmatrix}7\\5\\2\end{pmatrix}$

これらを 1 つにまとめると次が成り立つ．

㋐$\boxed{\begin{pmatrix}1&0&2\\2&3&-1\end{pmatrix}}=A$㋑$\boxed{\begin{pmatrix}1&10&7\\0&8&5\\1&3&2\end{pmatrix}}$　　ここで，$B=$㋑$\boxed{\begin{pmatrix}1&10&7\\0&8&5\\1&3&2\end{pmatrix}}$ とすると，㋐$\boxed{\begin{pmatrix}1&0&2\\2&3&-1\end{pmatrix}}=AB$ となる．

よって，B^{-1} が存在すれば，$A=$㋐$\boxed{\begin{pmatrix}1&0&2\\2&3&-1\end{pmatrix}}B^{-1}$ となり A が求まる．

p.147 演習 37 (2)より $B^{-1}=$㋒$\boxed{\dfrac{1}{5}\begin{pmatrix}-1&-1&6\\-5&5&5\\8&-7&-8\end{pmatrix}}$ となる．よって，

$A=$㋓$\boxed{\begin{pmatrix}1&0&2\\2&3&-1\end{pmatrix}B^{-1}=\dfrac{1}{5}\begin{pmatrix}1&0&2\\2&3&-1\end{pmatrix}\begin{pmatrix}-1&-1&6\\-5&5&5\\8&-7&-8\end{pmatrix}=\begin{pmatrix}3&-3&-2\\-5&4&7\end{pmatrix}}$

p.196 ◎ 総合演習 5

問1　(1)　$\begin{pmatrix} 1 & 2 & 1 \\ -3 & 1 & 0 \end{pmatrix}$　　(2)　$2f(\boldsymbol{a})+f(\boldsymbol{b})=\boldsymbol{0}'$ となり線形従属

(3)　$\mathrm{Ker}\,f=\{\boldsymbol{x}\in\boldsymbol{R}^3\,|\,f(\boldsymbol{x})=\boldsymbol{0}\}$ である.

$\boldsymbol{x}=\begin{pmatrix} x_1 \\ x_2 \\ x_3 \end{pmatrix}$に対して $f(\boldsymbol{x})=\boldsymbol{0}=\begin{pmatrix} 0 \\ 0 \end{pmatrix}$とすると$\begin{pmatrix} x_1+2x_2+x_3 \\ -3x_1+x_2 \end{pmatrix}=\begin{pmatrix} 0 \\ 0 \end{pmatrix}$ より $\begin{cases} x_1+2x_2+x_3=0 \\ -3x_1+x_2\quad=0 \end{cases}$

これを解くと　$\begin{cases} x_1=k \\ x_2=3k \\ x_3=-7k \end{cases}$　(k は任意実数)　$\therefore$　$\boldsymbol{x}=k\begin{pmatrix} 1 \\ 3 \\ -7 \end{pmatrix}$，　また，この $\boldsymbol{x}$ を f で写像すると

$f(\boldsymbol{x})=f\left(k\begin{pmatrix} 1 \\ 3 \\ -7 \end{pmatrix}\right)=kf\left(\begin{pmatrix} 1 \\ 3 \\ -7 \end{pmatrix}\right)=k\begin{pmatrix} 1+6-7 \\ -3+3 \end{pmatrix}=k\begin{pmatrix} 0 \\ 0 \end{pmatrix}=\begin{pmatrix} 0 \\ 0 \end{pmatrix}=\boldsymbol{0}'$　となるので $\boldsymbol{x}$ は $\mathrm{Ker}\,f$ の元である．したがって

$\mathrm{Ker}\,f=\left\{\boldsymbol{x}\,\middle|\,\boldsymbol{x}=k\begin{pmatrix} 1 \\ 3 \\ -7 \end{pmatrix},\ k\in\boldsymbol{R}\right\}$ となるので，$\mathrm{Ker}\,f$ は$\begin{pmatrix} 1 \\ 3 \\ -7 \end{pmatrix}$で生成される.

これらより　$\dim(\ker f)=1$，1 組の基底は$\left\{\begin{pmatrix} 1 \\ 3 \\ -7 \end{pmatrix}\right\}$.

(基底のベクトルは無数にとれる.)

問2　(1)　❶　W_1 の 2 つの元を $\boldsymbol{x}=\begin{pmatrix} x_1 \\ x_2 \end{pmatrix}$，$\boldsymbol{y}=\begin{pmatrix} y_1 \\ y_2 \end{pmatrix}$ とすると $x_1+x_2=0$，$y_1+y_2=0$ が成立する．$\boldsymbol{x}+\boldsymbol{y}=\begin{pmatrix} x_1+y_1 \\ x_2+y_2 \end{pmatrix}$ であるが，$(x_1+y_1)+(x_2+y_2)=(x_1+x_2)+(y_1+y_2)=0+0=0$ より $\boldsymbol{x}+\boldsymbol{y}\in W_1$

❷　W_1 の元 $\boldsymbol{x}=\begin{pmatrix} x_1 \\ x_2 \end{pmatrix}$　$(x_1+x_2=0)$ と実数 c について

$c\boldsymbol{x}=c\begin{pmatrix} x_1 \\ x_2 \end{pmatrix}=\begin{pmatrix} cx_1 \\ cx_2 \end{pmatrix}$，ここで $cx_1+cx_2=c(x_1+x_2)=c\cdot 0=0$ より　$c\boldsymbol{x}\in W_1$

❶❷が成立しているので，W_1 は部分空間である.

(2)　❶　W_2 の 2 つの元を $\boldsymbol{x}=\begin{pmatrix} x_1 \\ x_2 \end{pmatrix}$，$\boldsymbol{y}=\begin{pmatrix} y_1 \\ y_2 \end{pmatrix}$ とすると $x_1+x_2=1$，$y_1+y_2=1$ が成立する．$\boldsymbol{x}+\boldsymbol{y}=\begin{pmatrix} x_1+y_1 \\ x_2+y_2 \end{pmatrix}$ において$(x_1+y_1)+(x_2+y_2)=(x_1+x_2)+(y_1+y_2)=1+1=2\neq 1$ より $\boldsymbol{x}+\boldsymbol{y}$ は W_2 の元ではないので，❶は成立しない.
したがって W_2 は部分空間ではない.

【(2)の別解】　$\boldsymbol{R}^2$ の零元 $\boldsymbol{0}=\begin{pmatrix} 0 \\ 0 \end{pmatrix}$は W_2 の元ではないので，W_2 は $\boldsymbol{R}^2$ の部分空間でない.

p.203 演習 51

解 答 (1) R^n の内積および長さの定義より

$x\cdot y=$ ㋐ $\boxed{-1\cdot 2+1\cdot 0+0\cdot(-2)=-2}$，$\|x\|=$ ㋑ $\boxed{\sqrt{(-1)^2+1^2+0^2}=\sqrt{2}}$，$\|y\|=$ ㋒ $\boxed{\sqrt{2^2+0^2+(-2)^2}=\sqrt{8}=2\sqrt{2}}$

(2) $\cos\theta$ の値を求めると $\cos\theta=\dfrac{x\cdot y}{\|x\|\|y\|}=$ ㋓ $\boxed{\dfrac{-2}{\sqrt{2}\cdot 2\sqrt{2}}=-\dfrac{1}{2}}$，$0\leqq\theta\leqq\pi$ より，$\theta=$ ㋔ $\boxed{\dfrac{2}{3}\pi\,(=120^\circ)}$.

(3) 先に $x+y$ を求めておく． $x+y=\begin{pmatrix}-1\\1\\0\end{pmatrix}+\begin{pmatrix}2\\0\\-2\end{pmatrix}=$ ㋕ $\boxed{\begin{pmatrix}-1+2\\1+0\\0-2\end{pmatrix}=\begin{pmatrix}1\\1\\-2\end{pmatrix}}$

$x+y$ と z が直交するので $(x+y)\cdot z=$ ㋖ $\boxed{0}$ 　内積を計算して

$(x+y)\cdot z=$ ㋗ $\boxed{1\cdot 2+1\cdot 3t+(-2)\cdot(-t)}=0$ となる t を求めればよい．

㋘ $\boxed{2+3t+2t=0,\quad 2+5t=0}$ より $t=$ ㋙ $\boxed{-\dfrac{2}{5}}$

p.209 演習 52

解 答

	内積計算	直交性	正規性
手順❶			$u_1=$ ㋐ $\boxed{\dfrac{-2}{\sqrt{1^2+1^2+(-1)^2}}\begin{pmatrix}1\\1\\-1\end{pmatrix}=\dfrac{1}{\sqrt{3}}\begin{pmatrix}1\\1\\-1\end{pmatrix}}$
手順❷	$c_1^{(2)}=$ ㋑ $\boxed{\left\{\dfrac{1}{\sqrt{3}}\begin{pmatrix}1\\1\\-1\end{pmatrix}\right\}\cdot\begin{pmatrix}-2\\0\\1\end{pmatrix}=\dfrac{1}{\sqrt{3}}\{1\cdot(-2)+1\cdot 0+(-1)\cdot 1\}=-\sqrt{3}}$	$b_2=$ ㋒ $\boxed{\begin{pmatrix}-2\\0\\1\end{pmatrix}-(-\sqrt{3})\dfrac{1}{\sqrt{3}}\begin{pmatrix}1\\1\\-1\end{pmatrix}=\begin{pmatrix}-2\\0\\1\end{pmatrix}+\begin{pmatrix}1\\1\\-1\end{pmatrix}=\begin{pmatrix}-1\\1\\0\end{pmatrix}}$	$u_2=$ ㋓ $\boxed{\dfrac{1}{\sqrt{(-1)^2+1^2+0^2}}\begin{pmatrix}-1\\1\\0\end{pmatrix}=\dfrac{1}{\sqrt{2}}\begin{pmatrix}-1\\1\\0\end{pmatrix}}$
手順❸	$c_1^{(3)}=$ ㋔ $\boxed{\left\{\dfrac{1}{\sqrt{3}}\begin{pmatrix}1\\1\\-1\end{pmatrix}\right\}\cdot\begin{pmatrix}-1\\2\\2\end{pmatrix}=\dfrac{1}{\sqrt{3}}\{1\cdot(-1)+1\cdot 2+(-1)\cdot 2\}=-\dfrac{1}{\sqrt{3}}}$ $c_2^{(3)}=$ ㋕ $\boxed{\left\{\dfrac{1}{\sqrt{2}}\begin{pmatrix}-1\\1\\0\end{pmatrix}\right\}\cdot\begin{pmatrix}-1\\2\\2\end{pmatrix}=\dfrac{1}{\sqrt{2}}\{(-1)\cdot(-1)+1\cdot 2+0\cdot 2\}=\dfrac{3}{\sqrt{2}}}$	$b_3=$ ㋖ $\boxed{\begin{pmatrix}-1\\2\\2\end{pmatrix}-\left(-\dfrac{1}{\sqrt{3}}\right)\dfrac{1}{\sqrt{3}}\begin{pmatrix}1\\1\\-1\end{pmatrix}-\dfrac{3}{\sqrt{2}}\dfrac{1}{\sqrt{2}}\begin{pmatrix}-1\\1\\0\end{pmatrix}=\begin{pmatrix}-1\\2\\2\end{pmatrix}+\dfrac{1}{3}\begin{pmatrix}1\\1\\-1\end{pmatrix}-\dfrac{3}{2}\begin{pmatrix}-1\\1\\0\end{pmatrix}=\dfrac{5}{6}\begin{pmatrix}1\\1\\2\end{pmatrix}}$	u_3 $=$ ㋗ $\boxed{\dfrac{1}{\frac{5}{6}\sqrt{1^2+1^2+2^2}}\dfrac{5}{6}\begin{pmatrix}1\\1\\2\end{pmatrix}=\dfrac{1}{\sqrt{6}}\begin{pmatrix}1\\1\\2\end{pmatrix}}$

正規直交基底は ㋘ $\boxed{\left\{\dfrac{1}{\sqrt{3}}\begin{pmatrix}1\\1\\-1\end{pmatrix},\ \dfrac{1}{\sqrt{2}}\begin{pmatrix}-1\\1\\0\end{pmatrix},\ \dfrac{1}{\sqrt{6}}\begin{pmatrix}1\\1\\2\end{pmatrix}\right\}}$

p.213 演習 53

解 答 直交行列の性質（p.210，定理 6.2.2 (ii)）$U=(u_1,\cdots,u_n)$，$u_i\cdot u_j=\begin{cases}1 & (i=j)\\0 & (i\neq j)\end{cases}$ を使って解こう．
今の場合

$u_1=$ ㋐ $\boxed{\begin{pmatrix}\frac{\sqrt{3}}{2}\\\frac{1}{2}\end{pmatrix}}$，$u_2=$ ㋑ $\boxed{\begin{pmatrix}a\\b\end{pmatrix}}$ とおくと，$u_1\cdot u_1=u_2\cdot u_2=$ ㋒ $\boxed{1}$，$u_1\cdot u_2=u_2\cdot u_1=$ ㋓ $\boxed{0}$ となってほしい．

成分を使って計算すると，　$\boldsymbol{u}_1\cdot\boldsymbol{u}_2=\left(\dfrac{\sqrt{3}}{2}\right)^2+\left(\dfrac{1}{2}\right)^2=1$

$\boldsymbol{u}_2\cdot\boldsymbol{u}_2=$ ㋔ $\boxed{\begin{pmatrix}a\\b\end{pmatrix}\cdot\begin{pmatrix}a\\b\end{pmatrix}=a^2+b^2=1}$ …①，　$\boldsymbol{u}_1\cdot\boldsymbol{u}_2=$ ㋕ $\boxed{\begin{pmatrix}\dfrac{\sqrt{3}}{2}\\\dfrac{1}{2}\end{pmatrix}\cdot\begin{pmatrix}a\\b\end{pmatrix}=\dfrac{\sqrt{3}}{2}a+\dfrac{1}{2}b=0}$ …②

②より　$b=$ ㋖ $\boxed{-\sqrt{3}}\,a$　…③

①へ代入して a を求めると　㋗ $\boxed{a^2+(-\sqrt{3}a)^2=1 \quad より \quad 4a^2=1 \qquad \therefore\ a=\pm\dfrac{1}{2}}$

③に代入して b を求めると　$b=$ ㋘ $\boxed{\mp\dfrac{\sqrt{3}}{2}}$　　ゆえに $a=$ ㋙ $\boxed{\pm\dfrac{1}{2}}$，　$b=$ ㋚ $\boxed{\mp\dfrac{\sqrt{3}}{2}}$　（複号同順）

p.217 演習 54

解 答 B の固有方程式 $|xE-B|=0$ を解く．

㋐
$$|xE-B|=\begin{vmatrix}x-2 & -(-2)\\-(-1) & x-3\end{vmatrix}=\begin{vmatrix}x-2 & 2\\1 & x-3\end{vmatrix}=(x-2)(x-3)-2\cdot1$$
$$=x^2-5x+4=(x-4)(x-1)=0 \qquad \therefore\ x=1,4$$

ゆえに固有値 は$\lambda_1=$ ㋑ $\boxed{1}$，$\lambda_2=$ ㋒ $\boxed{4}$（$\lambda_1<\lambda_2$ としておく）．

次に固有ベクトルを求める．

$\lambda_1=$ ㋑ $\boxed{1}$ のとき，固有ベクトルを $\boldsymbol{v}_1=\begin{pmatrix}x_1\\x_2\end{pmatrix}$ とおくと

$B\boldsymbol{v}_1=$ ㋓ $\boxed{1}\,\boldsymbol{v}_1$ より

㋔
$$(B-E)\boldsymbol{v}_1=\boldsymbol{0},\qquad \begin{pmatrix}1 & -2\\-1 & 2\end{pmatrix}\begin{pmatrix}x_1\\x_2\end{pmatrix}=\begin{pmatrix}0\\0\end{pmatrix}$$
$$\begin{pmatrix}1 & -2\\0 & 0\end{pmatrix}\begin{pmatrix}x_1\\x_2\end{pmatrix}=\begin{pmatrix}0\\0\end{pmatrix} \text{ より } x_1-2x_2=0,\quad \begin{cases}x_1=2k_1\\x_2=k_1\end{cases}$$

固有ベクトルは　$\boldsymbol{v}_1=$ ㋕ $\boxed{k_1\begin{pmatrix}2\\1\end{pmatrix}}$

（k_1 は 0 でない任意実数）

$\lambda_2=$ ㋒ $\boxed{4}$ のとき固有ベクトルを $\boldsymbol{v}_2=\begin{pmatrix}y_1\\y_2\end{pmatrix}$ とおくと

$B\boldsymbol{v}_2=$ ㋖ $\boxed{4}\,\boldsymbol{v}_2$ より

㋗
$$(B-4E)\boldsymbol{v}_2=\boldsymbol{0},\qquad \begin{pmatrix}-2 & -2\\-1 & -1\end{pmatrix}\begin{pmatrix}y_1\\y_2\end{pmatrix}=\begin{pmatrix}0\\0\end{pmatrix}$$
$$\begin{pmatrix}1 & 1\\0 & 0\end{pmatrix}\begin{pmatrix}y_1\\y_2\end{pmatrix}=\begin{pmatrix}0\\0\end{pmatrix} \text{ より } y_1+y_2=0,\quad \begin{cases}y_1=k_2\\y_2=-k_2\end{cases}$$

固有ベクトルは　$\boldsymbol{v}_2=$ ㋘ $\boxed{k_2\begin{pmatrix}1\\-1\end{pmatrix}}$

（k_2 は 0 でない任意実数）

p.219 演習 55

解 答 固有方程式を解く．$|xE-B|$

㋐
$$=\begin{vmatrix}x-3 & 1 & 3\\-8 & x+6 & 3\\4 & -4 & x-2\end{vmatrix}\overset{①'+②'\times1}{=}\begin{vmatrix}x-2 & 1 & 3\\x-2 & x+6 & 3\\0 & -4 & x-2\end{vmatrix}=(x-2)\begin{vmatrix}1 & 1 & 3\\1 & x+6 & 3\\0 & -4 & x-2\end{vmatrix}$$
$$\overset{②+①\times(-1)}{=}(x-2)\begin{vmatrix}1 & 1 & 3\\0 & x+5 & 0\\0 & -4 & x-2\end{vmatrix}\overset{①'で展開}{=}(x-2)\cdot1\cdot(-1)^{1+1}\begin{vmatrix}x+5 & 0\\-4 & x-2\end{vmatrix}$$
$$=(x-2)(x+5)(x-2)=0 \qquad \therefore\ x=2\text{（重解）},\ x=-5$$

ゆえに固有値は$\lambda_1=$ ㋑ $\boxed{2}$，$\lambda_2=$ ㋒ $\boxed{-5}$（$\lambda_1>\lambda_2$）である．

次にそれぞれに属する固有ベクトルを求める．

$\lambda_1=$ ㋑ $\boxed{2}$ のとき

㋓
$$B\boldsymbol{v}_1=2\boldsymbol{v}_1 \text{ より } (B-2E)\boldsymbol{v}_1=\boldsymbol{0}$$
$$\begin{pmatrix}1 & -1 & -3\\8 & -8 & -3\\-4 & 4 & 0\end{pmatrix}\begin{pmatrix}x_1\\x_2\\x_3\end{pmatrix}=\begin{pmatrix}0\\0\\0\end{pmatrix}$$
$$\begin{pmatrix}1 & -1 & 0\\0 & 0 & 1\\0 & 0 & 0\end{pmatrix}\begin{pmatrix}x_1\\x_2\\x_3\end{pmatrix}=\begin{pmatrix}0\\0\\0\end{pmatrix}$$
$$\begin{cases}x_1-x_2=0\\x_3=0\end{cases} \text{ より，} \begin{cases}x_1=k_1\\x_2=k_1\\x_3=0\end{cases}$$

$\lambda_2=$ ㋒ $\boxed{-5}$ のとき

㋕
$$B\boldsymbol{v}_2=-5\boldsymbol{v}_2 \text{ より } (B+5E)\boldsymbol{v}_2=\boldsymbol{0}$$
$$\begin{pmatrix}8 & -1 & -3\\8 & -1 & -3\\-4 & 4 & 7\end{pmatrix}\begin{pmatrix}y_1\\y_2\\y_3\end{pmatrix}=\begin{pmatrix}0\\0\\0\end{pmatrix}$$
$$\begin{pmatrix}28 & 0 & -5\\0 & 7 & 11\\0 & 0 & 0\end{pmatrix}\begin{pmatrix}y_1\\y_2\\y_3\end{pmatrix}=\begin{pmatrix}0\\0\\0\end{pmatrix}$$
$$\begin{cases}28y_1=5y_3\\7y_2=-11y_3\end{cases} \text{ より，} \begin{cases}y_1=5k_2\\y_2=-44k_2\\y_3=28k_2\end{cases}$$

ゆえに固有ベクトルは

㋔ $\boldsymbol{v}_1 = k_1\begin{pmatrix}1\\1\\0\end{pmatrix}$ （k_1 は 0 でない任意実数）

ゆえに固有ベクトルは

㋖ $\boldsymbol{v}_2 = k_2\begin{pmatrix}5\\-44\\28\end{pmatrix}$ （k_2 は 0 でない任意実数）

p.225 ● 演習 56

解 答 手順に従って計算し，それに従って表を埋めてゆこう．

手順❶　B の固有値 λ_1, λ_2 $(\lambda_1 < \lambda_2)$ を求める．

㋐ $|xE-B| = \begin{vmatrix} x-7 & -4 \\ 12 & x+7 \end{vmatrix} = (x-7)(x+7)-(-4)\cdot 12$

$= x^2-1 = (x+1)(x-1) = 0$　より　$\lambda_1 = -1,\ \lambda_2 = 1$

㋙

手順❶	固有値	$\lambda_1=-1$	$\lambda_2=1$
手順❷	固有ベクトル	$k_1\begin{pmatrix}1\\-2\end{pmatrix}$ $k_1=1\downarrow$	$k_2\begin{pmatrix}2\\-3\end{pmatrix}$ $k_2=1\downarrow$
手順❸	正則行列 P	$\begin{pmatrix}1\\-2\end{pmatrix}$	$\begin{pmatrix}-2\\3\end{pmatrix}$
	対角化 $P^{-1}BP$	$\begin{pmatrix}-1\\0\end{pmatrix}$	$\begin{pmatrix}0\\1\end{pmatrix}$

手順❷

$\lambda_1 =$ ㋑ $\boxed{-1}$ に属する固有ベクトルを求める．

㋒ 固有ベクトルを $\boldsymbol{v}_1 = \begin{pmatrix}x_1\\x_2\end{pmatrix}$ とおくと

$B\boldsymbol{v}_1 = (-1)\boldsymbol{v}_1$ より $(B+E)\boldsymbol{v}_1 = \boldsymbol{0}$

$\begin{pmatrix}8 & 4\\-12 & -6\end{pmatrix}\begin{pmatrix}x_1\\x_2\end{pmatrix} = \begin{pmatrix}0\\0\end{pmatrix}$

$\begin{pmatrix}2 & 1\\0 & 0\end{pmatrix}\begin{pmatrix}x_1\\x_2\end{pmatrix} = \begin{pmatrix}0\\0\end{pmatrix}$ より，　$2x_1 + x_2 = 0$

$\boldsymbol{v}_1 = \begin{pmatrix}x_1\\x_2\end{pmatrix} = k_1\begin{pmatrix}1\\-2\end{pmatrix}$

$\lambda_2 =$ ㋓ $\boxed{1}$ に属する固有ベクトルを求める．

㋔ 固有ベクトルを $\boldsymbol{v}_2 = \begin{pmatrix}y_1\\y_2\end{pmatrix}$ とおくと

$B\boldsymbol{v}_2 = 1\boldsymbol{v}_2$ より $(B-E)\boldsymbol{v}_2 = \boldsymbol{0}$

$\begin{pmatrix}6 & 4\\-12 & -8\end{pmatrix}\begin{pmatrix}y_1\\y_2\end{pmatrix} = \begin{pmatrix}0\\0\end{pmatrix}$

$\begin{pmatrix}3 & 2\\0 & 0\end{pmatrix}\begin{pmatrix}y_1\\y_2\end{pmatrix} = \begin{pmatrix}0\\0\end{pmatrix}$ より，　$3y_1 + 2y_2 = 0$

$\boldsymbol{v}_2 = \begin{pmatrix}y_1\\y_2\end{pmatrix} = k_2\begin{pmatrix}-2\\3\end{pmatrix}$

手順❸　❷の結果より正則行列 P を求める．

$k_1 =$ ㋕ $\boxed{1}$，$k_2 =$ ㋖ $\boxed{1}$ とおいて P をつくると

$P =$ ㋗ $\boxed{\begin{pmatrix}1 & -2\\-2 & 3\end{pmatrix}}$　　この P を使うと，B は次のように対角化される．$P^{-1}BP =$ ㋘ $\boxed{\begin{pmatrix}-1 & 0\\0 & 1\end{pmatrix}}$

p.228 ● 演習 57

解 答 手順❶　B の固有値 $\lambda_1, \lambda_2, \lambda_3$ $(\lambda_1 < \lambda_2 < \lambda_3)$ を求める．

㋐ $|xE-B| = \begin{vmatrix} x-1 & 1 & -2 \\ 1 & x-1 & 1 \\ 1 & -1 & x+2 \end{vmatrix} \overset{①'+②'\times 1}{=} \begin{vmatrix} x & 1 & -2 \\ x & x-1 & 1 \\ 0 & -1 & x+2 \end{vmatrix} = x\begin{vmatrix} 1 & 1 & -2 \\ 1 & x-1 & 1 \\ 0 & -1 & x+2 \end{vmatrix} \overset{②+①\times(-1)}{=} x\begin{vmatrix} 1 & 1 & -2 \\ 0 & x-2 & 3 \\ 0 & -1 & x+2 \end{vmatrix}$

$\overset{①'で展開}{=} x\cdot 1\cdot(-1)^{1+1}\begin{vmatrix} x-2 & 3 \\ -1 & x+2 \end{vmatrix} = x\{(x-2)(x+2)-3\cdot(-1)\} = x(x^2-1) = x(x+1)(x-1) = 0$

$\therefore\ x = 0,\ -1,\ 1$　　ゆえに固有値は $\lambda_1 = -1,\ \lambda_2 = 0,\ \lambda_3 = 1$

手順❷　それぞれの固有値に属する固有ベクトルを求める．

㋑ $\lambda_1 = -1$ のとき $B\boldsymbol{v}_1 = (-1)\boldsymbol{v}_1$ より $(B+E)\boldsymbol{v}_1 = \boldsymbol{0}$

$\begin{pmatrix}2 & -1 & 2\\-1 & 2 & -1\\-1 & 1 & -1\end{pmatrix}\begin{pmatrix}x_1\\x_2\\x_3\end{pmatrix} = \begin{pmatrix}0\\0\\0\end{pmatrix}$，　$\begin{pmatrix}1 & 0 & 1\\0 & 1 & 0\\0 & 0 & 0\end{pmatrix}\begin{pmatrix}x_1\\x_2\\x_3\end{pmatrix} = \begin{pmatrix}0\\0\\0\end{pmatrix}$　　ゆえに，$\boldsymbol{v}_1 = \begin{pmatrix}x_1\\x_2\\x_3\end{pmatrix} = k_1\begin{pmatrix}1\\0\\1\end{pmatrix}$

$\lambda_2 = 0$ のとき $B\boldsymbol{v}_2 = 0\boldsymbol{v}_2$ より $B\boldsymbol{v}_2 = \boldsymbol{0}$

$\begin{pmatrix}1 & -1 & 2\\-1 & 1 & -1\\-1 & 1 & -2\end{pmatrix}\begin{pmatrix}y_1\\y_2\\y_3\end{pmatrix} = \begin{pmatrix}0\\0\\0\end{pmatrix}$，　$\begin{pmatrix}1 & -1 & 0\\0 & 0 & 1\\0 & 0 & 0\end{pmatrix}\begin{pmatrix}y_1\\y_2\\y_3\end{pmatrix} = \begin{pmatrix}0\\0\\0\end{pmatrix}$　　ゆえに，$\boldsymbol{v}_2 = \begin{pmatrix}y_1\\y_2\\y_3\end{pmatrix} = k_2\begin{pmatrix}1\\1\\0\end{pmatrix}$

$\lambda_3 = 1$ のとき $B\boldsymbol{v}_3 = 1\boldsymbol{v}_3$ より $(B-E)\boldsymbol{v}_3 = \boldsymbol{0}$

$\begin{pmatrix}0 & -1 & 2\\-1 & 0 & -1\\-1 & 1 & -3\end{pmatrix}\begin{pmatrix}z_1\\z_2\\z_3\end{pmatrix} = \begin{pmatrix}0\\0\\0\end{pmatrix}$，　$\begin{pmatrix}1 & 0 & 1\\0 & 1 & -2\\0 & 0 & 0\end{pmatrix}\begin{pmatrix}z_1\\z_2\\z_3\end{pmatrix} = \begin{pmatrix}0\\0\\0\end{pmatrix}$　　ゆえに，$\boldsymbol{v}_3 = \begin{pmatrix}z_1\\z_2\\z_3\end{pmatrix} = k_3\begin{pmatrix}-1\\2\\1\end{pmatrix}$

手順❸　❷で求めた固有ベクトルより B を対角化させる正則行列 P をつくると

$$P = ^{㋒}\boxed{\begin{pmatrix} -1 & 1 & -1 \\ 0 & 1 & 2 \\ 1 & 0 & 1 \end{pmatrix}}$$

となる．これにより B を対角化すると

$$P^{-1}BP = ^{㋓}\boxed{\begin{pmatrix} -1 & 0 & 0 \\ 0 & 0 & 0 \\ 0 & 0 & 1 \end{pmatrix}}$$

㋔

手順❶	固有値	$\lambda_1 = -1$	$\lambda_2 = 0$	$\lambda_3 = 1$
手順❷	固有ベクトル	$k_1\begin{pmatrix} -1 \\ 0 \\ 1 \end{pmatrix}$ $k_1 = 1$ ↓	$k_2\begin{pmatrix} 1 \\ 1 \\ 0 \end{pmatrix}$ $k_2 = 1$ ↓	$k_3\begin{pmatrix} -1 \\ 2 \\ 1 \end{pmatrix}$ $k_3 = 1$ ↓
手順❸	正則行列 P	$\begin{pmatrix} -1 & 1 & -1 \\ 0 & 1 & 2 \\ 1 & 0 & 1 \end{pmatrix}$		
	対角化 $P^{-1}BP$	$\begin{pmatrix} -1 & 0 & 0 \\ 0 & 0 & 0 \\ 0 & 0 & 1 \end{pmatrix}$		

p.231 ◎ 演習 58

手順❶　A の固有値を求めよう．まずは，固有方程式をつくる．

㋐ $|xE - A| = \begin{vmatrix} x-1 & -1 \\ 1 & x-3 \end{vmatrix} = (x-2)^2 = 0$　　$\therefore\ x = 2$（重解）　　ゆえに，$\lambda_1 = \lambda_2 = 2$

手順❷　固有ベクトルを求めよう．

㋑ $\lambda_1 = \lambda_2 = 2$ のとき，$A\boldsymbol{v}_1 = 2\boldsymbol{v}_1$ より，$(A - 2E)\boldsymbol{v}_1 = \boldsymbol{0}$

$$\begin{pmatrix} -1 & 1 \\ -1 & 1 \end{pmatrix}\begin{pmatrix} x_1 \\ x_2 \end{pmatrix} = \begin{pmatrix} 0 \\ 0 \end{pmatrix}, \qquad \begin{pmatrix} 1 & -1 \\ 0 & 0 \end{pmatrix}\begin{pmatrix} x_1 \\ x_2 \end{pmatrix} = \begin{pmatrix} 0 \\ 0 \end{pmatrix}$$

つまり，$x_1 = x_2$ である．したがって，　$\boldsymbol{v}_1 = \begin{pmatrix} x_1 \\ x_2 \end{pmatrix} = k_1\begin{pmatrix} 1 \\ 1 \end{pmatrix}$　（k_1 は 0 でない任意実数）

よって，線形独立な固有ベクトルは㋒ 1 個である．したがって，p.223 対角化可能性の判定法の㋓ (2-ii) より，対角化㋔ 不可能 である．

p.233 ◎ 演習 59

手順❶　A の固有値を求めよう．

㋐ $|xE - A| = \begin{vmatrix} x-0 & 0 & 0 \\ 0 & x-2 & -1 \\ 0 & -2 & x-3 \end{vmatrix} = (x-4)(x-1)^2 = 0$　　$\therefore\ x = 4, 1$（重解）　　ゆえに，$\lambda_1 = 4,\ \ \lambda_2 = \lambda_3 = 1$

手順❷　固有ベクトルを求めよう．

㋑ $\lambda_1 = 4$ のとき，$A\boldsymbol{v}_1 = 4\boldsymbol{v}$ より，$(A - 4E)\boldsymbol{v}_1 = \boldsymbol{0}$

$$\begin{pmatrix} -3 & 0 & 0 \\ 0 & -2 & 1 \\ 0 & 2 & -1 \end{pmatrix}\begin{pmatrix} x_1 \\ x_2 \\ x_3 \end{pmatrix} = \begin{pmatrix} 0 \\ 0 \\ 0 \end{pmatrix}, \qquad \begin{pmatrix} 1 & 0 & 0 \\ 0 & 2 & -1 \\ 0 & 0 & 0 \end{pmatrix}\begin{pmatrix} x_1 \\ x_2 \\ x_3 \end{pmatrix} = \begin{pmatrix} 0 \\ 0 \\ 0 \end{pmatrix} \qquad \begin{cases} x_1 = 0 \\ 2x_2 = x_3 \end{cases} \text{より，} \boldsymbol{v}_1 = \begin{pmatrix} x_1 \\ x_2 \\ x_3 \end{pmatrix} = k_1\begin{pmatrix} 0 \\ 1 \\ 2 \end{pmatrix}$$

（k_1 は 0 でない任意実数）

$\lambda_2 = \lambda_3 = 1$ のとき，$A\boldsymbol{v}_2 = 1\boldsymbol{v}_2$ より，$(A - E)\boldsymbol{v}_2 = 0$

$$\begin{pmatrix} 0 & 0 & 0 \\ 0 & 1 & 1 \\ 0 & 2 & 2 \end{pmatrix}\begin{pmatrix} y_1 \\ y_2 \\ y_3 \end{pmatrix} = \begin{pmatrix} 0 \\ 0 \\ 0 \end{pmatrix}, \qquad \begin{pmatrix} 0 & 1 & 1 \\ 0 & 0 & 0 \\ 0 & 0 & 0 \end{pmatrix}\begin{pmatrix} y_1 \\ y_2 \\ y_3 \end{pmatrix} = \begin{pmatrix} 0 \\ 0 \\ 0 \end{pmatrix} \qquad x_2 + x_3 = 0 \text{ より，} \boldsymbol{v}_2 = \begin{pmatrix} y_1 \\ y_2 \\ y_3 \end{pmatrix} = k_2\begin{pmatrix} 1 \\ 0 \\ 0 \end{pmatrix} + k_3\begin{pmatrix} 0 \\ 1 \\ -1 \end{pmatrix}$$

（k_2，k_3 は 0 でない任意実数）

よって，線形独立な固有ベクトルは㋒ 3 個である．したがって，p.223 対角化可能性の判定法の㋓ (2-i) より，対角化㋔ 可能 である．

p.238 ◎ 演習 60

解　答　手順に従って計算し，表を埋めていけばよい．

手順❶　B の固有値を求める．

㋐ $|xE - B| = \begin{vmatrix} x-3 & 2 \\ 2 & x-3 \end{vmatrix} = (x-3)^2 - 4 = x^2 - 6x + 5 = (x-5)(x-1) = 0$

これより B の固有値は $\lambda_1 = 1$，$\lambda_2 = 5$ と求まる．

解答

手順❷　それぞれの固有値に属する固有ベクトルを求める．

㋑ $\lambda_1=1$ のとき $B\boldsymbol{v}_1=1\boldsymbol{v}_1$ より $(B-E)\boldsymbol{v}_1=\boldsymbol{0}$　$\begin{pmatrix}2 & -2\\ -2 & 2\end{pmatrix}\begin{pmatrix}x_1\\ x_2\end{pmatrix}=\begin{pmatrix}0\\ 0\end{pmatrix}$　$\begin{pmatrix}1 & 1\\ 0 & 0\end{pmatrix}\begin{pmatrix}x_1\\ x_2\end{pmatrix}=\begin{pmatrix}0\\ 0\end{pmatrix}$

ゆえに，$\boldsymbol{v}_1=k_1\begin{pmatrix}1\\ 1\end{pmatrix}$　$(k_1\neq 0)$

$\lambda_2=5$ のとき $B\boldsymbol{v}_2=5\boldsymbol{v}_2$ より $(B-5E)\boldsymbol{v}_2=\boldsymbol{0}$　$\begin{pmatrix}-2 & -2\\ -2 & -2\end{pmatrix}\begin{pmatrix}y_1\\ y_2\end{pmatrix}=\begin{pmatrix}0\\ 0\end{pmatrix}$　$\begin{pmatrix}1 & 1\\ 0 & 0\end{pmatrix}\begin{pmatrix}y_1\\ y_2\end{pmatrix}=\begin{pmatrix}0\\ 0\end{pmatrix}$

ゆえに，$\boldsymbol{v}_2=k_2\begin{pmatrix}1\\ -1\end{pmatrix}$　$(k_2\neq 0)$

手順❸　❷で求めた固有ベクトルより正規直交基底をつくる．

㋒ ②で求めた $\boldsymbol{v}_1, \boldsymbol{v}_2$ は線形独立であり，互いに直交しているので正規直交基底にするには長さを 1 にすればよい．

$\left.\begin{array}{l}\|\boldsymbol{v}_1\|=\sqrt{k_1{}^2+k_2{}^2}=\sqrt{2k_1{}^2}=1\\ \|\boldsymbol{v}_2\|=\sqrt{k_2{}^2+(-k_2)^2}=\sqrt{2k_2{}^2}=1\end{array}\right\}$ より

$k_1=\pm\dfrac{1}{\sqrt{2}},\ k_2=\pm\dfrac{1}{\sqrt{2}}$

ゆえに $k_1=k_2=\dfrac{1}{\sqrt{2}}$ とし

$\boldsymbol{u}_1=\dfrac{1}{\sqrt{2}}\begin{pmatrix}1\\ 1\end{pmatrix},\quad \boldsymbol{u}_2=\dfrac{1}{\sqrt{2}}\begin{pmatrix}1\\ -1\end{pmatrix}$

とおくと $\{\boldsymbol{u}_1, \boldsymbol{u}_2\}$ は正規直交基底となる．

手順❹　これらを並べて直交行列 U をつくると

$U=$ ㋓ $\dfrac{1}{\sqrt{2}}\begin{pmatrix}1 & 1\\ 1 & -1\end{pmatrix}$

この U で B は次のように対角化される．

$U^{-1}BU=$ ㋔ $\begin{pmatrix}1 & 0\\ 0 & 5\end{pmatrix}$

㋕

手順❶	固有値	$\lambda_1=1$	$\lambda_2=5$
手順❷	固有ベクトル	$k_1\begin{pmatrix}1\\ 1\end{pmatrix}$	$k_2\begin{pmatrix}1\\ -1\end{pmatrix}$
手順❸	正規直交化	$k_1=\dfrac{1}{\sqrt{2}}$	$k_2=\dfrac{1}{\sqrt{2}}$
手順❹	直交行列 U	$\dfrac{1}{\sqrt{2}}\begin{pmatrix}1\\ 1\end{pmatrix}$	$\begin{pmatrix}1\\ -1\end{pmatrix}$
	対角化 $U^{-1}BU$	$\begin{pmatrix}1\\ 0\end{pmatrix}$	$\begin{pmatrix}0\\ 5\end{pmatrix}$

（固有値の並べ方により U も $U^{-1}BU$ も異なる）

p.242 演習 61

解答（表のみ結果を示す．固有値の並べ方により U も $U^{-1}BU$ も異なる）

$\lambda_1=2$	$\lambda_2=3$	$\lambda_3=6$
$k_1\begin{pmatrix}1\\ 0\\ -1\end{pmatrix}$	$k_2\begin{pmatrix}1\\ 1\\ 1\end{pmatrix}$	$k_3\begin{pmatrix}1\\ -2\\ 1\end{pmatrix}$
$k_1=\dfrac{1}{\sqrt{2}}$	$k_2=\dfrac{1}{\sqrt{3}}$	$k_2=\dfrac{1}{\sqrt{6}}$
$\dfrac{1}{\sqrt{6}}\begin{pmatrix}\sqrt{3}\\ 0\\ -\sqrt{3}\end{pmatrix}$	$\begin{pmatrix}\sqrt{2}\\ \sqrt{2}\\ \sqrt{2}\end{pmatrix}$	$\begin{pmatrix}1\\ -2\\ 1\end{pmatrix}$
$\begin{pmatrix}2\\ 0\\ 0\end{pmatrix}$	$\begin{pmatrix}0\\ 3\\ 0\end{pmatrix}$	$\begin{pmatrix}0\\ 0\\ 6\end{pmatrix}$

（U は特に $\dfrac{1}{\sqrt{6}}$ でくくらなくてもよい）

p.248 演習 62

解答（表のみ結果を示す．固有値の並べ方や，固有ベクトルの取り方により直交行列 U は異なり，$U^{-1}AU$ の固有値の並び方も異なる）

手順❶	固有値	$\lambda_1=-1$	$\lambda_2=-1$	$\lambda_3=2$
手順❷	固有ベクトル	$k_1\begin{pmatrix}1\\ 0\\ -1\end{pmatrix}+k_2\begin{pmatrix}0\\ 1\\ -1\end{pmatrix}$		$k_3\begin{pmatrix}1\\ 1\\ 1\end{pmatrix}$
		$k_1=1$ $k_2=0$	$k_1=0$ $k_2=1$	$k_3=1$
	線形独立なベクトルの組	$\begin{pmatrix}1\\ 0\\ -1\end{pmatrix}$	$\begin{pmatrix}0\\ 1\\ -1\end{pmatrix}$	$\begin{pmatrix}1\\ 1\\ 1\end{pmatrix}$
手順❸	正規直交化	$k_1=\dfrac{1}{\sqrt{2}}$ $k_2=0$	$k_1=-\dfrac{1}{\sqrt{6}}$ $k_2=\dfrac{2}{\sqrt{6}}$	$k_3=\dfrac{1}{\sqrt{3}}$
手順❹	直交行列 U	$\begin{pmatrix}\frac{1}{\sqrt{2}}\\ 0\\ -\frac{1}{\sqrt{2}}\end{pmatrix}$	$\begin{pmatrix}-\frac{1}{\sqrt{6}}\\ \frac{2}{\sqrt{6}}\\ -\frac{1}{\sqrt{6}}\end{pmatrix}$	$\begin{pmatrix}\frac{1}{\sqrt{3}}\\ \frac{1}{\sqrt{3}}\\ \frac{1}{\sqrt{3}}\end{pmatrix}$
	対角化 $U^{-1}AU$	$\begin{pmatrix}-1\\ 0\\ 0\end{pmatrix}$	$\begin{pmatrix}0\\ -1\\ 0\end{pmatrix}$	$\begin{pmatrix}0\\ 0\\ 2\end{pmatrix}$

p.251 ◎ 演習 63

解 答 p.226 問題 57 より

$P=\begin{pmatrix}-1&0&0\\3&1&2\\1&0&1\end{pmatrix}$, $P^{-1}AP=\begin{pmatrix}-1&0&0\\0&1&0\\0&0&2\end{pmatrix}$ であった. $P^{-1}=$ ㋐ $\boxed{\begin{pmatrix}-1&0&0\\1&1&-2\\1&0&1\end{pmatrix}}$ であり,

$$(P^{-1}AP)^n= ㋑\ \boxed{(P^{-1}AP)(P^{-1}AP)\cdots(P^{-1}AP)=P^{-1}A^nP}$$

である. $(P^{-1}AP)^n=$ ㋒ $\boxed{\begin{pmatrix}-1&0&0\\0&1&0\\0&0&2\end{pmatrix}^n=\begin{pmatrix}(-1)^n&0&0\\0&1&0\\0&0&2^n\end{pmatrix}}$ なので,

$A^n=P(P^{-1}AP)^nP^{-1}$

$$= ㋓\ \boxed{\begin{pmatrix}-1&0&0\\3&1&2\\1&0&1\end{pmatrix}\begin{pmatrix}(-1)^n&0&0\\0&1&0\\0&0&2^n\end{pmatrix}\begin{pmatrix}-1&0&0\\1&1&-2\\1&0&1\end{pmatrix}=\begin{pmatrix}(-1)^{n+2}&0&0\\3\cdot(-1)^{n+1}+2^{n+1}&1&-2+2^{n+1}\\(-1)^{n+1}+2^n&0&2^n\end{pmatrix}}$$

p.255 ◎ 演習 64

解 答 (1) $G(x,y)$ の係数をよく見て係数行列 B をつくると

$B=$ ㋐ $\boxed{\begin{pmatrix}6&3\\3&-2\end{pmatrix}}$

(2) 右表

㋑

手順			
手順❶	固有値	7	−3
手順❷	固有ベクトル	$k_1\begin{pmatrix}3\\1\end{pmatrix}$	$k_2\begin{pmatrix}1\\-3\end{pmatrix}$
手順❸	正規直交化	$k_1=\frac{1}{\sqrt{10}}$	$k_2=\frac{1}{\sqrt{10}}$
手順❹	直交行列 U	$\frac{1}{\sqrt{10}}\begin{pmatrix}3&1\\1&-3\end{pmatrix}$	
	対角化 $U^{-1}BU$	$\begin{pmatrix}7&0\\0&-3\end{pmatrix}$	

(3) (2) で求めた U を使い ㋒ $\boxed{\boldsymbol{x}=U\boldsymbol{x}',\ \boldsymbol{x}'=\begin{pmatrix}x'\\y'\end{pmatrix}}$

という変換を行うと (2) の対角化の結果より

$G(x,y)=$ ㋓ $\boxed{7x'^2-3y'^2}$ と標準形に変形される.

p.257 ◎ 演習 65

解 答 演習 61 (p.242) の結果を参考にする.

(1) $G(x,y,z)$ の係数行列を B とすると $B=$ ㋐ $\boxed{\begin{pmatrix}3&-1&1\\-1&5&-1\\1&-1&3\end{pmatrix}}$

(2) B を直交行列で対角化すると右表

㋑

固有値	2	3	6
固有ベクトル	$k_1\begin{pmatrix}1\\0\\-1\end{pmatrix}$	$k_2\begin{pmatrix}1\\1\\1\end{pmatrix}$	$k_3\begin{pmatrix}1\\-2\\1\end{pmatrix}$
正規直交化	$k_1=\frac{1}{\sqrt{2}}$	$k_2=\frac{1}{\sqrt{3}}$	$k_3=\frac{1}{\sqrt{6}}$
直交行列 U	$\frac{1}{\sqrt{6}}\begin{pmatrix}\sqrt{3}&\sqrt{2}&1\\0&\sqrt{2}&-2\\-\sqrt{3}&\sqrt{2}&1\end{pmatrix}$		
対角化 $U^{-1}BU$	$\begin{pmatrix}2&0&0\\0&3&0\\0&0&6\end{pmatrix}$		

(3) (2) の結果を使って

㋒ $\boxed{\boldsymbol{x}=U\boldsymbol{x}',\ \boldsymbol{x}'=\begin{pmatrix}x'\\y'\\z'\end{pmatrix}}$ と変換すると

$G(x,y,z)=$ ㋓ $\boxed{2x'^2+3y'^2+6z'^2}$ と標準形に直される.

p.261 ◎ 演習 66

解 答 $G(x,y)=5x^2+6xy+5y^2$ とおくと

$G(x,y)$ の係数行列 B は $B=$ ㋐ $\boxed{\begin{pmatrix}5&3\\3&5\end{pmatrix}}$

この B を直交行列 U により対角化するが，その際 U が回転行列になるように固有ベクトルのとり方を工夫すると右表のようになる．この U を使って

㋑

固有値	8	2
固有ベクトル	$k_1\begin{pmatrix}1\\1\end{pmatrix}$	$k_2\begin{pmatrix}1\\-1\end{pmatrix}$
正規直交化	$k_1=\frac{1}{\sqrt{2}}$	$k_2=-\frac{1}{\sqrt{2}}$
正則行列 U (回転の行列)	$\frac{1}{\sqrt{2}}\begin{pmatrix}1&-1\\1&1\end{pmatrix}$	
対角化 $U^{-1}AU$	$\begin{pmatrix}8&0\\0&2\end{pmatrix}$	

$\boldsymbol{x}=U\boldsymbol{x}'$, $\boldsymbol{x}=\begin{pmatrix}x\\y\end{pmatrix}$, $\boldsymbol{x}'=\begin{pmatrix}x'\\y'\end{pmatrix}$ の変換を行うと $G(x,y)=$ ㋒ $\boxed{8x'^2+2y'^2}$

となる．ゆえにもとの方程式はこの変換により

$$㋓\ \boxed{8x'^2+2y'^2=2,\qquad \frac{x'^2}{\left(\frac{1}{2}\right)^2}+y'^2=1}$$

となる．これは x' 軸，y' 軸についての ㋔ $\boxed{\text{楕円}}$ の標準形である．

また U より，この変換は $\cos\theta=$ ㋕ $\boxed{\frac{1}{\sqrt{2}}}$, $\sin\theta=$ ㋖ $\boxed{\frac{1}{\sqrt{2}}}$ をみたす

$\theta=$ ㋗ $\boxed{\frac{\pi}{4}\ (=45^\circ)}$ の回転であることがわかる．

したがってグラフは右図のようになる.

(ケ)

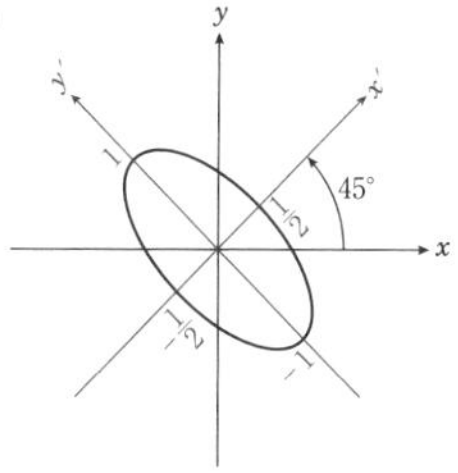

(注)　Uの取り方が異なれば x'軸，y'軸も異なるが，x軸，y軸に対するグラフは同じ曲線が描ける.

p.262 ◎ 総合演習 6

問1　(1)　$k=\pm 2$　　(2)　0

問2

固有値	4	1	1
固有ベクトル	$k_1\begin{pmatrix}0\\1\\2\end{pmatrix}$	$k_2\begin{pmatrix}1\\0\\0\end{pmatrix}+k_3\begin{pmatrix}0\\1\\-1\end{pmatrix}$	
	$k_1=1$	$k_2=1$ $k_3=0$	$k_2=0$ $k_3=1$
正規行列 P	$\begin{pmatrix}0&1&0\\1&0&1\\2&0&-1\end{pmatrix}$		
対角化 $P^{-1}AP$	$\begin{pmatrix}4&0&0\\0&1&0\\0&0&1\end{pmatrix}$		

問3

固有値	-1	-1	-7
固有ベクトル	$k_1\begin{pmatrix}1\\1\\1\end{pmatrix}+k_2\begin{pmatrix}0\\1\\1\end{pmatrix}$		$k_3\begin{pmatrix}1\\-1\\1\end{pmatrix}$
	$k_1=1$ $k_2=0$	$k_1=0$ $k_2=1$	$k_3=1$
線形独立なベクトルの組 ↓正規直交化	$\begin{pmatrix}1\\1\\0\end{pmatrix}$	$\begin{pmatrix}0\\1\\1\end{pmatrix}$	$\begin{pmatrix}1\\-1\\1\end{pmatrix}$
直交行列 U	$\dfrac{1}{\sqrt{2}}$, $\dfrac{1}{\sqrt{2}}$, 0	$-\dfrac{1}{\sqrt{6}}$, $\dfrac{1}{\sqrt{6}}$, $\dfrac{2}{\sqrt{6}}$	$\dfrac{1}{\sqrt{3}}$, $-\dfrac{1}{\sqrt{3}}$, $\dfrac{1}{\sqrt{3}}$
対角化 $U^{-1}AU$	$\begin{pmatrix}-1&0&0\\0&-1&0\\0&0&-7\end{pmatrix}$		

(線形独立なベクトルの組をシュミットの方法により正規直交化し，直交行列 Uをつくる)

問4　$\boldsymbol{x}=U\boldsymbol{x}'$，$\boldsymbol{x}'=\begin{pmatrix}x'\\y'\end{pmatrix}$，$U=\dfrac{1}{\sqrt{5}}\begin{pmatrix}1&2\\-2&1\end{pmatrix}$

の変換により次の楕円となる.　$\dfrac{x'^2}{(\sqrt{6})^2}+y'^2=1$

グラフは図の通り.$\left(\theta は \sin\theta=-\dfrac{2}{\sqrt{5}},\ \cos\theta=\dfrac{1}{\sqrt{5}} をみたす角，\theta \fallingdotseq -63.4^\circ\right)$

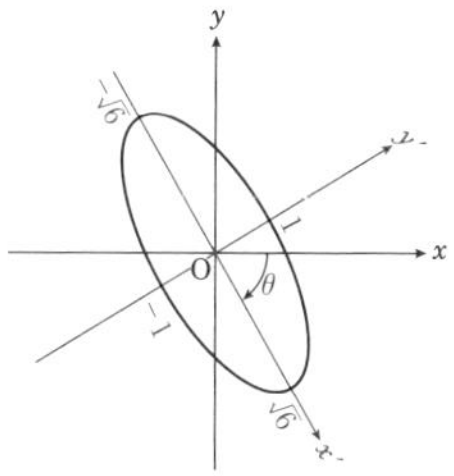

索　引

■ タ行

■ ナ行

■ ハ行

著者紹介

石村園子（いしむら そのこ）
津田塾大学大学院理学研究科修士課程修了
元千葉工業大学教授

主な著書

『改訂新版 すぐわかる微分積分』共著
『演習 すぐわかる微分積分』
『演習 すぐわかる線形代数』
『改訂版すぐわかる微分方程式』
『すぐわかるフーリエ解析』
『すぐわかる代数』
『すぐわかる確率・統計』
『すぐわかる複素解析』
『増補版 金融・証券のためのブラック・ショールズ微分方程式』共著
（以上 東京図書 他多数）

畑 宏明（はた ひろあき）
大阪大学大学院基礎工学研究科博士後期課程修了
一橋大学教授

主な著書

『改訂新版 すぐわかる微分積分』共著

改訂新版 すぐわかる線形代数

1994年 2月25日 第 1 版第1刷発行
2012年10月25日 改 訂 版第1刷発行
2023年10月25日 改訂新版第1刷発行

著 者 石村園子
畑 宏明
発行所 東京図書株式会社
〒102-0072 東京都千代田区飯田橋 3-11-19
振替 00140-4-13803 電話 03(3288)9461
http:/www.tokyo-tosho.co.jp/

ISBN 978-4-489-02412-2